Analytiker-Taschenbuch

13

Herausgegeben von

H. Günzler · A. M. Bahadir · R. Borsdorf
K. Danzer · W. Fresenius · W. Huber
I. Lüderwald · G. Schwedt · G. Tölg · H. Wisser

Mit 91 Abbildungen und zahlreichen Tabellen

Springer-Verlag

Berlin Heidelberg New York
London Paris Tokyo
Hong Kong Barcelona Budapest

Dr. Helmut Günzler
Bismarckstr. 4
D-69469 Weinheim

Prof. Dr. Dr. A. Müfit Bahadir
Inst. f. Ökolog. Chemie
und Abfallanalytik
Technische Universität
Hagenring 30
D-38106 Braunschweig

Prof. Dr. Rolf Borsdorf
Universität Leipzig
Fachbereich Chemie
Talstr. 35, D-04103 Leipzig

Prof. Dr. Klaus Danzer
Institut für anorganische
und analytische Chemie
Chemische Fakultät
Friedrich-Schiller-Universität
Steiger 3, D-07743 Jena

Prof. Dr. Wilhelm Fresenius
Institut Fresenius
Im Maisel, D-65232 Taunusstein

Dr. Walter Huber
Weimarerstr. 69
D-67071 Ludwigshafen

Prof. Dr. Ingo Lüderwald
Dr. Karl Thomae GmbH
Analytik/Qualitätskontrolle
Postfach 1755
D-88400 Biberach

Prof. Dr. Georg Schwedt
TU Clausthal-Zellerfeld
Inst. f. Analyt. u. Anorg. Chemie
Paul-Ernst-Str. 4
D-38678 Clausthal-Zellerfeld

Prof. Dr. Günter Tölg
Institut für Spektrochemie
und angewandte Spektroskopie
Postfach 10 13 52
D-44013 Dortmund

Prof. Dr. Dr. Hermann Wisser
Robert-Bosch-Krankenhaus
Auerbachstr. 110
D-70376 Stuttgart

ISBN-13: 978-3-642-79263-2   e-ISBN-13: 978-3-642-79262-5
DOI: 10.1007/978-3-642-79262-5

CIP-Kurztitelaufnahme der Deutschen Bibliothek

Analytiker-Taschenbuch Bd. 13
Berlin, Heidelberg, New York: Springer, 1995

Satz: Thomson Press, New Delhi, Indien

SPIN: 10118342   52/3020-543210-Gedruckt auf säurefreiem Papier

Vorwort zu Band 13

Dem Prinzip des Analytiker-Taschenbuches entsprechend sind Herausgeber und Verlag darum bemüht, die Beiträge ihrer Aktualität wegen möglichst rasch zu publizieren. Der vorliegende 13. Band folgt aus diesem Grunde dem vorausgegangenen in etwas kürzerem als dem im allgemeinen üblichen, etwa 1-jährigen Abstand. Der Leser findet darin sieben Beiträge, einen im Abschnitt *Grundlagen* sowie je drei in den Abschnitten *Methoden* und *Anwendungen*.

Dank der großen Fortschritte auf dem Gebiet der Ramanspektroskopie und dem der Fouriertransform-Technik ist man jetzt in der Lage, Molekülspektren von Flächenausschnitten im Mikrometerbereich nicht nur durch *IR*- sondern auch durch *Raman-Mikrospektroskopie* zu gewinnen und somit die gesamte Information des Molekülschwingungsspektrums bei der Analyse kleinster Querschnitte zu nutzen. Der erste Beitrag behandelt die Grundlagen dieser neuen meßtechnischen Variante zur Strukturanalyse kleinster Proben.

Die methodischen Beiträge befassen sich mit Sachgebieten von besonderer Aktualität bzw. mit solchen, bei denen in neuerer Zeit besondere Fortschritte erzielt worden sind: mit der *Kapillarelektrophorese*, den *Mehrsäulentechniken in der Kapillar-Gaschromatographie* und mit der *Voltammetrischen Analytik anorganischer Stoffe*.

Die *Analyse schwerflüchtiger organischen Schadstoffe in Sedimenten* ist derzeit ein besonders viel diskutiertes Thema in der Umweltanalytik; mit ihm wird der Abschnitt *Anwendungen* eingeleitet, gefolgt von einem wichtigen Kapitel der forensischen Analytik, der Analyse von *Drogen und Arzneimitteln*, während das Kapitel über *Bieranalytik* als Beitrag aus der Lebensmittelchemie das Kapitel über Weinanalytik in Band 5 ergänzt.

Im *Basisteil* dieses Bandes finden sich außer den neuesten *Monographien*, den aktualisierten *Informationszentralen für Vergiftungsfälle* und den *analytischen Gremien* Ergänzungen, die seit den Bänden 11 und 12 in der *Liste der MAK-Werte* eingetreten sind.

Die Herausgeber

Autoren

Prof. Dr. Dr. M. Bahadir
M. Kolb

Technische Universität Braunschweig
Institut für Ökologische Chemie und
Abfallanalytik
Hagenring 30
D-38106 Braunschweig

Prof. Dr. T. Daldrup
F. Mußhoff

Heinrich-Heine-Universität
Institut für Rechtsmedizin
Moorenstr. 5
D-40225 Düsseldorf

H. Emons

Forschungszentrum Jülich
Institut für Angewandte
Physikalische Chemie
D-52425 Jülich

Prof. Dr. W. Engewald

Universität Leipzig
Fachbereich Chemie
Linnéstr. 3
D-04103 Leipzig

E. Krüger
M. Schaper

Technische Universität
Lebensmittelwissenschaft und
Biotechnologie
Institut für Gärungs-und
Getränketechnologie
Seestr. 13
D-13353 Berlin

Prof. Dr. R. Kuhn

Fachhochschule für Technik und
Wirtschaft
Institut für Angewandte Forschung
Alteburgstr. 150
D-72762 Reutlingen

B. Schrader

Universität GH Essen
Institut für Physikalische und
Theoretische Chemie
D-45117 Essen

Inhaltsverzeichnis

Inhaltsverzeichnis von Band 11

Inhaltsverzeichnis von Band 12

I. Grundlagen

II. Methoden

III. Anwendungen

IV. Basisteil

I. Grundlagen

Infrarot- und Raman-Mikrospektroskopie

Bernhard Schrader

Institut für Physikalische und Theoretische Chemie, Universität GH Essen,
D-451177 Essen

1 Einführung

Die Mikrospektroskopie mit Strahlung im *sichtbaren und UV-Bereich* wird seit langem praktiziert. Die Mikro-Fluoreszenz-Spektroskopie ist von unschätzbarem Wert für Spurenanalysen, insbesondere im Bereich der Biochemie.

Die Mikrospektroskopie, die die Methoden der *Schwingungsspektroskopie* nutzt, liefert wesentlich mehr und detailliertere Informationen als die Spektroskopie im sichtbaren und UV-Bereich, sowohl über die Zusammensetzung, die Identität, die Molekülstruktur als auch die räumliche Struktur.

Infrarot- und Raman-Mikrospektroskopie vermitteln komplementäre Informationen über die Moleklschwingungen im gleichen Probenbereich: Von jedem räumlich auflösbaren Volumenelement einer Probe können jeweils vollstndige Spektren aufgenommen werden. Da beide Methoden zerstörungsfrei arbeiten, kann man diese Spektren vom gleichen Volumenelement auch wiederholt aufnehmen. Dies ist von besonderem Interesse bei wertvollen und einzigartigen Proben: Biomaterialien, archäologische und Kunst-Produkte, Mikroelektronik und Neue Materialien. Besonders reizvoll ist die seit 1986 bestehende Möglichkeit, durch Anregung im Nah-Infrarot-Bereich Raman-Spektren von solchen Proben aufzunehmen, bei denen dies bisher bei Anregung im sichtbaren Bereich wegen der Störung durch Absorption oder Fluoreszenz nicht möglich war [1, 2]. Raman-Spektren von Proben aus allen Gebieten der Industrie und Forschung können heute mit Hilfe der Nah-Infrarot-FT-Raman-Spektroskopie im Routinebetrieb aufgenommen werden. Die mit Raman-Mikroskopen unter diesen Bedingungen gewonnenen Spektren können gemeinsam mit denen der mit einem Infrarot-Mikroskop aufgenommenen komplementären Infrarot-Spektren ausgewertet werden, die von der gleichen Probe mit dem gleichen Grund-Gerät, einem FT-IR-Spektrometer, registriert wurden.

Das Ergebnis dieser Methode hängt stark von der Erfahrung des Spektroskopikers ab. Falsche und ungeschickte Handhabung kann die Probe zerstören oder zu unzureichenden Spektren führen. Um die Möglichkeiten dieser Technik voll nutzen zu können, muß man die Faktoren kennen, die das geometrische Auflösungsvermgen und die Nachweisgrenze festlegen. Zweck dieses Beitrags ist es, hierzu zunächst die wesentlichen Grundlagen zu vermitteln. Schließlich werden typische Anwendungen demonstriert und als Literaturzitate vorgestellt.

2 Charakteristika optischer Anordnungen, der Lichtleitwert

Mit Hilfe des Lichtleitwertes optischer Instrumente kann die Anpassung der Mikroanordnungen und Mikroskope an die Spektrometer diskutiert und optimiert werden.

Der Strahlungsfluß Φ (in Watt), der in einem optischen System von der Strahlungsquelle zum Detektor transportiert wird, ist durch die folgende Gleichung gegeben [3–5]:

$$\Phi = L\,G\,\tau \tag{1}$$

Hier ist L die Radianz (Watt/Raumwinkel·Fläche) der Strahlungsquelle, G der Lichtleitwert (Raumwinkel·Fläche) und τ der Transmissionsfaktor des optischen Systems .

In einem korrekt konstruierten optischen Gerät bildet jeweils ein optisches Element das vorhergehende auf das nächste ab (Abb. 1). Im Strahlengang eines Spektrometers entstehen nacheinander jeweils Bilder der Lichtquelle (I, I', I'')

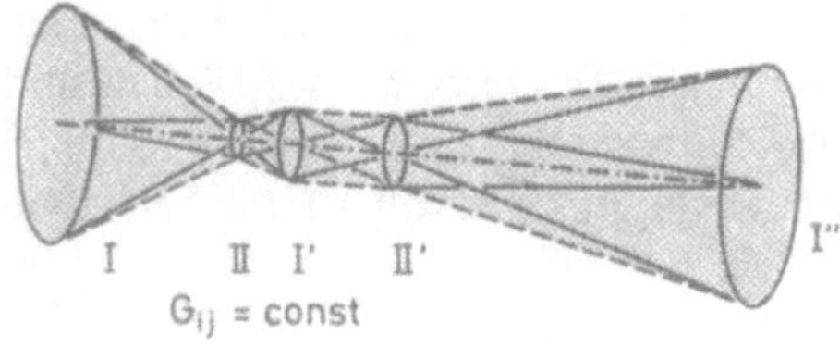

Abb. 1. In einem exakt konstruierten optischen Gerät ist der Lichtleitwert zwischen zwei aufeinanderfolgenden abbildenden Elementen konstant, vorausgesetzt, daß alle Elemente voll ausgeleuchtet sind

bzw. der abbildenden Optik (II, II', …). Bilder der Lichtquelle entstehen bei einem Infrarot-Spektrometer am Ort der Probe, dem Eintrittsspalt bzw. der sogenannten Jacquinot-Blende und dem Detektor. Der Lichtleitwert für jeden Abschnitt zwischen zwei abbildenden Elementen ist konstant. Deshalb ist auch die Radianz an jeder Stelle des Strahlenganges konstant, wenn man die Strahlungsverluste durch Reflektion, Absorption oder Streuung zunächst nicht berücksichtigt (die aber durch den Transmissionsfaktor erfaßt werden). Der kleinste Lichtleitwert eines Geräteteils, der aus theoretischen oder technischen Gründen nicht vergrößert werden kann, bestimmt den Lichtleitwert des gesamten Instruments. Bei Gitter-Spektrometern ist dies Gitter und Eintrittsspalt, bei Interferometern Strahlteiler und Jacquinotblende (siehe 3.2), bei Mikroskopen jedoch, wie unten gezeigt wird, das Objektiv mit Objekt.

Zur Beschreibung des Strahlungsflusses durch ein Spektrometer verwendet man oft die Gleichung (2), wobei $L_{\tilde{\nu}}$ die spektrale Strahlungsdichte darstellt (Radianz pro Wellenzahl), $G_{\tilde{\nu}}$, den spektralen Lichtleitwert (Lichtleitwert pro Wellenzahl) und $\Delta\tilde{\nu}$) die spektrale Bandbreite des Spektrometers (in Wellenzahl-Einheiten):

$$\Phi' = L_{\tilde{\nu}} G_{\tilde{\nu}} (\Delta\tilde{\nu})^2 \, \tau \tag{2}$$

Mit dF_1, einem Oberflächen-Element der Strahlungsquelle mit der Gesamtfläche F_1, und dF_2, einem Element der Oberfläche F_2 des Strahlungsempfängers, sowie α_1' und α_2, den Winkeln zwischen den Normalen der Flächenelemente und der Verbindungslinie a_{12} (Abb. 2) wird der Lichtleitwert G dieser Anordnung durch das folgende Integral definiert:

$$G = n^2 \int_{F_1} \int_{F_2} (\cos \alpha_1 \cos \alpha_2 / a_{12}^2) \, dF_1 \, dF_2 \tag{3}$$

Eine Fläche F, die Strahlung in einen Kegel mit dem Halbwinkel Θ sendet (bzw. sie aus ihm empfängt), bestimmt einen Lichtleitwert von:

$$G = n^2 F \, 2\pi (1 - \cos \Theta) = n^2 \, F \, 4\pi \sin^2 (\Theta/2) \tag{4}$$

Die Näherung $G \approx F \pi \, NA^2$, mit der numerischen Apertur $NA = n \sin \Theta$, ist nur gültig für kleine Winkel Θ. Eine andere Näherung wird benutzt für ein System mit den Flächen F_1 und F_2 bei einem Abstand a_{12}, falls $F_1, F_2 \ll a_{12}^2$ ist:

$$G \cong n^2 \, F_1 F_2 / a_{12}^2 \tag{5}$$

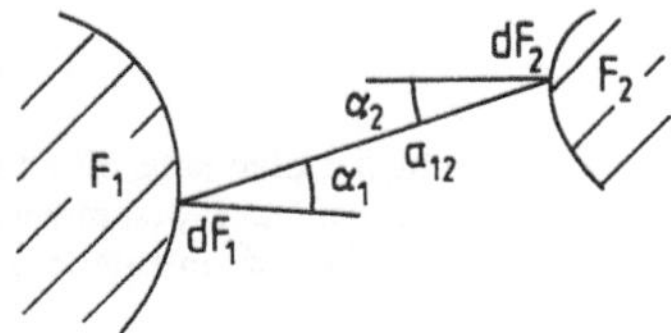

Abb. 2. Parameter für die Definition des Lichtleitwertes, siehe Text

3 Der Lichtleitwert verschiedener Spektrometer-Typen

Für die folgende Diskussion wird angenommen, daß die Gleichung (5) eine
genügend gute Näherung darstellt. Wir nehmen an, daß F_1 die Fläche des
Kollimator-Spiegels ist. Sie ist annähernd gleich der effektiven Fläche des Gitters
in einem Spektrometer oder dem effektiven Bündelquerschnitt am Strahlteiler
sowie an den Spiegeln in einem Interferometer. In Abbildung 3 wurden zur
Vereinfachung anstelle der Kollimator-Spiegel Linsen gezeichnet. F_2 ist die
Fläche des Spaltes eines Gitterspektrometers beziehungsweise der diesem
entsprechenden 'Jacquinot-Blende' eines Interferometers (Abb. 3 a, b). Zur
Vereinfachung setzen wir im folgenden n = 1, damit wird aus dem *optischen
Leitwert* der *geometrische Leitwert*.

3.1 Lichtleitwert eines Gitterspektrometers

Jede Blende eines optischen Systems erzeugt ein Beugungsmuster. Ein
Kollimator des Durchmessers B und der Brennweite f erzeugt mit Licht der
Wellenlänge λ ein Beugungsmuster, bei dem der Abstand zwischen dem zentralen
Maximum und dem ersten Minimum gegeben ist durch [6]:

$$s_0 = \lambda f/B \tag{6}$$

Diese Gleichung bestimmt die *förderliche Spaltbreite* s_0 eines *Gitterspektrometers*
[6]. Dies ist die minimal sinnvolle Spaltbreite, eine Verminderung kann die
spektrale Auflösung $\Delta\tilde{v}$ *nicht* erhöhen. Das theoretische Auflösungsvermögen

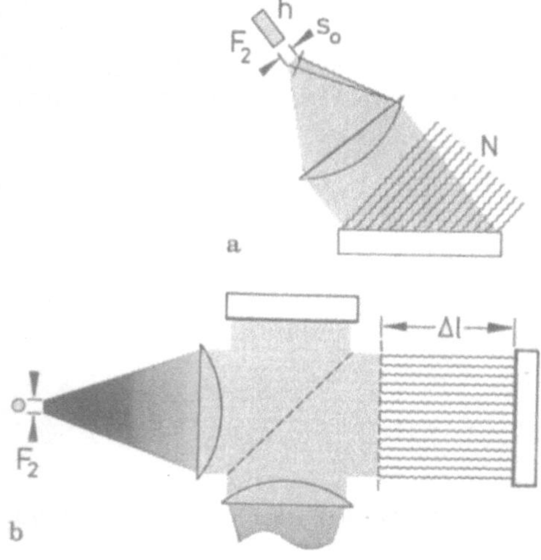

Abb. 3a,b. Darstellung der Elemente, die den
Lichtleitwert von Spektrometern bestimmen,
a Gitterspektrometer, **b** Michelson-Interferometer

$R_0 = \lambda / \Delta\lambda_0 = \tilde{v}/\Delta\tilde{v}$ eines Gitters ist gegeben durch:

$$R_0 = m\,N_r, \tag{7}$$

wobei m die Ordnung des Spektrums darstellt und N_r die Gesamtzahl der genutzten Gitterstriche. Falls ein Gitter in erster Ordnung genutzt wird, so kann man in grober Näherung B gleichsetzen mit $R_0 \cdot \lambda$, der Anzahl der Gitterstriche, multipliziert mit der Wellenlänge (da diese von der Größenordnung der Gitterkonstanten, dem Abstand der Gitterstriche, ist) [5]. Dann gilt:

$$s_0 \cong f/R_0, \tag{8}$$

wobei f die Brennweite des Kollimatorspiegels und R_0 das theoretische Auflösungsvermögen ist. Das praktische Auflösungsvermögen R ist geringer, es wird durch die Spaltbreite s bestimmt (die größer als s_0 sein muß):

$$R \cong f/s \tag{9}$$

Damit ist die Fläche des Eintrittsspaltes, F_2^G, gegeben durch das Produkt aus Spaltbreite s und Spalthöhe h (Abb. 3 a):

$$F_2^G \cong fh/R \tag{10}$$

Die Spalthöhe h ist üblicherweise von der Größenordnung 1/50 der Brennweite f. Der *Lichtleitwert eines Gitter-Spektrometers* G^G, das mit einem Auflösungsvermgen R arbeitet (gegeben durch die Spaltbreite $s > s_0$), ist mit Gleichung (5) und $a_{12} = f$ gegeben durch:

$$G^G = F_1 h/Rf \tag{11}$$

3.2 Lichtleitwert eines Interferometers

Anstelle des schlitzförmigen Eintrittsspaltes des Gitterspektrometers besitzt das Michelson-Interferometer eine kreisförmige Blende. Der Radius dieser sogenannten Jacquinot-Blende eines *Interferometers* wird bestimmt durch das gewünschte Auflösungsvermögen R [5, 7, 8]:

$$r = f \cdot \sqrt{2/R} \tag{12}$$

R kann nicht größer sein als das maximale Auflösungsvermögen R_0, bestimmt durch die doppelte mechanische Amplitude des beweglichen Spiegels $\Delta 1$, dividiert durch die Wellenlänge oder multipliziert mit der Wellenzahl:

$$R_0 = 2\Delta 1/\lambda = 2\Delta 1\tilde{v} \tag{13}$$

Die Fläche F_2 (Abb. 3b) ist mit (12) gegeben durch

$$F_2^I = r^2 \pi = 2f^2 \pi/R \tag{14}$$

Damit ist der *Lichtleitwert eines Interferometers*:

$$G^I = 2F_1 \pi/R \tag{15}$$

3.3 Der JacquinotVorteil

Unter der Annahme, daß beide Instrumente im gleichen Spektralbereich mit dem gleichen Auflösungsvermgögen arbeiten, sowie dem gleichen Querschnitt F_1 am Gitter bzw. Strahlteiler und der gleichen Brennweite f, ergibt sich für das *Verhältnis der Lichtleitwerte von Gitterspektrometern und Interferometern*:

$$G^G/G^I = F_2^G/F_2^I = h/2f\pi \tag{16}$$

Da das Verhältnis h/f, wie oben erwähnt, ungefähr gleich 1/50 ist, so ist der Lichtleitwert eines Interferometers ungefähr um einen Faktor 300 größer als der eines Gitterspektrometers. Man nennt dies den *JacquinotVorteil* [7, 9]. Im Gegensatz zu einem publizierten [10] und oft zitierten Vorurteil, das sich als falsch herausgestellt hat [11], ist der Jacquinot-Vorteil *nicht* abhängig von der Wellenlänge. Schließlich muß man beim Vergleich der Geräte noch die verschiedenen Werte des Transmissionsfaktors τ berücksichtigen. Man kann jedoch annehmen, daß für die meisten Geräte der Transmissionsfaktor τ ungefähr gleich groß ist, von der Größenordnung 10% [11].

4 Anpassung von Mikroanordnungen und Mikroskopen an Infrarot-Spektrometer

Mikroanordnungen werden seit langem in der Infrarot-Spektroskopie genutzt, sie verwenden ein Spiegelsystem, das die Lichtquelle auf die minimal mögliche Größe verkleinert, sogenannte *Mikroilluminatoren* (Beam condensors). Sie erzeugen im allgemeinen ein auf ca. 1/5 verkleinertes Bild des Eintrittsspaltes bzw. der Jacquinotblende im Probenraum.

Falls man zum Beispiel eine spektrale Auflösung von $\Delta\tilde{\nu} = 4$ cm^{-1} bei 1000 cm^{-1} im Infrarotspektrum benötigt, ist R = 250. In einem Interferometer mit diesem Auflösungsvermgen erzeugt ein Spiegel mit einer Brennweite von ca. 15 cm nach Gleichung (12) ein Bild der Jacquinot-Blende mit einen Durchmesser von 2.7 cm. Der Mikroilluminator erzeugt ein um den Faktor 5:1 reduziertes Bild dieser Blende mit einem Durchmesser von ca. 0.5 cm. Damit reduziert sich das erforderliche Volumen der Probe auf ca. 1/25.

Ein *Vorteil* von Mikroilluminatoren ist, daß der Lichtleitwert des Gerätes vollständig genutzt werden kann (wenn es richtig konstruiert ist). Abgesehen von Verlusten (durch Reflexion, Brechung und Streuung) werden Spektren mit dem gleichen Signal-Rausch-Verhältnis gewonnen wie mit der normalen Proben-anordnung. Die Belastung durch die Strahlung (die Irradianz, W/cm^2), ist jedoch bei diesen Mikroilluminatoren um den Faktor 25 größer. Durch die Verwendung geeigneter, auch gekühlter, Probenhalter läßt sich die Erwärmung der Probe in angemessenen Grenzen halten.

Ein *Nachteil* von Mikroilluminatoren ist, daß die minimale Probengröße immerhin noch relativ groß ist, nämlich im Bereich von 0.1 bis 1 mm liegt, und, daß man den Ort der Probe, von dem das Spektrum aufgenommen wird, nicht visuell beobachten und einstellen kann.

Zur Aufnahme der IR-Spektren von Probenbereichen der Größenordnung 10 bis 100 μm ist ein *Infrarot-Mikroskop* erforderlich. Sein *Vorteil* ist, daß man die Probe visuell (oder mit einer Video-Kamera) beobachten und den untersuchten Probenort auswählen kann. Infrarot-Mikroskope arbeiten mit Spiegel-Objektiven vom Cassegrain-Typ. Diese haben den Vorzug vor Objektiven mit Linsen, daß kein Farbfehler auftritt. Das heißt, daß man mit sichtbarer Strahlung das Objekt einstellen und fokussieren kann und bei Umschaltung auf Infrarot-Strahlung (oder UV-Strahlung!) nicht nachfokussieren muß.

Ein *Nachteil* ist jedoch, daß der Lichtleitwert eines Mikroskops wesentlich geringer ist als der eines Infrarot-Spektrometers. Der *Lichtleitwert eines typischen Michelson-Interferometers* für den Infrarot-Bereich (Bruker IFS 66) berechnet sich wie folgt: Falls eine Bande bei $1000\ \text{cm}^{-1}$ mit einer spektralen Auflösung von $4\ \text{cm}^{-1}$ registriert werden soll, ist das erforderliche Auflösungsvermögen $R = 1000/4 = 250$. Der Durchmesser der Interferometer-Spiegel beträgt 3.5 cm, ihre Fläche ist damit $F_1 = 9.62\ \text{cm}^2$. Mit Gleichung (15) erhält man damit den Lichtleitwert dieses Interferometers von $G = 0.24\ \text{cm}^2$ sr.

Den *Lichtleitwert von Mikroskop-Objektiven* kann man mit der Gleichung (4) berechnen. F ist die Fläche des Objektfeldes, sie ergibt sich aus der Fläche der Gesichtsfeldblende (mit früher 18, heute 24 mm Durchmesser), dividiert durch den Abbildungsmaßstab des Objektivs. Der Winkel Θ läßt sich aus der numerischen Apertur NA, die für jedes Objektiv angegeben wird, berechnen. Mikroskop-Objektive besitzen Lichtleitwerte von 0.002 bis $0.007\ \text{cm}^2 \cdot$sr, dies ist um 2 Größenordnungen kleiner als der Lichtleitwert von Interferometern. Allerdings werden im allgemeinen Objekte untersucht, die wesentlich kleiner sind als das Objektfeld. Damit verringert sich der Lichtleitwert noch einmal auf einen Bruchteil. Man kann noch Objekte mit einem Durchmesser der Größenordnung 20μm untersuchen. Dies ist entsprechend der Abbe-schen Gleichung für das laterale Auflösungsvermögen [12]

$$\Delta x = \lambda / 2\,\text{NA} \tag{17}$$

bei einer Wellenlnge von $\lambda = 10$ μm möglich. Um dieses Auflösungsvermögen zu nutzen, muß man in dem mit dem Okular betrachtbaren Zwischenbild das Umfeld des Bildes der Probe mit einer Blende abdecken (Abb. 4). Dadurch wird der Kontrast, d.h. die relative Intensitt der Spektrallinien, erhöht, indem man Strahlung ausschaltet, die den gewünschten Probenort nicht durchsetzt hat. Hierdurch wird der von einem Infrarot-Mikroskop genutzte Lichtleitwert noch einmal vermindert, so daß man insgesamt nur ca. 10^{-5} des Lichtleitwertes des Spektrometers nutzt.

Im Vergleich zur normalen Probenanordnung ist daher das Signal/Rausch-Verhältnis beim IR-Mikroskop um diesen Faktor geringer. Die Nachweisgrenze erhöht sich um den gleichen Faktor. Dies läßt sich kompensieren durch eine erhöhte Meßzeit t, da das Signal/Rausch-Verhältnis theoretisch proportional $t^{1/2}$ ansteigt.

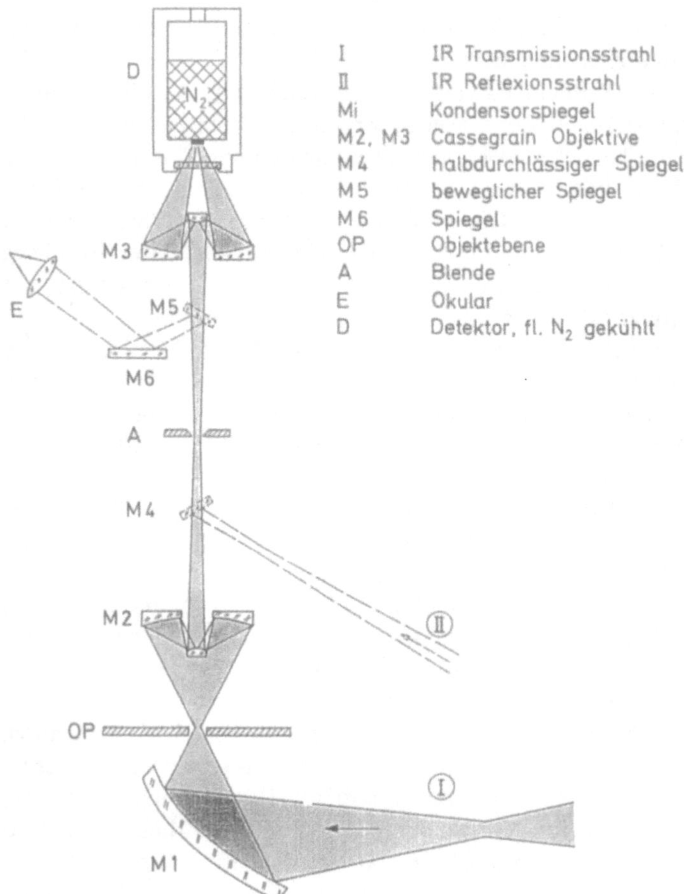

Abb. 4. Schema eines Infrarot-Mikroskops (Fa. Brüker, Karlsrühe)

Besonders günstig wäre eine Infrarot-Mikro-Spektroskopie mit abstimmbaren Lasern. Diese besitzen nämlich eine Radianz, die um mehrere Größenordnungen höher ist als die üblicher thermischer Lichtquellen, bei einem Lichtleitwert, der nicht größer ist als der der Mikroskope.

Zur Optimierung der Infrarot-Mikro-Spektroskopie gehört auch die Diskussion der angemessenen Schichtdicke der Probe. Das größte Signal/Rausch-Verhältnis erhält man bei der Absorptionsspektroskopie, wenn die Transmission der Probe ca. 32% beträgt, das heißt, wenn die Extinktion $A_{opt} = \varepsilon \cdot c \cdot d$ Wert 0.5 hat [13, 14]. Die molaren dekadischen Extinktionskoeffizienten ε der Infrarot-Banden besitzen einen Wert von ca. 10 bis 10^3 $L \cdot cm^{-1} \cdot mol^{-1}$ [15]. Die optimale Schichtdicke in Absorptionsküvetten ist gegeben durch:

$$d_{opt} = A_{opt} / \varepsilon \cdot c \tag{18}$$

Bei reinen Substanzen ist c von der Größenordnung 10 mol/L, daher ist d_{opt} von der Größe 1 ... 50 µm. Für Lösungen mit ungefähr 1 mol/L liegt d_{opt} im Bereich 10 ... 500 µm. Für die Nah-Infrarot-Spektroskopie liegt die optimale Schichtdicke von reinen Substanzen bei 0.1 ... 1 cm [16, 17].

Neben dem lateralen Auflösungsvermögen Δx nach Gleichung (17) muß zwecks Optimierung der Probenanordnung auch noch das Tiefen-Auflösungsvermögen Δz berücksichtigt werden (Vgl. Abb. 6b) [12]. Es beträgt:

$$\Delta z = \lambda/2\,NA^2 \tag{19}$$

Mit $\lambda = 10$ µm und $NA = 0.28$ erhält man $\Delta z = 64$ µm. Daraus ergibt sich für das auflösbare Volumen im Fokusbereich des Mikroskop-Objektivs:

$$V_{foc} = \Delta x^2 \cdot \Delta z = \lambda^3/8\,NA^4 \tag{20}$$

Mit $\lambda = $ µm und $NA = 0.28$ ergibt sich $V = (27.3\ \text{µm})^3$. Wesentlich kleinere Werte erhält man mit Objektiven größerer numerischer Apertur.

5 Anpassung von Mikroanordnungen und Mikroskopen an Raman-Spektrometer.

Die optimale Probenanordnung der Raman-Spektroskopie ist bereits eine Mikro-Anordnung [5]. Sie ist dadurch gegeben, daß man die Erregerstrahlung auf ein möglichst geringes Volumen fokussiert und hier die Probe anordnet. Die von der Probe ausgehende Raman-Strahlung sollte von einer möglichst lichtstarken Optik durch den Eintrittsspalt bzw. die Jacquinot-Blende auf das Gitter bzw. in das Interferometer geleitet werden. Da man Laser-Strahlung auf einen Fokus konzentrieren kann, der einen Durchmesser des ca. 5- bis 10-fachen der Wellenlänge hat, so lassen sich Mikroproben mit der normalen Probenanordnung der Raman-Spektroskopie untersuchen [18]. Abbildung 5 zeigt drei verschiedene Probenanordnungen der Raman-Spektroskopie, die die Raman-Spektren von verschiedenen Stellen der Oberfläche einer Probe aufzunehmen gestatten. Abb. 5a zeigt die normale Probenanordnung, b ein Mikroskop und c eine Anordnung, bei der ein Bündel von Lichtleitfasern die Verbindung zwischen Probe und Spektrometer bildet. Ein Halbkugelspiegel reflektiert dabei die nicht genutzte Erreger- und Raman-Strahlung zurück auf die Probe. Die lichtstärkste Anordnung ist die normale Probenanordnung, das Mikroskop ermöglicht die beste laterale Auflösung.

Bei der normalen Probenanordnung hat man die Schwierigkeit, den gewünschten Probenbereich genau einzustellen. Aus diesem Grunde und weil der tatsächlich beobachte Bereich der Probe wegen der Vielfachreflexion und der unvermeidlichen Abbildungsfehler der Eingangsoptik wesentlich größer ist als der Fokusbereich der Erregerstrahlung [18], empfiehlt sich auch bei der Raman-Spektroskopie der Einsatz eines Mikroskops. Dies kann grundsätzlich ein – dem Zweck angepaßtes Lichtmikroskop sein. Raman-Mikroskope, die mit

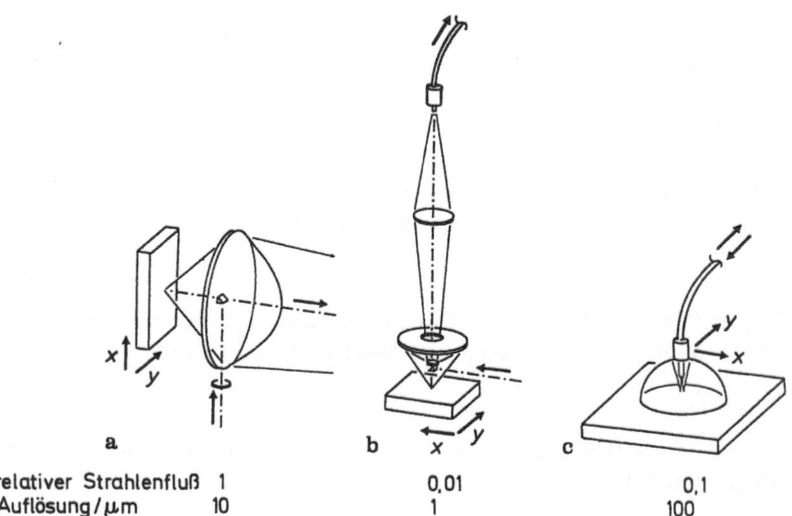

Abb. 5a,b,c. Mikro-Anordnungen, die die 2-dimensionale Registrierung von Raman-Spektren ermöglichen: **a** normale Probenanordnung; **b** Mikroskop mit Reflexions-Objektiv und Faser-Optik; **c** Anordnung zur Untersuchung von Oberflächen mit Faser-Optik und Halbkugel-Spiegel zur Verbesserung des Wirkungsgrades

Gitterspektrometern arbeiten, werden schon seit langem verwendet [19–21]. Der Einsatz von Raman-Mikroskopen in der NIR-FT-Raman-Spektroskopie ist, wie im folgenden gezeigt wird, wesentlich vorteilhafter. Interferometer erlauben, wie Hirschfeld gezeigt hat [14] eine wesentlich stärkere Vergrößerung der Probe wegen ihrer Toleranz gegenüber Abbildungsfehlern. Für die anschließenden Diskussionen werden nur die Interferometer berücksichtigt.

Die folgenden Berechnungen beziehen sich auf das Interferometer Bruker IFS 66 mit Raman-Modul FRA 106 sowie das Mikroskop RAMANSCOPE, bei dem Raman-Spektren mit der Strahlung des Nd:YAG-Lasers der Wellenlänge 1064 nm angeregt werden.

Die absolute Wellenzahl einer Ramanlinie $\Delta \tilde{\nu} = 1000 \text{ cm}^{-1}$ beträgt $9398 - 1000 = 8398 \text{ cm}^{-1}$. Falls diese mit einer spektralen Auflösung von 4 cm^{-1} registriert werden soll, so ist das erforderliche Auflösungsvermögen $8398/4 = 2100$. Damit ergibt sich mit Gleichung (15) ein Lichtleitwert des Raman-Spektrometers von 0.029 cm$^2 \cdot$ sr.

Das zu diesem Spektrometer passende Raman-Mikroskop besitzt ein Normalobjektiv 40 ×, NA = 0.65. Es besitzt einen Lichtleitwert von 0.0024 cm$^2 \cdot$ sr, falls der gesamte Strahlungsfluß des Bildfeldes mit einem Durchmesser von 450 μm auf der Probe genutzt werden würde. Das entspräche 8.3% vom Lichtleitwert des Spektrometers. Mit einer Blende am Ort des Probenbildes verringert man jedoch den effektiven Probenort auf den gewünschten Durchmesser. Bei einem effektiven Proben-Durchmesser von 10 μm verringert sich der effektive Lichtleitwert um den Faktor $450^2/10^2 = 2025$.

Damit nutzt das Raman-Mikroskop nur ca. 10^{-4} des Lichtleitwertes des Spektrometers.

Auch wenn der Laserstrahl in einem sehr kleinen Fokus auf der Probe konzentriert ist, kann jedoch auch das Umfeld – infolge von Vielfach-Reflexion – Raman-Strahlung liefern. Falls man Raman-Strahlung nur von einem bestimmten kleinen Bereich der Probe untersuchen möchte, muß man einen ‚konfokalen' Strahlengang verwenden (Abb. 6). Dabei wird ein Fokus der Erregerstrahlung auf den zu untersuchenden Bereich abgebildet. Die Raman-Strahlung genau aus diesem Bereich wird mit Hilfe einer Blende (A in Abb. 6a) im Bildbereich des Objektivs isoliert. Mit einer derartigen Anordnung konnten die Raman-Spektren von Teilen von Chromosomen aufgenommen werden [22].

Mit den Gleichungen (17), (19) und (20) läßt sich auch für das Raman-Mikroskop in konfokaler Anordnung (Abb. 6) das Auflösungsvermögen und das effektive Probenvolumen berechnen. Es beträgt $(1.06\ \mu m)^3$, ist also, wie zu erwarten, bedeutend geringer als beim IR-Mikroskop.

In den folgenden Abbildungen 7 bis 10 werden Ramanspektren gezeigt, die mit dem Bruker FTIR-Spektrometer IFS 66 und dem Raman Modul FRA 106 mit dem konfokalen Mikroskop Bruker Ramanscope aufgenommen wurden. Es ist erstaunlich, daß man trotz des relativ geringen Lichtleitwertes von Mikro-

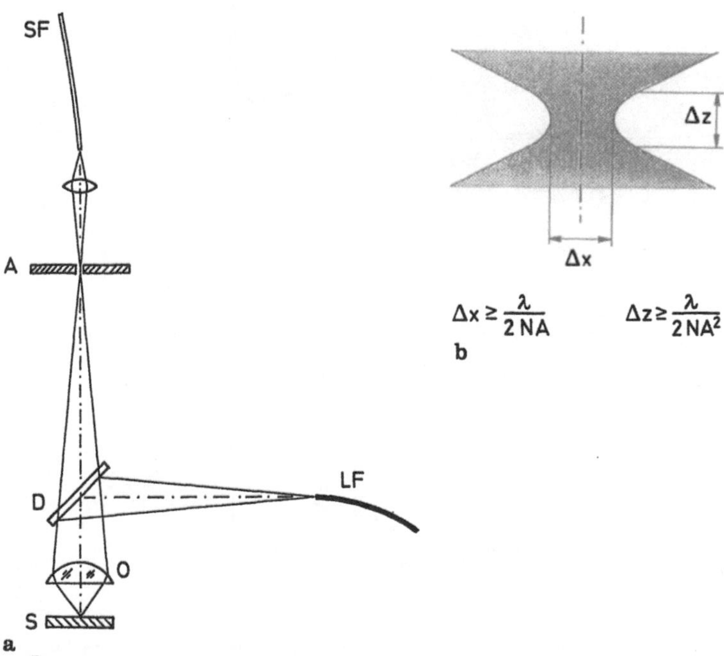

Abb. 6a,b. Konfokales Raman-Mikroskop: a Schematischer Strahlengang, LF-Lichtleitfaser, die die Erregerstrahlung zum Mikroskop leitet, S Probe, O Objektiv, D dichroitischer Spiegel, A konfokale Blende, SF Lichtleitfaser, die die Raman-Strahlung zum Spektrometer befördert; b Fokusbereich des Objektivs, Δx laterale Auflösung, Δz vertikale Auflösung, NA numerische Apertur

skopen intensive Raman-Spektren mit Hilfe eines konfokalen Mikroskops registrieren kann. Abbildung 7 a zeigt Raman-Spektren eines Nylon-Fädchens mit
einem Druchmesser von 30 Mikrometern. Mit dem konfokalen Mikroskop kann
man in 3 Minuten ein gutes Spektrum registrieren. Die gleiche Probe liefert
jedoch mit der normalen Probenanordnung auch nach 60 Minuten nur ein
Spektrum mit einem geringeren Signal/Rausch-Verhältnis. Dies liegt daran, daß
die normale Probenanordnung die Strahlung von einem viel größeren Bereich
erfaßt als dem Fädchen entspricht. Daher liefert die normale Probenanordnung
ein wesentlich intensiveres Spektrum einer größeren Probe von Schwefel als das
Mikroskop (Abb. 7b).

Die modernen Spektrometer können automatisch registrieren und große
Datenmengen verarbeiten und darstellen. Damit ist es möglich, die Spektren von

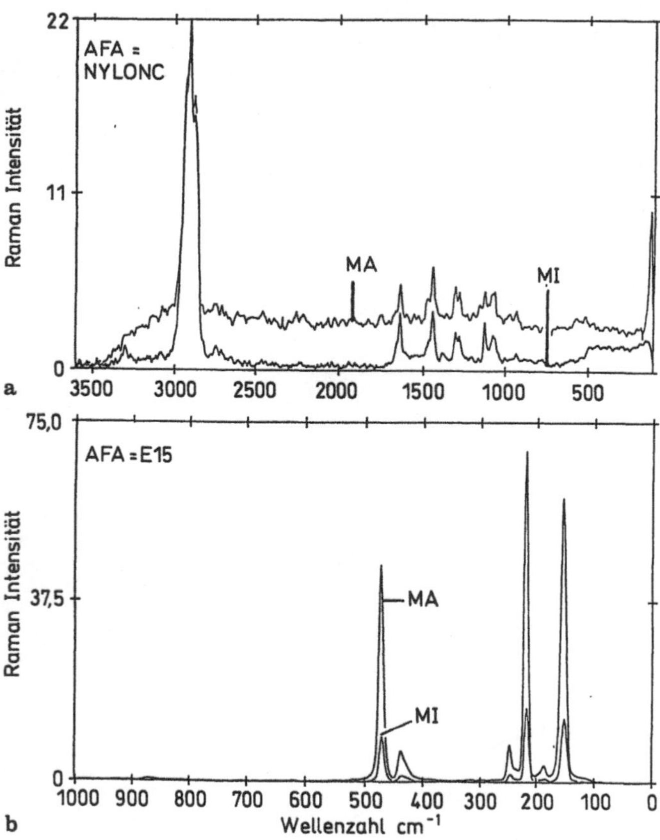

Abb. 7a,b. Ramanspektren einer Nylon-Faser von 30 µm Durchmesser, MI aufgenommen durch das
Mikroskop, Aufnahmezeit 3 Minuten; MA normale Probenanordnung, Aufnahmezeit 60 Minuten,
Laser-Strahlungsleistung 100 mW; **b** Ramanspektren von kompaktem Schwefel, MI aufgenommen
durch das Mikroskop, Laser-Strahlungsleistung 100 mw, Aufnahmezeit 5 Sekunden; MA normale
Probenanordnung, Laser-Strahlungsleistung 60 mW, Aufnahmezeit 5 Sekunden. Bei allen Spektren
war die spektrale Auflösung $\Delta\tilde{\nu} = 8\ \mathrm{cm}^{-1}$

vielen Proben-Orten systematisch zu sammeln und darzustellen. Wie für die Infrarot-Mikroskopie diskutiert wurde, kann ein geringerer Lichtleitwert durch erhöhte Meßzeit kompensiert werden. Das ‚Mapping' erfordert daher viel Zeit. Es läßt sich aber – wie bei modernen NMR-Spektrometern – über Nacht oder über das Wochenende durchführen. Man erhält über die zwei-dimensionale Darstellung bestimmter Spektrallinien die Möglichkeit einer Darstellung der Verteilung bestimmter Moleküle auf einer Oberfläche.

Als Beispiel dient die zerstörungsfreie Untersuchung einer mittelalterlichen Buchhandschrift. Auf einem Pergament aus dem 14. Jahrhundert waren verschiedene Initiale zu sehen. Abbildung 8a zeigt das Raman-Spektrum eines roten Initials, 8b das eines blauen, mit der normalen Probenanordnung registriert. Die Spektren zeigen eindeutig die Banden der verwendeten Pigmente: Zinnober bzw. Azurith. Abbildung 9 zeigt ein ‚Stackplot' der Spektren entlang einer Linie durch das rote Initial, und Abb. 10 die 2-dimensionale Darstellung der Verteilung des Zinnobers im Bereich des Initials [28].

Bei der Raman-Spektroskopie handelt es sich um die Untersuchung eines ‚optisch dünnen' Mediums. Dies heißt, daß sowohl Erreger- als auch Raman-Strahlung (im Gegensatz zur IR-Spektroskopie) nicht wesentlich von der Probe absorbiert werden. Damit ist es möglich, mit einem konfokalem Mikroskop, wie dem Bruker Ramanscope, auch Informationen über die dritte Dimension der Probe, nämlich die Verteilung längs der optischen Achse, zu registrieren. Das kann man zwar noch nicht direkt als ‚optische Tomographie' bezeichnen, kennzeichnet aber einen möglichen Weg dahin. Barbillat et al. berichten ausführlich über konfokale Raman-Mikroskope, die Gitter-Spektrometer verwenden [23].

Die klassische Theorie zeigt, daß die Beugung von Licht die laterale Auflösung auf den Wert $\Delta x = \lambda/NA$ begrenzt. Falls man jedoch feinste optische

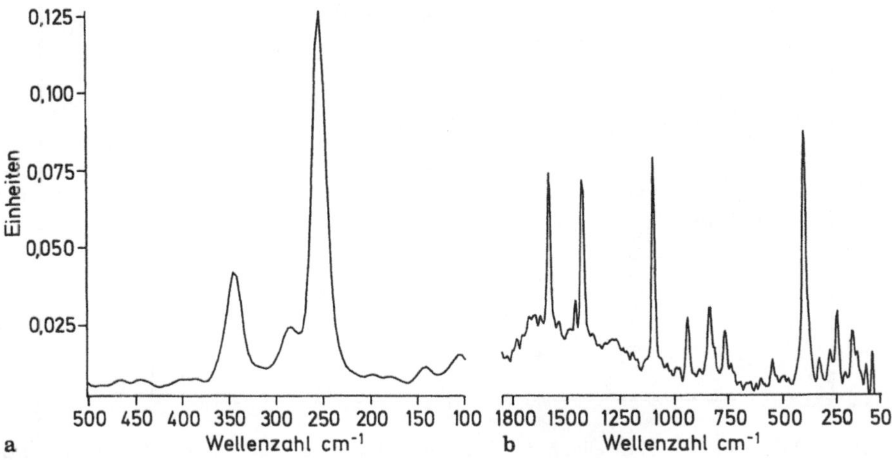

Abb. 8a,b. Zerstörungsfreie Pigmentanalyse einer mittelalterlichen Pergaments mit der FT-Raman-Spektroskopie: **a** rotes Pigment (Zinnober), **b** blaues Pigment (Azurit)

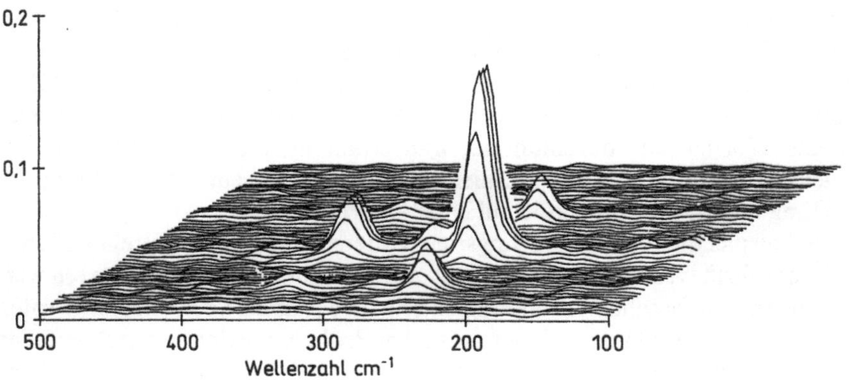

Abb. 9. ‚Stackplot' der Raman-Spektren entlang einer Linie durch das rote Initial (vgl. Abb. 8) mit den Linien des Zinnobers in verschiedener Intensität bei 240 und 340 cm^{-1}. Standard-Probenanordnung, Laser-Strahlungsleistung 50 mW, nicht fokussiert, $\Delta\tilde{\nu} = 8$ cm^{-1}, Aufnahmezeit für jedes Spektrum 3.5 Sekunden [28]

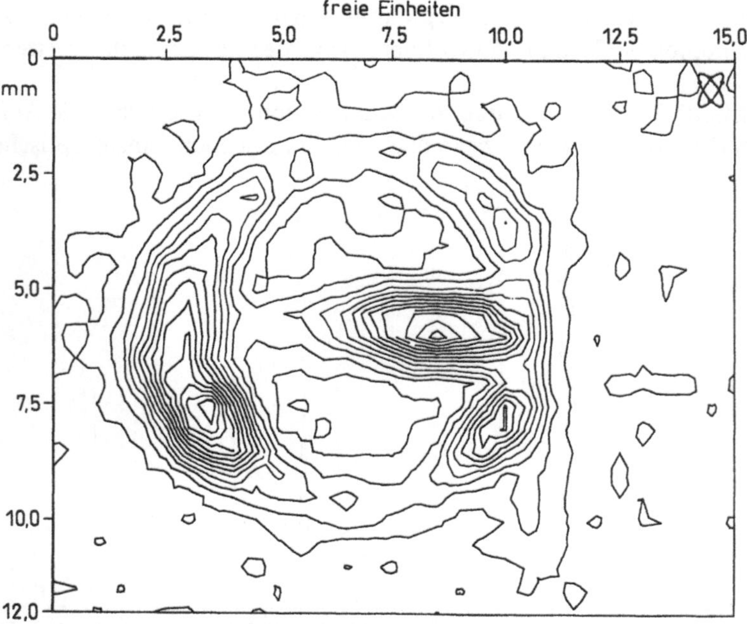

Abb. 10. 2-dimensionale Darstellung der Verteilung des roten Pigments auf dem Initial einer mittelalterlichen Buchhandschrift, die ‚Höhenlinien' entsprechen dem Integralwert der Intensität der Ramanlinien bei 240 und 340 cm^{-1} des Zinnobers. 30 × 30 Elemente der Oberfläche mit einem Rasterabstand von 0.5 mm wurden untersucht, weitere Bedingungen siehe Abb. 9 [28]

Fasern zur Beleuchtung oder Beobachtung von Objekten verwendet, kann man Auflösungen erreichen, die einen Bruchteil der Wellenlnge, z.B. $\lambda/43$ betragen: Super-Resolution Imaging Spectroscopy [24]. Über die Auswertung der 3. Dimension im Sinne der optischen Tomographie siehe [25, 26].

6 Anwendungen

In dem Buch *Infrared* and *Raman Spectroscopy, Methods* and *Application* werden Grundlagen und Anwendungen der analytisch interessanten Methoden der Schwingungs-Spektroskopie umfassend dargestellt [27]. Anwendungen der Infrarot- und Raman-Mikroskopie wurden von uns früher zusammengestellt [18, 28, 29]. Darüberhinaus sind viele Anwendungen der Infrarot- und Raman-Mikro-Spektroskopie in der Literatur beschrieben. Im folgenden werden neuere typische Beispiele referiert.

Einzelpartikel in Mikrometer-Größe lassen sich mit Hilfe der Raman-Spektroskopie auch ohne Mikroskop mit Hilfe der sogenannten optischen Levitation untersuchen [30–32]. Es ist nämlich möglich, mikroskopische Teilchen im Fokus eines Laserstrahls isoliert im Schwebezustand zu halten.

Mikrospektroskopie in Biologie und Umweltschutz wird zur Routine-Analytik: Identifizierung einzelner Bakterien [33, 34], Asbestfasern [35] und ,Chernobyl ,hot' particles' [36].

Mikrostrukturen in Polymer-Mischungen und in Faser-verstärkten Polymeren wurden mit Hilfe der IR- und Raman-Mikroskopie untersucht [37–40]. Beide Methoden wurden auch zur Untersuchung der Struktur von Raketentreibstoffen aus mehreren Komponenten eingesetzt [41, 42].

Die Raman-Mikroskopie eignet sich besonders gut zur zerstörungsfreien Untersuchung der Pigmente alter Kunstwerke [43–46].

Es ist lange bekannt, daß die Raman-Mikroskopie die Identifizierung und Charakterisierung von Edelsteinen gestattet [47]. Auch Einschlüsse in Mineralien lassen sich mit Hilfe der Raman- und Infrarot-Mikroskopie zerstörungsfrei analysieren [48–50]. Mit Hilfe der IR Mikroskopie wurden die Bestandteile von Maceralen untersucht und fossile Algen in Ölschiefern nachgewiesen [51, 52].

Die Raman-Mikroskopie wird erfolgreich eingesetzt zur Untersuchung ,Neuer Materialien', z.B. der Feinstrukturen von Halbleiter-Bauelementen [53] und Keramiken, besonders der Effekte mechanischer Spannungen [54, 55] und der Eigenschaften synthetisch erzeugter Diamant-Schichten [56–58].

Die theoretischen Grenzen der zweidimensionalen FTIR Mikrospektroskopie ultradünner Organischer Schichten werden an einem Beispiel demonstriert [59], zur zweidimensionalen Raman-Mikroskopie werden verschiedene Verfahren genutzt [28, 60–62].

Raman-Mikroanordnungen werden zunehmend zur Verbesserung bekannter Analysen-und Trennmethoden eingesetzt, z.B. für Proben bei 400 °C und

1 kbar verwendet [63], für die Analyse hyperkritischer Lösungen [64] und zur Analyse der Fraktionen der Dünnschicht-Chromatographie [65].

7 Ausblick

Die zeitgemäßen FT-Spektrometer erlauben die Nutzung von Mikroskopen, die die komplementären Infrarot- und Raman-Spektren von Probenbereichen in der Größenordnung der verwendeten Wellenlängen liefern. Sie gestatten auch die 2-dimensionale Aufzeichnung der Verteilung von Stoffen über eine Oberfläche. Schließlich sind auch Informationen über die Tiefenverteilung möglich. die Detektion von Fraktionen chromatographischer Trennungen kann zur Routine werden.

Mikroskope besitzen grundsätzlich einen wesentlich geringeren Lichtleitwert als die heute üblichen ‚Vielzweck'-Spektrometer. Für die Kombination mit Mikroskopen könnten daher kompaktere und preiswertere Spektrometer mit geringerem Lichtleitwert entwickelt werden, die trotzdem die gleiche Qualität der Spektren liefern. Sie würden die Anwendung dieser Techniken im Routinebetrieb bedeutend erleichtern.

Die Methoden der Infrarot und Raman-Mikroskopie befinden sich in einer schnellen Entwicklung und Ausbreitung. Höchst reizvolle Anwendungen, z.B. in der Werkstoff- und Halbleitertechnologie, der Umweltanalytik, der Biochemie und Medizin zeichnen sich ab.

Der Deutschen Forschungsgemeinschaft, dem Fonds der chemischen Industrie, dem Bundesministerium für Forschung und Technologie, der Firma Bruker und meinen Mitarbeitern danke ich für materielle und intellektuelle Hilfe, die die hier referierten Arbeiten ermöglichten. Herr Professor Dr. R. Fuchs, Köln stellte das mittelalterliche Manuskript zur Verfügung, Frau C. Lehner und Dr. J. Sawatzki, Bruker, Karlsruhe, registrierten einige der Spektren.

8 Literatur

1. Hirschfeld T, Chase B (1986) Appl Spectrosc 40:133
2. Schrader B, Simon A (1988) Microchim Acta 2:227
3. Hansen G (1949) Optik 1:227–269
4. Fassel VA (1972) IUPAC Recommendation V.4 I. Pure Appl Chem 30:653; (1974) Appl Spectrosc 28:398
5. Schrader B (1980) Ullmanns Encyklopädie der technischen Chemie, 4. Auflage, Seite 303–372, Verlag Chemie, Weinheim
6. Butler LRP, Laqua K, IUPAC Recommendation V.4 IX. Pure Appl Chem, to be published
7. Griffiths PR, de Haset JA (1986) Fourier Transform Infrared Spectrometry. J Wiley & Son, New York
8. Möller KD, Rothschild WG (1971) Far-Infrared Spectroscopy, Wiley-Interscience, New York
9. Jacquinot P (1954) J Opt Soc Amer 44:761
10. Porterfield DR, Campion A (1988) J Am Chem Soc 110:408

11. Schrader B, Keller S (1992) SPIE 1575:30
12. Melles-Griot (1990) Optics Guide 5, Irvine CA 92714–5670
13. Weitkamp H, Barth R (1976) Einführung in die quantitative Infrarot-Spektrophotometrie. Georg Thieme Verlag, Stuttgart
14. Hirschfeld T (1985) Appl Spectrosc 39:1086
15. Jones N, Sandorfy C (1956) Application of infrared and Raman spectrometry, Chapter IV, p. 247 in Technique of organic chemistry, IX, Intersc, New York
16. Visapää A (1965) Kemian Teollisuus 22:487–503
17. Buback M, Vögele HP (1993) FT-NIR-Atlas, VCH Verlagsgesellschaft, Weinheim
18. Schrader B (1990) Fresenius J Anal Chem 337:824
19. Delhaye M, Dhamelincourt P (1975) J Raman spectrosc 3:33
20. Dhamelincourt P, Beny JM, Dubessy J Poty B (1979) Bull Mineral 102:610
21. Dhamelincourt P, Barbillat J, Delhaye M (1993) Spectroscopy Europe 5/2:1
22. de Mul FFM, van Welie AGM, Otto C, Mud J, Greve J (1984) J Raman Spectrosc 15:268
23. Barbillat J, Dhamelincourt P, Delhaye M, Da Silva E (1994) J Raman Spectrosc 25:3
24. Harris TD, Grober RD, Trautmann JK, Betzig E (1994) Appl Spectrosc 48:14A
25. Hellmuth T (1993) Phys Bl. 49:489
26. Govil A, Pallister DM, Morris MD (1993) Appl Spectrosc 47:75
27. Schrader B (ed) (1995) Infrared and Raman Spectroscopy, Methods and Application, VCH Verlagsgesellschaft Weinheim
28. Schrader B, Baranovic G, Epding A, Hoffmann GG, van Kan PJM, Keller S, Hildebrandt P, Lehner C, Sawatzki J (1993) Appl Spectrosc 47:1452
29. Schrader B, Baranovic G, Keller S, Sawatzki J (1994) Fresenius J Anal Chem, im Druck
30. Schweiger G (1991) J Opt Soc Amer 8:1770
31. Schaschek K, Popp J, Kiefer W (1992) XIII International Conference on Raman Spectroscopy, J Wiley & Sons, New York page 1108
32. Hoffmann GG, Oelichmann B, Schrader B (1992) XIII International Conference on Raman Spectroscopy, J Wiley & Sons, New York page 1102
33. Puppels GJ, Colier W, Olminkhof JHF, Otto C, de Mul FFM, Greve J (1991) J Raman Spectrosc 22:217
34. Chadha S, Nelson HW, Sperry JF (1993) Rev Sci Instr 64:3088
36. Melnik NN, Slobodyanyuk AV, Tepikin VE (1992) XIII International Conference on Raman Spectroscopy, J Wiley & Sons, New York page 1062
37. Garton A, Batchelder DN, Cheng C (1993) Appl Spectrosc 47:922
38. Jawhari T, Pastor JM (1992) J Mol Struct 266:205
39. Tabaksblat R, Meier RJ, Kip BJ (1992) Appl Spectrosc 46:60
40. Boogh LCN, Meier RJ, Kausch HH, Kip BJ (1992) J Polymer Science 30:325
41. Louden JD, Duncan IA, Kelly J, Speirs RM (1993) J Appl Polym Sci 49:275
42. McNesby KL, Wolfe JE, Morris JB, Pesce-Rodriguez RA (1994) J Raman Spectrosc 25:75
43. Best SP, Clark RJH, Withnall R (1992) XIII International Conference on Raman Spectroscopy, J Wiley & Sons, New York page 1042
44. Davey R, Gardiner DJ, Singer BW, Spokes M (1994) J Raman Spectrosc 25:53
45. Edwards HGM, Edwards KAE, Farwell GW, Lewis IR, Seaward MRD (1994) J Raman Spectrosc 25:99
46. Coupry C, Lautie A, Revault M, Dufilho J (1994) J Raman Spectrosc 25:89
47. Nassau K (1981) J Gemm XVII:306
48. Pironon J, Sawatzki J, Dubessy J (1991) Geochim et Cosmochim Acta 55:3885
49. Pironon J (1993) C R Acad Sci Paris 316:1075
50. Richards JP, Kerrich R (1993) Economic Geology 88:716
51. Lin R, Ritz GP (1993) Org Geochem 20:695
52. Lin R, Ritz GP (1993) Appl Spectrosc 47:265
53. Wang PD, Cheng C, Sotomayor Torres CM, Batchelder DN (1993) J Appl Phys 74:5907
54. Bowden M, Dickson GD, Gardiner DJ, Wood DJ (1993) J Mat Sci 28:1031
55. De Wolf I, Norström H, Maes HE (1993) J Appl Phys 74:4490
56. Bhargava S, Joshi H, Bist HD, Aslam N (1993) J Raman Spectrosc 24:417
57. Bernardez L, McCarty KF, Yang N (1992) J Appl Phys 72:2001
58. Bist HD, Bhargava S, Little TS, Gardner JK, Durig JR, Sahli S, Aslam M (1994) J Raman Spectrosc 25:67
59. Mizaikoff B, Taga K, Kellner R (1993) Appl Spectrosc 47:1476

60. Takahshi S, Sun Ahn J, Asaka S, Kitagawa T (1993) Appl Spectrosc 47: 863
61. Lamkers M, Göttges D, Materny A, Schaschek K, Kiefer W (1992) Appl Spectrosc 46: 1331
62. WilliamsKPJ, Pitt GD, Smith BJE, Whitley A, Batchelder DN, Hayward IP (1994) J Raman Spectrosc 25: 131
63. Palmer DA, Begun GM, Ward FH (1993) Rev Sci Instr 64: 1994
64. Howdle SM, Best SP (1993) J Raman Spectrosc 24: 443
65. Everall NJ, Chalmers JM, Newton ID (1992) Appl Spectr 46: 597

II. Methoden

Kapillarelektrophorese

Reinhard Kuhn

Institut für Angewandte Forschung, Fachhochschule für Technik und Wirtschaft Reutlingen, Alteburgstr. 150, D-72762 Reutlingen

1 Einleitung

Die Elektrophorese ist eine der am meisten verbreiteten Trenntechniken und auch heute noch ein innovatives Forschungsgebiet, obwohl die theoretischen Grundlagen durch die bahnbrechenden Arbeiten von Kohlrausch [1] seit fast 100 Jahren bekannt sind. Innerhalb der vielen verschiedenen elektrophoretischen Methoden, wie etwa der isoelektrischen Fokussierung in ultradünnen Gelen oder der zweidimensionalen Gelelektrophorese, stellt die Kapillarelektrophorese (CE) die jüngste Entwicklung in dieser Reihe dar.

Versuche zur Kapillarelektrophorese in freier Lösung wurden erstmals 1967 von Hjertén [2] durchgeführt. Seine Trennapparatur bestand aus Quarzkapillaren mit Innendurchmessern von 1 bis 3 mm. Um die Elektroosmose und die Thermokonvektion zu unterdrücken, beschichtete er die inneren Kapillarwände mit Methylcellulose und ließ die gesamte Kapillare um die Längsachse rotieren. Die Detektion der Zonen erfolgte durch einen UV-Detektor, der die Länge der Kapillare abtastete. Mitte der 70er Jahre entwickelten Everaerts und Mitarbeiter [3] die Kapillarisotachophorese (CITP) in Teflonkapillaren von 0,3–0,5 mm Innendurchmesser. Durch den Gebrauch von Teflon statt Quarz konnte die Elektroosmose weitgehend unterdrückt werden. Obwohl die CITP in den darauffolgenden Jahren weiter optimiert wurde und entsprechende Geräte seit dieser Zeit kommerziell erhältlich sind, hat sich diese Methode bis heute nicht durchsetzen können.

Die oben beschriebenen Beispiele zeigen, daß das Prinzip der CE seit vielen Jahren bekannt ist. Zwei Hauptprobleme jedoch konnten damals nicht zufriedenstellend gelöst werden: (1) die Elektroosmose und (2) die geringe Empfindlichkeit der Detektionssysteme in Kapillaren mit sehr kleinen Innendurchmessern. 1981 veröffentlichten Jorgenson und Lukacs [4,5] ihre ersten Publikationen über Kapillarzonenelektrophorese (CZE), die sich in mehrerer Hinsicht entscheidend von den Arbeiten der Vorgänger unterschieden. Durch die Verwendung von Kapillaren mit Innendurchmessern von weniger als 100 µm konnte die Wärmeentwicklung während der Elektrophorese minimiert werden. Anstatt die Elektroosmose zu unterdrücken, wurde das einzigartige Fließprofil des elektroosmotischen Flusses ausgenutzt, um die gesamte Elektrolytlösung – ähnlich einer Pumpe, jedoch mit wesentlich geringerer Dispersion – durch die Kapillare zu transportieren. In den darauffolgenden Jahren wurden viele Verbesserungen in Bezug auf die Detektion und auf die Leistungsfähigkeit der Kapillarzonenelektrophorese durchgeführt. Darüberhinaus wurden viele von der CZE abgeleitete Techniken (Modi) entwickelt, um die hohen Anforderungen an eine moderne Trenntechnik zu erfüllen. Heute, nur 13 Jahre nach ihrer ersten Einführung, stellt die Kapillarelektrophorese eine hervorragend etablierte Technik dar, die viele Vorteile der Elektrophorese mit denen der Hochleistungs-Flüssigchromatographie (HPLC) verbindet.

An dieser Stelle sei auf einige jüngst erschienene Monographien hingewiesen, welche die Theorie und Praxis der Kapillarelektrophorese und ihrer verschiedenen Modi ausführlich diskutieren [6–8].

2 Theorie

2.1 Grundlagen der elektrophoretischen Wanderung

Elektrophorese ist definiert als der Transport von Ionen in einer Lösung unter dem Einfluß eines elektrischen Feldes. Sie umfaßt eine Reihe verschiedener Methoden, die aber alle auf den vier grundlegenden elektrophoretischen Methoden, nämlich Moving-Boundary Elektrophorese (MBE), Zonenelektrophorese (ZE), Isotachophorese (ITP) und Isoelektrische Fokussierung (IEF), basieren. Alle elektrophoretischen Prozesse lassen sich durch die gleichen physikalischen Gleichungen beschreiben, die somit ihre fundamentale Bedeutung unter Beweis stellen [9].

In einer Lösung, an die ein homogenes elektrisches Feld angelegt ist, wird eine geladene Komponente i durch das elektrische Feld beschleunigt. Unter der Voraussetzung, daß keine interionischen Wechselwirkungen auftreten, läßt sich die elektrische Kraft F_e durch folgende Gleichung beschreiben:

$$F_e = z_i \cdot e_0 \cdot E \tag{1}$$

z_i Ladungszahl der Komponente i
e_0 Elementarladung $[1{,}602 \cdot 10^{-19}\,C]$
E elektrische Feldstärke $[V \cdot cm^{-1}]$

In einem viskosen wäßrigen Medium wirkt der elektrischen Kraft F_e die Reibungskraft F_R entgegen:

$$F_R = k \cdot \eta \cdot v_i \tag{2}$$

k Konstante $[cm]$
η Newtonsche Viskosität der Lösung $[Pa \cdot s]$
v_i Wanderungsgeschwindigkeit der Komponente i $[cm \cdot s^{-1}]$

Gemäß dem Stokeschen Gesetz entspricht die Konstante k für sphärische Partikel $6\pi r$. Für nicht-sphärische Partikel ist der numerische Wert kleiner als 6. Ist die Reibungskraft gleich der elektrischen Kraft, so wandert das Teilchen i mit konstanter Geschwindigkeit, die gegeben ist durch

$$v_i = \frac{z_i \cdot e_0}{6\pi\eta r} \cdot E \tag{3}$$

Der hydrodynamische oder Stokesche Radius r stellt den Radius des hydratisierten Ions dar und unterscheidet sich vom kristallographischen Radius. Entsprechend Gl. (3) ist die elektrophoretische Wanderungsgeschwindigkeit eines Ions proportional der elektrischen Feldstärke. Der Proportionalitätsfaktor wird als elektrophoretische Mobilität μ bezeichnet und ist unter definierten experimentellen Bedingungen eine Stoffkonstante des Ions i:

$$\mu_i = \frac{v_i}{E} = \frac{z_i \cdot e_0}{6\pi\eta r} \; [cm^2 \cdot V^{-1} \cdot s^{-1}] \tag{4}$$

Wie Gl. (4) zeigt, ist die elektrophoretische Mobilität neben den stofflichen Parametern wie Ladungszahl und Ionenradius auch von der Viskosität der Lösung abhängig. Somit ist der Einfluß der Temperatur auf die Mobilität fast ausschließlich auf die Änderung der Viskosität des Mediums zurückzuführen. Er läßt sich mathematisch durch die Arrheniussche Beziehung beschreiben:

$$\eta = C \cdot e^{\,E_A/R\,\cdot\,T} \tag{5}$$

C   Konstante [Pa·s]
E_A Aktivierungsenergie des viskosen Flusses [J·mol^{-1}]
R   Molare Gaskonstante [8,314 J·mol^{-1}·K^{-1}]
T   Temperatur [K]

Als Faustregel gilt, daß die Mobilität mit steigender Temperatur um annähernd 2% pro Kelvin steigt.

Die Berechnung der elektrophoretischen Mobilität nach Gl. (4) ist schwierig oder gar unmöglich. μ_i kann jedoch aus einem Elektropherogramm ermittelt werden. Abbildung 1 zeigt schematisch eine Trennung von 2 Komponenten mittels CZE.

Die Probe besteht aus einer kationischen Komponente (1), einer anionischen Komponente (2) und einer neutralen Verbindung, die sich mit der Geschwindigkeit des elektroosmotischen Flusses bewegt (EOF-Marker). Abbildung 2 zeigt schematisch die Wanderung eines Kations und eines Anions in Anwesenheit des elektroosmotischen Flusses.

Die Nettogeschwindigkeit $v_{i(net)}$ einer Komponente i setzt sich aus der eigentlichen elektrophoretischen Wanderungsgeschwindigkeit v_i des Ions und der Geschwindigkeit des elektroosmotischen Flusses zusammen. Sie läßt sich berechnen, indem man die Länge der Kapillare vom Injektionspunkt bis zum

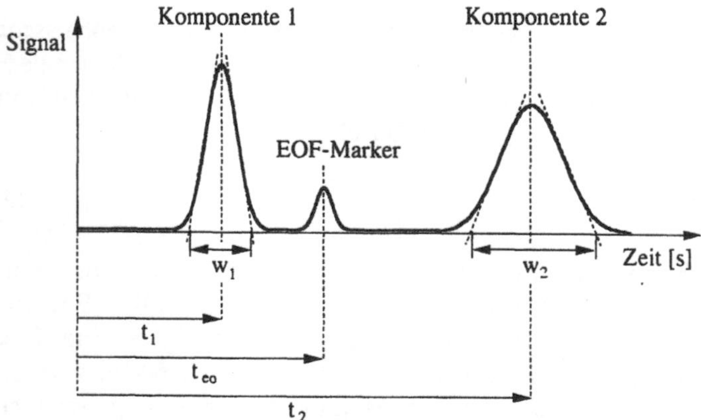

Abb. 1. Schematische Darstellung einer Trennung mittels Kapillarelektrophorese. t_1 ist die Wanderungszeit der Komponente 1, t_2 die Wanderungszeit der Komponente 2, t_{eo} die Wanderungszeit des elektroosmotischen Flußmarkers. w_1 und w_2 sind die Peakbreiten der Komponenten 1 bzw. 2

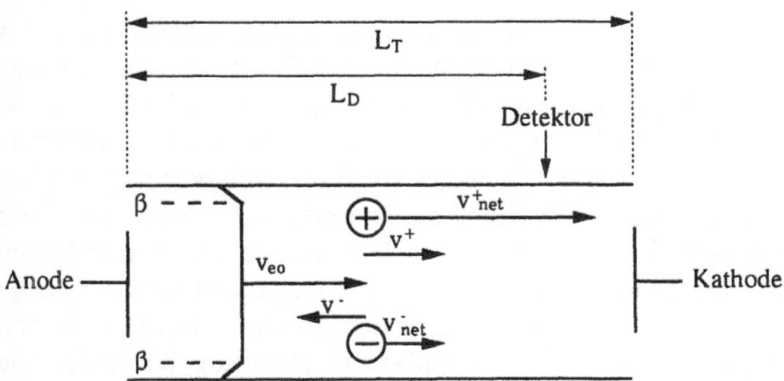

Abb. 2. Schematische Darstellung der Wanderung eines Kations und eines Anions in der Kapillare. v^+_{net} bzw. v^-_{net} sind die Vektoren der Nettogeschwindigkeit des Kations bzw. des Anions, v_{eo} der elektroosmotische Fluß, v^+ bzw. v^- sind die Vektoren der elektrophoretischen Geschwindigkeiten des Kations bzw. Anions. L_D ist die effektive Länge der Kapillare bis zum Detektor, L_T die Gesamtlänge der Kapillare und ß die Dicke der diffusen Doppelschicht

Detektor durch die Wanderungszeit t_i dividiert. Die elektrophoretische Wanderungsgeschwindigkeit ist dann gegeben durch:

$$v_i = v_{i(net)} - v_{eo} = \frac{L_D}{t_i} - \frac{L_D}{t_{eo}} \tag{6}$$

L_D Länge der Kapillare bis zum Detektor [cm]
t_i Wanderungszeit der Komponente i [s]
t_{eo} Wanderungszeit des EOF Markers [s]
$v_{i(net)}$ Nettogeschwindigkeit der Komponente i $[cm \cdot s^{-1}]$
v_{eo} Geschwindigkeit des elektroosmotischen Flusses $[cm \cdot s^{-1}]$

Entsprechend Gleichung (6) erhalten Anionen eine negative Wanderungsgeschwindigkeit, da v_{eo} größer ist als $v_{i(net)}$. Die effektive elektrophoretische Mobilität ist somit definiert als:

$$\mu_i = \frac{v_i}{E} = \frac{v_i \cdot L_T}{V} \tag{7}$$

L_T Gesamtlänge der Kapillare [cm]
V angelegte Spannung [V]

2.2 Elektroosmose

Die Elektroosmose ist einer der ersten elektrokinetischen Effekte, der entdeckt wurde und der bei allen elektrophoretischen Trennprozessen auftritt. Sie läßt sich beschreiben als die Bewegung einer Flüssigkeit relativ zu einer geladenen Oberfläche unter dem Einfluß eines elektrischen Feldes. Dieser Flüssigkeitstransport wird auch elektroosmotischer Fluß (EOF) genannt. Elektroosmose tritt

immer dann auf, wenn eine Spannung an ein flüssiges System angelegt wird, das
in Kontakt zu einer geladenen Oberfläche ist, wie es z.B. bei der Kapillarelektrophorese in einer Quarzkapillare (*fused silica* Kapillare) der Fall ist. Die Größe
und Richtung des EOFs hängt hierbei von der Beschaffenheit der Kapillaroberfläche und der Zusammensetzung der Lösung ab. Empirisch wurde gefunden,
daß die Phase mit der höheren Dielektrizitätskonstanten sich positiv bezüglich
der anderen Phase polarisiert. Deshalb ist Wasser aufgrund seiner sehr hohen
Dielektrizitätskonstanten gewöhnlich positiv polarisiert gegenüber der Quarzoberfläche. Aus diesem Grund bewegt sich unter dem Einfluß eines elektrischen
Feldes die gesamte Lösung einer Quarzkapillare in Richtung Kathode. Die
Elektroosmose bewirkt also einen Transport der Flüssigkeit ähnlich einer mechanischen Pumpe. Aufgrund des elektroosmotischen Flusses ist es möglich, daß
in der CE sowohl Kationen wie auch Anionen gleichzeitg in einem Experiment
analysiert werden können.

In druckgetriebenen Systemen wie z.B. in der HPLC bewirken Reibungskräfte an der Grenzfläche zwischen Kapillarwand und Flüssigkeit einen starken
Druckabfall entlang des Kapillarquerschnitts, der zu einem laminaren oder
parabolischen Fließprofil führt (s. Abb. 3a). In elektrisch getriebenen Systemen,
bei denen der Flüssigkeitstransport durch die Elektroosmose verursacht wird,
resultiert dagegen ein flaches Fließprofil (Abb. 3b). Lediglich im Bereich der
Sternschen Doppelschicht – sehr nahe an der Kapillarwand – geht der Geschwindigkeitsvektor der Flüssigkeit gegen Null. Aufgrund dieses einzigartigen
Fließprofils ist der Beitrag des EOF zur Bandenverbreiterung der Probesubstanzen im Gegensatz zur HPLC vernachlässigbar.

Die Geschwindigkeit des elektroosmotischen Flusses ist proportional zum
elektrischen Feld und ist definiert durch folgende Gleichung:

$$v_{eo} = \mu_{eo} \cdot E \tag{8}$$

μ_{eo} elektroosmotische Mobilität $[cm^2 \cdot v^{-1} \cdot s^{-1}]$

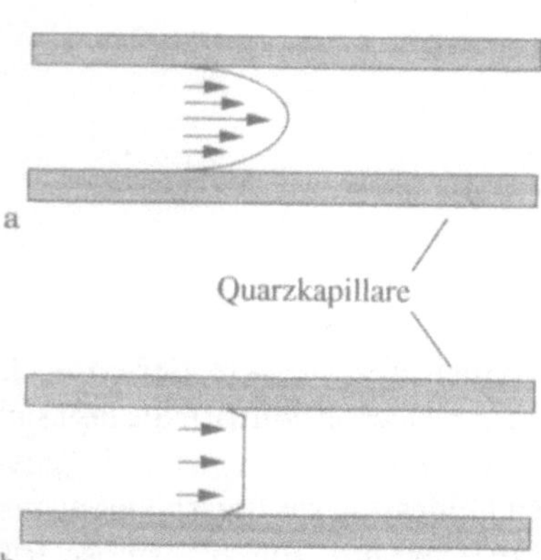

Abb. 3a,b. Fließprofile von Druck-getriebenen **a** und
elektrophoretisch getriebenen Systemen **b**. Die Pfeile
symbolisieren die Geschwindigkeitsvektoren

Die elektroosmotische Mobilität hängt vom Zeta-Potential ζ der Kapillaroberfläche sowie der Dielektrizitätskonstanten ε und der Viskosität η der Lösung ab:

$$\mu_{eo} = \frac{\zeta \cdot \varepsilon}{4\pi\eta} \tag{9}$$

Die Beschaffenheit der Quarzoberfläche ist verantwortlich für das Zeta-
Potential. Die Silanolgruppen auf der Oberfläche verhalten sich chemisch wie
schwache Säuren und sind in Abhängigkeit vom pH-Wert der Lösung mehr oder
weniger stark dissoziiert. Als Konsequenz daraus steigt die Oberflächenladung
und damit das Zeta-Potential mit steigendem pH-Wert. Ab pH 7–8 sind alle
Silanolgruppen vollständig dissoziiert, und das Zeta-Potential bleibt konstant.
Die Abhängigkeit der elektroosmotischen Mobilität vom pH-Wert der Lösung
ist in Abb. 4 wiedergegeben. Die resultierende Kurve entspricht einer
Titrationskurve der Silanolgruppen.

Insbesondere im sauren pH-Bereich ist der elektroosmotische Fluß so klein,
daß die elektrophoretische Wanderungsgeschwindigkeit von Anionen größer
sein kann als der EOF. In diesem Fall werden die Anionen nicht durch die
Kapillare transportiert und können somit nicht vom Detektor erfaßt werden.
Um sie dennoch zu detektieren, muß die Elektrophorese mit umgekehrter
Polarität durchgeführt werden. Die Probeninjektion erfolgt dann an der
Kathodenseite. Der EOF kann auf verschiedene Weise beeinflußt werden. Puffer-
zusätze wie ionische oberflächenaktive Substanzen (Detergentien) verändern
chemisch die Oberfläche der Kapillare. Kationische Detergentien wie Cetyl-
trimethylammoniumbromid (CTAB) und homologe Verbindungen adsorbieren
an der Oberfläche (dynamisches *Coating*) und verändern deren Ladung. In
Abhängigkeit von der Konzentration dieser Substanzen sinkt der elektroosmotische Fluß bzw. kehrt sich in die andere Richtung um [10, 11]. Organische
Lösungsmittel beeinflussen den EOF dadurch, daß sie die Polarität und Viskosität der Lösung verändern [12]. Durch den Zusatz von Methanol zur
Pufferlösung sinkt der elektroosmotische Fluß fast linear mit steigender Konzen-

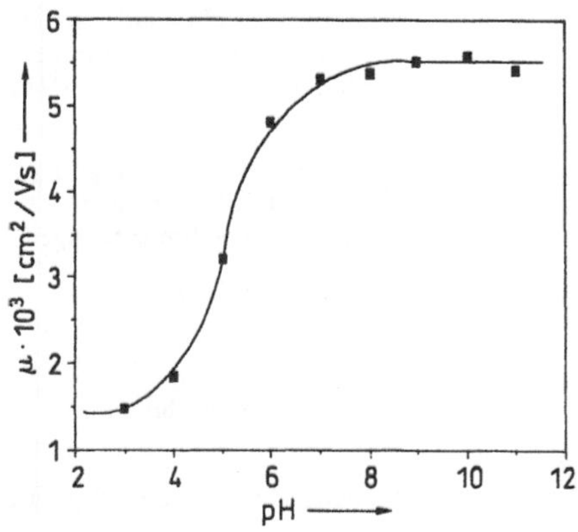

Abb. 4. Abhängigkeit der elektroosmotischen
Mobilität vom pH-Wert der Elektrolytlösung in
einer Quarzkapillare

tration an Methanol bis zu 60 Vol-% [13]. Dagegen führt Acetonitril zu einer Erhöhung der Elektroosmose.

Alternativ zum dynamischen *Coating* eliminieren Polymere, die kovalent an der Silica-Oberfläche gebunden sind, den EOF weitgehend. Darüberhinaus besitzen derart vorbehandelte Kapillaren nur eine geringe Tendenz zu unerwünschter Adsorption von Proteinen. Eine Reihe von Verfahren zur Herstellung von oberflächenmodifizierten Kapillaren sind in der Literatur beschrieben [14–18].

Tabelle 1 gibt eine Zusammenfassung von Methoden, den elektroosmotischen Fluß zu kontrollieren.

2.3 Leistungskriterien

Im allgemeinen werden analytische Stofftrennungen durchgeführt, um in einer vernünftigen Zeit Aussagen über die qualitative und quantitative Zusammensetzung einer Probe zu erhalten. Zuverlässige Informationen erhält man jedoch nur, wenn die Trenntechnik eine zufriedenstellende Leistung aufweist. Zur Beschreibung der Leistungsfähigkeit in der Kapillarelektrophorese werden die gleichen grundlegenden Konzepte herangezogen, wie sie für die Chromatographie bekannt sind: Effizienz, Selektivität und Auflösung.

Tabelle 1. Parameter zur Kontrolle des elektroosmotischen Flusses in der CE

Parameter	Einfluß auf EOF	Bemerkung
Feldstärke	proportional zum EOF	Effizienz steigt bei Erhöhung
Temperatur	EOF steigt um ca. 2% pro Kelvin durch Änderung der Viskosität	Temperaturerhöhung kann die Auflösung verringern
pH-Wert des Puffers	EOF klein bei niedrigem pH, ab pH 7–8 konstant	großer Einfluß auf die Selektivität des Systems
Ionenstärke des Puffers	reziprok zum Zeta-Potential und zum EOF	vielfältiger Einfluß auf das Trennsystem, z.B.: Joulesche Wärme, Adsorption, Peakform
kationisches Tensid	erniedrigt den EOF oder kehrt dessen Richtung um	adsorbiert an der Kapillaroberfläche aufgrund von hydrophoben oder ionischen Wechselwirkungen
organische Modifier	Änderung des Zeta-Potentials und der Viskosität	vielfältiger Einfluß
neutrale hydrophile Polymere	erniedrigt den EOF durch Abschirmung der Oberflächenladungen	adsorbieren an der Kapillaroberfläche
Kapillar-*Coating*	meist Unterdrückung des EOF	Stabilität des Coatings oft gering

2.3.1 Effizienz

Die Effizienz eines elektrophoretischen Trennsystems läßt sich numerisch durch die Anzahl der theoretischen Böden N erfassen. Wie in der Chromatographie kann N experimentell aus einem Elektropherogramm anhand folgender Gleichungen berechnet werden:

$$N = 16 \cdot \left(\frac{t}{w}\right)^2 \tag{10}$$

$$N = 5.54 \cdot \left(\frac{t}{\frac{w}{2}}\right)^2 \tag{11}$$

t Wanderungszeit der Komponente [s]
w Peakbreite an der Basislinie [s]
$\frac{w}{2}$ Peakbreite auf halber Peakhöhe [s]

Gleichung (11) ist zu bevorzugen, wenn der Peak ein Tailing zeigt und die Bestimmung der Peakbreite an der Basislinie erschwert ist. Um die Effizienz von verschiedenen Systemen miteinander vergleichen zu können, werden die theoretischen Bodenzahlen häufig auf eine einheitliche Länge der Kapillare, z.B. 1 Meter, bezogen. In der CE sind theoretische Bodenzahlen von 10^6 bis 10^7 pro Meter bereits erzielt worden. Obwohl der theoretischen Bodenzahl in der CE nicht die gleiche Bedeutung zukommt wie in der Chromatographie, so erlaubt sie doch eine Abschätzung der Peakkapazität des Systems.

Bereits 1969 leitete Giddings [19, 20] folgende fundamentale Gleichungen her, welche die Abhängigkeit der theoretischen Bodenzahl von den experimentellen Parametern ohne bzw. mit elektroosmotischem Fluß beschreiben:

$$N = \frac{\mu \cdot V}{2 \cdot D} \quad \text{bzw.} \quad N = \frac{(\mu + \mu_{eo}) \cdot V}{2 \cdot D} \tag{12}$$

D Diffusionskoeffizient $[cm^2 \cdot s^{-1}]$

Die Gleichungen (12) sind in mehrerlei Hinsicht interessant. Für eine gegebene Probenkomponente sind μ und D konstant. Somit kann N nur durch die angelegte Spannung beeinflußt werden. Weil N direkt proportional der Spannung ist, sollte die höchstmögliche Spannung auch die höchste Bodenzahl ergeben. Anders als in der Chromatographie ist N unabhängig von der Länge der Kapillare und der Wanderungszeit. Außerdem ist N direkt proportional zum elektroosmotischen Fluß, sodaß die Effizienz eines Systems steigt, wenn der elektroosmotische Fluß größer wird. Obwohl theoretisch korrekt, ist diese Schlußfolgerung jedoch irreführend, da, wie in Kap. 2.3.3 dargestellt, die Auflösung von zwei Probenkomponenten mit der Größe des elektroosmotischen Flusses abnimmt.

2.3.2 Selektivität

Die Selektivität eines Trennsystems stellt ein Maß für seine Fähigkeit dar, zwei Substanzen voneinander trennen zu können. In der Elektrophorese ist sie umso größer, je stärker die Unterschiede ihrer elektrophoretischen Mobilitäten sind. In Analogie zur Chromatographie, in der der Trennfaktor α ein Maß für die Selektivität des Trennsystems ist, wird der Trennfaktor in der CE definiert als

$$\alpha = \frac{t_2}{t_1} \tag{13}$$

t_1 Wanderungszeit der zuerst eluierten Komponente [s]
t_2 Wanderungszeit der zweiten Komponente [s]

Da definitionsgemäß $t_2 \geqslant t_1$ ist, ist α immer $\geqslant 1$. Die Selektivität scheint der kritischste Faktor einer Methodenoptimierung in der CE zu sein. Während in der Chromatographie eine Reihe von stationären und mobilen Phasen verfügbar sind, die nahezu alle Trennprobleme lösen können, ist die Methodenoptimierung in der CE in Bezug auf die Selektivität zweier Peaks auf die Wahl des Elektrolytsystems beschränkt. Eine Ausnahme stellt die Kapillargelelektrophorese dar, bei der die Porenstruktur des Gels einen Molekularsiebeffekt bewirkt.

2.3.3 Auflösung

Die Auflösung R zweier Peaks im Elektropherogramm läßt sich aus den experimentellen Daten wie folgt berechnen:

$$R = \frac{2 \cdot (t_2 - t_1)}{w_1 + w_2} \text{ mit } t_2 \geqslant t_1 \tag{14}$$

Theoretisch ist R definiert als Quotient aus dem Abstand der beiden Peaks und dem Mittelwert ihrer Standardabweichungen. Giddings [19, 20] leitete daraus folgende Beziehung her:

$$R = 0.177 \cdot (\mu_1 - \mu_2) \cdot \sqrt{\frac{V}{D \cdot (\bar{\mu} + \mu_{eo})}} \tag{15}$$

$\bar{\mu}$ Mittelwert der Mobilitäten der Komponenten 1 und 2

Die Auflösung in Gl. (15) setzt sich aus dem Produkt zweier Terme zusammen. Während der erste Term die Selektivität des Trennsystems ausdrückt, beinhaltet der Quadratwurzel-Term die Effizienz des Systems. Die Auflösung sinkt mit der Größe des elektroosmotischen Flusses, wenn alle Komponenten das gleiche Ladungsvorzeichen aufweisen. Die höchste Auflösung wird theoretisch dann erzielt, wenn $\bar{\mu}$ durch die elektroosmotische Mobilität ausgeglichen wird. Eine derartige Trennung würde jedoch sehr viel Zeit benötigen.

3 Instrumentierung

In Bezug auf die Instrumentierung ist die Kapillarelektrophorese eine sehr einfache Technik. Bereits mit einer experimentellen Anordnung bestehend aus einer Quarzkapillare, einem Hochspannungsgerät, einem Detektor, z.B. einem HPLC-Detektor, der mit Faseroptik ausgestattet ist, und einem Schreiber läßt sich erfolgreich CE betreiben. Moderne, käufliche Geräte sind zusätzlich mit einem Autosampler, einer Säulenthermostatisierung und einem Computer zur Datenerfassung und -verarbeitung ausgerüstet. Die instrumentelle Anordnung ist schematisch in Abb. 5 wiedergegeben.

Die Quarzkapillare taucht beiderseits in zwei Pufferreservoire ein. Über zwei Platinelektroden sind die beiden Pufferreservoire mit einem Hochspannungsgerät verbunden, das Spannungen bis zu 30 kV erzeugen kann. Zur Injektion der Probenlösung wird üblicherweise auf der Anodenseite das Pufferreservoir gegen das Probengefäß ausgetauscht. Ein definiertes Probenvolumen wird entweder hydrodynamisch durch Anlegen einer Druckdifferenz oder elektrokinetisch durch Anlegen einer Spannung in die Kapillare eingeführt. Die Detektion der Zonen erfolgt anhand eines Durchflußdetektors, meist ein UV- oder Fluoreszenz-Detektor, der in der Nähe der Kathodenseite plaziert ist. Analog der HPLC wird das Detektorsignal gegen die Zeit aufgetragen. Ein Computer erfaßt und interpretiert die experimentellen Daten.

3.1 Kapillare

Die Kapillare stellt das Kernstück der CE-Apparatur dar. Obwohl Kapillaren aus Borosilikat oder Teflon angeboten werden, ist Quarzglas das bei weitem am

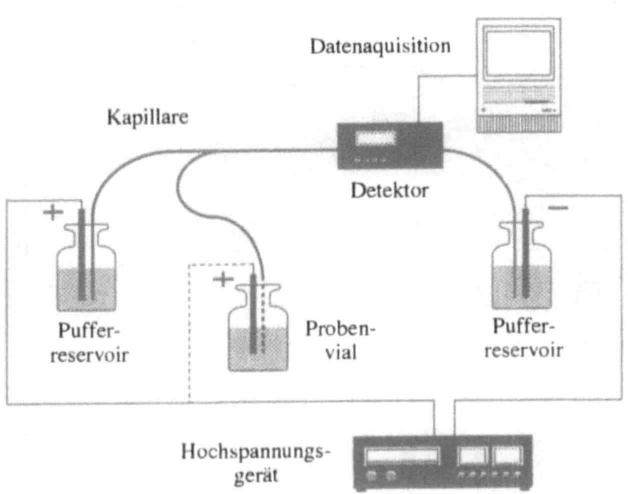

Abb. 5. Instrumentelle Anordnung eines Kapillarelektrophorese-Systems

meisten benutzte Material. Quarzglas besitzt neben einer ausgezeichneten Durchlässigkeit für UV-Licht eine hohe thermische Leitfähigkeit und ist mit verschiedenen Innendurchmessern kommerziell erhältlich. Abbildung 6 zeigt schematisch den Querschnitt durch eine Quarzkapillare.

Um eine ausreichende Flexibilität zu gewährleisten, sind Kapillaren aus Quarzglas mit einer dünnen Polyimidschicht ummantelt. Zur Detektion muß allerdings diese Polyimidschicht beseitigt werden, da sie weitgehend undurchlässig für UV- und sichtbares Licht ist. In der Kapillarelektrophorese werden üblicherweise Kapillaren mit Innendurchmessern von 10–100 µm und Längen von 20–100 cm benutzt. Die Dimensionen der Kapillare haben in mehrererlei Hinsicht einen Einfluß auf die elektrophoretische Trennung. Einerseits beeinflußt die Länge der Kapillare die Wanderungszeit und die Auflösung der Zonen, andererseits wird die Empfindlichkeit der Detektion, die Abführung der Jouleschen Wärme und gegebenenfalls die Adsorption von Probensubstanzen an der Quarzoberfläche durch den Kapillardurchmesser beeinflußt.

Jorgenson [21] untersuchte den Einfluß der Kapillarlänge auf die theoretische Bodenzahl von Probesubstanzen (Abb. 7). Während bei Längen über 100 cm eine signifikante Verbesserung der theoretischen Bodenzahl nicht mehr nachgewiesen werden konnte, erhöhte sich jedoch die Analysenzeit beträchtlich. Die Bodenzahl sank dramatisch bei Kapillaren, die kürzer als 100 cm waren.

Um reproduzierbare Ergebnisse zu erhalten, ist eine effektive Temperaturkontrolle der Kapillare notwendig. Hierbei sollte die Temperaturregelung aufgrund der großen Abhängigkeit der Viskosität der Lösung von der Temperatur auf $\pm\,0.1\,°C$ genau sein. Die Thermostatisierung erfüllt dabei zwei Anforderungen. Einerseits werden Temperaturschwankungen der Umgebung eliminiert, andererseits wird die Joulesche Wärme, die während der Elektrophorese entsteht, abgeführt.

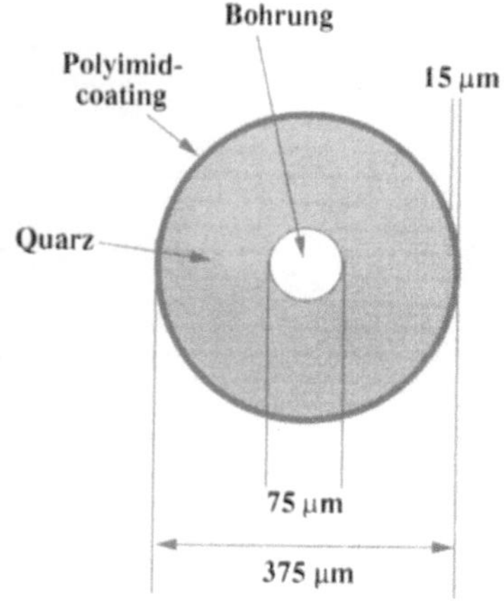

Abb. 6. Querschnitt durch eine Quarzkapillare

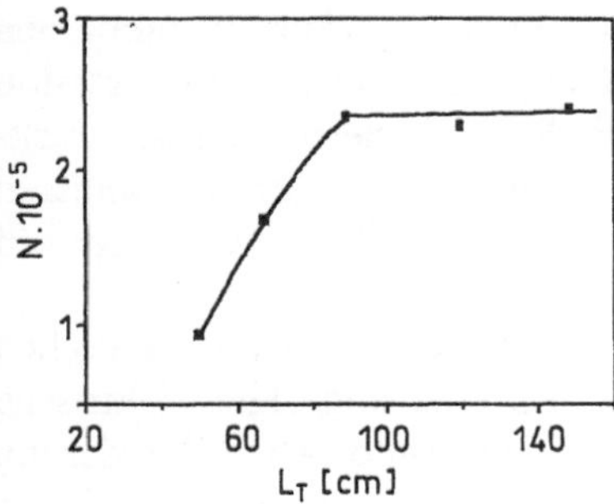

Abb. 7. Abhängigkeit der theoretischen Bodenzahl von der Kapillarlänge [21]. (Mit freundlicher Genehmigung der American Chemical Society)

3.2 Injektion

Die Probeninjektion ist ein Vorgang von zentraler Bedeutung. Selbst die beste Trennmethode führt zu unzureichenden Ergebnissen, wenn die Injektion ohne die notwendige Sorgfalt durchgeführt wird. Einer der größten Vorteile der Kapillarelektrophorese ist die Tatsache, daß nur extrem kleine Probenvolumina (z.B. 20 µL) benötigt werden, von denen zudem nur wenige Nanoliter tatsächlich injiziert werden. Die Injektion der Probe kann auf zwei unterschiedliche Arten durchgeführt werden: (1) hydrodynamisch oder (2) elektrokinetisch.

Die hydrodynamische Injektion erfolgt durch das kurzzeitige Anlegen einer Druckdifferenz zwischen den beiden Enden der Kapillare. In der Praxis wird diese Druckdifferenz durch einen Überdruck auf der Injektionsseite, durch Vakuum auf der Detektorseite oder durch hydrostatischen Druck als Folge eines Höhenunterschieds der beiden Kapillarenden erzeugt. Das Injektionsvolumen, das auf diese Weise in die Kapillare eingeführt wird, ist eine lineare Funktion der Druckdifferenz und der Injektionszeit und kann anhand des Poiseuilleschen Gesetzes wie folgt berechnet werden:

$$V_i = \frac{\Delta p \cdot \pi \cdot r^4 \cdot t}{8 \cdot \eta \cdot L_T} \tag{16}$$

V_i Injektionsvolumen $[m^3]$
Δp Druckdifferenz $[Pa]$
r innerer Radius der Kapillare $[m]$
t Injektionszeit $[s]$
η Viskosität $[Pa \cdot s]$
L_T Gesamtlänge der Kapillare $[m]$

Wie aus Gl. (16) ersichtlich ist, läßt sich das Injektionsvolumen kontrollieren, indem die Injektionszeit und/oder die Druckdiffernz verändert wird. Das Injektionsvolumen wird demnach festgelegt durch das Produkt ($\Delta p \cdot t \cdot$ const.) und stellt die Fläche unter der Kurve eines Δp-t-Diagramms dar. In der Praxis würde eine plötzliche Beaufschlagung des Systems mit einem Überdruck oder einem Vakuum zu einem unkontrollierten Druckanstieg und damit zu einem undefinierten Injektionsvolumen führen (Abb. 8a). Deshalb erfolgt in modernen Geräten die Injektion durch eine kontrollierte Kompression und Dekompression über einen bestimmten Zeitraum (Abb. 8b). Die Reproduzierbarkeit des Injektionsvolumens ist aufgrund apparativer Faktoren meist besser bei längeren Injektionszeiten. Zudem ist eine genaue Temperaturkontrolle ($\pm$ 0.1 °C) sowohl der Kapillare als auch der Probelösung notwendig.

Die elektrokinetische Injektion stellt eine Alternative zur hydrodynamischen Injektion dar. Sie beruht auf der Tatsache, daß eine angelegte elektrische Spannung zu einer elektrophoretischen und evtl. elektroosmotischen Wanderung der Probe in die Kapillare führt. Die Menge einer Probenkomponente, die so injiziert wird, läßt sich wie folgt berechnen:

$$Q_i = \frac{(\mu_i + \mu_{eo}) \cdot \pi \cdot r^2 \cdot V \cdot c_i \cdot t}{L_T} \tag{17}$$

Q_i Menge der Species i in der Kapillare [M]
V Spannung [V]
c_i Konzentration der Species i [M]

Q_i läßt sich durch die angelegte Spannung und/oder die Injektionszeit variieren. Sie hängt zudem von der elektrophoretischen Mobilität der Komponente und der elektroosmotischen Mobilität des Systems ab. Das bedeutet, daß bei der elektrokinetischen Injektion eine Diskriminierung der Probenkomponenten stattfindet. Species mit hoher Mobilität wandern schneller in die Kapillare als solche mit geringer Mobilität. Entgegengesetzt geladene Ionen werden sogar davon abgehalten, in die Kapillare zu wandern. Zudem hängt die injizierte

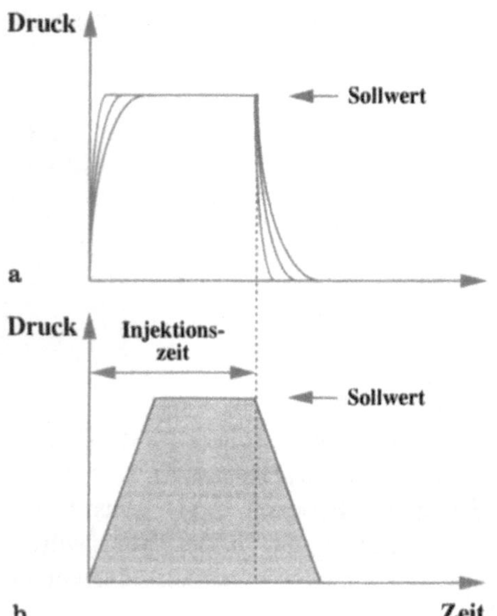

Abb. 8a,b. Druck/Zeit-Profile bei **a** einer plötzlichen Kompression und Dekompression mit unreproduzierbaren Flächen und **b** einem kontrollierten Anstieg und Entspannen des Drucks. (Mit freundlicher Genehmigung von Dr. H.H. Lauer)

Menge von der Zusammensetzung der Probe ab. Obwohl es einige Versuche gegeben hat, diese Phänomene mathematisch zu quantifizieren [22, 23], bereitet die elektrokinetische Injektion enorme Probleme bei der quantitativen Analyse. Sie ist in der Regel nicht so reproduzierbar wie die hydrodynamische Injektion.

3.3 Hochspannungsgerät

Das Hochspannungsgerät sollte eine Gleichspannung bis zu 30 kV und eine Stromstärke von 200 bis 300 μA liefern. In vielen Fällen ist es notwendig, die Polarität zu vertauschen. Unter normalen Bedingungen strömt der elektroosmotische Fluß in Richtung der Kathode, sodaß die Injektion an der Anodenseite erfolgt. Durch Zugabe von kationischen Detergentien ist dagegen die Richtung des elektroosmotischen Flusses vertauscht, sodaß auch die Polarität des Netzgerätes vertauscht werden muß. Obwohl meist bei konstanter Spannung gearbeitet wird, ist aus Gründen der Reproduzierbarkeit das Arbeiten bei konstanter Stromstärke vorzuziehen. Im ersten Falle führt eine Änderung der Kapillartemperatur zur einer Änderung der Viskosität und damit der Wanderungsgeschwindigkeit. Wird die Trennung jedoch bei konstantem Stromfluß durchgeführt, so wird die Änderung der Viskosität durch eine proportionale Änderung der angelegten Spannung kompensiert. Die Wanderungsgeschwindigkeit bleibt demnach konstant.

Darüberhinaus sind moderne Hochspannungsgeräte so ausgerüstet, daß ein Spannungs- oder Stromstärkegradient programmiert werden kann. Gradienten können vorteilhaft angewendet werden, wenn eine zu starke Erwärmung der Kapillare durch die Elektrophorese am Anfang eines Experiments vermieden werden soll, um eine optimale Trennung zu erhalten. Sind die kritischen Probenkomponenten detektiert, so kann die Wanderung von später eluierenden Substanzen durch eine höhere Spannung beschleunigt werden.

3.4 Detektor

Aufgrund der Miniaturisierung der Trennsäule in der CE ist die Detektion eine der größten Herausforderungen an die Gerätehersteller. Sie erfolgt im allge-meinen in· der Trennkapillare (*on-column detection*). Bei optischen Detek-toren trifft der Probestrahl des Detektors senkrecht auf die Kapillare. Da die Detektorzelle Teil der Kapillare ist, resultiert kein Totvolumen, das zu unerwünschter Bandenverbreiterung führt. Eine Reihe von Detektionsmethoden wurden für die Kapillarelektrophorese entwickelt, von denen viele den Methoden in der HPLC ähneln (vgl. auch Tabelle 2).

Wie in der HPLC ist die UV-Vis-Detektion die am weitesten verbreitete Methode, obwohl sie eine geringere Empfindlichkeit als andere Methoden, wie z.B. die amperometrische oder Fluoreszenz-Detektion, aufweist. Wie bei allen optischen Detektoren sollte die Breite der Detektorzelle im Vergleich zur Bandenbreite der Analyten klein sein. Typischerweise ist die Bandenbreite in der CE etwa 2 bis 5 mm, sodaß die Detektorzelle eine Breite von maximal einem Drittel davon aufweisen sollte.

Gemäß dem Lambert-Beerschen Gesetz hängt die Extinktion E eines Analyten neben dem Extinktionskoeffizienten ε und der Konzentration c auch von der optischen Weglänge d gemäß Gl. (18) ab:

$$E = \varepsilon \cdot c \cdot d \tag{18}$$

Aufgrund des kleinen Durchmessers der Quarzkapillaren in der CE, der die maximale optische Weglänge darstellt, werden höchste Anforderungen an die Optik, die Lichtführung und an die Photomultiplier gestellt, um eine ausreichende Empfindlichkeit zu erzielen.

Eine besondere Form der Detektion stellt die indirekte Detektion dar. Sie ist eine universelle Methode für Analyten, die mit den herkömmlichen Methoden nicht detektiert werden können. Prinzipiell kann sie mit demselben Gerät durchgeführt werden wie die entsprechende direkte Methode. Das Signal wird hierbei von der Pufferlösung erzeugt und nicht von den Analyten. Dazu wird ein detektionsaktives Agens, welches das gleiche Ladungsvorzeichen wie die Analyten besitzen muß, in der Pufferlösung gelöst. Während der Wanderung durch die Kapillare verdrängen die Analyten das Agens, sodaß eine Abnahme des Detektorsignals resultiert. Somit werden die Analyten als negative Peaks im Elektropherogramm detektiert. Verfahren zur indirekten Detektion wurden für UV-Vis [24, 25], Fluoreszenz [26, 27] und amperometrische Detektion [28] beschrieben.

Tabelle 2 faßt die wichtigsten Detektionsmethoden und ihre charakteristischen Daten zusammen.

Tabelle 2. Vergleich der verschiedenen Detektionsmethoden in der CE in Bezug auf ihren dynamischen Bereich und ihre Nachweisgrenze

Detektionsmethode	dynamischer Bereich (S/N = 2) [M]	Nachweisgrenze [M]	Bemerkung
UV-Vis-Absorption	10^{-6}–10^{-3}	10^{-6}	relativ universell einsetzbar, geringe Empfindlichkeit
Fluoreszenz	10^{-8}–10^{-5}	10^{-8}	selektiv, empfindlich
Laser induzierte Fluoreszenz	10^{-12}–10^{-9}	10^{-12}	selektiv, sehr empfindlich
Konduktometrie	10^{-6}–10^{-3}	10^{-6}	relativ geringe Empfindlichkeit
Amperometrie	10^{-8}–10^{-5}	10^{-8}	beschränkt auf elektroaktive Analyten, aufwendig
Indireke UV-Vis-Absorption	10^{-5}–10^{-3}	10^{-5}	universell, geringe Empfindlichkeit
Indirekte Fluoreszenz	10^{-7}–10^{-5}	10^{-7}	universell und empfindlich
Indirekte Amperometrie	10^{-8}–10^{-5}	10^{-8}	aufwendig

4 Elektrophoretische Trennmethoden

In den vergangenen Jahren wurden zahlreiche Trennmethoden entwickelt, die das Anwendungsspektrum der Kapillarelektrophorese enorm erweitert haben. Da die zugrunde liegenden Trennmechanismen oft unterschiedlich sind, können unabhängige Informationen über die Zusammensetzung einer Probe erhalten werden. Tabelle 3 gibt einen Überblick über die verschiedenen Methoden und die zugrunde liegenden Trennmechanismen, die im folgenden diskutiert werden.

4.1 Kapillarzonenelektrophorese

Die Kapillarzonenelektrophorese (CZE) ist wegen ihrer Einfachheit und Vielseitigkeit die bei weitem am meisten benutzte Trennmethode. Das Trennprinzip der CZE ist in Abb. 9 wiedergegeben.

Bei der CZE werden die Kapillare und die beiden Pufferreservoire mit der gleichen Lösung, dem sogenannten Grundelektrolyten, gefüllt. Er ist hauptsächlich für den Transport der elektrischen Ladungen verantwortlich und soll eine ausreichende Pufferkapazität besitzen. Die Probelösung wird als scharfe Anfangszone an einem Ende der Kapillare in das kontinuierliche Puffersystem injiziert. Diese Zone stellt die einzige Diskontinuität des Systems dar. Unter dem Einfluß eines elektrischen Feldes wandern die Ionen der Elektrolytlösung und der Probe zur entsprechenden Elektrode, Anionen zur Anode (D) und Kationen zur Kathode (A,B,C). Aufgrund seiner hohen Konzentration im Vergleich zur Probelösung bestimmt der Grundelektrolyt sowohl die elektrische Leitfähigkeit als auch den pH in der Kapillare. Die Analyten wandern unabhängig vom Grundelektrolyten mit ihrer spezifischen Wanderungsgeschwindigkeit. Im Verlauf der Elektrophorese kommt es zur Bildung einzelner voneinander getrennter Zonen, wenn die Unterschiede ihrer elektrophoretischen Mobilitäten groß genug sind. Während der Wanderung ändert sich die Position und die Form der Zonen kontinuierlich. Somit wird in der CZE kein Fließgleichgewicht (*steady state*) erreicht.

Wenn neben der elektrophoretischen Wanderung der Analyten ein hoher elektroosmotischer Fluß existiert, können sowohl Anionen als auch Kationen

Tabelle 3. Elektrophoretische Trennmethoden in der CE

Trennmethode	Trennmechanismus
Kapillarzonenelektrophorese (CZE)	Mobilität
Kapillarisoelektrische Fokussierung (CIEF)	isoelektrischer Punkt
Kapillarisotachophorese (CITP)	Mobilität
Kapillargelelektrophorese (CGE)	Mobilität und Molekülgröße
Micellare elektrokinetische Chromatographie (MEKC)	Polarität; Verteilung zwischen micellarer und wässriger Phase und Mobilität (bei Ionen)

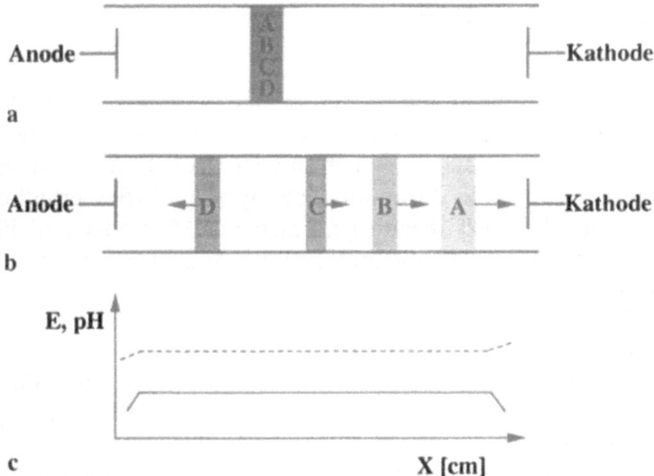

Abb. 9a–c. Trennprinzip der Zonenelektrophorese. **a** Anfangszustand, **b** fortgeschrittene Wanderung der getrennten Zonen, **c** Verlauf der Feldstärke (durchgezogene Linie) und des pH (unterbrochene Linie)

gleichzeitg analysiert werden. Neutrale Verbindungen können mittels CZE nicht getrennt werden, da sie mit der Wanderungsgeschwindigkeit des elektroosmotischen Flusses transportiert werden. Die Methodenoptimierung erfolgt durch Wahl der Pufferzusammensetzung, des pH-Wertes und der Ionenstärke. Die entsprechenden Einflußfaktoren sind in Kap. 5 beschrieben.

4.2 Kapillargelelektrophorese

Gele wurden ursprünglich als antikonvektive Medien in der Elektrophorese eingesetzt. Aufgrund der inherenten antikonvektiven Effekte in dünnen Kapillaren sind sie zur Stabilisierung in der CE jedoch nicht unbedingt nötig. Wenn aber die Unterschiede in der Ladungsdichte (Verhältnis von Masse zu Ladung) der Analyten sehr klein sind, ist ihre Trennung in offenen Kapillaren schwierig oder gar unmöglich. In diesen Fällen kann eine Trennung aufgrund unterschiedlicher Molekülgröße erreicht werden. Gelgefüllte Kapillaren wirken hierbei wie Molekularsiebe. Die geladenen Analyten wandern durch das Polymernetzwerk, das die Wanderung entsprechend der Molekülgröße der Analyten behindert. Große Analyten wandern langsamer als kleinere. Polymere wie Nukleinsäuren, Proteine in SDS-Medien und Oligosaccharide können nicht durch CZE, sondern ausschließlich mittels Kapillargelelektrophorese (CGE) getrennt werden. Abbildung 10 zeigt die Trennung von Polynucleotiden mittels CGE. Bemerkenswert ist die extrem hohe Effizienz von mehr als 10^7 theoretischen Böden pro Meter, die in dieser Trennung erreicht wird.

Zwei Trennmechanismen überlagern sich in der CGE. Einerseits wandern die Ionen aufgrund ihrer (unterschiedlichen) Mobilität im elektrischen Feld,

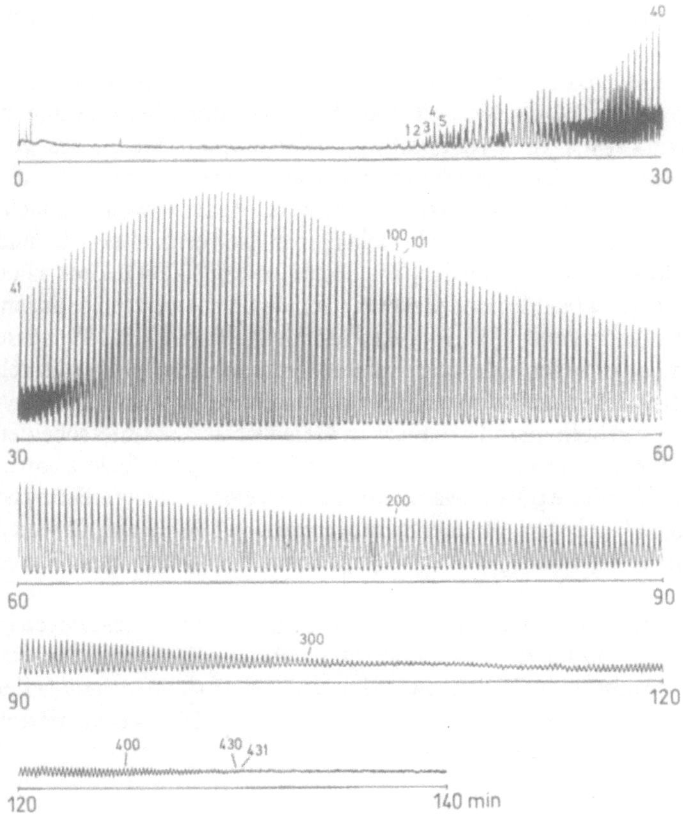

Abb. 10. CGE von Poly(uridin-5'-phosphat) [32]. Die Zahlen im Elektropherogramm geben die Anzahl der Nucleotid-Einheiten wieder. (Mit freundlicher Genehmigung des Hüthig Verlags)

andererseits werden Makromoleküle aufgrund des Molekularsiebeffekts des Gels nach Größe und Form des Moleküls getrennt. In synthetischen Polymeren wie z.B. Polyacrylamidgelen kann die Porengröße und damit die Ausschlußgrenze durch die Wahl der Polymer- und Vernetzerkonzentration festgelegt werden.

Allgemein unterscheidet man zwischen chemischen und physikalischen Gelen. Chemische Gele entstehen durch die Polymerisation hydrophiler Monomere, üblicherweise Acrylamid, in Anwesenheit eines Vernetzers. In dem so entstandenen quervernetzten Polyacrylamidgel ist die Struktur des Netzwerks durch kovalente Bindungen zwischen den Polymerketten festgelegt. Die Polymerisation des Gels erfolgt in der Kapillare. Die Herstellung gelgefüllter Kapillaren erfordert extreme Sorgfalt und Geduld. Eine zu schnell durchgeführte Polymerisation oder der Gebrauch von nicht entgasten Lösungen führt zu Luftblasen im Gel, die dieses unbrauchbar machen. Ein weiterer Nachteil der quervernetzten Gele ist ihre geringe Stabilität. Oft sinkt die Trennleistung einer gelgefüllten Kapillare bereits nach wenigen Injektionen. Verschiedene Verfahren zur Herstellung von quervernetzten Polyacrylamidgelen sind in der Literatur beschrieben [29–32].

In physikalischen Gelen beruht die Netzstruktur auf physikalischen Wechselwirkungen wie van der Waals Kräften oder Wasserstoffbrückenbindungen. Da diese Wechselwirkungen im dynamischen Gleichgewicht stehen, besitzen physikalische Gele eine flexiblere Struktur als chemische Gele. Zu den gebräuchlichsten physikalischen Gelen zählt Agarose. Während Agarose in der Flachgelelektrophorese zur Trennung von Nukleinsäuren weitverbreitet ist, sind bisher nur wenige Anwendungen in der CE beschrieben [33, 34]. Eine neue Klasse physikalischer Gele sind nichtquervernetzte, lineare Polymerlösungen, wie z.B. lineares Polyacrylamid [35, 36] oder Methylcellulose [37, 38]. Ihre Gelstruktur besteht aus langen oder verzweigten Ketten, die ebenfalls durch physikalische Wechelwirkungen zusammengehalten werden. Obwohl die Polymerstruktur von physikalischen und chemischen Gelen sich stark unterscheidet, ist der zugrunde liegende Trennmechanismus identisch. Lineare Gele können zwar ebenfalls in der Kapillare polymerisiert werden, diese Art der Herstellung ist jedoch nicht zwingend geboten. Bereits vorpolymerisierte Lösungen können hydrodynamisch in die Kapillare gefüllt und gegebenenfalls wieder ausgeblasen werden.

Die wichtigsten Anwendungsgebiete der Kapillargelelektrophorese liegen in der Molekularbiologie und der Biochemie. Die meisten Veröffentlichungen beschreiben die Trennung von Oligonucleotiden und von Fragmenten aus der DNA-Sequenzierung. Die Trennung von nativen und von (SDS-) denaturierten Proteinen wurde ebenfalls beschrieben [39].

4.3 Micellare elektrokinetische Chromatographie

Die Anwendung der micellaren elektrokinetischen Chromatographie (MEKC) ermöglicht die Trennung von ungeladenen Analyten. Die grundlegenden Entwicklungen wurden von Terabe und Mitarbeitern geleistet [40–43]. Wenn oberflächenaktive Substanzen (Tenside) in der Pufferlösung in einer Konzentration gelöst werden, die oberhalb der kritischen Micellenkonzentration (cmc) liegt, dann bilden sich spontan Micellen aus. Micellen sind meist sphärische Molekülaggregate von amphiphilen Substanzen, in denen sich die hydrophoben Bereiche im Zentrum der Micelle anordnen, und die hydrophilen Gruppen an der Micellenberfläche für die Löslichkeit verantwortlich sind. In der CE werden üblicherweise ionische Tenside, z.B. Natriumdodecylsulfat (SDS) oder Cetyltrimethylammoniumchlorid (CTAC), als Micellenbildner eingesetzt. Diese Micellen besitzen aufgrund ihrer Oberflächenladung eine eigene elektrophoretische Mobilität im elektrischen Feld. Das ist schematisch in Abb. 11 für anionische Micellen wiedergegeben. Sie wandern in die entgegengesetzte Richtung zum elektroosmotischen Fluß. Da die Wanderungsgeschwindigkeit des EOF im allgemeinen höher ist als die Geschwindigkeit der Micelle, resultiert eine Nettowanderung in Richtung Kathode.

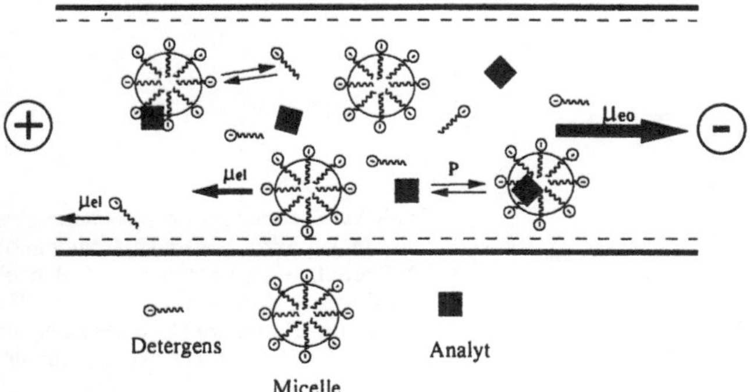

Abb. 11. Prinzip der micellaren elektrokinetischen Chromatographie (MEKC)

Zwei Trennmechanismen überlagern sich in der MEKC. Erstens können ionische Probenkomponenten aufgrund ihrer unterschiedlichen elektrophoretischen Mobilitäten wie in der CZE getrennt werden. Zweitens findet eine Verteilung der Analyten zwischen der hydrophoben, micellaren Phase und der wäßrigen Phase statt. Die Verteilung ist durch den Verteilungskoeffizienten P festgelegt, der von der Löslichkeit des jeweiligen Analyten in den beiden Phasen abhängt. Die Trennung beruht auf unterschiedlichen Verweilzeiten der Analyten in der micellaren Phase. Dieser Trennmechanismus in der MEKC ist analog der Reversed-Phase HPLC. In der MEKC findet allerdings der chromatographische Prozeß in einer homogenen Lösung statt, die eine schnelle Einstellung des Verteilungsgleichgewichts ermöglicht. Daher zeichnet sich die MEKC im allgemeinen durch eine hohe Effizienz aus. Ein weiterer Unterschied zur Reversed-Phase HPLC besteht darin, daß neutrale Analyten in einem festgelegten Zeitintervall eluieren. Es ist einerseits definiert durch die Retentionszeit eines Analyten, der sich nicht in der Micelle löst, t_{eo}, und andererseits durch einen Analyten, der sich vollständig in der micellaren Phase aufhält, t_{mc}. Dies bedeutet, daß nur das Zeitintervall $t_{mc} - t_{eo}$ für die Trennung zur Verfügung steht. Das Chromatogramm einer Trennung von ungeladenen Substanzen ist in Abb. 12 wiedergegeben.

Der Kapazitätsfaktor k' kann aus den Retentionszeiten gemäß folgender Gleichung berechnet werden:

$$k' = \frac{t_i - t_{eo}}{t_{eo} \cdot \left(1 - \dfrac{t_i}{t_{mc}}\right)} = P \cdot \frac{V_{mc}}{V_{aq}} \tag{19}$$

t_i Retentionszeit der Spezies i
P Verteilungskoeffizient
V_{mc} Volumen der micellaren Phase
V_{aq} Volumen der wäßrigen Phase

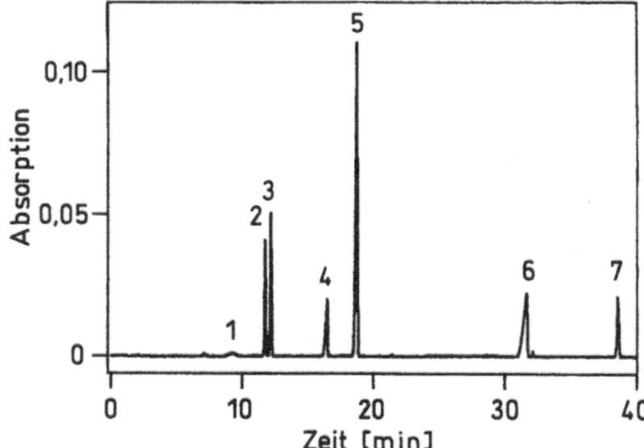

Abb. 12. Trennung von ungeladenen Verbindungen mittels MEKC: *1* Methanol, *2* Phenol, *3* Benzylalkohol, *4* Benzol, *5* Nitrobenzol, *6* Toluol, *7* Sudan III. 1 stellt die Elutionszeit t_{eo} eines Analyten dar, der keine Wechselwirkungen mit der Micelle zeigt, und 7 die Elutionszeit t_{mc} der Micelle

Wenn t_{mc} gegen unendlich geht, geht Gl. (19) in die bekannte Definition des k′ in der Flüssigchromatographie über. Die Auflösung zweier Peaks in der MEKC läßt sich ableiten, wenn Gl. (19) in die klassische Gleichung zur Berechnung der Auflösung in der Chromatographie eingesetzt wird. Es folgt dann:

$$R = \frac{\sqrt{N}}{4} \cdot \frac{\alpha - 1}{\alpha} \cdot \frac{k_2'}{1 + k_2'} \cdot \frac{1 - \dfrac{t_{eo}}{t_{mc}}}{1 - \dfrac{t_{eo}}{t_{mc}} \cdot k_1'} \tag{20}$$

Gemäß Gl. (20) hängt die Auflösung stark von dem Term t_{eo}/t_{mc} ab. Um sie zu optimieren, sollte t_{eo}/t_{mc} auf Werte von 0,03 bis 0,01 eingestellt werden. Dies kann auf einfachste Weise dadurch erreicht werden, daß der elektroosmotische Fluß entweder durch Zugabe von organischen Lösungsmitteln wie Methanol zum Elektrolytsystem oder durch den Einsatz von gecoateten Kapillaren unterdrückt wird.

Die Selektivität in der MEKC läßt sich auf einfache Weise manipulieren. Die Wahl des Tensids definiert die physikalisch-chemischen Eigenschaften der Micelle. Dies wird in Abb. 13 durch die Trennung von pharmazeutischen Wirkstoffen mittels Natriumcholat und Natriumtaurocholat veranschaulicht.

SDS-Micellen besitzen ähnliche Eigenschaften wie eine Octadecylsilan (ODS) stationäre Phase in der HPLC für begrenzt wasserlösliche Verbindungen [44]. Dieses System ist sehr stabil und für einen breiten Anwendungsbereich geeignet. Tenside wie z.B. Cetyltrimethylammoniumchlorid sind besonders geeignet zur Trennung von großen Molekülen, die in Wasser nur begrenzt löslich sind. Es sei erwähnt, daß beim Einsatz von CTAC der EOF von der Kathode zur Anode fließt. Eine interessante Gruppe von Tensiden stellen die Gallensäuren dar. Aufgrund ihrer Struktur und Aggregationseigenschaften bieten sie einige Vorteile gegenüber den Tensiden vom Alkyl-Typ [45]. Die höhere Stabilität der Micellen in Gegenwart von organischen Lösungsmitteln erweitert den Anwendungsbereich bei hydrophoben Analyten, die nur eine geringe Löslichkeit in

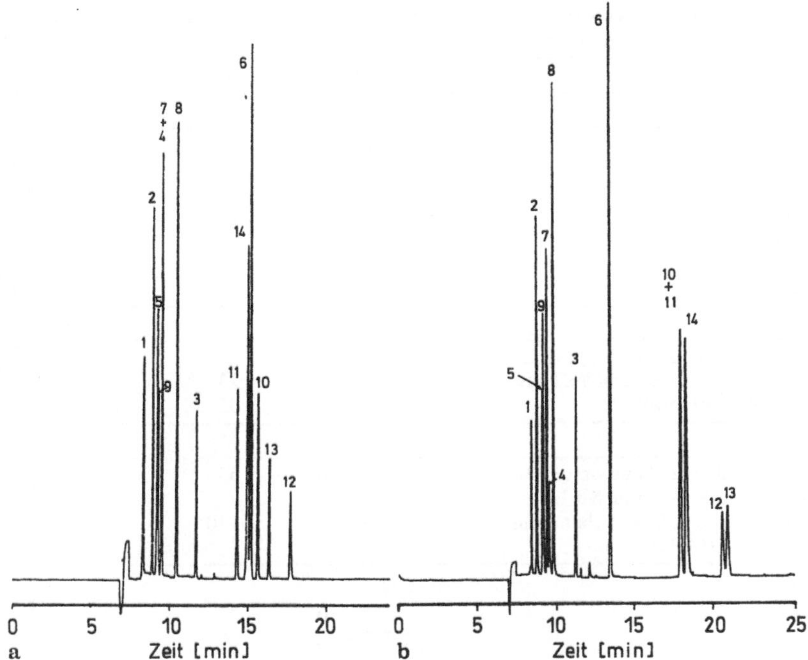

0   5   10   15   20
a   Zeit [min]

0   5   10   15   20   25
b   Zeit [min]

Abb. 13a,b. Trennung von 14 pharmazeutischen Wirkstoffen mittels MEKC mit Gallensäuren gemäß Ref. 43. Analyten: *1* Coffein, *2* Acetaminophen, *3* Sulpyrin, *4* Trimetoquinol, *5* Guaifenesin, *6* Naproxen, *7* Ethenzamid, *8* Phenacetin, *9* Isopropylantipyrin, *10* Noscapine, *11* Chlorpheniramine, *12* Tipepidin, *13* Dibucaine und *14* Triprolidine. Experimentelle Bedingungen: Kapillare 65 cm × 50 µm ID, 20 kV, UV-Detektion bei 210 nm. Elektrolytsystem: 0.02 M Phosphat/Borat, pH 9.0, mit a 0.1 M Natriumcholat und b 0.05 M Natriumtaurocholat. (Mit freundlicher Genehmigung des Elsevier Verlags)

Wasser aufweisen. Zudem sind Gallensäuren optisch aktive Verbindungen, sodaß sie zur Trennung von chiralen Verbindungen erfolgreich eingesetzt werden können [46]. Tabelle 4 zeigt eine Zusammenstellung der kritischen Micellenkonzentrationen (cmc) und der mittleren Aggregationszahl einiger oft benutzter Tenside.

4.4 Kapillarisoelektrische Fokussierung

Die Kapillarisoelektrische Fokussierung (CIEF) stellt eine einzigartige Technik dar. Im Gegensatz zur CZE oder der Kapillarisotachophorese (CITP), bei denen die Trennung auf Unterschieden in der elektrophoretischen Mobilität erfolgt, werden die Analyten in der CIEF aufgrund ihrer isoelektrischen Punkte (pI) getrennt. Somit ist die CIEF auf amphotere Substanzen wie z.B. Proteine oder Polypeptide begrenzt. Das Prinzip der CIEF ist in Abb. 14 wiedergegeben.

Im allgemeinen findet die Trennung in einem linearen pH-Gradienten statt, der über die gesamte Länge der Kapillare mit Hilfe von sog. Trägerampholyten

Tabelle 4. Kritische Micellenkonzentration (cmc) und mittlere Aggregationszahl (AZ) einiger Tenside in Wasser bei 25 °C [6]

Tensid	cmc[M]	AZ
anionisch		
Lithiumdodecylsulfat	$8{,}77 \cdot 10^{-3}$	
Natriumdodecylsulfat(SDS)	$8{,}1 \cdot 10^{-3}$	62
Natriumtetradecylsufat(STS)	$2{,}2 \cdot 10^{-3}$	138
Natriumdodecanat	$2{,}4 \cdot 10^{-2}$	56
Natriumcholat	$1{,}4 \cdot 10^{-2}$	3
Natriumdesoxycholat	$5{,}0 \cdot 10^{-3}$	4–10
Natriumtaurodesoxycholat	$3{,}0 \cdot 10^{-3}$	8
kationisch		
Cetyltrimethylammoniumchlorid(CTAC)	$1{,}3 \cdot 10^{-3}$	
Cetyltrimethylammoniumbromid(CTAB)	$9{,}2 \cdot 10^{-4}$	23
Dodecylammoniumchlorid	$1{,}5 \cdot 10^{-2}$	55
zwitterionisch		
N-Dodecyl-N, N-dimethylammonium-3-propan-sulfonat (Sulfobetain SB 12)	$3{,}3 \cdot 10^{-3}$	55
3-(-3-Cholamidopropyl) dimethylammonium-3-propan-sulfonat (CHAPS)	$4{,}2{-}6{,}3 \cdot 10^{-3}$	9–10
nicht-ionisch		
Octylglucosid	$2{,}5 \cdot 10^{-2}$	27
Digitonin	$6{,}7{-}7{,}3 \cdot 10^{-4}$	60
n-Dodecylglucosid	$1{,}9 \cdot 10^{-4}$	
n-Dodecyl-ß-D-maltosid	$1{,}9 \cdot 10^{-4}$	98
dodecyl-(polyethyleneglycol[23])-ether (BRIJ 35)	$9{,}0 \cdot 10^{-5}$	40
Polyoxyethylene[80]-sorbitanmonooleat (TWEEN 80)	$1{,}0 \cdot 10^{-5}$	
Polyoxyethylene[20]-sorbitanmonolaurat (TWEEN 20)	$5{,}9 \cdot 10^{-5}$	

aufgebaut wird. Diese Trägerampholyte sind selbst amphotere Verbindungen, die üblicherweise aus einer Mischung von Polyaminopolycarbonsäuren bestehen und die isoelektrische Punkte vom sauren bis zum basischen Bereich besitzen. Während das anodenseitige Pufferreservoir mit einer Säure gefüllt ist, befindet sich kathodenseitig eine Base. Die Kapillare ist mit den Trägerampholyten gefüllt. Unter dem Einfluß des elektrischen Felds wandern H_3O^+-Ionen von der Anode zur Kathode und umgekehrt OH^--Ionen zur Anode. Die Trägerampholyte wandern entsprechend ihrer Ladung und ihres pI's zur entgegengesetzt geladenen Elektrode und puffern dabei die wandernden H_3O^+-und OH^--Ionen. Der lokale pH-Wert ist festgelegt durch den entsprechenden Trägeram-pholyt, dessen Ladung durch H_3O^+- bzw. OH^--Ionen ausgegeglichen wird. Sie bilden Gaußsche Konzentrationsverteilungen über einen begrenzten pH-Bereich mit Maxima an ihren pI-Werten. Benachbarte isoelektrische Zonen überlappen sich dabei. Wenn die Anzahl der Trägerampholyte mit unterschiedlichen pI-Werten groß genug ist, läßt sich ein pH-Gradient über einen beliebigen pH-Bereich aufbauen.

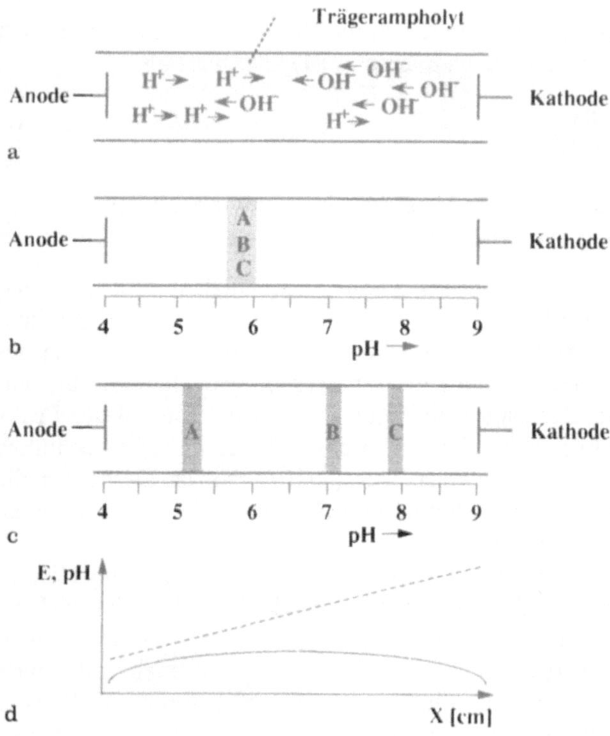

Abb. 14a–d. Prinzip der isoelektrischen Fokussierung. **a** Aufbau des pH-Gradienten, **b** Probeninjektion, **c** *steady state*, **d** Verlauf der Feldstärke (durchgezogene Linie) und des pH (unterbrochene Linie)

Die Analyten (A, B, C), die dann in die Kapillare injiziert werden, wandern in diesem zuvor gebildeten pH-Gradienten, bis sie den pH-Wert erreichen, an dem sie ihre Ladung verlieren und fokussiert werden. Es sei erwähnt, daß die Probe ebenfalls in die Lösung der Trägerampholyte gegeben werden kann, bevor der pH-Gradient bereits gebildet ist. In beiden Fällen ist der Trennmechanismus der derselbe. An dem Ort, an dem die Analyten ihre Ladung verlieren, wandern sie nicht mehr weiter und werden in einer schmalen Zone konzentriert (*steady state*). Das Trennsystem wirkt der Bandenverbreiterung entgegen. Sollte ein Molekül aus seiner Zone herausdiffundieren, so gelangt es an einen Ort mit unterschiedlichem pH-Wert. Dadurch erhält es wieder eine Ladung und wandert an seinen ursprünglichen Ort zurück.

Der Status der Trennung wird durch den Stromfluß angezeigt. Im Verlauf der Trennung sinkt der elektrische Strom kontinuierlich ab. Wenn die Fokussierung der Analyten beendet ist, erreicht der Stromfluß ein Minimum. Die gesamte Lösung wird nun durch den Detektor bewegt, der die fokussierten Zonen mißt. Dies wird entweder hydrodynamisch durch Anlegen einer Druckdifferenz an die Kapillare oder elektrokinetisch, nachdem die Elektrolytlösung eines Pufferreservoirs gegen eine Salzlösung ausgetauscht wurde, erreicht.

Die Zonenbreite in der CIEF kann durch die Varianz σ^2 eines Gaußschen Peaks beschrieben werden und ist nach Svensson [47] definiert als

$$\sigma^2 = \frac{D}{E} \cdot \frac{d(pH)}{d\mu} \cdot \frac{dx}{d(pH)} \tag{21}$$

$d\mu/d(pH)$ Änderungsrate der Mobilität des Analyten mit dem pH
$d(pH)/dx$ Steigung des pH-Gradienten

Für einen gegebenen Analyten sind der Diffusionskoeffizient und $d\mu/d(pH)$ immanente Eigenschaften des Analyten, sodaß nur die Steigung des pH-Gradienten und die Feldstärke veränderlich sind. Obwohl eine größere Steigung des pH-Gradienten die fokussierten Zonen schärft, führt sie, wie in allen Gradientensystemen, benachbarte Banden enger zusammen. Die Auflösung zweier Peaks wird deshalb nur wenig beeinflußt. Wie in anderen Elektrophoresetechniken erhält man schärfere Peaks, wenn das Verhältnis von E/D groß ist. Deshalb ist die CIEF die Methode der Wahl zur Trennung von Proteinen, die im allgemeinen niedrige Diffusionskoeffizienten besitzen.

Die isoelektrische Fokussierung in Kapillaren wurde erstmals von Hjertén und Zhu [48] beschrieben. Eine Schlüsselrolle in der CIEF kommt dem EOF zu. Um stabile Zonen zu erhalten, ist es entscheidend, daß der EOF weitgehend eliminiert wird. Deshalb werden in der Praxis meist oberflächenmodifizierte Kapillaren verwendet. Genaue Beschreibungen zur Durchführung der CIEF sind detailliert beschrieben [49, 50]. Abbildung 15 zeigt die Trennung von vier Modellproteinen mittels CIEF.

Trägt man die Wanderungszeiten gegen die pI-Werte der Proteine auf, so erhält man eine Gerade (Abb. 16), die es ermöglicht, den pI-Wert einer unbekannten Probe zu bestimmen.

Ausfällungen von Proteinen sind ein bekanntes Problem in der isoelektrischen Fokussierung in Polyacrylamidgelen. Sie können aus zweierlei Gründen entstehen. Erstens werden die Proteine in Abhängigkeit von der Steigung des pH-Gradienten durch die Fokussierung sehr stark aufkonzentriert. Zudem ist die Löslichkeit von Proteinen am isoelektrischen Punkt im allgemeinen niedrig. Zweitens werden stabilisierende Gegenionen häufig im Verlauf der Elektrophorese entfernt. Dieser Effekt kann dadurch unterdrückt werden, daß nichtionische Verbindungen wie Tenside, Harnstoff oder Ethylenglycol zur Ampholytlösung hinzugegeben werden.

Obwohl die CIEF eine sehr junge Technik darstellt und ihr Potential noch nicht gänzlich erforscht ist, so hat sie dennoch gezeigt, daß sie zu den hochauflösenden Trennmethoden für Proteine gehört.

4.5 Kapillarisotachophorese

Bei der Isotachophorese (ITP) wird ein diskontinuierliches Elektrolytsystem verwendet, das sich aus einem Leitelektrolyten L (*leading ion*) und einem

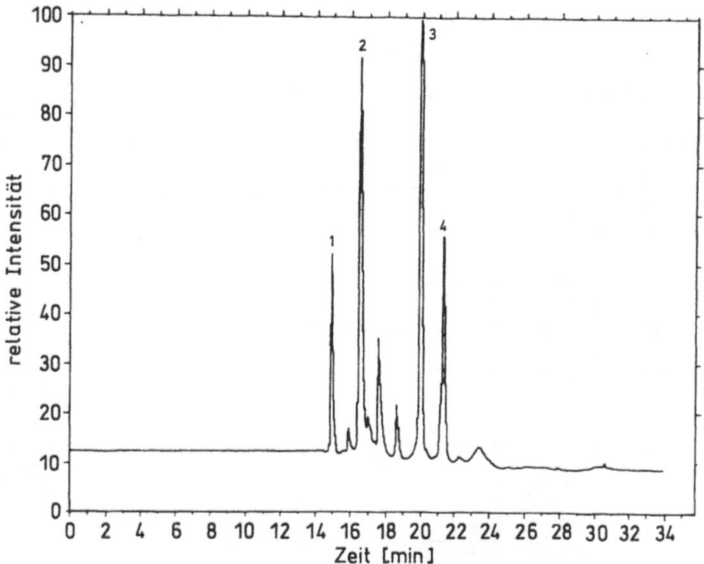

Abb. 15. Trennung von vier Modellproteinen durch kapillarisoelektrische Fokussierung [50]. Identifizierung der Peaks: *1* Cytochrom C, pI 9,6; *2* Chymotrypsinogen, pI 9; *3* Myoglobin, pI 7,2; *4* Myoglobin, pI 6,8. Kapillare: unbehandelte Quarzkapillare 60 cm × 75 μm ID (L_D 40 cm). Anodenraumlösung 10 mM Phosphorsäure, Kathodenraumlösung 20 mM NaOH, Spannung 30 kV. Detektion 280 nm. Trägerampholyt: jeweils 1 mg/mL Protein, 5% Ampholyt 3–10, 0,1% Methylcellulose, 1% TEMED. (Mit freundlicher Genehmigung der American Chemical Society)

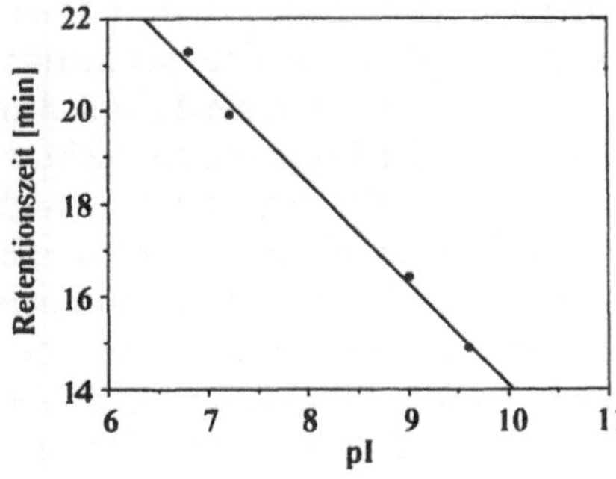

Abb. 16. Abhängigkeit der Wanderungszeit der Proteine aus Abb. 15 von ihren pI-Werten

Folgeelektrolyten T (*terminating ion*) zusammensetzt. Das Prinzip der ITP ist in Abb. 17 schematisch anhand der Trennung von drei kationischen Spezies dargestellt.

Die Kapillare und das kathodenseitige Pufferreservoir sind mit dem Leitelektrolyten gefüllt, dessen Kationen die höchste elektrophoretische Mobilität von allen im System vorkommenden Kationen besitzen muß. Das Anodenreservoir ist mit dem Folgeelektrolyten gefüllt, dessen Mobilität die niedrigste von allen Kationen sein muß. Die Probe befindet sich zwischen Leit- und Folgelektrolyt (Abb. 17a). Unter dem Einfluß des elektrischen Felds wandert das

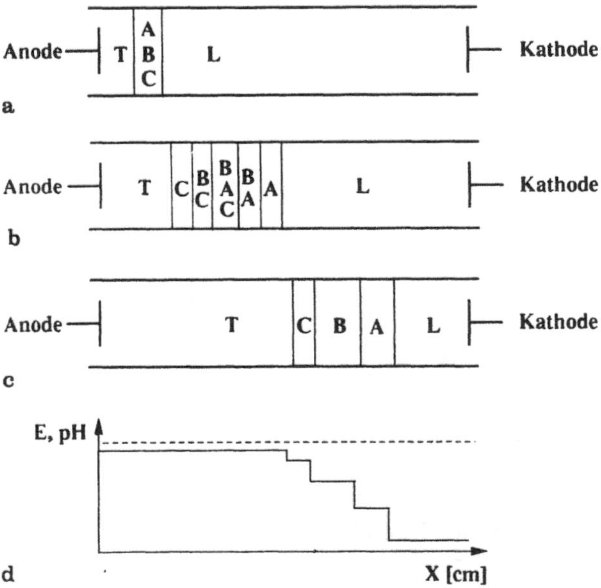

Abb. 17a–d. Prinzip der Isotachophorese. **a** Anfangsbedingungen, **b** fortgeschrittene Trennung, **c** *steady state*, **d** Verlauf der Feldstärke (durchgezogene Linie) und des pH (unterbrochene Linie)

Kation mit der höchsten Mobilität (A) am schnellsten, gefolgt von den beiden Spezies B und C. Es ergeben sich zunächst drei gemischte Zonen zwischen dem schnellsten und dem langsamsten Kation (Abb. 17b). Dadurch, daß das Leition die höchste Mobilität von allen Kationen besitzt, kann es niemals von den Probeionen überholt werden. Entsprechendes gilt für das Folgeion, das nicht in der Lage ist, die Probenionen einzuholen. Die Probe ist also zwischen Leit- und Folgeelektrolyt eingezwängt. Im Verlauf der Isotachophorese werden die gemischten Zonen weiter getrennt (Abb. 17c), bis schließlich jede Zone nur noch eine kationische Spezies enthält. Jetzt ändert sich die Zusammensetzung der Zonen nicht mehr, und das Fließgleichgewicht (*steady state*) ist erreicht. Alle Zonen wandern jetzt wie ein fahrender Zug mit derselben Wanderungsgeschwindigkeit (*iso tachos*) in Richtung Kathode. Da die elektrische Feldstärke von der Leitfähigkeit der Ionen abhängt, ergibt sich ein stufenförmiges Feldstärkeprofil entlang der Zonen (Abb. 17d).

Anders als in der CZE tritt in der ITP keine Bandenverbreiterung auf, da eine „Selbstkorrektur der Zonen" stattfindet. Gelangt ein Kation z.B. durch Diffusion in eine Zone mit höherer Feldstärke hinter der eigenen Zone, so wird es beschleunigt, bis es die eigene Zone eingeholt hat. Wenn umgekehrt ein Kation in eine vorauswandernde Zone mit niedrigerer Feldstärke gelangt, so wird es abgebremst, bis es von der eigenen Zone eingeholt ist.

Für die Trennung von Anionen wird das Leitanion, das die höchste Mobilität besitzen muß, in das anodenseitige Pufferreservoir gefüllt. Das Folgeion mit der niedrigsten Mobilität aller Anionen im Trennsystem befindet sich entsprechend im Kathodenreservoir. Die Trennung verläuft nun nach dem gleichen Prinzip, außer daß die Wanderung in Richtung Anode verläuft.

Prinzipiell kann die Kapillarisotachophorese (CITP) mit einem käuflichen CE-Gerät durchgeführt werden. Obwohl neuere Entwicklungen gezeigt haben, daß CITP unter dem Einfluß des elektroosmotischen Flusses durchgeführt werden kann, wird der EOF im allgemeinen eliminiert.

Auf eine detailliertere Beschreibung der CITP wird an dieser Stelle verzichtet, da sie den Rahmen dieses Artikels übersteigen würde. Der interessierte Leser wird auf verschiedene exzellente Monographien verwiesen, die einen umfassenden Überblick über die Theorie und Praxis der CITP bieten [3, 51].

5 Einflußfaktoren auf die Leistung der Kapillarelektrophorese

Die Kapillarelektrophorese hat in den wenigen Jahren seit ihrer Entwicklung zeigen können, daß sie eine leistungsfähige analytische Trenntechnik darstellt. Die Trennleistung selbst von komplexen Mischungen übersteigt meist diejenige der HPLC bei weitem. Das extrem hohe Trennvermögen der CE resultiert sicherlich daher, daß die meisten dispersiven Effekte in modernen Geräten gut kontrolliert werden können. Das Verstehen dieser Effekte und ihrer Einflüsse auf eine Trennung ist eine notwendige Voraussetzung, um eine erfolgreiche Methodenoptimierung durchzuführen. Im folgenden Kapitel werden die wichtigsten dispersiven Effekte und gerätespezifischen Parameter diskutiert. Schließlich wird gezeigt, wie die Selektivität des Trennsystems durch eine geeignete Wahl des Elektrolytsystems beeinflußt werden kann.

5.1 Dispersive Effekte

Die Bandenverbreiterung in der CE ist das Ergebnis einer Reihe von Effekten, die alle additiv zur Verbreiterung beitragen. Setzt man eine Gaußsche Peakform voraus, so läßt sich die Bandenverbreiterung durch die Varianz σ^2 ausdrücken. Die totale Varianz σ_t^2 setzt sich demnach aus der Summe der Einzelvarianzen zusammen:

$$\sigma_t^2 = \sigma_D^2 + \sigma_A^2 + \sigma_J^2 + \sigma_E^2 + \sigma_I^2 + \sigma_W^2 + \sigma_O^2 \tag{22}$$

Die Terme auf der rechten Seite der Gleichung stellen die Einflüsse von Diffusion, Adsorption, Joulescher Wärme, elektrophoretischer Dispersion, Injektion, Breite der Detektionszone und anderen Effekten dar. Obwohl die einzelnen Einflüsse nie vollständig eliminiert werden können, so lassen sie sich doch durch geeignete Wahl der experimentellen Bedingungen kontrollieren.

5.1.1 Diffusion

Die Diffusion entlang eines Konzentrationsgradienten ist ein fundamentales Phänomen in allen Trenntechniken. Unter makroskopischer Betrachtung führt die Diffusion zu einem Massenfluß, um Konzentrationsunterschiede auszugleichen. Das Ausmaß der Diffusion einer Substanz entlang eines definierten Konzentrationsgradienten wird durch den Diffusionskoeffizienten D beschrieben:

$$D = \frac{k \cdot T}{6\pi\eta r} \tag{23}$$

k Boltzmannsche Konstante
T Temperatur [K]

D ist proportional der Temperatur, jedoch reziprok zum hydrodynamischen Radius der Substanz. Letzteres spiegelt den Einfluß der Molmasse bzw. der Molekülgröße auf die Diffusion wieder. Dabei gilt, daß Substanzen mit großer Molmasse einen kleinen Diffusionskoeffizienten haben und solche mit niedriger Molmasse einen großen Diffusionskoeffizienten.

In der CE wird die Probe als scharfe Zone in die Kapillare injiziert. Während der Wanderung durch die Kapillare verbreitern sich die Zonen aufgrund der Diffusion. Da der Konzentrationsausgleich entlang der Kapillarachse geschieht, wird sie oft als axiale Diffusion bezeichnet. Vorausgesetzt das Zonenprofil entspricht einer Gaußschen Kurve, dann läßt sich die Bandenverbreiterung durch die Einsteinsche Gleichung beschreiben:

$$\sigma_D^2 = 2 \cdot D \cdot t \tag{24}$$

5.1.2 Adsorption

Adsorptionen von Analyten an der Oberfläche von Quarzkapillaren sind ein bekanntes Phänomen in der CE. Sie resultieren aus der Tatsache, daß die Quarzoberfläche chemisch nie indifferent gegenüber den Analyten ist. Aufgrund von hydrophoben oder ionischen Wechselwirkungen werden die Analyten reversibel oder irreversibel an der Quarzoberfläche adsorbiert. Während bei der irreversiblen Adsorption die Analyten an der Oberfläche gebunden bleiben und den Detektor nicht mehr passieren, führt die reversible Adsorption zur Bandenverbreiterung bzw. zum *Peaktailing*.

Die Adsorption in Quarzkapillaren wurde intensiv von Liu et al. [52] untersucht. Sie fanden heraus, daß die Tendenz zur Adsorption von Analyten mit kleiner werdenden Kapillardurchmessern r und steigender Feldstärke E wächst:

$$\sigma_A^2 \sim r \cdot E \tag{25}$$

Aufgrund der starken Adsorption insbesondere von Proteinen und Polypeptiden ist eine effektive Abschirmung der Kapillaroberfläche vielfach notwendig. Der einfachste Weg hierzu besteht darin, den pH-Wert des Puffers so zu wählen, daß die Analyten und die Quarzoberfläche das gleiche Ladungsvorzeichen aufweisen [53]. Die Oberflächenadsorption wird in diesem Fall durch Coulombsche Abstoßung unterdrückt. Bei Proteinen sollte demnach der pH-Wert der Lösung höher sein als der pI-Wert des Proteins. Pufferlösungen mit niedrigem pH-Wert verringern ebenfalls die Adsorption von Proteinen [54]. Dadurch, daß die Dissoziation der sauren Silanolgruppen auf der Kapillaroberfläche verringert ist, wird die Adsorption durch Coulombsche Wechselwirkungen unterdrückt.

5.1.3 Joulesche Wärme

Wenn elektrische Ladungen während der Elektrophorese durch eine Kapillare transportiert werden, wird ein Teil der elektrischen Energie in Wärme umgewandelt. Diese Wärmeentwicklung führt zu einer Erhöhung der Temperatur innerhalb der Kapillare, die wiederum zu einer Verringerung der Viskosität gemäß Gl. (5) führt. Da die elektrophoretische Mobilität reziprok zur Viskosität ist ($\mu \approx 1/\eta$), folgt:

$$\mu = C \cdot e^{-\frac{E_A}{RT}} \tag{26}$$

C Proportionalitätskonstante

Als Faustregel gilt, daß eine Leistung von 0,1 W die Temperatur bei natürlicher Konvektion um 1,1 K und bei Luftkühlung um 0,6 K erhöht. Wenn z.B. bei einer Elektrophorese eine Spannung von 20 kV angelegt wird und eine Stromstärke von 50 µA resultiert, so steigt die Temperatur in der Kapillare um ca. 11 K.

Die Bandenverbreiterung durch die Joulesche Wärme rührt daher, daß sich vom Mittelpunkt der Kapillare bis zur Kapillarwand ein Temperaturgradient ausbildet. Die Wärmeentwicklung in der Kapillare ist hierbei homogen verteilt. Sie läßt sich pro Einheitsvolumen anhand folgender Gleichung [55] berechnen:

$$Q = E^2 \cdot \Lambda \cdot c \cdot \varphi \tag{27}$$

Q Wärmeentwicklung pro Einheitsvolumen $[W \cdot cm^{-3}]$
E Feldstärke $[V \cdot cm^{-1}]$
Λ Äquivalentleitfähigkeit der Elektrolytlösung $[cm^2 \cdot \Omega^{-1} \cdot mol^{-1}]$
φ totale Porosität des Mediums ($= 1$ für eine offene Kapillare)

Setzt man typische Werte für die CZE ein: $L = 150 \ cm^2 \cdot \Omega^{-1} \cdot mol^{-1}$, $E = 300$ V/cm, und $c = 50$ mM so erhält man $675 \ W \cdot cm^{-3}$. Für eine Kapillare von 57 cm Länge und 75 µm ID mit einem totalen Volumen von 2,5 µL ist somit die gesamte Wärmeentwicklung 1,7 W.

Der Transport der Wärme aus der Kapillare erfolgt über die Kapillarwände. Er verursacht einen Temperaturgradienten vom Mittelpunkt bis zur Kapillarwand (siehe Abb. 18). Während das Temperaturprofil innerhalb der Lösung parabolisch verläuft, nimmt die Temperatur im Quarzglas und in der umgeben-

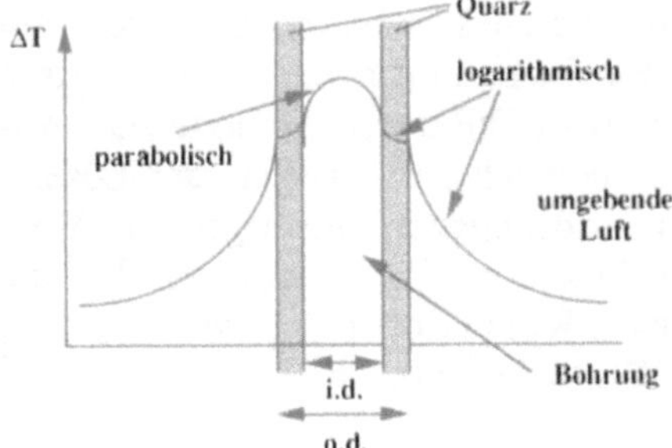

Abb. 18. Schematische Darstellung des Temperaturverlaufs in der Kapillarelektrophorese. i.d.: innerer Kapillardurchmesser, o.d.: äußerer Kapillardurchmesser. (Mit freundlicher Genehmigung von Prof. Dr. J.H. Knox)

den Luft logarithmisch ab. Die Temperaturdifferenz zwischen dem Mittelpunkt der Kapillare und der Wand läßt sich nach Gl. (28) berechnen:

$$\Delta T = \frac{Q \cdot (ID)^2}{16K} \tag{28}$$

ID innerer Durchmesser der Kapillare [cm]
K   Wärmeleitfähigkeit des Mediums [$W \cdot cm^{-1}$]

Das parabolische Temperaturprofil in der Kapillare erzeugt entsprechend ein parabolisches Geschwindigkeitsprofil der wandernden Teilchen. Damit die entstehende Wärme während der Elektrophorese die Elektrolytlösung nicht zu sehr erwärmt, muß sie effizient abgeführt werden. Zu diesem Zweck sind käufliche Geräte mit einem Ventilationssystem (Luftkühlung) oder mit einem Flüssigkühlsystem ausgestattet.

Eine einfache Methode, um die Effizienz der Wärmeabführung durch ein Kühlsystem zu demonstrieren, stellt die Messung der elektroosmotischen Mobilität bei verschiedenen Feldstärken dar. Da die elektroosmotische Mobilität theoretisch unabhängig von der Feldstärke ist, gehen Änderungen zu Lasten der Viskosität und damit der Temperatur. Der Effekt der Jouleschen Wärme auf die elektroosmotische Mobilität ist in Abb. 19 durch die graphische Auftragung von μ_{eo} gegen E dargestellt.

Die Abweichungen der Kurve von der Gerade, die parallel zur x-Achse verlaufen sollte, spiegelt die Änderung der Viskosität durch die Temperatur

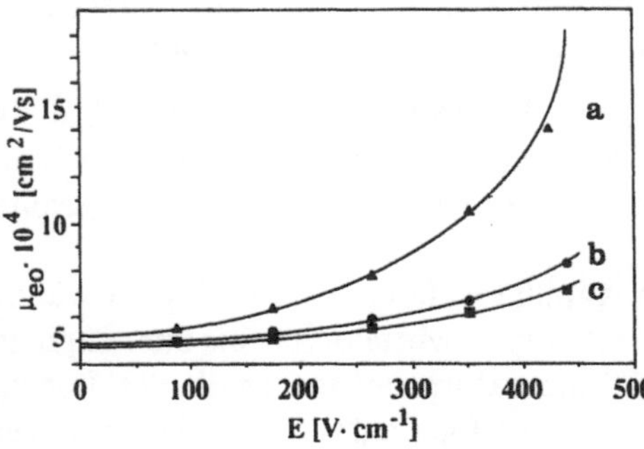

Abb. 19a–b. Abhängigkeit der elektroosmotischen Mobilität von der Feldstärke für ein Kapillarelektrophorese-System ohne Kühlung **a**, mit Luftkühlung **b** und mit Flüssigkühlung **c**. Experimentelle Bedingungen: Quarzkapillare 57 cm × 75 μm ID, hydrodynamische Injektion (1 s) von Benzylalkohol als EOF-Marker. Die Detektion erfolgte bei 200 nm. Elektrolytsystem: 50 mM Phosphat, pH 7,0. In beiden Systemen mit Thermostatisierung wurde die Temperatur auf 30 °C eingestellt

höhung wieder. Erwartungsgemäß ist diese Abweichung für ein Gerät ohne Kühlsystem am größten. Bei hohen Feldstärken zeigen alle Geräte eine signifikante Abweichung vom theoretischen Wert.

Die effektivsten Möglichkeiten, die Wärmeentwicklung während der Elektrophorese gering zu halten, ergeben sich direkt aus Gl. (27). Die entstehende Wärme ist proportional zum Quadrat der Feldstärke, zur Äquivalentleitfähigkeit und zur Konzentration der Elektrolytlösung. In dieser Hinsicht ergeben niedrigere Feldstärken im allgemeinen bessere Auflösungen als hohe Feldstärken, obwohl dies der Theorie widerspricht. Da bei konstanter Spannung die entstehende Wärme direkt mit der Leitfähigkeit und der Konzentration der Elektrolytlösung korreliert, sollten hochleitende Elektrolyte und hohe Konzentrationen vermieden werden. Ionen mit niedriger Äquivalentleitfähigkeit wie z.B. Tris, Lithium, Borat oder Phosphat sollten gegenüber hochleitenden Ionen wie Kalium, Chlorid oder Sulfat bevorzugt werden. Zudem ist die Temperaturdifferenz gemäß Gl. (28) proportional zum Quadrat des inneren Kapillardurchmessers. Deshalb ergeben im allgemeinen Kapillaren mit kleinem Innendurchmesser eine höhere Effizienz als solche mit großem Durchmesser.

Weiterführende Informationen über thermische Effekte, Temperaturkontrolle und der Einfluß der Temperatur auf die Zonendispersion in der CE sind in den Ref. 56−64 zu finden.

5.1.4 Elektrophoretische Dispersion

Änderungen der Konzentration während der Elektrophorese werden durch Kohlrauschs [65] „beharrliche Funktion" (Regulierungsfunktion, Omega-Funktion) beschrieben. Sie ergibt sich aus der Tatsache, daß alle elektrophoretischen Prozesse im wesentlichen Ladungstransport-Prozesse sind, die dem Ohmschen Gesetz gehorchen. Die Omega-Funktion wird durch die anfängliche Verteilung der Elektrolyte im Trennsystem festgelegt und ändert sich nicht unter dem Einfluß des elektrischen Stroms. Sie ist lediglich eine Funktion des Ortes x einer Spezies i im Trennsystem und unabhängig von der Zeit. Vorausgesetzt, daß keine Diffusion stattfindet, läßt sich nach Kohlrausch [1] die Regulierungsfunktion in ihrer einfachsten Form (für starke Elektrolyte) wie folgt beschreiben:

$$\omega(x) = \sum_{i=1}^{n} \frac{c_i \cdot z_i}{\mu_i} = \text{const.} \tag{29}$$

Die Regulierungsfunktion besagt, daß jede wandernde Zone dem Konzentrationsprofil folgt, das durch die Anfangsbedingungen festgelegt worden ist. Der elektrische Strom führt demnach nicht zu einer Konzentrationsänderung in einem System, das gleichmäßig durch einen Elektrolyten festgelegt wurde. Ein derartiges gleichförmiges System wird durch eine Omega-Funktion beschrieben. Entsprechend existieren bei einem diskontinuierliches Elektrolytsystem als Anfangsbedingung soviele Omega-Funktionen, wie es Diskontinuitäten gibt. Dies ist an einem Beispiel in Abb. 20 veranschaulicht.

Die Probe wird in ein homogenes Puffersystem injiziert, sodaß zwei Zonen existieren, die durch scharfe Grenzflächen voneinander getrennt sind. Entsprechend dem diskutierten, genügen zwei Omega-Funktionen zur Beschreibung dieses Systems. Nehmen wir an, daß die Pufferlösung aus dem Coion B^+ und dem Gegenion C^- besteht. Die Probe setzt sich aus dem Analyten S^+ und dem gleichen Gegenion C^- zusammen. Die entsprechenden Omega-Funktionen zur Beschreibung dieses Systems lauten dann:

$$\omega_1 = \frac{c_B}{\mu_B} + \frac{c_C}{\mu_C} \tag{30}$$

$$\omega_2 = \frac{c_S}{\mu_S} + \frac{c_C}{\mu_C} \tag{31}$$

ω_1 beschreibt die Situation in der Trennzone und ω_2 die Situation in der Probenzone (Abb. 20a). Sobald die Probenionen nach Anlegen der Spannung aus der Probenzone herauswandern, wird seine Konzentrationsverteilung durch die Omega-Funktion ω_2 beschrieben. Der Ionenfluß aus der Probenzone ist genau gleich dem Ionenfluß in die Probenzone (Abb. 20b). Folglich bleiben die Grenzflächen zwischen Trennzone und Probenzone stationär. In diesem Beispiel wird angenommen, daß kein elektroosmotischer Fluß stattfindet.

Das Phänomen der elektrophoretischen Dispersion, das für Peakasymmetrien verantwortlich ist, wurde zuerst von Mikkers et al. [65] untersucht. Eine

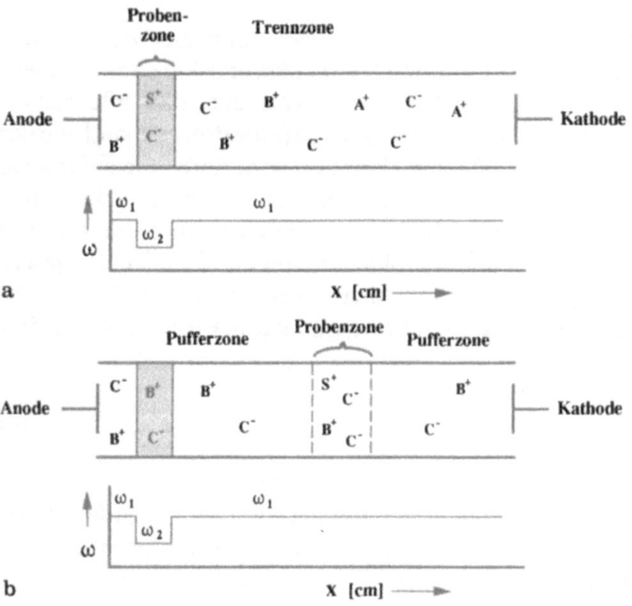

Abb. 20a,b. Verteilung der Omega-Funktionen in der Proben- und Trennzone in der Kapillarzonenelektrophorese. **a** Anfangsbedingung bevor das elektrische Feld angelegt ist, **b** Situation während der elektrophoretischen Wanderung. B^+ bzw. S^+ stellen die Kationen des Pufferelektrolyten bzw. der Probe dar, C^- repräsentiert das Gegenion. x ist die Wanderungskoordinate

umfassende Monographie, die sich mit der Dynamik elektrophoretischer Prozesse befaßt, wurde kürzlich von Mosher et al. [66] herausgegeben.

Zwei Faktoren sind für die Bandenverbreiterung durch elektrophoretische Dispersion verantwortlich: (i) die Unterschiede der spezifischen Leitfähigkeiten bzw. der Mobilitäten von Proben- und Pufferzone, (ii) das Konzentrationsverhältnis von Analyt zu Coion c_S/c_B. Um den Einfluß der Mobilität zu beschreiben, müssen drei Fälle unterschieden werden (Abb. 21).

a) $\mu_S < \mu_B$: Ist die Mobilität des Analyten kleiner als die des Coions, dann ist die Feldstärke in der Probenzone höher als in der Trennzone. Ein Probenmolekül S^+, das durch Diffusion oder Konvektion in die Vorderzone gelangt, wird abgebremst. Die Grenzfläche zur Vorderzone wird deshalb verschärft. Die nachfolgende Grenzfläche wird jedoch verbreitert mit der Zeit: wenn ein Molekül S^+ in die nachfolgende Zone gelangt, dann wird seine Wanderungsgeschwindigkeit ebenfalls verlangsamt. Somit ergibt sich eine diffuse Grenzfläche zur Folgezone. Der Peak zeigt ein *Tailing* (Abb. 21a).

b) $\mu_S > \mu_B$: Wenn die Mobilität des Analyten größer als die des Coions ist, dann ist die Feldstärke in der Probenzone niedriger als in der Trennzone. Ein Probenmolekül, das in die Vorderzone diffundiert, wird aufgrund der höheren Feldstärke beschleunigt werden. Ein Probenmolekül, das in die nachfolgende Zone gelangt, wird ebenfalls beschleunigt. Folglich wird die Grenzfläche zur Vorderzone diffus, während sie an der nachfolgenden Zone verschärft wird. Der Peak zeigt ein *Fronting* (Abb. 21b).

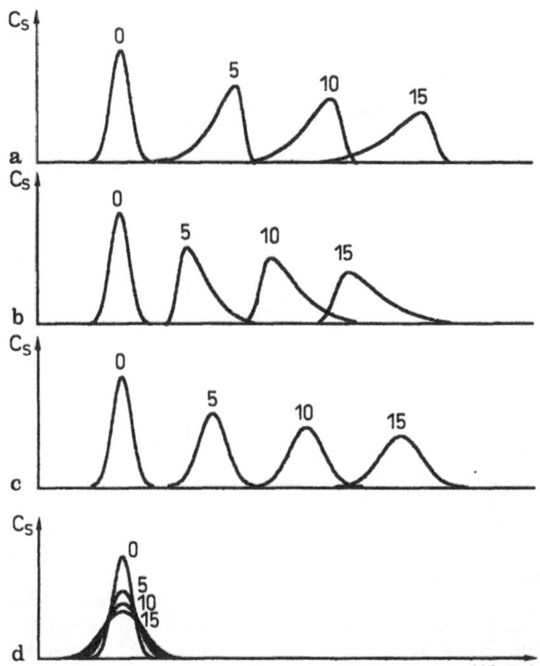

Abb. 21a–d. Konzentrationsverteilung in der Kapillarelektrophorese in Abhängigkeit von der elektrophoretischen Mobilität der Probenkomponente: **a–c** Dispersion als Ergebnis von Diffusion und Elektromigration, wenn $\mu_S < \mu_B$ **a**, $\mu_S > \mu_B$ **b** und $\mu_S = \mu_B$ **c** ist. Die Konzentrationsverteilungen sind für 0, 5, 10 und 15 min Wanderungszeit dargestellt; **d** Einfluß der Diffusion auf die Dispersion bei Abwesenheit der Elektromigration

c) $\mu_S = \mu_B$: Sind die Mobilitäten von Analyt und Coion gleich, dann ist die Feldstärke über das gesamte Trennsystem identisch. In diesem Fall wird nur diffusionsbedingte Bandenverbreiterung beobachtet (Abb. 21c).

Der Einfluß der Konzentration wurde von Mikkers et al. [65] untersucht. Gemäß den Autoren ist die Bandenverbreiterung aufgrund von Diffusion und elektrophoretischer Dispersion von der gleichen Größenordnung, wenn folgende Beziehung erfüllt ist:

$$D \approx 0.1 \cdot \frac{c_s}{c_B} \cdot l \cdot v_s \tag{32}$$

l   Anfangsbreite der Probenzone [mm]

v_s Geschwindigkeit des Analyten in der Trennzone [mm $\cdot$ s^{-1}]

Beziehung (32) ist im allgemeinen erfüllt, wenn das Konzentrationsverhältnis c_S/c_B ca. 10^{-2} ist. Unterhalb dieses Wertes ist die Diffusion hauptverantwortlich für die Bandenverbreiterung, oberhalb davon ist es die elektrophoretische Dispersion.

Obwohl elektrophoretische Dispersion in den meisten Fällen in der CE auftritt, ist sie vielfach unbedeutend gegenüber anderen Effekten. Offensichtliche Peakverbreiterung tritt jedoch dann auf, wenn die Unterschiede in der elektrophoretischen Mobilität der Analyten groß sind. Ein Beispiel hierfür ist in Abb. 22 dargestellt [67].

Die zuerst eluierten Ionen (1, 2, 3), die hohe Mobilitäten besitzen, zeigen Peak-*Fronting*, während der zuletzt eluierte Peak (Nr. 6) ein *Tailing* aufweist. Die Peaks 4 und 5 besitzen eine annähernd Gaußsche Form.

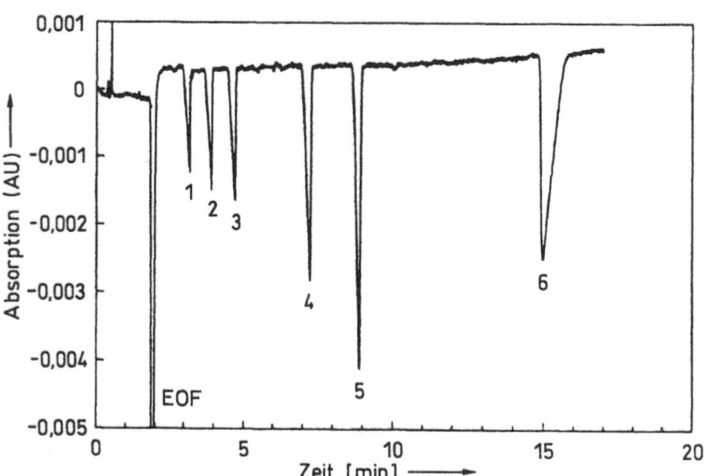

Abb. 22. Fronting und Tailing von Analyten aufgrund der elektrophoretischen Dispersion [67]. Identifizierung: *1* Chlorid, *2* Chlorat, *3* Fluorid, *4* Acetat, *5* Propionat, *6* MES. Experimentelle Bedingungen: indirekte UV-Detektion bei 254 nm, Puffer: 10 mM Benzoesäure/Tris, pH 8 und 0,05% Methylhydroxyethylcellulose. Spannung 25 kV, Kapillare: 50 cm × 75 µm ID. (Mit freundlicher Genehmigung des Elsevier Verlags)

Tabelle 5. Einfluß der Breite der Injektionszone und des Diffusionskoeffizienten auf die theoretische Bodenzahl N eines Peaks

Injektionsbreite [mm]	N (bei $D = 10^{-5}$ cm^2/s)	N (bei $D = 10^{-6}$ cm^2/s)
1	238 000	1 400 000
2	164 000	385 000
10	81 000	112 000

5.1.5 Breite der Injektionszone

Die Breite der Probenzone, die durch die Injektionsbedingungen festgelegt ist, ist der wichtigste äußere Beitrag zur Bandenverbreiterung. Die Varianz aufgrund der Injektion eines Probenvolumens, das in die Kapillare eingeführt wird, ist [68]:

$$\sigma_I^2 = \frac{w^2}{12} \tag{33}$$

w Breite der Injektionszone [cm]

Huang, Coleman und Zare [69] verglichen die Bandenverbreiterung, bedingt durch die Breite der Injektionszone, mit derjenigen, die durch Diffusion verursacht wird. Idealerweise sollte die Breite der Injektionszone kleiner sein als die diffusionsbedingte Standardabweichung des Peaks:

$$w < \sqrt{2 \cdot D \cdot t} \tag{34}$$

Dies ist insbesondere dann von Bedeutung, wenn die Analyten, wie im Falle von Proteinen, sehr niedrige Diffusionskoeffizienten besitzen. Um eine optimale Effizienz zu gewährleisten, sollte deshalb die Injektionsbreite insbesondere bei Makromolekülen sehr klein gewählt werden. Der Einfluß der Breite der Injektionszone und des Diffusionskoeffizienten ist in Tabelle 5 wiedergegeben.

5.2 Apparative Parameter

5.2.1 Feldstärke

Die Feldstärke stellt die treibende Kraft für die Wanderung der Ionen in der CE dar. Da sowohl die elektrophoretische Wanderungsgeschwindigkeit als auch der elektroosmotische Fluß direkt proportional zur Feldstärke sind, ergeben die höchsten Feldstärken die kürzesten Analysenzeiten. Theoretisch sollte die höchste Effizienz bei höchstmöglicher Feldstärke erhalten werden. Die theoretische Bodenzahl ist aber nur für geringe Feldstärken proportional zu E. Die enorme Wärmeentwicklung und die damit einhergehende Verschlechterung der Auflösung limitieren die Anwendung hoher Feldstärken. Der Einfluß der Feldstärke auf die Trennung in der CZE ist in Abb. 23 gezeigt.

Vier Positionsisomere von Dihydroxybenzoesäure werden bei einer Feldstärke von 260, 350 und 440 V/cm getrennt. Während nur eine geringfügige

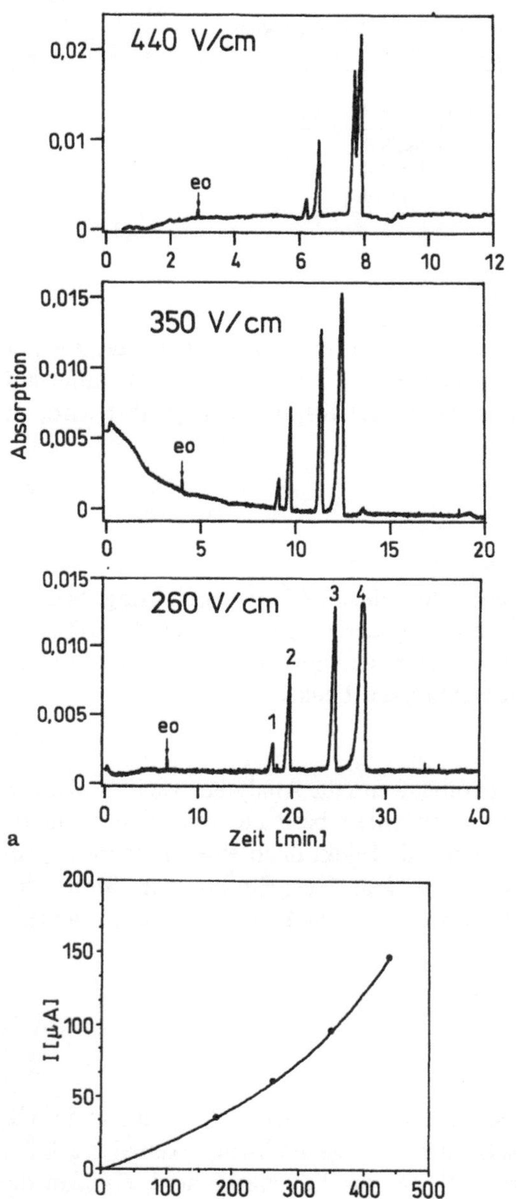

Abb. 23a,b. Einfluß der Feldstärke auf vier Positionsisomere von Dihydroxybenzoesäure. Identifizierung *1* 2,4-, *2* 2,3-, *3* 2,6- und *4* 2,5-Dihydroxybenzoesäure. Experimentelle Bedingungen: Kapillare 57 cm × 75 µm ID, hydrodynamische Injektion für 1 s, Temperatur 25 °C, Detektion bei 200 nm. Elektrolytsystem: 25 mM Na_2HPO_4 - 25 mM $Na_2B_4O_7$, pH 9,0. Benzylalkohol dient als EOF-Marker. **b** Abhängigkeit der Stromstärke von der angelegten Feldstärke für die Experimente in **a**

Verschlechterung der Auflösung bei 350 V/cm gegenüber 260 V/cm zu erkennen ist, sinkt die Auflösung dramatisch bei 440 V/cm (Abb. 23a). Der Einfluß der entstehenden Wärme wird sichtbar, wenn die Feldstärke gegen den resultierenden Strom aufgetragen wird (Abb. 23b). Gemäß dem Ohmschen Gesetz sollte die graphische Darstellung eine Gerade ergeben. In der Praxis erhält man jedoch nur eine Gerade für niedrige Feldstärken. Abweichungen von der Geraden bei hohen Feldstärken werden durch die entstehende Wärme verursacht und gehen mit Änderungen der elektrophoretischen und elektroosmotischen Wanderungsgeschwindigkeit einher. Aus diesem Grund ergibt sich keine lineare Abhängigkeit zwischen Wanderungsgeschwindigkeit und Feldstärke, obwohl die Theorie dies voraussagt (Abb. 24a). Dagegen ist die graphische Auftragung der Stromstärke gegen die Wanderungsgeschwindigkeit selbst bei hohen Stromstärken linear (Abb. 24b). Dieser Sachverhalt läßt sich theoretisch wie folgt erklären: Ersetzt man die Feldstärke E in Gl. (9) durch den Quotient i/κ, so erhält man folgende Beziehung [2, 70, 71]:

$$v_{eo} = \frac{\zeta \cdot \varepsilon \cdot i}{4\pi \cdot \kappa \cdot \eta} \tag{35}$$

i Stromdichte $[A \cdot cm^{-2}]$
κ spezifische Leitfähigkeit $[\Omega^{-1} \cdot cm^{-1}]$

ε und ζ sind nur unwesentlich von der Temperatur abhängig. Gl. (35) läßt sich deshalb umschreiben als:

$$v_{eo} = A \cdot \frac{i}{\kappa \cdot \eta} \tag{36}$$

A Konstante $[C \cdot cm^{-1}]$

Obwohl die spezifische Leitfähigkeit κ und die Viskosität η extrem von der Temperatur abhängen, ist ihr Produkt κ·η gemäß der Waldenschen Regel weitgehend unabhängig von der Temperatur. Folglich ist der EOF direkt proportional der Stromdichte i. In Hinblick auf die Präzision des elektroosmotischen Flusses und der elektrophoretischen Wanderungsge-schwindigkeit ist die Elektrophorese mit konstanter Stromstärke derjenigen mit konstanter Spannung vorzuziehen.

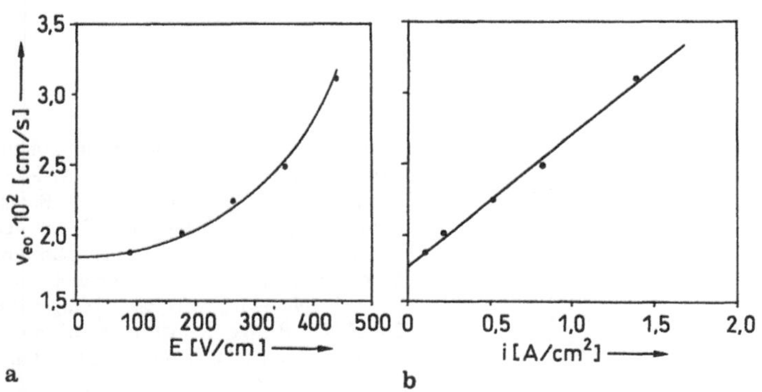

Abb. 24a,b. Abhängigkeit der elektrophoretischen Wanderungsgeschwindigkeit von der Feldstärke **a** und der Stromdichte **b** für die Trennungen aus Abb. 23

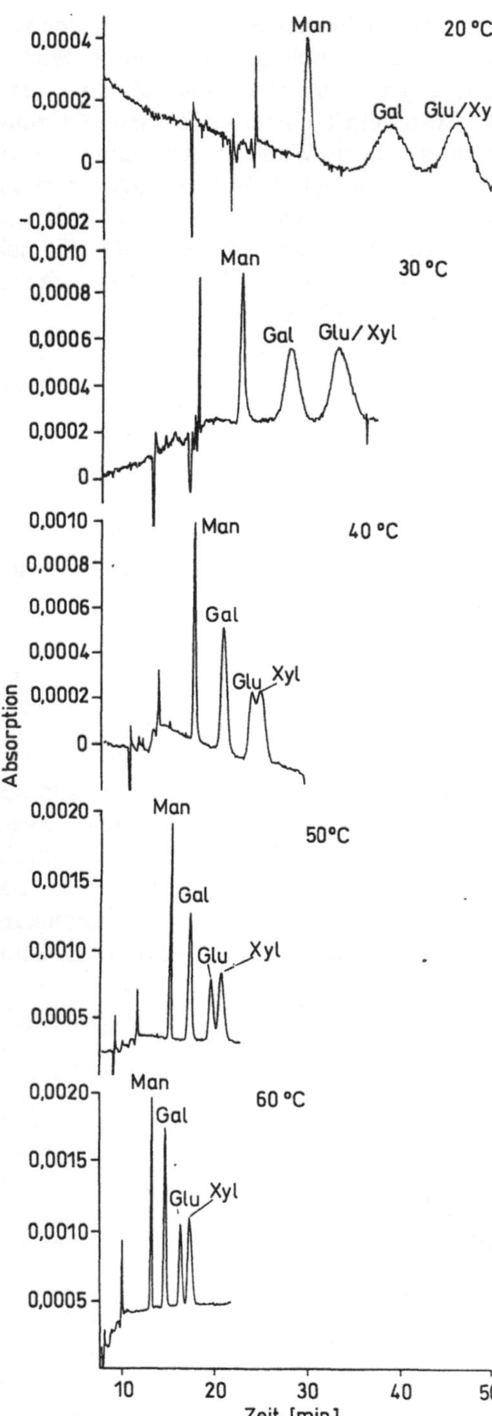

Abb. 25. Einfluß der Temperatur auf die Trennung von nicht-derivatisierten Monosacchariden [73]. Experimentelle Bedingungen: Kapillare 94 cm × 75 μm ID, hydrodynamische Injektion 1 s, Spannung 20 kV, Detektion 195 nm. Pufferelektrolyt: 50 mM $Na_2B_4O_7$, pH 9,3, Temperatur 20–60 °C. Probe: je 10 mM Mannose (Man), Galactose (Gal), Glucose (Glu) und Xylose (Xyl) in Wasser. (Mit freundlicher Genehmigung der American Chemical Society)

5.2.2 Temperatur

Die Programmierung und Kontrolle der Säulentemperatur ist heute eine Standardtechnik in der Gas- und Flüssigchromatographie, um Elutionsprobleme zu lösen und um die Geschwindigkeit und Effizienz der Trennung zu erhöhen. In der Kapillarelektrophorese wird die Temperatur in einem negativen Zusammenhang gesehen. Im allgemeinen führt eine erhöhte Temperatur zu einem Verlust an Effizienz, sodaß sich die Temperaturkontrolle auf die Abführung der Jouleschen Wärme beschränkt. Bis heute gibt es nur wenige Beiträge in der Fachliteratur, die sich mit der Wahl der Kapillartemperatur zur Veränderung der Selektivität beschäftigen.

Darüberhinaus beeinflußt die Temperatur die Struktur von Makromolekülen, z.B. Proteinen [72]. So besitzt α-Lactoglobulin eine Übergangstemperatur für Konformationsänderungen von ca. 32°C. Bei dieser Temperatur ändert sich nicht nur der hydrodynamische Molekülradius des Proteins, sondern auch seine effektive Ladung. Dies führt zu asymmetrischen Peaks und sigmoidalen Mobilitätskurven im Übergangsbereich. Verbreiterte Peaks oder Mehrfachpeaks bedeuten deshalb nicht unbedingt, daß die Probe verunreinigt ist. Um dies zu vermeiden, sollte deshalb in der Analytik von Proteinen bei niederen Temperaturen (z.B. 4 °C) gearbeitet werden, die solche Effekte ausschließen.

Schließlich beeinflußt die Temperatur das chemische Gleichgewicht, wie z.B. die Komplexbildung, die Dissoziation und die Verteilung zwischen micellarer und wässriger Phase. Somit läßt sich das chemische Gleichgewicht durch eine geeignete Wahl der Temperatur manipulieren. Hoffstetter-Kuhn und Mitarbeiter [73] untersuchten den Einfluß der Temperatur auf das elektrophoretische Verhalten von Kohlenhydraten in Gegenwart von Borat als Komplexbildner. Abbildung 25 belegt den dramatischen Einfluß der Temperatur auf das chemische Gleichgewicht.

Bei 20 °C sind die Peaks sehr breit, und Glucose und Xylose sind nicht voneinander getrennt. Mit steigender Temperatur wird die Effizienz der Trennung dramatisch verbessert. Bei 60 °C schließlich sind Glucose und Xylose basislinien-getrennt, gleichzeitig hat sich die Analysenzeit von 50 min bei 20 °C auf weniger als 20 min bei 60 °C verkürzt.

5.3 Elektrolytsystem

Die Wahl des Elektrolytsystems hat einen entscheidenden Einfluß auf die Leistung der elektrophoretischen Trennmethode. Parameter wie pH, Ionenstärke und Pufferzusammensetzung beeinflussen nicht nur die Effizienz der Trennung, sondern auch die Selektivität. Zum Transport von Ladungen werden in der Elektrophorese ionische Lösungen benötigt. Aufgrund des großen Einflusses des pH-Werts auf die elektroosmotische und elektrophoretische Mobilität werden meist Puffersubstanzen als Elektrolyte verwendet. Diese Puffersysteme sollten gewisse Eigenschaften erfüllen:

- Der Puffer sollte die Trennung nicht negativ beeinflussen.
- Eine hohe Pufferkapazität über einen breiten pH-Bereich sollte gewährleistet sein.
- Der pH-Wert sollte nur geringfügig temperaturabhängig sein.
- Im Falle der UV-Detektion sollte der Puffer nur eine geringe Eigenabsorption aufweisen.
- Die Mobilität der Pufferionen sollte etwa gleich groß sein wie die Mobilität der Analyten, um die elektrophoretische Dispersion zu minimieren.
- Die elektrophoretische Mobilität der Gegeionen sollte so klein wie möglich sein, um die Wärmeentwicklung gering zu halten.

5.3.1 pH

Der pH-Wert der Pufferlösung ist im allgemeinen der wichtigste experimentelle Parameter, um die Selektivität des Trennsystems zu beeinflussen. Die Nettoladung eines Ions hängt vom Grad der Ionisierung ab, der durch die pK-Werte der sauren und basischen Gruppen und durch den pH-Wert der Lösung definiert ist. Nur in den Fällen, in denen ein Ion über den gesamten pH-Bereich ionisiert ist, verändert die Variation des pH nicht die Nettoladung des Ions. Das gilt gewöhnlich für die Ionen starker Säuren und Basen, wie z.B. Chlorid, Nitrat, Natrium oder Kalium. Sind dagegen die ionisierbaren Gruppen schwache Säuren oder Basen, so hat der pH-Wert der Pufferlösung einen großen Einfluß auf die Nettoladung. Abbildung 26 zeigt die elektrophoretische Trennung von vier Nucleotiden bei verschiedenen pH-Werten im Bereich von 7 bis 8.5.

Die Ladungsunterschiede der Nucleotide resultieren aus dem Dissoziationsgrad ihrer Amin- und Phosphatgruppen. Es ist offensichtlich, daß selbst kleine Änderungen des pH einen dramatischen Einfluß auf die Auflösung der vier Komponenten haben. Wie das Beispiel zeigt, kann die Auflösung der Peaks in diesem Fall durch eine einfache Veränderung des pH's optimiert werden. Andererseits genügt ein grobes Screening des pH-Wertes nicht, um den optimalen Wert zu finden. Im folgenden ist deshalb ein systematisches Verfahren beschrieben, um den optimalen pH-Wert für eine Trennung zu berechnen. Da wir lediglich an relativen Änderungen der Nettoladung mit dem pH-Wert interessiert sind, ist die Bestimmung der absoluten Nettoladungen nicht notwendig. Die Abhängigkeit der Ionenladung vom pH ist durch die Hendersson-Hasselbalchsche Gleichung (Gl. 37) definiert. Sie läßt sich anhand des Massenwirkungsgesetzes für die Dissoziation z.B. einer Säure (Protonendonator) ableiten:

$$HA + H_2O \leftrightarrows A^- + H_3O^+$$

HA stellt die undissoziierte Säure und A^- die konjugierte Base dar. Die Hendersson-Hasselbalchsche Gleichung lautet:

$$pH = pK_a + \log\frac{[A^-]}{[HA]} \tag{37}$$

$[HA]$ Konzentration der undissoziierten Säure [M]
$[A^-]$ Konzentration der konjugierten Base [M]

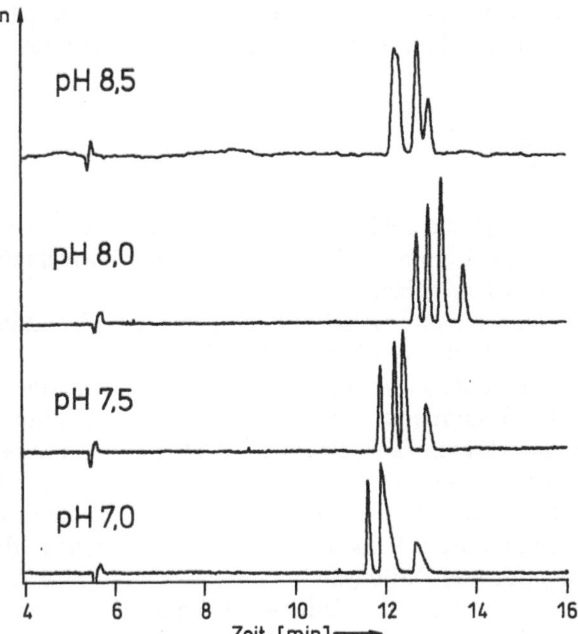

Abb. 26. Elektrophoretische Trennung von Mononucleotiden bei verschiedenen pH-Werten. Elutionsreihenfolge *1* 2'-Desoxycytidin-5'-monophosphat, *2* 2'-Desoxyadenosin-5'-monophosphat, *3* 2'-Desoxyguanosin-5'-monophosphat, *4* 2'-Thymidin-5'-monophosphat. Experimentelle Bedingungen: Kapillare 57 cm × 75 µm ID, hydrodynamische Injektion 1 s, Spannung 15 kV, Temperatur 25 °C, Detektion 254 nm. Elektrolytsystem: 25 mM $Na_2B_4O_7$, das mit HCl auf den entsprechenden pH eingestellt wurde

Eine analoge Gleichung kann für eine Base abgeleitet werden. Die relative Nettoladung z^+ bzw. z^- einer Säure- bzw. Basenfunktion läßt sich aus dem Dissoziationsgrad α berechnen:

$$\alpha = \frac{\chi}{c} \tag{38}$$

χ molarer Anteil an geladener Spezies [M]
c Gesamtkonzentration der Spezies [M]

Für einen Protonendonator folgt aus Gl. (37) und (38):

$$z^- = \frac{10^{(pK_a - pH)}}{10^{(pK_a - pH)} + 1} - 1 \tag{39}$$

Für die relative Nettoladung eines Protonenakzeptors folgt entsprechend:

$$z^+ = \frac{10^{(pK_a - pH)}}{10^{(pK_a - pH)} + 1} \tag{40}$$

Im Fall von Zwitterionen oder Ampholyten, die i schwache Säuren und j schwache Basen besitzen, läßt sich die Gesamtnettoladung Z wie folgt berechnen:

$$Z = \sum_{i=1}^{n} z_i^- + \sum_{j=1}^{m} z_i^+ \tag{41}$$

Anhand der Gl. (39) bis (41) kann die Nettoladung schwacher Säuren, Basen und Ampholyten in Abhängigkeit vom pH berechnet werden. Beispielhafte Ergebnisse sind in Abb. 27a wiedergegeben.

Die Ladung schwacher monobasischer Säuren wie z.B. Essigsäure strebt gegen Null, wenn der pH-Wert gegen Null geht, und strebt gegen -1, wenn der pH gegen 14 geht. Am Äquivalenzpunkt, wenn $pH = pK_a$ ist, sind 50% der Moleküle geladen. Die Gesamtladung beträgt demnach $-0,5$. Eine entgegengesetzte Kurve erhält man für schwache Basen, die die Ladung $+1$ haben, für pH 0 und die Ladung ± 0 für pH 14. Ampholyte, wie z.B. Aminosäuren, besitzen die Ladung Null über einen bestimmten pH-Bereich oder zeigen einen Inversionspunkt, einen sogenannten isoelektrischen Punkt (pI) in einem definierten pH-Wert, z.B. Polypeptide und Proteine.

Im gleichen Maße, wie sich die Nettoladung mit dem pH ändert, variiert auch die elektrophoretische Mobilität mit dem pH (Abb. 27b). Die Nettomobilität μ_i^n eines schwachen Elektrolyten i ist durch das Produkt der absoluten Mobilität

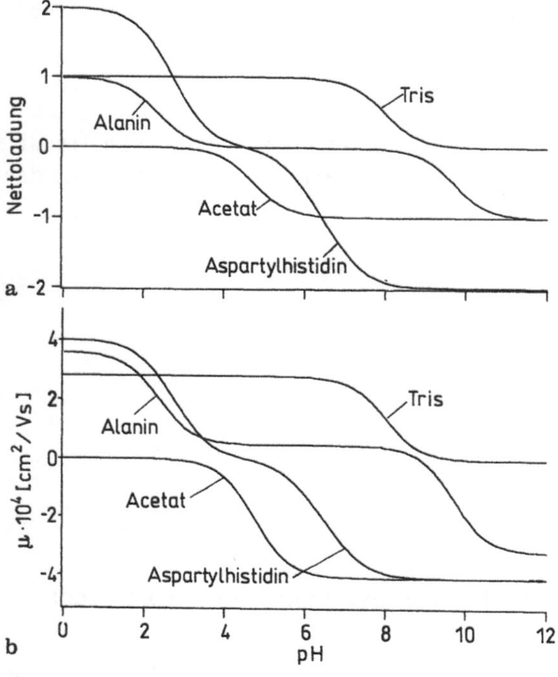

Abb. 27a,b. Abhängigkeit der Nettoladung **a** und Nettomobilität **b** von schwachen Säuren und Basen vom pH. Die absoluten Mobilitäten in $cm^2\ V^{-1} \cdot S^{-1}$ sind $-4,10^{-4}$ für Acetat, $2,8 \cdot 10^{-4}$ für Tris, $-3,6 \cdot 10^{-4}$ und $3,1 \cdot 10^{-4}$ für Alanin und $\pm 2,0 \cdot 10^{-4}$ für Aspartylhistidin

μ_i^0, bei vollständiger Dissoziation, und dem Dissoziationsgrad α für einen gegebenen pH definiert:

$$\mu_i^n = \mu_i^0 \cdot \alpha \tag{42}$$

Der optimale pH-Wert für eine Trennung kann aus einer graphischen Darstellung, wie in Abb. 27b dargestellt, leicht abgelesen werden. Es ist der Wert, an dem die Unterschiede der elektrophoretischen Mobilitäten maximal sind. Wenn die absoluten Mobilitäten zur Berechnung der Mobilitätskurven unbekannt sind, können relative Mobilitäten benutzt werden. Eine empirische Berechnung der relativen Mobilitäten, insbesondere von Peptiden, läßt sich anhand der Offord-schen Gleichung [74] durchführen:

$$\mu_{rel} = \frac{Z}{M^{2/3}} \tag{43}$$

Eine exakte mathematische Abhandlung zur Berechnung des optimalen pH-Werts für eine elektrophoretische Trennung wurde bereits 1946 von Consden et al. [75] abgeleitet.

5.3.2 Ionenstärke

Neben dem pH ist die Ionenstärke ein wichtiger Parameter zur Optimierung der Effizienz, Auflösung und Selektivität eines Trennsystems. Der Einfluß der Ionenstärke auf die Trennung in der CE wurde von mehreren Autoren untersucht [76–78]. Da die Elektrophorese und die Elektroosmose auf den gleichen Prinzipien beruhen, haben Änderungen der Ionenstärke der Elektrolytlösung die gleichen Effekte auf die entsprechenden Mobilitäten. Wieme [79] leitete eine Formel ab, die den Einfluß der Ionenstärke auf die elektrophoretische und elektroosmotische Mobilität beschreibt:

$$\mu_i, \mu_{eo} \approx \frac{3 \cdot 10^{-8} \cdot Q_{eff}}{\eta \cdot \sqrt{I}} \tag{44}$$

Q_{eff} effektive Ladung
I Ionenstärke [M]

Gemäß dieser Gleichung, die ihren Ursprung in der Debye-Hückel Theorie hat, sollte sowohl die elektrophoretische als auch die elektroosmotische Mobilität reziprok zur Quadratwurzel der Ionenstärke sein. Eine experimentelle Überprüfung zeigt, daß nur unter den Bedingungen, daß die Joulesche Wärme vernachlässigbar ist, eine Linearität gemäß Gl. (44) besteht. Dies ist in Abb. 28 dargestellt.

5.3.3 Pufferzusammensetzung

Die meisten Puffersysteme haben nur über einen begrenzten pH-Bereich eine ausreichende Pufferkapazität. Aufgrund der logarithmischen Definition des pH

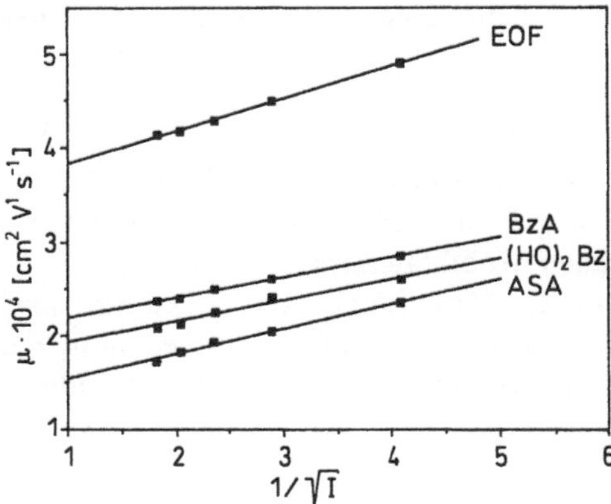

Abb. 28. Abhängigkeit der elektroosmotischen und elektrophoretischen Mobilität von der Ionenstärke für die Trennung von Benzylalkohol (EOF), Acetylsalicylat (ASA), Dihydroxybenzoat ((HO)$_2$Bz) und Benzoat (BzA) bei verschiedenen Natriumphosphat-Konzentrationen. Experimentelle Bedingungen: Kapillare 57 cm × 75 μm ID, Spannung 5 kV, Temperatur 25 °C, Detektion 200 nm. Elektrolytsystem: 20–100mM Natriumphosphat, pH 9.0

fällt die Pufferkapazität um den Faktor 10 für jede pH-Einheit im Abstand vom pK-Wert. Die Pufferkapazität von Ampholyten in der Nähe ihres pI hängt von der Größe des Terms $|pI - pK_1|$ ab. Nach Svensson sind alle Ampholyten als Puffersubstanzen ungeeignet, wenn $|pI - pK_1| > 2,5$ ist. Für die CE sind diejenigen Substanzen besonders geeignet, die eine hohe Pufferkapazität bei einer gleichzeitig geringen Äquivalentleitfähigkeit aufweisen. Die meisten Puffersubstanzen werden allerdings nach empirischen Gesichtspunkten ausgewählt. Phosphat- und Borat-Puffer, oft in Kombination mit Tris, sind sicherlich die häufigsten Puffersysteme in der CE. Biologische oder Goodsche Puffer werden ebenfalls häufig benutzt, insbesondere zur Trennung von Peptiden oder Proteinen. Sie haben den Vorteil, daß sie die Adsorption an der Quarzoberfläche durch Konkurrenzreaktionen unterdrücken.

Neben dem Einfluß eines Puffersystems auf die Elektrophorese, bedingt durch seine Pufferkapazität und Äquivalentleitfähigkeit, verändern gewisse Puffer zusätzlich die Konformation von Makromolekülen. Vor mehr als 100 Jahren zeigte Hofmeister, daß einfache Salze die Löslichkeit und die Wechselwirkungen von Proteinen beeinflussen. Entsprechend ihren Fähigkeiten, die Löslichkeit zu verbessern, ordnete er zahlreiche Kationen und Anionen in einer Reihe an:

$$PO_4^{3-} < SO_4^{2-} < CH_3COO^- < F^- < Cl^- < Br^- < NO_3^-$$
$$< I^- < SCN^- < CCl_3COO^-$$
$$(CH_3)_4N^+ < NH_4^+ < K^+, Na^+, < Li^+ < Mg^{2+} < Ca^{2+} < Ba^{2+}$$
$$(CH_3)_4N^+ < (C_2H_5)_4N^+ < (C_3H_7)_4N^+ < (C_4H_9)_4N^+$$

chaotroper Effekt →
← taxigener Effekt
begünstigt hydrophobe Wechselwirkungen →

Die Ionen auf der rechten Seite sind stark chaotrop. Sie besitzen große Ionenradien und sind leicht polarisierbar. Chaotrope Ionen brechen Wasserstrukturen und verringern somit die Eigenassoziation des Wassers. Sie verringern darüberhinaus die Viskosität des Wassers. Unglücklicherweise sind diese Effekte

nur bei hohen Ionenkonzentrationen signifikant, die im allgemeinen in der CE
nicht anwendbar sind. Allerdings besitzen auch einige Goodsche Puffer und
neutrale Verbindungen chaotrope und taxigene Effekte. Die folgenden Reihen
geben einige Beispiele:

$(NH_4)_2SO_4 \gg$ TRICINE > BICIN < HEPES < CAPS $\ll$ LiBr
← chaotrop | taxigen →

Nicotinamid > Harustoff | Sorbitol < Fructose < Saccharose
← chaotrop | taxigen →

Da diese Verbindungen nicht zur Leitfähigkeit in der CE beitragen, können sie
selbst in hohen Konzentrationen verwendet werden. Harnstoff wird z.B. oft in
Konzentrationen bis zu 8 M verwendet, um Wasserstoffbrückenbindungen von
Proteinen und Nucleinsäuren zu brechen und damit ihre Löslichkeit zu verbessern.

Es sei an dieser Stelle erwähnt, daß sich die Zusammensetzung der Elek-
trolytlösung in den Pufferreservoiren im Verlauf der Elektrophorese verändern.
Ursache hierfür sind vor allem Elektrolysereaktionen an den Elektroden, die
häufig das Trennergebnis verschlechtern. In Abb. 29 ist die Trennung zweier
Peptide mit frisch angesetztem Puffer (Abb. 29a), nach 20 aufeinanderfolgenden
Trennungen (Abb. 29b) und nach 22 Trennungen (Abb. 29c) wiedergegeben.
Bereits nach 20 Trennungen ist der Puffer soweit verbraucht, daß eine extreme
Verschlechterung des Ergebnisses resultiert. Es wird deshalb empfohlen, die
Pufferlösungen in den Reservoiren nach gewissen Zeiten zu erneuern.

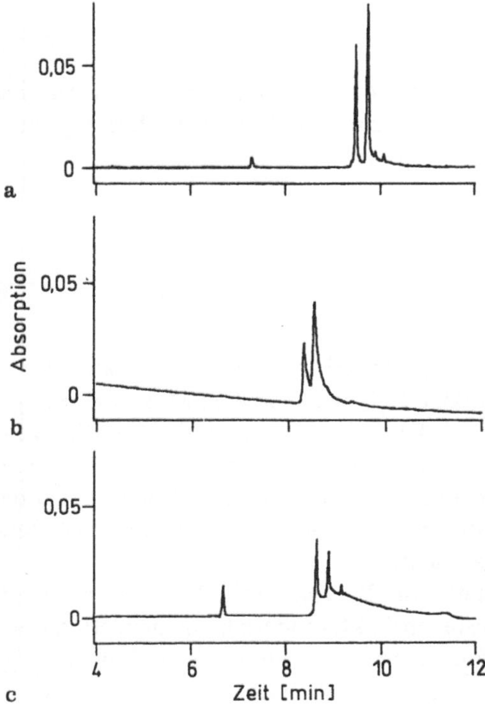

Abb. 29a–c. Einfluß der Alterung der Elektrolytlösungen in den Elektroden-
räumen auf das Trennergebnis zweier Peptide. Experimentelle Bedingungen:
Kapillare 57 cm × 75 µm ID, Spannung 20 kV, Temperatur 20 °C, Detektion 200 nm,
Volumen der Elektrodenräume ca. 2 mL. Elektrolytsystem: 50 mM $Na_2B_4O_7$, pH
9,3. **a** neue Pufferlösung, **b** Puffer nach 20 aufeinanderfolgenden Trennungen, **c** Puffer
nach 22 Trennungen

5.3.4 Komplexbildung

Einer der größten Nachteile der CE ist der Mangel an Einflußmöglichkeiten auf die Selektivität eines Trennsystems. Während in der Chromatographie hierzu zahlreiche stationäre Phasen zur Verfügung stehen, kann die Selektivität in der CE nur durch die Wahl des Elektrolytsystems kontrolliert werden. Die Komplexbildung der Analyten mit geeigneten Komplexbildnern stellt eine elegante Methode dar, um die elektrophoretische Wanderungsgeschwindigkeit der Analyten und damit die Selektivität des Trennsystems zu beeinflussen.

Die Komplexbildung eines Analyten A mit einem Liganden L läßt sich im einfachsten Fall durch folgende Reaktionsgleichung beschreiben:

$$A + L \underset{k_{-1}}{\overset{k_1}{\rightleftharpoons}} [A \cdot L]$$

k_1 und k_{-1} sind die Geschwindigkeitskonstanten der Hin- bzw. Rückreaktion. Aufgrund der Komplexbildung resultiert für einen Analyten A eine Nettomobilität μ_A^n, die durch folgende Gleichung beschrieben werden kann:

$$\mu_A^n = \alpha \cdot \mu_{[A \cdot L]}^0 + (1 - \alpha) \cdot \mu_A^0 \tag{45}$$

$\mu_{[A \cdot L]}^0$ elektrophoretische Mobilität des Komplexes $[A \cdot L]$

μ_A^0 elektrophoretische Mobilität des unkomplexierten Analyten A

5.3.4.1 Boratkomplexe

Die Komplexbildung von Borat mit Polyolen in alkalischer Lösung ist eine bekannte Methode zur Trennung von Zuckern und Catecholen. Die zugrunde liegende Reaktion lautet:

(1) $B^- + L \rightleftharpoons [BL]^- + H_2O$
(2) $[BL]^- + L \rightleftharpoons [BL_2]^- + H_2O$

L   Polyol
B^- Tetrahydroxyborat, $[B(OH)_4]^-$

Die Größe der Ladung wird durch die Lage des Gleichgewichts und damit durch die Komplexbildungskonstante festgelegt. Entsprechend dem Massenwirkungsgesetz erhöht sich die Konzentration an Komplex mit steigender Boratkonzentration und mit steigendem pH-Wert aufgrund der höheren Konzentration an Tetrahydroxyborat in alkalischer Lösung. Für ein bestimmtes Polyol hängt die Komplexbildung stark von seiner Konzentration, der Anzahl an Hydroxylgruppen und der Beschaffenheit der Substituenten ab [73].

Das Prinzip der Komplexbildung von Polyolen mit Borat ist nicht auf organische Diole und Kohlenhydrate beschränkt, sondern kann auch erfolgreich bei Glycopeptiden und Glycoproteinen eingesetzt werden. Abbildung 30 zeigt die Trennung eines Hexapeptids von seinem N-Acetylglucosamin-Derivat bei

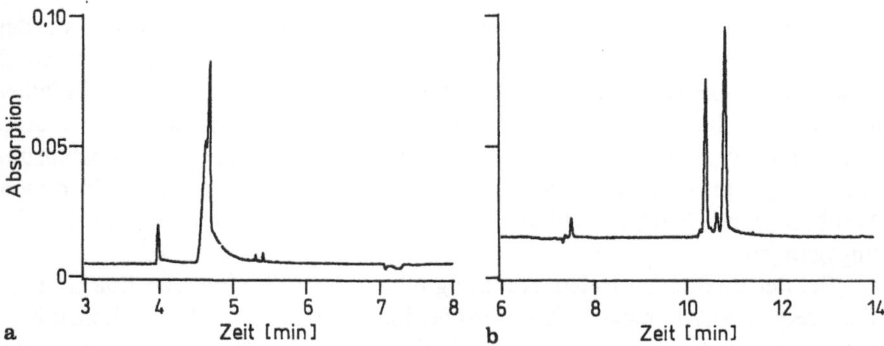

Abb. 30a,b. Eektrophoretische Trennung eines Hexapeptids von seinem N-Acetylglucosamin-Derivat. Experimentelle Bedingungen: Kapillare 57 cm × 75μm, hydrodynamische Injektion 1 s, Spannung 20 kV, Temperatur 20°C, Detektion 200 nm. Elektrolytsystem: **a** 20 mM Natriumglycinat, **b** 50 mM $Na_2B_4O_7$, beide Lösungen wurden mit NaOH auf pH 11,0 eingestellt

pH 11. Ohne Borat können die zwei Peptide nicht voneinander getrennt werden (Abb. 30a). Erst die Komplexierung des Glycopeptids durch Borat führt zur gewünschten Trennung (Abb. 30b). Die Komplexbildung ist verbunden mit einer zusätzlichen negativen Ladung des Glycopeptids, welche die elektrophoretische Mobilität verändert. Das Glycopeptid eluiert später als das Hexapeptid.

5.3.4.2 Ionenpaarbildung

Neben Borat existieren eine Reihe von Komplexbildnern, deren Reaktionen mit einem Analyten auf Ionenpaarbildung bzw. solvophobe Assoziation beruhen. Typische Ionenpaarbildner stellen Tetraalkylammoniumsalze, wie z.B. Tetrabutylammonium (TBA) und Tetrahexylammonium (THA) dar. In wäßrigen Lösungen bilden diese Verbindungen keine Micellen, die eine zweite, pseudo-stationäre Phase darstellen, sondern Assoziate mit hydrophoben Analyten. Wahlbroehl und Jorgenson [80] berichteten von der Trennung von fünf polyaromatischen Kohlenwasserstoffen in 25 mM THA-perchlorat, das in 50%-iger wäßriger Acetonitrillösung gelöst war. McLaughlin und Mitarbeiter [81] benutzten Hexansulfonsäure, um die Migrationszeiten von kationischen Peptiden durch hydrophobe Ionenpaarbildung zu beeinflussen. Die hydrophoben Alkylketten der Hexansulfonsäure treten in Wechselwirkung mit hydrophoben Anteilen der Peptide, wobei die Peptide negative Ladungen aufnehmen.

5.3.4.3 Chirale Selektoren

Prinzipiell kann die Trennung von optischen Isomeren auf zweierlei Arten erfolgen, die *direkte* und *indirekte* chirale Trennung genannt werden. Bei der direkten Trennung bilden die beiden Enantiomere diastereomere Molekülkomplexe mit einem chiralen Selektor. Bei der indirekten chiralen Trennung werden die zu trennenden Enantiomere mit einer optisch reinen Verbindung chemisch umgesetzt, wobei Diastereomere entstehen, die aufgrund ihrer unterschiedlichen physikalisch-chemischen Eigenschaften mit normaler Kapillarelektrophorese getrennt werden können. Hierbei ist jedoch eine sorgfältige Reaktionsführung notwendig, um Razemisierung oder Artefaktbildung zu vermeiden. In diesem Abschnitt wird lediglich auf die direkte Enantiomerentrennung in der CE eingegangen.

Bei der direkten chiralen Trennung bilden die zu trennenden Enantiomere diastereomere Komplexe mit unterschiedlichen Komplexbildungskonstanten. Entsprechend der *„Drei-Punkte-Wechselwirkungs-Regel"* von Dalgliesh [82] müssen für eine chirale Erkennung zwischen einem chiralen Selektor und einem Analyten mindestens drei gleichzeitig auftretende Wechselwirkungen bestehen. Wenigstens eine dieser Wechselwirkungen muß stereoselektiv sein, um die Enantiomere zu diskriminieren.

In der Kapillarelektrophorese wird der chirale Selektor im allgemeinen in der Pufferlösung gelöst und befindet sich in der gesamten Kapillare. Die Komplexbildung zwischen dem Selektor und den Analyten läßt sich mit der Verteilung einer Komponente zwischen einer mobilen und pseudostationären Phase vergleichen. Alternativ dazu kann der Selektor auch in einer Gelmatrix immobilisiert oder Bestandteil einer Micelle sein. Entsprechend dem Trennprinzip lassen sich zur Zeit vier verschiedene Techniken unterscheiden:

> Wirts-Gast-Komplexierung
> Ligandenaustausch-Komplexierung
> Solubilisierung durch optisch aktive Micellen
> Trennung an Proteinen.

Übersichtsartikel zur Anwendung der Kapillarelektrophorese für die Trennung optischer Isomere wurden von Snopek et al. [83] und Kuhn und Hoffstetter-Kuhn [46] veröffentlicht.

Wirts-Gast-Komplexe

Komplexe, bei denen ein Analyt (Gastmolekül) räumlich von einem Liganden (Wirtsmolekül) eingeschlossen wird, nennt man Wirts-Gast-Komplexe oder Einschluß-Komplexe. In der CE werden zwei Klassen von Verbindungen zur Enantiomerentrennung eingesetzt:

1. Cyclodextrine bzw. ihre Derivate und
2. ein chiraler Kronenether.

Cyclodextrine (CD) sind cyclische Oligosaccharide, die aus 6, 7 oder 8 α-D-Glucose-Einheiten bestehen, und die entsprechend α-, ß- oder γ-Cyclodextrin genannt werden. Die chemischen Strukturen der Cyclodextrine sind in Abb. 31 a), b), c) wiedergegeben.

Cyclodextrine formen konisch verlaufende Hohlkörper, die im Inneren einen hydrophoben Charakter aufweisen. Die Hydroxylgruppen sind nach außen

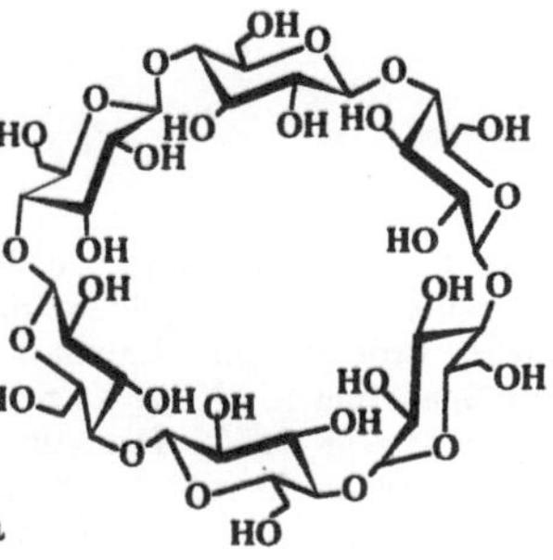

a

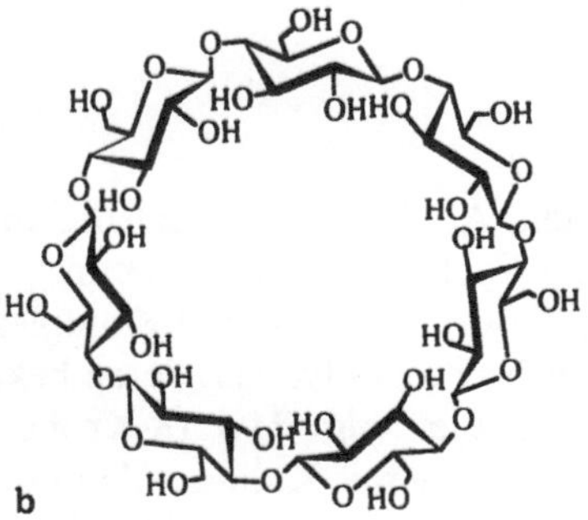

b

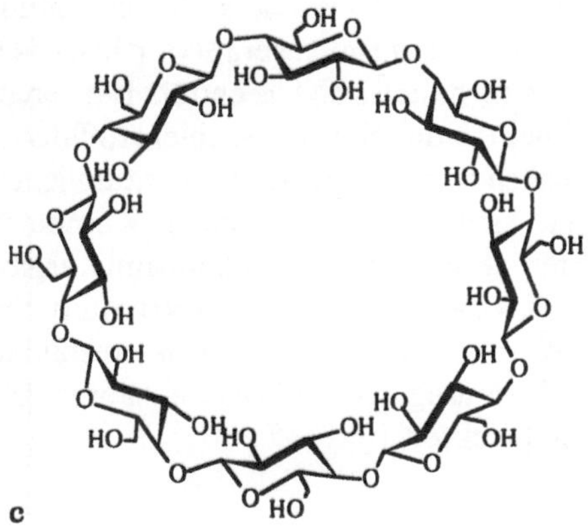

c

Abb. 31a–c. Chemische Strukturen von α- a, β-
b und γ-Cyclodextrin c

gerichtet und sind für die Löslichkeit der Verbindungen verantwortlich. Aufgrund der hydrophoben Eigenschaft des Hohlkörpers sind Cyclodextrine in der
Lage, stabile Einschluß-Komplexe mit aromatischen oder aliphatischen Gruppen
zu bilden. Die Komplexstabilität rührt von van-der-Waals-Wechselwirkungen,
Solvatationseffekten und Wasserstoffbrückenbindungen her. Für eine gute
Komplexbildung ist es entscheidend, daß die funktionellen Gruppen der Gast-
moleküle gut in den Hohlraum des Cyclodextrins passen. Substantielle Unterschiede in den Komplexbildungskonstanten zwischen zwei Enantiomeren

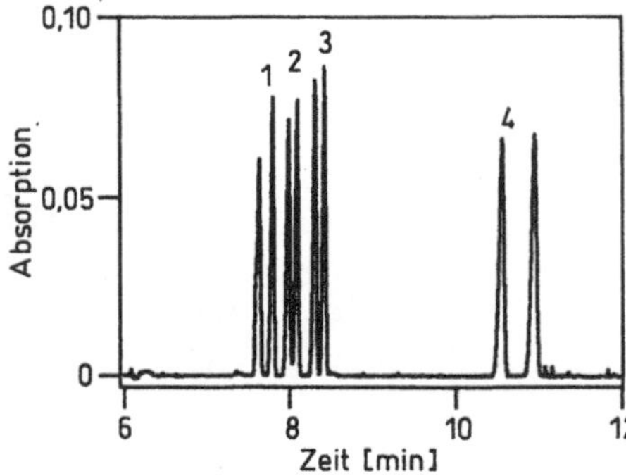

Abb. 32. Chirale Trennung von DNS-D,L-Aminosäuren mittels γ-Cyclodextrin. Experimentelle Bedingungen: Kapillare 57 cm × 75 μm, Spannung 15 kV für 8,5 min dann 25 kV, Temperatur 25 °C, Detektion 214 nm. Elektrolytsystem: 50 mM $Na_2B_4O_7$/10 mM γ-Cyclodextrin, pH 9.0. Identifizierung: *1* Leucin, *2* Methionin, *3* Threonin, *4* Glutaminsäure

können für eine Trennung ausgenutzt werden. Abbildung 32 zeigt die chirale Trennung von Dansyl-Aminosäuren mittels γ-Cyclodextrin als Selektor.

Eine zweite Klasse von Verbindungen, die stabile Einschluß-Komplexe in wäßrigen Lösungen bilden, sind die makrocyclischen Polyether, deren bekannteste Vertreter die Kronenether sind. Kronenether vom Typ 18-Krone-6-tetracarbonsäure (s. Abb. 33) bilden stabile Komplexe mit Kalium-, Ammonium und primären Aminkationen. Im Falle von Ammonium und Aminkationen entstehen Wirts-Gastkomplexe durch drei $^+NH\cdots O$-Wasserstoffbrückenbindungen. Für die chirale Erkennung sind zwei Mechanismen verantwortlich [84]. Die Carbonsäuregruppen des Kronenethers verhalten sich wie chirale Barrieren, die den verfügbaren Raum für die Substituenten des chiralen Kohlenstoffatoms in zwei Bereiche unterteilen. Entsprechend der Größe und räumlichen Anordnung dieser Substituenten bilden sich so diastereomere Komplexe mit unterschiedlichen Bildungskonstanten. Ein zweiter Mechanismus ergibt sich durch die Carbonsäuren des Kronenethers, die elektrostatische Wechselwirkungen mit polaren Substituenten des Gastmoleküls ausbilden können. Abbildung 34 zeigt die chirale Trennung von D,L-Aminosäuren mit 18-Krone-6-tetracarbonsäure als chiralem Selektor.

Ligandenaustausch-Komplexierung

Die Enantiomerentrennung durch Ligandenaustausch-Komplexierung basiert auf Chelatkomplexen aus einem Zentralion (z.B. Cu^{2+}, Ni^{2+}) und wenigstens zwei chiralen bifunktionellen Liganden. Die Konzentration des Chelators wird so gewählt, daß alle Koordinationsstellen des Zentralions besetzt sind. Die zu trennenden Enantiomere ersetzen nun ein Chelatormolekül im Komplex, wobei sich ternäre Diastereomerenkomplexe bilden.

Solubilisierung durch optisch aktive Micellen

Die chirale Trennung durch micellare elektrokinetische Chromatographie erfolgt an optisch aktiven Micellen. Verschiedene Techniken wurden für diesen

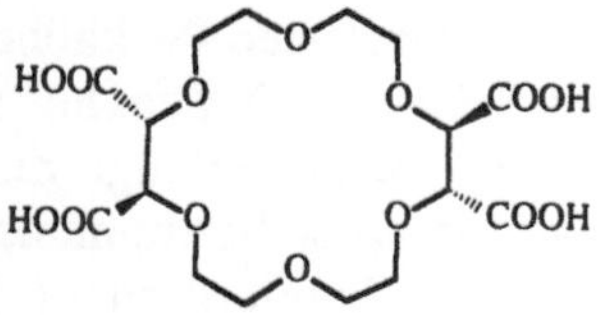

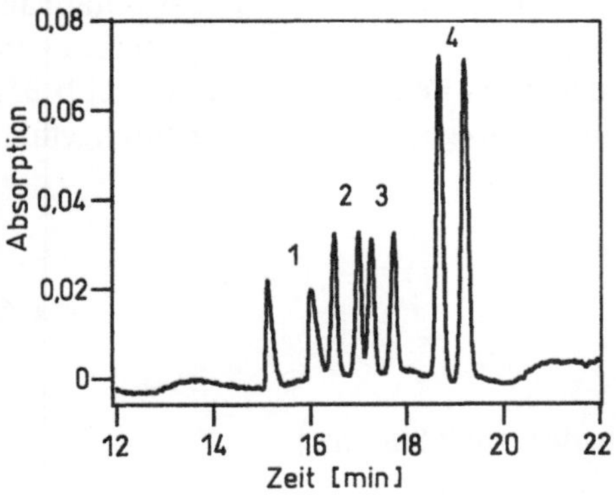

Abb. 33. Chemische Struktur von 18-Krone-6-tetracarbonsäure

Zweck beschrieben. Gemischte Micellen, die aus Dodecyl-L-alanin und SDS bestehen bzw. Dodecyl-L-valin und SDS, wurden erfolgreich zur Trennung von Aminosäuren eingesetzt. Chirale Gallensäuren wie z.B, Taurocholat oder Taurodesoxycholat sind für diesen Zweck ebenfalls geeignet.

Trennung an Proteinen

Neueste Veröffentlichungen berichten über den Einsatz von Proteinen als chirale Selektoren in der CE [85–87]. Obwohl Proteine wie z.B. Humanalbumin prinzipiell in der Lage sind, mit einer Vielzahl von Analyten Komplexe zu bilden, ist ihre Anwendung in der CE begrenzt. Aufgrund ihrer hohen Eigenabsorption im UV-Bereich ist die Nachweisgrenze von Analyten bei Einsatz von UV-Detektoren im allgemeinen gering.

6 Quantitative Analye

6.1 Allgemeine Aspekte der Quantifizierung

Die quantitative Analyse liefert Informationen über die Menge oder Konzentration einer (oder mehrerer) Komponente(n) in einem Probengemisch.

Abb. 34. Chirale Trennung von D,L-Aminosäuren mittels 18-Krone-6-tetracarbonsäure (18C6H$_4$). Experimentelle Bedingungen: Kapillare 57 cm × 75 µm, Spannung 15 kV, Temperatur 25 °C, Detektion 214 nm. Elektrolytsystem: 10 mM Tris/10 mM 18C6H$_4$/ Citronensäure, pH 2,2. Identifizierung *1* 3-Amino-3-phenylpropionsäure, *2* Tryptophan, *3* Phenylalanin, *4* Dopa

Diese Information erhält man im allgemeinen durch Vergleich der Peakhöhe oder Peakfläche der Komponente mit einer Eichkurve. Während die Peakhöhe direkt aus dem Elektropherogramm abgelesen werden kann, verlangt die Bestimmung der Peakfläche einen elektronischen Integrator. Diese Bestimmung kann anhand zweier Verfahren erfolgen: (i) mittels externem Standard oder (ii) mittels internem Standard.

Beim Verfahren des externen Standards werden Referenzlösungen mit genau bekannten Konzentrationen nacheinander injiziert und deren Peakflächen bestimmt. Anschließend wird die Probe analysiert und deren Peakfläche mit denen der Referenzlösungen verglichen. Da die Peakflächen von aufeinanderfolgenden Trennungen miteinander verglichen werden, werden an die Injektion höchste Anforderungen in Bezug auf Reproduzierbarkeit und Richtigkeit gestellt.

Beim Verfahren des internen Standards wird eine bekannte Substanz (interner Standard) zusammen mit der Probe analysiert. Die Konzentration der Probenkomponente wird durch das Verhältnis der Peakflächen von internem Standard und Probenkomponente ermittelt. Da der interne Standard zusammen mit der Probenlösung injiziert wird, beeinflussen geringfügige Schwankungen des Injektionsvolumens nicht die Reproduzierbarkeit der Methode, solange die Detektion im linearen Bereich des Detektors erfolgt. Aus diesem Grund ist das Verfahren des internen Standards die Methode der Wahl für die quantitative Analyse in der CE.

Ein zweiter wichtiger Aspekt für die Quantifizierung ergibt sich aus der Tatsache, daß die Wanderungsgeschwindigkeiten der Probenkomponenten unterschiedlich sind. In der Chromatographie bewegen sich alle Komponenten mit derselben Geschwindigkeit, die durch die Flußrate der mobilen Phase festgelegt ist, durch die Detektorzelle. Folglich entsprechen die zeitabhängigen Peaks, die gemessen werden, der tatsächlichen Peakbreite. In der CE ist die Situation völlig anders. Jede Komponente wandert mit einer individuellen Wanderungsgeschwindigkeit durch die Detektorzelle. Somit ist auch die Zeit, die zum Passieren des Detektors benötigt wird, unterschiedlich. Die zeitbezogenen Peakbreiten entsprechen daher nicht den tatsächlichen Peakbreiten der einzelnen Komponenten.

Abbildung 35 zeigt zwei schematische Elektropherogramme von drei Peaks. Der zweite Peaks stellt den elektroosmotischen Flußmarker dar. Das zeitabhängige Elektropherogramm (Abb. 35a) könnte von einem Detektor gemessen sein. Abbildung 35b dagegen gibt die ortsaufgelösten Peaks wieder, die aus Abb. 35a durch eine mathematische Korrektur anhand folgender Gleichung durchgeführt wurde:

$$W_s = \left(\frac{L_D}{t}\right) \cdot W_t - W_d \tag{46}$$

W_s raumaufgelöste Peakbreite des Analyten [cm]
W_t zeitaufgelöste Peakbreite des Analyten [s]

  t   Wanderungszeit des Peaks [s]
  W_d Breite der Detektorzelle [cm]

Die ortsaufgelöste Peakbreite des ersten Peaks ist breiter als die des
EOF-Markers (Peak 2), und die des letzten Peaks entsprechend schmaler.

6.2 Einfluß der Injektion

Der kritischste Punkt in der quantitativen Analyse ist die Probenaufgabe. Wie
bereits in Abschnitt 3.2 diskutiert wurde, stehen in der CE prinzipiell zwei
Methoden zur Verfügung: (i) elektrokinetische und (ii) hydrodynamische Injektion.

In Hinblick auf die Quantifizierung ergeben sich bei der elektrokinetischen
Injektion zwei Probleme. Erstens, werden die Analyten bei der elektrokinetischen
Injektion aufgrund ihrer Mobilitätsunterschiede diskriminiert. Ionen mit hoher
Mobilität wandern schneller in die Kapillare als Ionen mit geringer Mobilität.
Entgegengesetzt geladene Ionen werden sogar davon abgehalten, in die Kapillare
zu wandern. Diese Ionen gelangen nur dann in die Kapillare, wenn der elektroos-
motische Fluß höher ist als die Eigenmobilität des entsprechenden Ions. Als
Konsequenz dieser Effekte resultiert eine Konzentrationsverschiebung, die prin-
zipiell mathematisch ausgeglichen werden kann [88]. Dieses Phänomen ist in
Abb. 36 dargestellt.

Peak 3 stellt den EOF-Marker dar. Da seine Peakhöhe unabhängig von der
Art der Injektion ist, kann sie als interner Standard benutzt werden. Die Peaks
4 und 5 sind negativ geladen und gelangen bei der elektrokinetischen Probenauf-

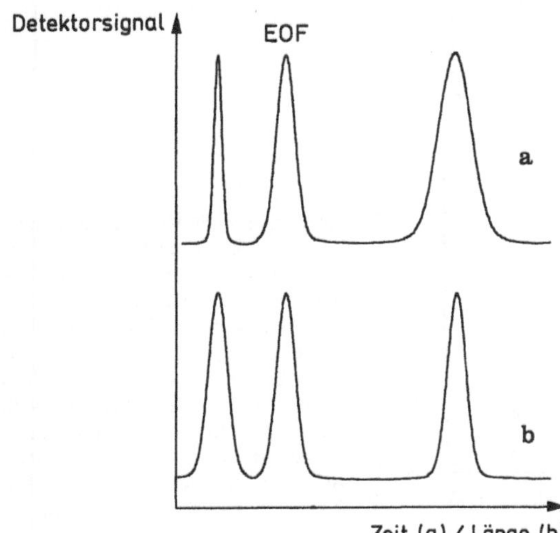

Abb. 35a,b. Schematische Darstellung
eines Elektropherogramms von drei
Komponenten als Funktion der Zeit
a und der Länge **b**. EOF repräsentiert
den elektroosmotischen Fluß

gabe nur aufgrund des höheren EOF in die Kapillare. Ihre Peakhöhe ist deshalb in Abb. 36a niedriger als in 36b. Umgekehrt sind die Peaks 1 und 2 positiv geladen und wandern daher schneller in die Kapillare. Bei der elektrokinetischen Injektion werden deshalb höhere Peaks registriert als bei der hydrodynamischen Probenaufgabe.

Ein zweites Problem bei der elektrokinetischen Probenaufgabe ergibt sich aus den *run-to-run* Schwankungen, die durch veränderte Bedingungen in Bezug auf unreproduzierbare Änderungen der Spannung, Injektionszeit und/oder Probenzusammensetzung entstehen. Wie Tabelle 6 anschaulich zeigt, sind die relativen Standardabweichungen (RSD) der Peakflächen bei der elektrokinetischen Injektion unakzeptabel hoch.

Bei drei käuflichen Geräten wurden die RSD's nach elektrokinetischer und hydrodynamischer Injektion für eine anionische und eine kationische Spezies berechnet. In allen Fällen führte die elektrokinetische Probenaufgabe zu dramatisch schlechteren Resultaten als die hydrodynamische Injektion. Bei allen Geräten wurden geringfügig bessere Ergebnisse bei längeren Injektionszeiten gemessen. Die Präzision ist jedoch auch dann für eine Quantifizierung nicht ausreichend. Interessanterweise ergaben sich bei der kationischen Spezies immer bessere RSD's als bei der anionischen Spezies.

Bei der hydrodynamischen Injektion wird ein definiertes Volumen durch eine Druckdifferenz in die Kapillare aufgegeben. Obwohl große Anstrengungen

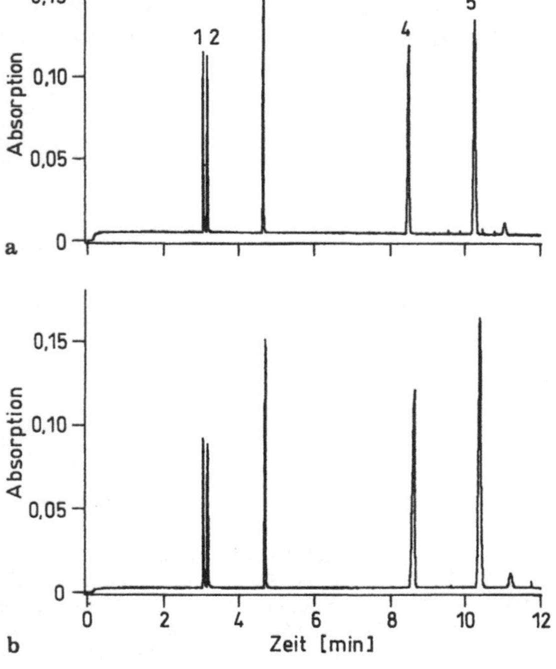

Abb. 36a,b. Relatives Detektorsignal bei elektrokinetischer **a** und hydrodynamischer Injektion **b**. Identifizierung: *1* Benzylamin, *2* Benzyltrimethylammonium, *3* Benzylalkohol, *4* Acetylsalicylat, *5* Benzoat. Experimentelle Bedingungen: Kapillare 57 cm × 75 µm, Feldstärke 300 V/cm, Temperatur 30 °C, Detektion 200 nm. Elektrolytsystem: 50 mM Phosphat, pH 7.0. **a** elektrokinetische Injektion 2 s bei 5 kV, **b** hydrodynamische Injektion 1 s

Tabelle 6. Relative Standardabweichungen (RSD) der Peakflächen in % von (a) Benzyl-
trimethylammonium und (b) Benzoesäure nach hydrodynamischer und elektrokinetischer
Injektion bei drei käuflichen CE-Geräten. Die RSD wurden aus 7 Injektionen berechnet.
Die experimentellen Bedingungen sind in Abb. 29 beschrieben

a) Benzyltrimethylammonium

Injektionsart	Bedingung	Beckman	SpectraPhysics	ABI
hydrodynamisch	ca. 5 nL	1,8	3,2	2,2
hydrodynamisch	ca. 20 nL	0,8	0,9	0,3
elektrokinetisch	1 s at 5 kV	6,8	3,3	4,1
elektrokinetisch	10 s at 5 kV	2,8	2,0	3,7

b) Benzoesäure

Injektionsart	Bedingung	Beckman	SpectraPhysics	ABI
hydrodynamisch	ca. 5 nL	2,8	3,6	2,3
hydrodynamisch	ca. 20 nL	3,6	1,1	1,2
elektrokinetisch	1 s at 5 kV	10,2	7,4	18,4
elektrokinetisch	10 s at 5 kV	6,9	3,2	10,3

seitens der Gerätehersteller gemacht wurden, um diesen Prozeß sorgfältig zu
kontrollieren, sind die RSD's, insbesondere bei kurzen Injektionzeiten, für eine
Quantifizierung zu hoch (siehe Tabelle 6). Dies gilt vor allem für die phar-
mazeutische Analytik, bei der eine Präzision im Bereich von weniger als 1%
gefordert werden. Selbst bei großen Probenvolumina (z.B. 20 nL) werden für
Benzoesäure Standardabweichungen von > 1% gefunden. Auch hier gilt, daß
für Benzyltrimethylammonium bessere Ergebnisse erhalten werden als für Benzoesäure.

7 Literatur

1. Kohlrausch F (1897) Ann Phys Chem 62:209
2. Hjérten S (1967) Chromatogr Rev 9:122
3. Everaerts FM, Beckers JL, Verheggen ThPEM (1967) Isotachophoresis-Theory, Instrumentation and Applications. J Chromatogr Library, Elsevier, Amsterdam-Oxford-New York
4. Jorgenson JW, Lukacs KD (1981) J Chromatogr 218:209
5. Jorgenson JW, Lukacs KD (1981) Anal Chem 53:1298
6. Kuhn R, Hoffstetter-Kuhn S (1993) Capillary Electrophoresis: Principles and Practice. Springer,
   Berlin-Heidelberg-New York
7. Li SFY (1992) Capillary Electrophoresis-Principles, Practice and Applications. J Chromatogr
   Library, Elsevier, Amsterdam-Oxford-New York
8. Windevogel J, Sandra P (1992) Introduction to Micellar Electrokinetic Chromatography.
   Hüthig, Heidelberg
9. Bier M, Palusinski OA, Mosher RA, Saville DA (1983) Science 219:1281
10. Altria KD, Simpson CF (1987) Chromatographia 24:527
11. Kaneta T, Tanaka S, Yoshida H (1991) J Chromatogr 538:385
12. Tran AD, Park S, List PJ, Huynh OT, Ryall RR, Lane PA (1991) J Chromatogr 542:459
13. Fujuware S, Honda S (1987) Anal Chem 59:487
14. Hjertén S (1985) J Chromatogr 347:189
15. Novotny MV, Cobb KA, Liu J (1990) Electrophoresis 11:735

16. Towns JK, Regnier FR (1991) Anal Chem 63: 1126
17. Swedberg SA (1990) Anal Biochem 185: 51
18. Bruin GJM, Huisden R, Kraak JC, Poppe H (1989) J Chromatogr 480: 339
19. Giddings JC (1969) Sep Sci 4: 181
20. Giddings JC (1989) J Chromatogr 480: 21
21. Jorgenson JW (1987) ACS Symp Ser 335: 182
22. Huang X, Gordon MJ, Zare RN (1988) Anal Chem 60: 375
23. Dose EV, Guiochon GA (1991) Anal Chem 63: 1154
24. Hjertén S, Elenbrink K, Kilar K, Liao J, Chen AJ, Sibert CJ, Zhu MD (1987) J Chromatogr 403: 47
25. Jandik P, Jones WR (1991) J Chromatogr 546: 431
26. Kuhr WG, Yeung ES (1988) Anal Chem 60: 1832
27. Gross L, Yeung ES (1990) Anal Chem 60: 427
28. Olefirowicz TM, Ewing AG (1990) J Chromatogr 499: 713
29. Karger BL, Cohen AS (1989) US Patent 4,865,707
30. Bruin GJM, Wang T, Xu X, Kraak JC, Poppe H (1992) J Microcol Sep 4: 439
31. Dolnik V, Cobb KA, Novotny M (1991) J Microcol Sep 3: 155
32. Yin HF, Lux JA, Schomburg G (1990) HRC&CC 13: 624
33. Motsch SR, Kleemiß M-H, Schomburg G (1991) HRC&CC 13: 629
34. Bocek P, Chrambach A (1991) Electrophoresis 12: 1059
35. Heiger DN, Cohen AS, Karger BL (1990) J Chromatogr 516: 33
36. Chiari M, Nesi M, Fazio M, Righetti PG (1992) Electrophoresis 13: 690
37. Zhu M, Hansen DL, Burd S, Gannon F (1989) J Chromatogr 480: 311
38. Grossman PD, Soane DS (1991) J Chromatogr 559: 257
39. Cohen AS, Karger BL (1987) J Chromatogr 397: 409
40. Terabe S, Otsuka K, Ichikama K, Tsuchiya A, Ando T (1984) Anal Chem 56: 111
41. Terabe S, Otsuka K, Ando T (1985) Anal Chem 57: 834
42. Otsuka K, Terabe S, Ando T (1985) J Chromatogr 348: 39
43. Nishi H, Fukuyama T, Matsuo M, Terabe S (1990) J Chromatogr 498: 313
44. Burton DE, Sepaniak MJ, Mascarinec MP (1987) J Chromatogr Sci 25: 514
45. Cole RO, Sepaniak MJ (1991) LC-GC 10: 380
46. Kuhn R, Hoffstetter-Kuhn S (1992) Chromatographia 34: 505
47. Svensson H (1962) Acta Scand Chem 16: 132
48. Hjertén S, Zhu M-D (1985) J Chromatogr 346: 265
49. Zhu M, Rodriguez R, Wehr T (1991) J Chromatogr 559: 479
50. Mazzeo JR, Krull IS (1991) Anal Chem 63: 2852
51. Bocek P, Deml M, Gebauer P, Dolnik V (1988) Analytical Isotachophoresis. VCH, Weinheim
52. Liu J, Dolnik V, Hsieh Y-Z, Novotny M (1992) Anal Chem 64: 1328
53. Lauer HH, McManigill D (1986) Anal Chem 58: 166
54. McCormick R (1988) Anal Chem 60: 2322
55. Knox J (1988) Chromatographia 26: 329
56. Burgi DS, Salomon K, Chien R-L (1991) J Liq Chromatogr 14: 847
57. Nelson RJ, Paulus A, Cohen AS, Karger BL (1989) J Chromatogr 480: 111
58. Grushka E, McCormick RM, Kirkland JJ (1989) Anal Chem 61: 241
59. Jones AE, Grushka E (1989) J Chromatogr 466: 219
60. Kurosu Y, Hibi K, Sasaki T, Saito M (1991) HRC&CC 14: 200
61. Vinther A, Søeberg H (1991) J Chromatogr 559: 27
62. Wätzig H (1992) Chromatographia 33: 445
63. Bello MS, Righetti PG (1992) J Chromatogr 606: 95
64. Bello MS, Righetti PG (1992) J Chromatogr 606: 103
65. Mikkers FEP, Everaerts FM, Verheggen ThPEM (1979) J Chromatogr 169: 1
66. Mosher RA, Saville DA, Thormann W (1992) The Dynamics of Electrophoresis. in: Radola BJ (Hrsg.), Electrophoresis Library. VCH, Weinheim
67. Ackermans MT, Everaerts FM, Beckers JL (1991) J Chromatogr 549: 345
68. Virtanen R (1974) Acta Polytechnica Scand 123: 1
69. Huang X, Coleman WF, Zare R (1989) J Chromatogr 480: 95
70. Lee TT, Yeung ES (1991) Anal Chem 63: 2842
71. Tsuda T (1989) J Liq Chromatogr 12: 2501
72. Bush RS, Cohen AS, Karger BL (1991) Anal Chem 63: 1346

73. Hoffstetter-Kuhn S, Paulus A, Gassmann E, Widmer HM (1991) Anal Chem 63:1541
74. Offord RE (1966) Nature 5049:591
75. Consden R, Gordon AH, Martin AJP (1946) Biochem 40:33
76. Salomon K, Burig DS, Helmer JC (1991) J Chromatogr 559:69
77. VanOrman BB, Liversidge GG, McIntire GL, Olefirowicz TM, Ewing AG (1990) J Microcol Sep 2:176
78. Issaq HJ, Atamna IZ, Muschik GM, Janini GM (1991) Chromatographia 32:155
79. Wieme RJ (1975) in: Heftman E (Hrsg.), Chromatography, A Laboratory Handbook of Chromatographic and Electrophoretic Methods, 3rd Edition. Van Nostrand Reinhold, New York
80. Walbroehl Y, Jorgenson JW (1986) Anal Chem 58:479
81. McLaughlin GM, Nolan JA, Lindahl JL, Palmieri RH, Anderson KW, Morris SC, Morris JA, Bronzert TJ (1992) J Liq Chromatogr 15:961
82. Dalgliesh CE (1952) J Chem Soc 137:3940
83. Snopek J, Jelinek I, Smolkova-Keulemansova E (1992) J Chromatogr 609:1
84. Kuhn R, Erni F, Bereuter T, Häusler J (1992) Anal Chem 64:2815
85. Busch S, Kraak JC, Poppe H (1993) J Chromatogr 635:119
86. Vespalec R, Sustacek V, Bocek P (1993) J Chromatogr 638:255
87. Valtcheval L, Mohammad J, Pettersson G, Hjérten S (1993) J Chromatogr 638:263
88. Dose EV Guiochon GA (1991) Anal Chem 63:1154

Mehrsäulentechniken in der Kapillar-Gaschromatographie

W. Engewald, A. Steinborn

Universität Leipzig, Institut für Analytische Chemie, Linnèstr.3, D-04103 Leipzig

1 Einleitung

Das Interesse an der Untersuchung komplex zusammengesetzter Proben nimmt in verschiedenen Bereichen wie z.B. in der Naturstoff- und Lebensmittelindustrie, der Petrolchemie sowie bei der Analytik von umweltrelevanten Substanzen ständig zu. Die in solchen Proben vorkommenden Inhaltsstoffe können einen weiten Konzentrations-, Polaritäts- und Siedebereich umfassen oder Isomere mit z.T. sehr ähnlichen Eigenschaften beinhalten.

Bei der Analyse derartiger Gemische sind selbst bei der Anwendung hocheffizienter Kapillarsäulen Peaküberlagerungen nicht ausgeschlossen. Sie können zu Fehlern bei der Beurteilung der Analysenergebnisse führen, indem z.B. Inhaltsstoffe nicht erkannt oder zu hohe Gehalte vorgetäuscht werden.

Den gestiegenen Anforderungen in Hinblick auf Selektivität und Empfindlichkeit der Analysenverfahren werden neben der Anwendung von Probenvorbereitungstechniken, dem Einsatz von selektiven Detektoren und der Kopplung mit spektroskopischen Methoden auch „multidimensionale" Trenntechniken gerecht. Dazu gehören neben der LC-GC-Kopplung vor allem die verschiedenen gaschromatographischen Mehrsäulentechniken.

Bereits in den 50er Jahren gelang es, zwei oder mehr gepackte Säulen mit einer Gaswegschaltung zu verbinden, um das begrenzte Trennvermögen der damals verwendeten gepackten Säulen zu erweitern. Seit dieser Zeit sind die Säulenschalttechniken in der Prozeß-GC etabliert, um die Anforderungen bezüglich Analysenzeit, Erfassung von Spurenkomponenten, Richtigkeit und Reproduzierbarkeit im isothermen Betrieb mit gepackten Säulen zu erfüllen. Diese Techniken bieten den Vorteil, daß durch selektiven Transfer (cut-Technik) ausgewählter Substanzgruppen auf eine zweite Säule die Komplexität der Probe reduziert und die Auftrennung verbessert werden kann. Durch Rückspülung (Backflush) nicht interessierender hochsiedender Verbindungen kann die Analysenzeit verkürzt und eine Verschmutzung der zweiten Säule und der Detektoren vermieden werden. Heute werden auch in der Prozeß-GC immer häufiger Kapillarsäulen eingesetzt [1].

Nachdem diese Technik zu Beginn der 80iger Jahre erfolgreich auf Kapillarsäulen übertragen werden konnte und speziell für diesen Zweck konzipierte Labor-Gaschromatographen kommerziell angeboten wurden, fanden seriell gekoppelte Säulen auch Anwendung in der Laboranalytik.

Die ersten Trennsäulenschaltungen nutzten Ventile, die sich im Gasweg befanden, zum Steuern der Gasströme. In den heute hauptsächlich verwendeten Säulenschaltungen werden die Gasströme pneumatisch gesteuert, die Ventile befinden sich außerhalb des Gasweges. Auf diese Art und Weise kommt die Probe nicht mehr mit den Ventilen in Kontakt, Verfälschungen der Analysenergebnisse, z.B. durch Adsorption oder Zersetzung werden so weitgehend verhindert.

Die verschiedenen Arten von gekoppelten Systemen, die in der GC angewandt werden, findet man in der Literatur häufig auch unter den Bezeichnungen zwei-, mehr- oder multidimensionale Systeme. Dabei sind Kopplungen mit strukturspezifischen Detektoren (GC-MS, GC-FTIR, GC-AED) keine zweidimensionalen GC-Methoden, wenn man ausschließlich den Trennprozeß betrachtet, jedoch existieren in der Literatur unterschiedliche Auffassungen über die exakte Definition [2–4]. Neben anderen Autoren hat sich GIDDINGS intensiv mit zweidimensionalen Techniken auseinandergesetzt. Er formulierte folgende Bedingungen für eine zweidimensionale Chromatographie [5]:

1. Die Bestandteile eines Gemisches werden zwei oder mehreren Trennschritten (oder -mechanismen) unterworfen.
2. Die in einem Analysenschritt erreichte Trennung zweier Komponenten muß bei allen Trennoperationen erhalten bleiben.

Diese Kriterien schließen zunächst parallele Säulenanordnungen aus, und zumindest das zweite Kriterium auch seriell gekoppelte Systeme, da hier eine erreichte Trennung durch Verändern des Anteils der beiden Säulen an der Gesamtretention wieder rückgängig gemacht werden kann. Es existieren jedoch Grenzfälle, bei denen eine echte zweidimensionale Trennung stattfindet. Ist der Zeitraum, in dem Substanzen auf die zweite Säule überführt werden, nicht größer als die Basislinienbreite eines Peaks, so kann die erreichte Trennung auf der zweiten Säule nicht mehr rückgängig gemacht werden. Dies gilt z.B. auch, wenn eine achirale Vorsäule mit einer chiralen Hauptsäule kombiniert wird.

2 Methodische Varianten und ihre technische Realisierung

Trennsäulen lassen sich auf verschiedene Weise miteinander koppeln. Bei der Verwendung von Kapillarsäulen beschränkt man sich in der Regel auf die Kombination von 2 Säulen. Einen Überblick über die dabei möglichen Varianten vermittelt Tabelle 1. Grundsätzlich kann die Kopplung mehrerer Trennsäulen in paralleler oder serieller Anordnung erfolgen.

2.1 Parallel gekoppelte Säule

Bei der parallelen Säulenanordnung erfolgt eine Aufteilung der dosierten Probe auf 2 Säulen mit stationären Phasen unterschiedlicher Polarität. Dadurch erhält man in einem Analysenlauf gleichzeitig 2 Chromatogramme mit anderen Retentionszeiten und z.T. auch Peakreihenfolgen. Durch die verschiedene Säulenpolarität soll erreicht werden, daß die auf einer Säule schwierig zu trennenden bzw. koeluierenden Substanzpaare auf der anderen Säule getrennt werden. Zur

Tabelle 1. Varianten bei der on-line Kopplung zweier Sulen (nach [6])

Kriterium	Varianten[1]
Säulenanordnung	– parallel – seriell (hintereinander)
Säulentyp	– gepackte Säulen – Mikropack-Säulen – Kapillarsäulen Variable: L, ID, d_f, stat. Phase, Temp.

Kopplungseinheit	– Mikroventile
	– Verteilerstücke mit externer Pneumatik
	    – druckgesteuert
	    – strömungsgesteuert
	    – Kombination

Betriebsarten/ instrumentelle Varianten	– vollständiger/teilweiser Eluattransfer auf 2. Säule – mit/ohne Zwischenspeicherung – mit/ohne Monitordetektor nach 1.Säule

weitere Variablen	– Reihenfolge der Säulen
	– Säulentemperaturen
	    – isotherm (T1 = T2, T1 ≠ T2)
	    – temperaturprogr./isotherm
	    – temp.-progr./temp.-progr.
	– Trägergasgeschwindigkeit nur im System oder für
	    jede Säule separat variierbar

[1] Die Varianten bzw. Variablen sind nicht beliebig variierbar u. kombinierbar

Auswertung stehen zwei Sätze an Retentionsdaten und Peakflächenwerten z Verfügung, welche die Gefahr von Fehlinterpretationen verringern und de qualitativen und quantitativen Aussagen eine größere Sicherheit verleihen. Diese sogenannte Bestätigungs- oder Doppelsäulenanalyse wird in einigen genormten Analysenverfahren vorgeschrieben. Sie erscheint weiterhin als Maßnahme zur Qualitätssicherung im Routinebetrieb besonders vorteilhaft, wenn bei einem großen Probendurchsatz nicht jede Probe mittels GC-MS untersucht werden kann.

Die Bestätigungsanalysen werden häufig mit einer unpolaren bzw. schwach polaren und einer mittelpolaren Säule durchgeführt. In der Enantiomerenanalytik konnte durch parallele Anordnung von Kapillarsäulen mit ß- und γ-Cyclodextrinderivaten als stationäre Phasen eine vollständige Enantiomerentrennung aller wichtigen olefinischen Monoterpen-Kohlenwasserstoffe in ätherischen Ölen erreicht werden [7].

Zur Gewährleistung der für quantitative Analysen erforderlichen 1:1 Teilung wird empfohlen, Säulenpaare mit absolut gleichen Längen und Innendurchmessern auszusuchen. Bei polaren Proben lassen sich zu große Unterschiede in den Retentionszeiten und damit zu lange Analysenzeiten vermeiden, wenn für die polarere Säule eine geringere Filmdicke gewählt wird.

Durch die Verwendung geeigneter Eingangsteiler kann die simultane Probenaufgabe auf zwei Säulen heute mit allen in der Kapillar-GC üblichen Dosiertechniken einschließlich der automatisierten Injektion (Autosampler) realisiert werden.

Mittels Doppelloch-Ferrules lassen sich z.B. 2 Kapillarsäulen an einen Injektor anschließen (geeignet für split/splitlos-Injektion); eine andere Möglichkeit besteht in der direkten Probenaufgabe mit Hilfe der on-column-Technik und Teilung hinter einer Vorsäule bzw. einem Retention gap mittels 3-Wegeverbindern („Y-Verbindern").

Zur Chromatogrammauswertung kommen Mehrkanal-Auswerteprogramme zum Einsatz, die eine Berechnung von Retentionsindices und Indexinkrementen aus beiden Chromatogrammen [8, 9], Bibliotheksvergleiche sowie Vergleiche der Peakflächen erlauben.

Die Grenzen der Doppelsäulentechnik zeigen sich bei der Untersuchung sehr komplex zusammengesetzter Gemische, weil mit zunehmender Komplexität die gegenseitige Zuordnung der einzelnen Peaks in beiden Chromatogrammen immer größere Schwierigkeiten bereitet.

2.2 Seriell gekoppelte Säulensysteme

Eine größere Verbreitung als die parallele Säulenanordnung haben die verschiedenen Varianten der seriellen Säulenkopplung gefunden. Dabei sind beide Säulen hintereinander angeordnet und mit einem geeigneten Kopplungsstück verbunden; das Eluat kann folglich nacheinander beide Trennsäulen durchlaufen. In der Regel wird die erste Säule als Vor- und die zweite Säule als

Hauptsäule bezeichnet. Nach der ersten Säule kann ein Detektor, der sog. Monitordetektor angeordnet sein, den Detektor nach der zweiten Säule nennt man Hauptdetektor. Die sich daraus ergebenden grundlegenden Betriebsarten[1] verdeutlicht Abb. 1.

Multichromatographie

Im einfachsten Fall wird die gesamte Probe nacheinander durch beide Säulen geleitet, die entweder stationäre Phasen mit unterschiedlicher Selektivität enthalten oder bei verschiedenen Temperaturen betrieben werden; ein Monitordetektor ist nicht unbedingt erforderlich. Wenn beide Säulen *direkt* miteinander gekoppelt werden, kann durch Vertauschen der Säulen 1 und 2 sowie durch Änderung des Vordruckes das Retentionsverhalten und damit die Selektivität des Systems geringfügig verändert werden. Wesentlich eleganter ist dieses sog. Selectivity tuning realisierbar, wenn anstelle der direkten Kopplung die Möglichkeit besteht, am Kopplungspunkt zwischen beiden Säulen einen zusätzlichen Trägergasstrom einzuspeisen. In Abschn. 2.6 wird gezeigt, welche Vorteile diese „pneumatische" Änderung der Strömungsgeschwindigkeiten in den Einzelsäulen bietet.

Für die mehrfach wiederholte Trennung der gleichen Probe bei abgestuften Selektivitätseinstellungen wurde der Begriff Multichromatographie geprägt [33].

Säulenschalten

Unter den verschiedenen Varianten des Einsatzes seriell gekoppelter Säulen besitzt das Säulenschalten zweifellos eine Vorrangstellung. Man versteht darunter das zeitprogrammierte Umschalten der Gaswege und Strömungsrichtungen,

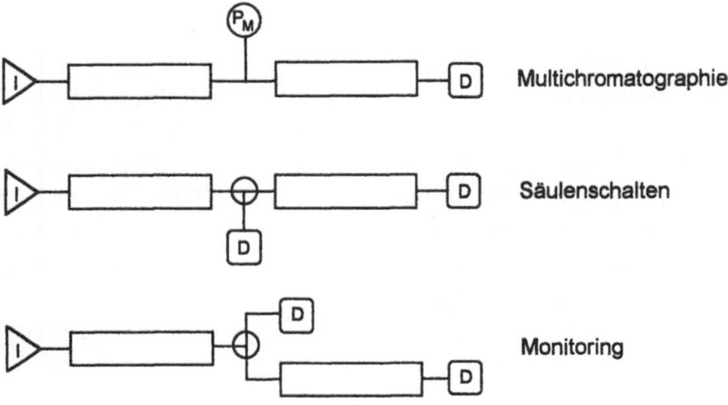

Abb. 1. Betriebsarten seriell gekoppelter Systeme

---

[1] Es muß an dieser Stelle darauf hingewiesen werden, daß es in der Fachliteratur keine einheitliche Bezeichnungen für die einzelnen Betriebsarten und Schaltzustände gibt.

um z.B. nur die interessierenden Teile des Eluates aus der ersten auf die zweite Säule zu leiten.

Zur Realisierung von Säulenschaltungen, die neben der Vermeidung von Peaküberlagerungen vor allem für die Selektivprobengabe, die relative Anreicherung von Probekomponenten und zur Verkürzung von Analysezeiten geeignet sind, benötigt man speziell konstruierte Kopplungselemente, auf die in Abschn. 2.4 eingegangen wird. Die wichtigsten Schaltzustände werden in Abschn. 2.3 behandelt.

Monitoring

Bei dieser noch relativ wenig verbreiteten Betriebsart wird der Eluatstrom nach Verlassen der ersten Säule permanent in zwei Teilströme geteilt, die zum Monitordetektor und zur zweiten Säule geleitet werden. Die Eluatstromteilung kann sowohl mit festem Splitverhältnis (mittels T-Stück) als auch mit variablem Verhältnis erfolgen.

Diese Betriebsart liefert zwei Sätze an Retentions- und Responsedaten und wird daher vor allem zur qualitativen Analyse komplexer Proben mittels Retentionsindices angewandt.

Der Monitordetektor registriert das Chromatogramm der Vorsäule; das Chromatogramm des Hauptdetektors resultiert aus dem System von Vor- und Hauptsäule. Durch Differenzbildung lassen sich die Retentionszeiten und damit auch die Retentionsindices für die 2. Säule berechnen. Demzufolge kann diese Betriebsart nicht nur bei Verwendung zweier Säulen mit unterschiedlicher Polarität sondern auch bei zwei Säulen mit gleicher stationärer Phase zur Identifizierung dienen, wenn diese mit unterschiedlichem Temperaturregime (z.B. temperaturprogrammiert/isotherm) betrieben werden.

2.3 Säulenschalten

Wie bereits erwähnt, fanden Trennsäulenschaltungen sehr frühzeitig Eingang in die Prozeß-GC. Neben dem begrenzenden Trennvermögen einer gepackten Säule war dafür auch die Tatsache maßgebend, daß aus Gründen der Betriebskonstanz die Prozeß-Gaschromatographen ausschließlich isotherm betrieben werden. Die daraus resultierenden Schwierigkeiten in der Erfassung von Komponenten mit sehr unterschiedlichen Eigenschaften führte zur Entwicklung von immer komplizierteren Schaltungsvarianten, (vgl. [10], [11], [12]).

Bei Verwendung von Kapillarsäulen sind die wichtigsten Schaltzustände[2] die Ausschnittsdosierung, das Ausblenden und das Rückspülen.

Ausschnittsdosierung (Cut, Schnittschaltung, Geradeausschaltung, Transfer):
Bei diesem Schaltzustand werden nur die interessierenden Substanzgruppen auf die Hauptsäule überführt, wo sie weiter getrennt und anschließend vom

---

[2] bezüglich der Bezeichnung ist wieder die Fußnote auf Seite 87 zu beachten.

Hauptdetektor registriert werden. Alle nicht interessierenden Chromatogrammbereiche vor und nach den relevanten Substanzgruppen werden nach dem Verlassen der Vorsäule aus dem Trennsystem herausgeführt. Dies kann durch die Schaltzustände „Ausblenden" oder „Rückspülen" erfolgen. Die Ausschnittsdosierung kann dabei direkt oder, beim Arbeiten mit intermediärem Trapping, in eine Kühlfalle erfolgen. Die minimale Peakbreite, die noch reproduzierbar auf die zweite Säule übertragen werden kann, entspricht dabei ungefähr der Breite eines einzelnen Peaks (0,1 min). Durch die Ausschnittsdosierung kann die Komplexität der Probe reduziert und störende Begleitkomponenten abgetrennt werden.

Ausblenden

Nicht interessierende Substanzgruppen werden nach dem Verlassen der Vorsäule entweder ins Freie oder zum Monitordetektor geleitet.

Rückspülung (Backflushing)

Nach Überführung der analytisch relevanten Probenbestandteile auf die Hauptsäule wird die Strömungsrichtung in der Vorsäule umgekehrt.

Dadurch werden die noch in der Vorsäule befindlichen, später eluierenden Komponenten zurückgespült, während die Trennung in der Hauptsäule weiterläuft.

Neben der Verkürzung der Analysenzeit wird eine Schonung von Hauptsäule und Detektor erreicht. Die zurückgespülten Substanzen können entweder durch den Splitausgang des Injektors das System verlassen oder durch einen Detektor zur summarischen Erfassung geleitet werden.

2.4 Kopplungsmodule

Die instrumentellen Varianten zur Säulenkopplung erstrecken sich von einfachen Anordnungen bis zu sehr komfortablen und leistungsfähigen Spezialgeräten. Zur Verwirklichung der Säulenschalttechniken mit Kapillarsäulen wurden verschiedene Kopplungsmodule entwickelt, die den spezifischen Anforderungen der Kapillar-GC, wie minimale Totvolumina, hohe Schaltgenauigkeit bei kurzen Schaltzeiten, inerte Oberflächen, Vermeidung von Diffusions- und Memoryeffekten, in unterschiedlicher Weise Rechnung tragen. Hierbei handelt es sich um mechanische (Mikroventile) und pneumatische Schalteinrichtungen, die entweder nachträglich in vorhandene Gaschromatographen eingebaut werden können oder bereits einen integralen Bestandteil von Spezialgeräten darstellen.

Eine gezielte Änderung der Strömungsrichtung des Trägergases kann in einfacher Weise durch ein entsprechend dimensioniertes 4-Wegeventil zwischen Vor- und Hauptsäule erfolgen.

Säulenschaltungen mit 4- oder 6-Wegeventilen werden u.a. in [13, 14, 15] beschrieben. Ventilschaltungen bieten den Vorteil der unkomplizierten Handhabung und leichten Steuerung; an die Mikroventile werden jedoch sehr hohe Anforderungen gestellt, da sie sich im heißen Ofenraum befinden.

Diese Probleme lassen sich insbesondere im Hinblick auf Inertheit gegenüber empfindlichen Substanzen durch die sog. „ventillosen Säulenschaltungen" umgehen, bei denen die Probekomponenten nicht mit heißen Schaltventilen in Berührung kommen, sondern nur durch pneumatische Schalteinrichtungen geleitet werden, deren Ventile und Regeleinheiten außerhalb des Säulenthermostaten positioniert sind. Das Prinzip des pneumatischen Schaltens durch Druckunterschiede wurde erstmalig von Deans 1968 beschrieben [16] und mit Erfolg in Prozeßchromatographen eingesetzt. Die Weiterentwicklung der „Deans-Waage" erfolgte besonders vom Arbeitskreis Schomburg [17, 18, 19] sowie von F. Müller [20, 21] und führte ab 1976 zu kommerziellen Geräten (Labor-GC L 402 und Sichromat-2, Fa. Siemens), mit denen die Vorzüge der zweidimensionalen Kapillar-GC einem breiteren Anwenderkreis zugänglich wurden. Das Prinzip der dafür entwickelten Säulenschaltung zeigt Abb. 2. Die Bezeichnung „live-Schaltung" soll zum Ausdruck bringen, daß der Schaltvorgang ohne Verzögerung stattfindet. Das Kernstück der Schaltung ist das Kopplungsteil („live"-T-Stück), das mittels einer kurzen und sehr feinen Platinkapillare Vor- und Hauptsäule miteinander verbindet. An den Enden der

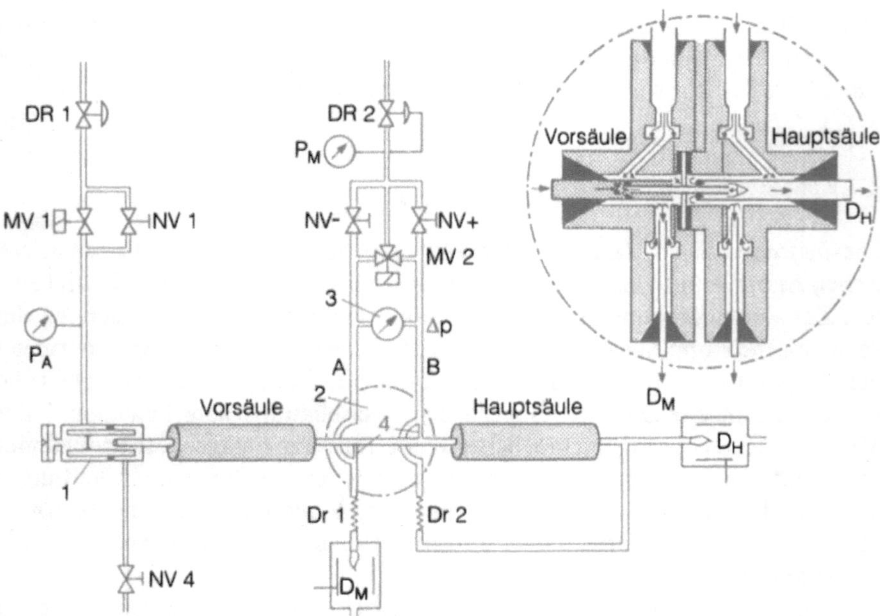

Abb. 2. Prinzip der „Live"-Säulenschaltung (Fa. Siemens) [21]. *1* Injektor mit Trägergasversorgung und Splitversorgung und Septumsplung, *2* „Live"-T-Stück, *3* Differenzdruckaufnehmer, *4* Ringspalt. DR Drossel, D_M Monitordetektor, D_H Hauptdetektor, Dr Druckregler, NV Nadelventil, MV Magnetventil, P_A Anfangsdruck, P_M Mitteldruck, ΔP Differenzdruck, A Hilfsweg A, B Hilfsweg B

Verbindungskapillare lassen sich über die Nadelventile NV 2 und NV 3 in den Zuleitungen A und B unterschiedliche Drücke einstellen. Der Differenzdruck wird am Manometer 3 angezeigt. In Abhängigkeit von der Richtung der Druckdifferenz fließt durch die Verbindungskapillare ein schwacher Strom des Steuergases entweder von links nach rechts oder umgekehrt und bestimmt damit auch den Weg des aus der Vorsäule austretenden Eluates: entweder zur 2. Säule oder zum Monitordetektor. Das Umschalten erfolgt durch das Magnetventil MV 2. Bei der Rückspültechnik dient das Steuergas als Trägergas durch die 1. Säule. Mit den 4 Flußwiderständen (Nadelventile NV 2, NV 3 und Drosseln Drl und Dr2) und dem justierbaren Differenzdruck ähnelt das pneumatische System einer Wheatstoneschen Brückenschaltung (pneumatische Brücke).

Zur Vermeidung von Rückdiffusion und Peakdeformation werden alle Spalte des Live-T-Stückes eng gehalten und gut bespült. Im Unterschied zur ursprünglichen Deans-Schaltung arbeitet man bei der Live-Schaltung mit sehr kleinen Druckdifferenzen. Dies erfordert die Verwendung von Druckreglern höchster Präzision sowie einen sorgfältigen Abgleich des pneumatischen Systems, der mit éinem hohen Zeitaufwand verbunden ist. Dafür bietet das System eine· hohe Langzeitstabilität und Reproduzierbarkeit der eingestellten Parameter. Die enorme Leistungsfähigkeit und Vielseitigkeit ist in zahlreichen Anwendungen beschrieben (vgl. Abschn. 3). Die Unterbringung der live-Schaltung in einem Doppelofengerät bietet den Vorteil, daß Vor- und Hauptsäule bei unterschiedlichen Temperaturen betrieben werden können. Im Anschluß an das live-T-Stück läßt sich eine Kühlfalle (Cryotrap) anbringen, die zur Spurenanreicherung (Prinzip der selektiven Probengabe auf die 2. Säule) oder zur Erzielung schmaler Peakprofile bzw. eines einheitlichen Startpunktes der überführten Substanzen auf der 2. Säule dient.

Ein weiteres mehrdimensionales GC-System auf Basis einer Deans-Schaltung ist in [22] beschrieben.

Ein Mehrsäulensystem auf der Basis einer strömungsgesteuerten Trennsäulenschaltung wurde.1988 von der Fa. Gerstel auf den Markt gebracht. Die Abb. 3 verdeutlicht Aufbau und Prinzip dieses MCS (Multi Column System), das in [23] ausführlich beschrieben ist. Die Steuerung der verschiedenen Strömungszustände erfolgt durch elektronisch ansteuerbare Massendurchflußregler, die sich außerhalb des Säulenofens befinden und nicht mit der Probe in Berührung kommen, sondern nur vom Trägergas durchströmt werden. Als Kopplungsstück dienen modifizierte totvolumenarme und inerte Kreuzstück-Verteiler (Abb. 3b). Das System beinhaltet ein Kaltaufgabesystem zur temperaturprogrammierten Probenaufgabe (PTV), mit dem sich bereits eine erste Vortrennung realisieren läßt. Die Konstruktion erlaubt es, Säulen mit verschiedenen Innendurchmessern und Probekapazitäten miteinander zu koppeln und ist damit für analytische und präparative Anwendungen geeignet. Wenn es sich als notwendig erweist, Vor- und Hauptsäule bei unterschiedlichen Temperaturen zu betreiben, muß das System um einen 2. Säulenthermostat erweitert werden. Da dazu üblicherweise kommerzielle GC's genutzt werden (HP 5890 II), ist auch die Austattung mit MSD als Hauptdetektor problemlos möglich. Die digitale Steuerung und Kon-

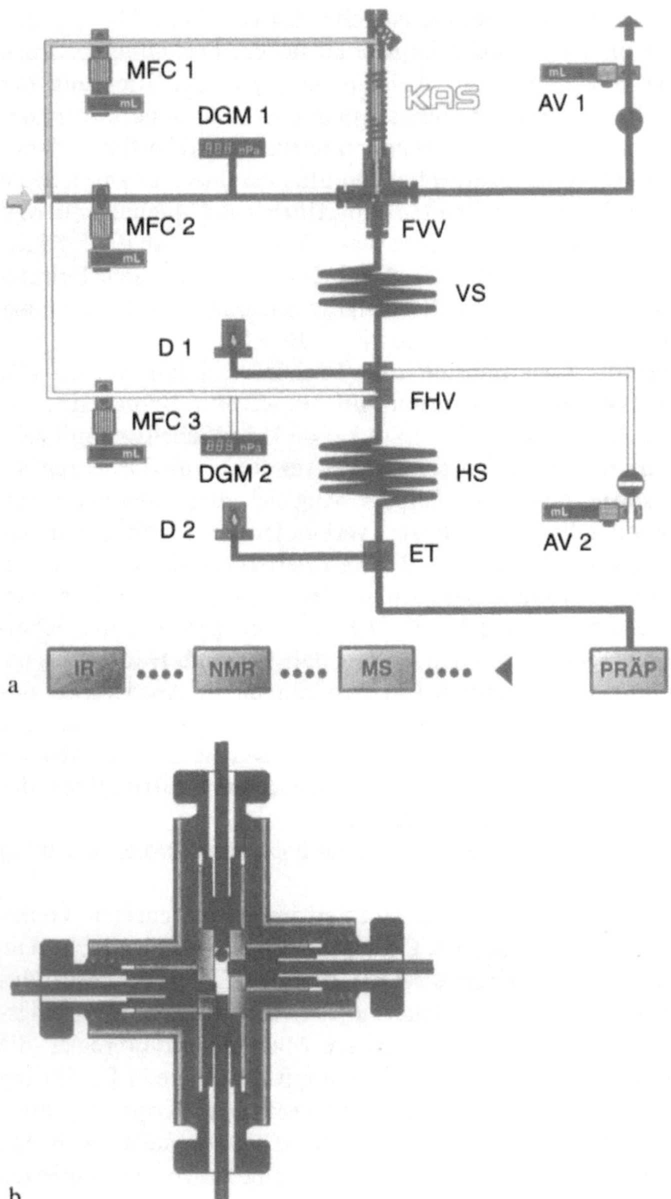

Abb. 3a,b. Prinzip der strömungsgeregelten Trennsäulenschaltung (Fa. Gerstel). **a** Pneumatik-schema (Schaltzustand, Transfer von Vor- auf Hauptsäule) **b** Verteilerstück.

KAS Kaltaufgabesystem, AV Nadelventile mit Schrittmotorsteuerung für den computergesteuerten Abgleich, DGM Digitalmanometer, D Detektor, VS Vorsäule, HS Hauptsäule, FVV Fraktionen-vorverteiler, FHV Fraktionenhauptverteiler, MFC Massendurchflußregler für Trägergas (MFC 1), Steuerströmung und Gegenströmung

trolle der Strömungszustände mittels Computer erweist sich als äußerst bedienerfreundlich; der Systemabgleich erfolgt vollautomatisch. Damit wird eine automatische Analyse komplizierter Gemische durch wiederholte (automatische) Dosierung mit aufeinanderfolgender Sequenz von Schnitten in kurzen Zeitintervallen machbar.

Das MCSS-System (Moving Column Stream Switching, Fisons Instruments) arbeitet nach [25, 26] ohne Druck- oder Flußänderung des Trägergases. Die Schaltung erfolgt in der Spitze eines Glasdomes, in dem Vor- und Hauptsäule beim Transfer der gewünschten Fraktionen mechanisch gekoppelt werden. Das Prinzip des MCSS-Systems verdeutlicht Abb. 10 (s. Seite 108). Das Saüleneluat kommt hierbei weder mit heißem Metall noch mit Dichtmaterialien in Berührung.

Zum nachträglichen Einbau in Gaschromatographen, die mit 2 Detektoren ausgestattet sind, werden einige einfache und kostengünstige Säulenschaltmodule angeboten. Bei dem vor einigen Jahren kommerziell erhältlichen MUSIC (MUltiple Switching Intelligent Controller, Fa. Chrompack GmbH) erfolgt die Vortrennung auf der 1. Säule unter flußkontrollierten Bedingungen, während der Eluattransfer wieder druckgesteuert erfolgt [24]. Nach dem Prinzip der Deans-Schaltung arbeitet auch der „Selektivitäts-Tuner" der Fa. S.G.E.

2.5 Mathematische Beschreibung seriell gekoppelter Systeme

Die folgenden Ausführungen beziehen sich auf ein seriell gekoppeltes Säulensystem ohne intermediäres Trapping.

Entsprechend Abbildung 4 besteht das gekoppelte System aus einem Injektor (I), zwei Trennsäulen, die über ein Kopplungsstück miteinander verbunden sind, sowie zwei Detektoren. Das Chromatogramm der ersten Säule wird vom Monitordetektor (D_M) aufgezeichnet; nach der zweiten Säule registriert der Hauptdetektor (D_H) das erhaltene Chromatogramm. Ein Monitordetektor muß nicht unbedingt vorhanden sein, jedoch wird die Informationsausbeute einer Dosierung durch das Monitordetektorchromatogramm wesentlich erhöht.

Die Größen, die die Eigenschaften der einzelnen Säulen beschreiben (Länge, Innendurchmesser, Retentionszeiten, usw.) erhalten die Indices 1 bzw. 2, Systemeigenschaften (z.B. Retentionszeiten) den Index s.

Der Trägergasdruck vor der ersten Säule wird als p_i bezeichnet, der Trägergasdruck zwischen den beiden Säulen als p_m oder Mitteldruck. Er entspricht sowohl dem Enddruck der ersten als auch dem Anfangsdruck der zweiten Säule.

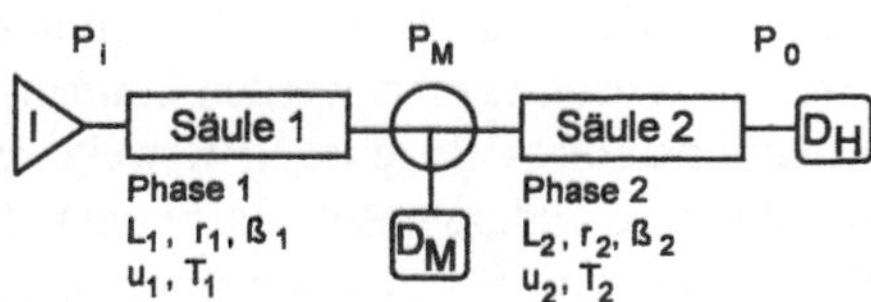

Abb. 4. schematische Darstellung eines seriell gekoppelten Säulensystems. D_M Monitordetektor, D_H Hauptdetektor

Die in einem solchen System geltenden Gesetzmäßigkeiten wurden ausführlich von Hinshaw und Ettre [27, 28] beschrieben und stellen die Grundlage für das Selectivity Tuning dar.

In solchen seriell gekoppelten Systemen gilt die Additivität der Zeitparameter:

$$t_{M1} + t_{M2} = t_{Ms} \tag{1}$$

$$t'_{R1} + t'_{R2} = t'_{Rs} \tag{2}$$

$$t_{R1} + t_{R2} = t_{Rs} \tag{3}$$

Dabei sind:

t_M Totzeit der Säulen 1, 2 und des Systems

t_R Bruttoretentionszeit einer Substanz auf den Säulen 1, 2 und dem System

t'_R Nettoretentionszeit einer Substanz auf den Säulen 1, 2 und dem System

Die Bruttoretentionszeit wird sowohl von dem den jeweiligen Verteilungsprozeß charakterisierenden Kapazitätsfaktor k' als auch von der Totzeit bestimmt:

$$t_R = t'_R + t_M(1 + k') \tag{4}$$

Der Kapazitätsfaktor einer Substanz, der aus der Retentionszeit des Hauptdetektorchromatogramms berechnet wurde, stellt ebenfalls eine Systemgröße dar, weil er von den Kapazitätsfaktoren der Einzelsäulen beeinflußt wird. Er kann entsprechend (1) und (4) als Summe der mit einem Totzeitverhältnis gewichteten Kapazitätsfaktoren der Einzelsäulen berechnet werden:

$$k'_s = (t_{M1}/t_{Ms})k'_1 + (t_{M2}/t_{Ms})k'_2 \tag{5}$$

Die Faktoren $t_{M1}/t_{Ms} = \phi_1$ und $t_{M2}/t_{Ms} = \phi_2$ werden als „relative Retentivity" bezeichnet und sind ein Maß für den relativen Anteil der Einzelsäulen an der Gesamttrennung.

Die Theorie zur Beschreibung des Retentionsverhaltens seriell gekoppelter Systeme entspricht der für Mischphasen. Die Beziehungen zwischen den Kapazitätsfaktoren der Einzelsäulen und dem System sind ursprünglich von Laub und Purnell [29] für gepackte Säulen ausgearbeitet worden.

Die Beschreibung des Retentionsverhaltens seriell gekoppelter Systeme mittels Kapazitätsfaktoren ist zwar präzise und meßtechnisch einfach möglich, jedoch ist es in der Kapillar-Gaschromatographie im Gegensatz zur HPLC nicht üblich, Kapazitätsfaktoren zu publizieren. Begründet ist das hauptsächlich dadurch, daß die Kapazitätsfaktoren neben der Temperatur auch vom Phasenverhältnis und demzufolge auch vom Innendurchmesser und der Filmdicke der Trennsäule abhängen, die über einen weiten Bereich variiert werden können.

Wesentlich besser sind dafür die Retentionsindices geeignet. Am weitesten verbreitet ist das 1958 von Kovats vorgeschlagene Indexsystem. Es bezieht die Retention einer Substanz auf eine homologe Reihe von Standardsubstanzen, den n-Alkanen. Der Retentionsindex für eine Substanz i kann dabei entweder aus zwei die Substanz einschließenden n-Alkanen oder durch Interpolation entsprechend Gl. 6 berechnet werden:

$$\log t'_R = A + B \cdot Z = A + B \cdot 0.01 \cdot I_{(i)} \tag{6}$$

A und B sind dabei Konstanten.

Wird mit intermediärem Trapping gearbeitet, sind die auf den beiden Säulen bestimmten Retentionsdaten unabhängig voneinander. Der Start des Chromatogramms der zweiten Säule entspricht dabei dem Zeitpunkt der Reinjektion der in der Kühlfalle ausgefrorenen Substanzen. Beim Arbeiten ohne intermediäres Trapping ergeben sich die Retentionsdaten der Hauptsäule durch Differenzbildung der Zeiten einer Substanz auf dem Hauptdetektor und dem Monitordetektor [30].

Nach Gleichung 6 ist es auch möglich, aus den am Hauptdetektor erhaltenen Retentionszeiten Systemretentionsindices zu berechnen [31, 32]. Im Abschn. 3.3 wird darauf näher eingegangen.

2.6 Selectivity Tuning

Das Ziel einer gaschromatographischen Analyse besteht im allgemeinen darin, für alle Komponenten in einem Gemisch eine möglichst gute Auflösung sowie eine Zuordnung der getrennten Substanzen zu erreichen. Eine große Aulösung kann dabei entweder durch schmale Peaks als Folge hoher Effizienz der Trennsäule oder durch eine hohe Retentionsdifferenz der zu trennenden Substanzen auf Grund einer großen Selektivität der stationären Phase erzielt werden.

In der gaschromatographischen Praxis wird der Selektivität der stationären Phase heute wieder große Bedeutung zugemessen, nachdem sie durch die Einführung von Kapillarsäulen mit ihrer großen Trennleistung lange Zeit nicht beachtet worden war.

Die Selektivität einer stationären Phase ist die Fähigkeit, ein bestimmtes Substanzpaar zu trennen. Sie ist also eine Eigenschaft, die auch abhängig ist von der Art der zu trennenden Substanzen.

Um eine große Selektivität für ein bestimmtes Substanzpaar zu erzielen, ist es notwendig, eine stationäre Phase einzusetzen, deren Eigenschaften genau auf das entsprechende Substanzpaar zugeschnitten sind. Die stationäre Phase wird dazu entweder völlig neu synthetisiert oder es wird durch Mischen zweier gebräuchlicher stationärer Phasen eine Phase mit einer Mischpolarität hergestellt. Werden zwei Trennsäulen mit unterschiedlichen stationären Phasen miteinander gekoppelt, kann ebenfalls eine Mischpolarität hergestellt werden, die jedoch reversibel ist, da die Säulen beliebig ausgetauscht werden können.

Die Gleichung (3) läßt sich leicht umformen zu:

$$t_{Rs} = \frac{k_1 {}^* L_1}{\overline{u_1}} + \frac{k_2 {}^* L_2}{\overline{u_2}} \tag{7}$$

Dabei sind:

L_1, L_2 Länge der Säulen 1 bzw. 2

$\bar{u}_{(1)}$, $\bar{u}_{(2)}$ mittlere lineare Gasgeschwindigkeit in den Säulen 1 bzw. 2

Daraus lassen sich folgende prinzipielle Möglichkeiten zur Beeinflussung der Retention und der Selektivität ableiten:

– Variation der k'-Werte durch Änderung der stationären Phase, der Filmdicke oder der Temperatur der Einzelsäulen,
– Veränderung der Säulenlängen (segmentierte Säulen),
– Variation der Trägergasgeschwindigkeiten in den Einzelsäulen (Multichromatographie).

Das Prinzip der gezielten, stufenlosen Selektivitätseinstellung in gekoppelten Säulensystemen wurde von Kaiser und Rieder [33] als „Multichromatographie" bezeichnet, Hinshaw und Ettre nannten dieses Prinzip „Selectivity Tuning" [27]. Die Multichromatographie beschränkt sich dabei auf Systeme, bei denen die Selektivität durch eine Veränderung der Flußraten der beiden Trennsäulen variiert wird. Im folgenden soll für alle Arten der Selektivitätsänderung in seriell gekoppelten Systemen der Begriff „Selectivity Tuning" verwendet werden.

Die Grundlagen dafür sind die im Abschn. 2.5 aufgeführten Beziehungen zur Additivität der Retentionsparameter in seriell gekoppelten Systemen und der Zusammenhang zwischen den Kapazitätsfaktoren auf den Einzelsäulen und dem System.

Wenigstens eine der folgenden Voraussetzungen sind für das Selectivity Tuning in seriell gekoppelten Systemen notwendig:

– Kopplung von zwei Trennsäulen mit unterschiedlichen stationären Phasen,
– Zwei getrennte Ofenräume mit unabhängiger Temperatursteuerung und -regelung,
– separate Trägergaszufuhr zwischen den beiden Trennsäulen (Mitteldruckregelung).

Mit dem Selectivity Tuning erweitern sich die Möglichkeiten seriell gekoppelter Säulen. Beide Trennsäulen beeinflussen hier die Selektivität des Gesamtsystems. Wird sie gezielt variiert, kann man die Peakreihenfolge verändern und so eventuelle Peaküberlagerungen erkennen und beseitigen. Ein weiterer, entscheidender Vorteil des Selectivity Tuning ist die Möglichkeit, die Retention auf dem Säulensystem für Mitteldruck- oder Temperaturänderungen zu berechnen. Der Anwender ist also nicht mehr auf die zeitaufwendige, stufenweise Änderung der einzelnen Parameter angewiesen, sondern kann sich die gewünschte Systemselektivität modellieren. Dies geschieht z.B., indem man für verschiedene Werte der relativen Retentivity der Trennsäulen Systemkapazitätsfaktoren berechnet. Die erhaltenen Werte können dann zur Optimierung der Auflösung und der Analysenzeit dienen [34].

In [35] wird am Beispiel von unterschiedlich polaren Substanzen eines Testgemisches gezeigt, wie man die Selektivität eines Säulensystems verändern kann. Die Autoren koppelten dazu eine Methylsilikonkapillare (OV-1) mit einer polaren Trennsäule (Polyethylenglycolphase Superox 20M) direkt, d.h. ohne Mitteldruckregelung.

Interessant ist auch, welche Auswirkungen eine Vertauschung der Trennsäulenreihenfolge auf die Systemselektivität hat. Es wurde z.B. festgestellt, daß eine Kombination aus OV-1 und Superox 20M dabei weniger polar ist als eine Superox 20M/OV-1-Kopplung. Das Selectivity Tuning bei einer direkten Säulenkopplung hat aber nur einen begrenzten praktischen Wert, da aufgrund der Kompressibilität des Trägergases die Säulenlängen, die zur Erlangung einer bestimmten Systemselektivität notwendig sind, nur schwer berechenbar sind.

Wird dagegen das Selectivity Tuning durch eine Veränderung des Trägergasflusses der beiden Säulen erzielt, ist die zu erreichende Systemselektivität leicht zu berechnen. Entsprechend Gl. (5) variieren die Kapazitätsfaktoren der Substanzen auf dem Säulensystem in Abhängigkeit vom Anteil der beiden Säulen an der Gesamtretention. Die Totzeit der beiden Trennsäulen verändert sich dabei ebenfalls in charakteristischer Weise (Abb. 5).

Jedoch sind in seriell gekoppelten Systemen, bei denen die Kopplung und Schaltungseinstellung pneumatisch erfolgt, nicht alle Mitteldruckeinstellungen auch praktisch realisierbar. So kann sich durch die Änderung der Flußverhältnisse die Analysenzeit enorm verlängern oder es treten Auflösungsverluste auf, wenn die Strömungsgeschwindigkeiten der Trennsäulen weit vom van Deemter-Optimum entfernt sind.

Eine stabile Arbeitsweise für die Säulenkombination, deren Totzeitänderung in Abhängigkeit vom Mitteldruck in Abb. 5 dargestellt wurde, ist dabei in einem Mitteldruckbereich von 132 bis 154 kPa möglich.

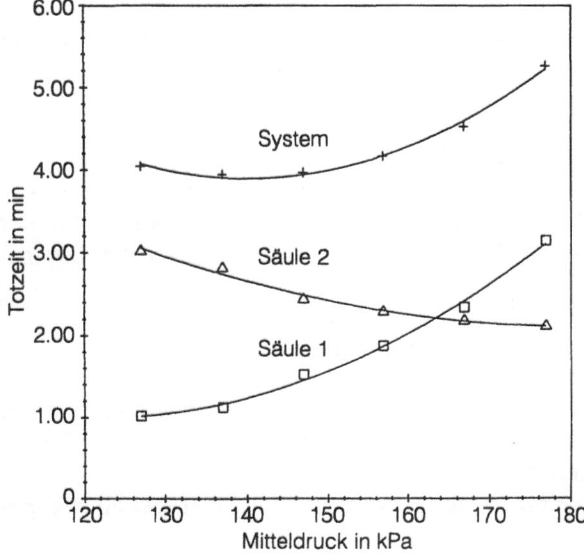

Abb. 5. Veränderung der Totzeit eines seriell gekoppelten Systems in Abhängigkeit vom Mitteldruck. Säule 1: Supelcowax (30 m × 0.25 mm I.D.), 100 °C, Säule 2: ß-Dex 110 (60 m × 0.25 mm I.D.), 100 °C, Trägergas: Wasserstoff, Vordruck 200 kPa

Eine andere Anwendung des Selectivity Tuning wird in [36] beschrieben. Hier werden Säulenschalttechniken (Ausschnittsdosierung, Rückspülung) mit einer gezielten Selektivitätsänderung des Säulensystems verknüpft. Dabei zeigen die in der Probe enthaltenen Substanzen (Monoterpenfraktion eines Nadelextraktes) charakteristische Änderungen ihrer Retentionsreihenfolge.

Prinzipiell ist es auf diese Art und Weise möglich, Überlagerungen von Inhaltsstoffen des Extraktes besser zu erkennen und die Sicherheit bei der Identifizierung zu erhöhen. In diesem Beispiel ist das Selectivity Tuning bei verschiedenen Mitteldruckeinstellungen mit einer Vorausberechnung der Retentionszeiten verknüpft.

Zusammengefaßt sind folgende Ziele mit der Anwendung des Selectivity Tuning verbunden:

- Retentionsoptimierung,
- Erkennung und Vermeidung von Peaküberlagerungen,
- Vorausberechnung von Systemselektivitäten oder Retentionsparametern, um den Trennprozeß zu optimieren.

Insbesondere die Verbindung von Säulenschalttechniken mit den verschiedenen Varianten des Selectivity Tuning stellt ein leistungsfähiges Hilfsmittel für die Analytik komplexer Gemische dar, das aber noch zu wenig genutzt wird.

3 Anwendung seriell gekoppelter Systeme

3.1 Qualitative Analyse

Folgende Zielstellungen können mit dem Einsatz von seriell gekoppelten Trennsäulen verbunden sein [37]:

- Verbesserung der qualitativen und quantitativen Analyse durch Auswertung mehrerer Sätze von Retentions- und Responsedaten,
- relative Anreicherung einzelner Probekomponenten für die Spurenanalytik,
- Ausblendung störender Substanzen; dadurch reduzierte Komplexität der Probe, höhere Lebensdauer der Hauptsäule, verringerte Detektorkontamination,
- Verkürzte Analysenzeiten,
- Veränderung bzw. Optimierung der Selektivität des Trennsystems.

Die seriell gekoppelten Systeme haben besonders in der Prozeß-GC große Verbreitung gefunden, ihre Anwendung in der Labor-GC ist vor allem für die Untersuchung komponentenreicher Gemische nützlich.

In der Tabelle 2 werden einige wichtige Anwendungsgebiete seriell gekoppelter Systeme aufgeführt.

Tabelle 2. Anwendungsgebiete seriell gekoppelter GC-Systeme

Anwendungsgebiet, Beispiele	Literatur
Petrolchemie und Geochemie	
– komplexe Kohlenwasserstoffe	[38]
– Biomarker, Methylphenanthrene	[39]
– Herkunftsbeurteilung von Erdöl	[40]
Polymerchemie	
– Bestimmung organischer Verbindungen in Polymeren	[41] [42]
Umweltanalytik	
– Pestizide, PCBs, PCDDs, PCDFs in komplexen Matrices	[43] [44] [45] [46] [47] [48] [49]
– flüchtige organische Verbindungen in Luft	[50]
– Spurenkomponenten in Wässern	[51]
Klinische und forensische Analytik	[52] [53] [54]
Duft- und Aromastoffe	
– präparative bzw. mikropräparative Anreicherung und Isolierung von Spurenkomponenten in Riechstoffen und Aromen	[55] [56] [57]
– Inhaltsstoffe von Früchten und Aromen	[58] [59] [60] [61] [62] [63] [64] [65] [66]
– Inhaltstoffe von etherischen Ölen	[67] [68] [69]
– Charakterisierung von Weinsorten	[70]

In der Petrolchemischen Industrie werden die Mehrsäsulentechniken vor allem zur Charakterisierung von Roh- und Zwischenprodukten der Verarbeitungsprozesse sowie zur Kontrolle des Prozeßverlaufs angewandt. Bei der Analytik von Rohöl, Heizöl, Benzinfraktionen u.a. petrolchemischen Produkten stehen die Bestimmung der Siedepunktsverteilung und die Strukturgruppenanalyse im Vordergrund, jedoch hat auch die Analytik von einzelnen, charakteristischen Komponenten zur Herkunftsbeurteilung der Rohöle eine große Bedeutung [40].

Für die Bestimmung von Inhaltsstoffen in Kohlenwasserstoffgemischen werden als Trennsäulen häufig hocheffiziente Kapillarsäulen eingesetzt. Da diese Gemische äußerst komponentenreich sind, muß die Trennleistung der Kapillarsäulen so groß wie möglich sein. Sollen jedoch in solchen Proben isomere Verbindungen bestimmt werden, kann es von entscheidendem Vorteil sein, verschiedene Trennmechanismen miteinander zu kombinieren. Da diese Isomere sich z.T. nur wenig in ihren physikalischen Eigenschaften (z.B. ihren Siedepunkten) unterscheiden, ist ihre Trennung an Kapillarsäulen, deren Retentionsmechanismen auf Verteilungsprozessen beruhen, mitunter recht schwierig oder unmöglich. In dem in Abb. 6 gezeigten Beispiel wird eine Kapillarsäule zur Vortrennung des komplexen Kohlenwasserstoffgemisches eingesetzt. Die nur partiell aufgelöste Fraktion der isomeren Oktane wurde auf eine

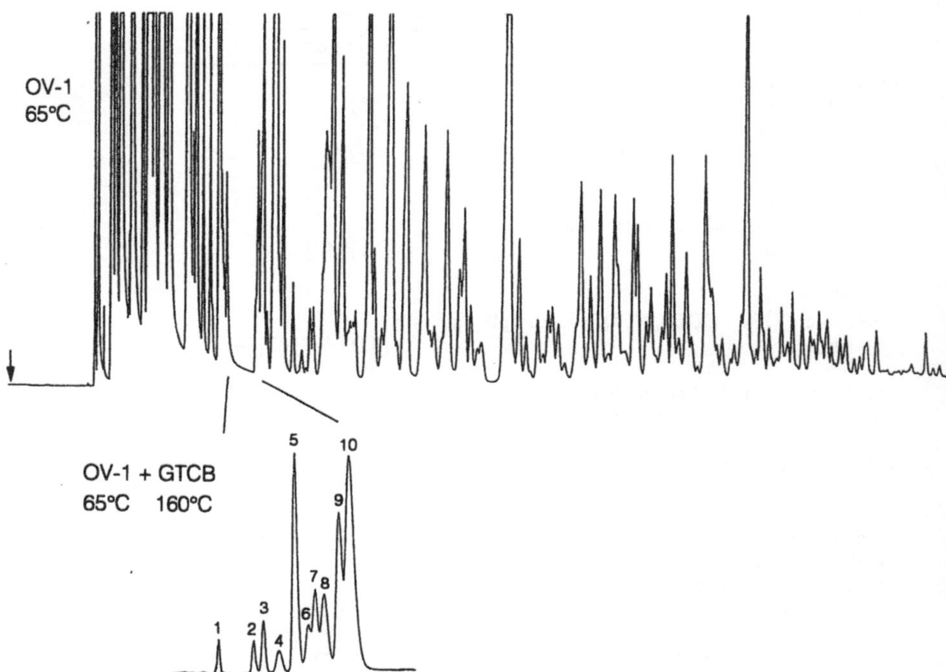

Abb. 6. Chromatogramm eines technischen Leichtbenzins ([6]) Säule 1: OV-1 (50 m × 0,32 mm I.D.), Fused Silica, Säule 2: GTCB-Mikropack (1.5 m × 1 mm I.D.), Edelstahl, Trägergas: Wasserstoff ($P_i = 4,3$ bar, $P_m = 4$ bar). _1_ 1.1.2-Trimethylcyclopentan, _2_ 3-Ethyl-3-Methylpentan, _3_ nicht identifiziert, _4_ 3.4-Dimethylhexan, _5_ lcis,3-Dimethyl-cyclohexan, _6_ 3-Ethylhexan, _7_ ltrans,4-Dimethylcyclohexan, _8_ 4-Methylheptan, _9_ 3-Methylheptan, _10_ 2-Methyheptan

Mikropack-Säule mit graphitiertem thermischen Ruß als Adsorbens überführt. Auf dieser Säule konnten nahezu alle Komponenten der Isooktan-Fraktion getrennt werden, weil die Retention auf der Mikropack-Säule durch andere Wechselwirkungsprozesse als an flüssigen stationären Phasen bestimmt wird. An diesen Säulen finden vorwiegend adsorptive Wechselwirkungen statt, die Retention der Substanzen erfolgt dabei entsprechend ihrer Molekülform und -gestalt.

Die Untersuchung von Umweltproben stellt besondere Anforderungen an die Analytik. Sowohl toxische Substanzen als auch atmosphärenchemisch relevante Chemikalien (z.B. solche mit ozonabbauendem oder -gefährdendem Potential) müssen in extrem geringen Konzentrationen und in komplexen Probenmatrices bestimmt werden. Weiterhin muß das Vorkommen von Pflanzenschutz- und -behandlungsmitteln sowie von Substanzen aus den Verbindungsklassen der PCB's, PCDD's und PCDF's in Lebensmitteln und biologischen Proben untersucht werden.

Eine interessante Anwendung seriell gekoppelter Systeme ist auch die direkte Analyse von wässrigen Gemischen ohne weitere Probenvorbereitung. Die Substanzen können dabei direkt auf die mit einem Adsorbens gepackte Vorsäule gegeben und das Wasser über den Monitordetektor ausgeblendet werden [51]. Es ist aber auch möglich, wässrige Proben mittels on-line Extraktion unter Verwendung von kurzen Dickfilmkapillaren als Trapsäulen zu analysieren [71].

Ein entscheidender Meilenstein bei der Entwicklung von empfindlichen und genauen Methoden zur Enantiomerenanalytik war die Einführung von stationären Phasen auf Cyclodextrinbasis. Durch gezielte Modifizierung (Alkylierung, Acylierung) wurden die Eigenschaften der Cyclodextrine so verändert, daß sie als stationäre Phasen für die GC genutzt werden konnten.

Die Entwicklung dieser Phasen für die Kapillargaschromatographie ermöglichte es, daß sehr viele stereoisomere Verbindungen direkt, d.h. ohne Derivatisierung, gaschromatographisch getrennt und quantitativ bestimmt werden können. Gegenwärtig stehen eine Vielzahl von kommerziell erhältlichen Cyclodextrinphasen zur Verfügung. Dabei sind sowohl Trennsäulen mit modifiziertem Cyclodextrin als auch Cyclodextrin/Polysiloxan-Mischphasen erhältlich.

Die Verwendung von Cyclodextrinphasen in der Gaschromatographie weist einige Besonderheiten auf. So ist der Trennfaktor für die beiden Enantiomere einer Verbindung meist sehr klein und der Temperaturbereich, in dem eine Enantiomerentrennung möglich ist, sehr schmal. Außerdem sind diese Phasen sehr empfindlich gegenüber starken Schwankungen der Säulentemperatur (z.B. bei steilen Temperaturprogrammen), Verunreinigungen, aggressiven Probebestandteilen und großen Lösungsmittelmengen. Die Enantiomerentrennung und -bestimmung in komplexen Gemischen ist deshalb nur durch Anwendung selektiver Probenvorbereitungstechniken oder in einem Schritt mittels Säulenschalttechniken möglich. Da ein entscheidender Faktor bei der Durchführung von Analysen auch die dazu benötigte Zeit ist, wird den Säulenschalttechniken bei der Enantiomerentrennung und -bestimmung immer mehr der Vorzug gegeben.

Die enorme Bedeutung der gaschromatographischen Stereoisomerentrennung und -bestimmung zeigt sich nicht zuletzt in der großen Anzahl von Publikationen zu dieser Thematik. Es sind auch einige Übersichtsartikel erschienen, die sich u.a. mit der Enantiomerenbestimmung mit Hilfe von Mehrsäulentechniken beschäftigen [72, 73, 74]. In [75] wird über die Anwendung von Mehrsäulentechniken zur Analytik ätherischer Öle und Extrakte berichtet.

Neuere Untersuchungen zu Struktur-Wirkungs-Beziehungen an chiralen Duft- und Aromastoffen zeigen, daß die Diasteromere und Enantiomere einer Substanz charakteristische sensorische Unterschiede besitzen können. Aus diesem Grund hat die Bestimmung der Enantiomerenzusammensetzung in Duft- und Aromaextrakten eine große Bedeutung und kann z.B. Hinweise auf die Herkunft des Extraktes geben oder eine Verfälschung von Aromastoffen mit synthetisch hergestellten Verbindungen nachweisen (Abb. 7).

Da hier nur wenige Komponenten in einer äußerst komplex zusammengesetzten Matrix interessieren, ist die Anwendung von Mehrsäulentechniken notwendig, um sensorisch wichtige Verbindungen zu isolieren und zur Strukturaufklärung anzureichern.

Aus dem Gebiet der Biochemie und der klinischen Chemie sind nur wenige Anwendungen publiziert wurden, hier wird hauptsächlich die HPLC zur Bestimmung von Proteinen, Arzneimitteln u.ä. Verbindungen verwendet. Es ist jedoch damit zu rechnen, daß in Zukunft auch hier die Mehrsäulentechniken eine größere Verbreitung finden werden.

3.2 Quantitative Analyse

Eine große Anzahl der Anwendungen beinhalten sowohl qualitative als auch quantitative Aspekte. Neben einer Trennung interessierender Substanzen bzw. einer Erkennung von Peaküberlagerungen steht häufig auch die quantitative Bestimmung von ausgewählten Substanzen im Vordergrund. Aus einer Vielzahl von Anwendungen seien hier nur einige wenige exemplarisch ausgewählt.

Das in Abb. 8 gezeigte Beispiel demonstriert eine elegante Methode zur Bestimmung von Spurenkomponenten neben Hauptkomponenten. Hier wurde das in der Peakflanke des Methanols eluierende Ethanol und das als interner Standard verwendete 2-Propanol auf eine zweite Säule mit gleicher stationärer Phase überführt. So konnte das die Quantifizierung störende Methanol abgetrennt und Verfälschungen des Gehaltes der Probe durch unvollständige Trennung der beiden Komponenten vermieden werden [76].

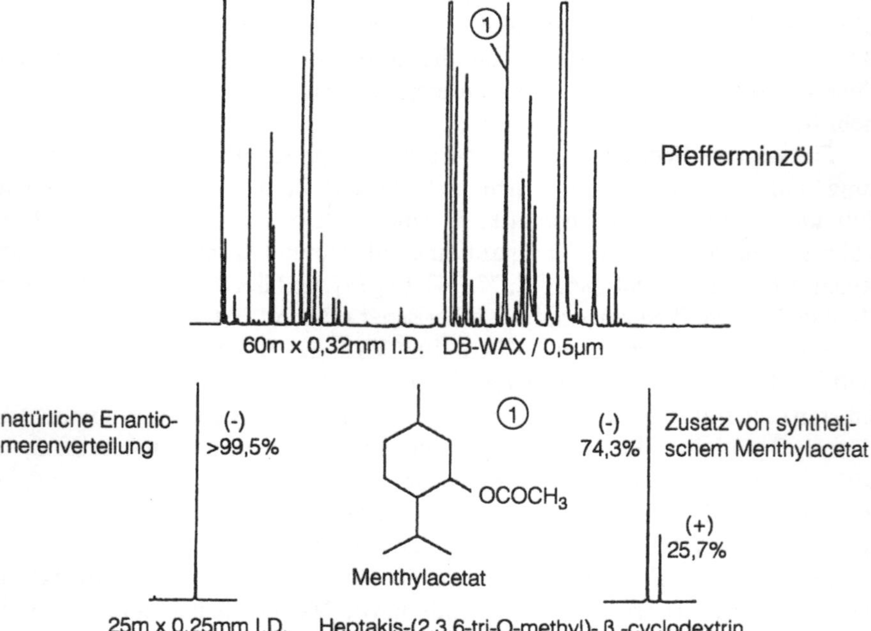

Abb. 7. Bestimmung der Enantiomerenverteilung von Menthylacetat in Pfefferminzöl ([74])

Eine weitere interessante Anwendung beschäftigt sich mit der Charakterisierung des Verhaltens eines gaschromatographischen Detektors [77]. Es ist bekannt, daß sich die Signalgröße eines Einflammenphotometerdetektors (FPD) für schwefelhaltige Verbindungen verringert, wenn diese Substanzen mit nicht schwefelhaltigen Verbindungen koeluieren (Quench-Effekt). Dabei ist die Größe des Effektes von einer Reihe von Faktoren abhängig (Typ und Menge der schwefelhaltigen Komponente, Aufbau des Detektors usw.), so daß eine exakte Bestimmung der Größe des Quencheffektes wichtig ist für die Quantifizierung von schwefelhaltigen Verbindungen. Für die Untersuchung des Quenchverhaltens eines FPDs wurde ein seriell gekoppeltes System verwendet, in dem durch gezielte Variation der Systemselektivität verschiedene Stadien der Peaküberlagerung auf dem Säulensystem erzeugt werden konnten. Nach der zweiten Säule konnte dann über Paralleldetektion (FID/FPD) die Veränderung des FPD-Signals in Abhängigkeit von der Größe der Überlagerungen der schwefelhaltigen und der nicht schwefelhaltigen Komponente verfolgt werden.

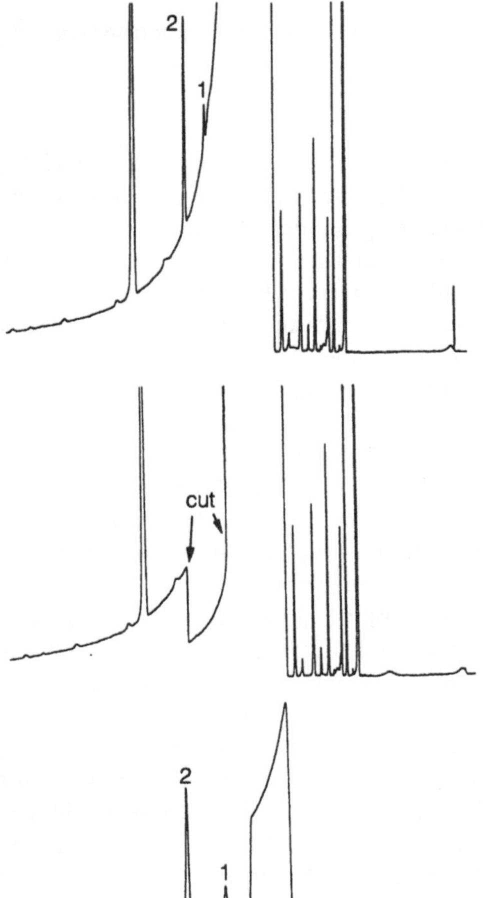

Abb. 8. Bestimmung von geringen Konzentrationen Ethanol in Methanol ([76]). Probe: 2µl Methanol, enthält ca. 10 ppm Ethanol (1), interner Standard 2-Propanol (2), Vorsäule: 56 m Polypropylenglycol, 37 °C, 1 bar, Hauptsäule: 60m Polypropylenglycol, 47 °C, 0.5 bar Wasserstoff, Injektor: 150 °C

Die gleiche Technik könnte z.B. auch angewandt werden, um bei Kopplungstechniken den Einfluß von Koelutionen auf die Spektrenqualität zu untersuchen.

3.3 Kombination von Trennung und Identifizierung

Gaschromatographische Mehrsäulensysteme bieten auch gute Möglichkeiten, die Trennung der Substanzen mit ihrer Identifizierung zu verknüpfen.

In seriell gekoppelten Systemen mit zwei Trennsäulen und ohne intermediäres Trapping wird die Retention durch die stationären Phasen beider Säulen beeinflußt. Demzufolge ist die Elutionsreihenfolge nicht mehr einfach ableitbar und die Identifizierung erhält eine großen Stellenwert. Sie kann in seriell gekoppelten Systemen prinzipiell geschehen durch:

- Zumischen von Standardsubstanzen,
- Verwendung von Retentionsdaten (Kapazitätsfaktoren, Retentionsindices, Vorausberechnung von Retentionszeiten),
- Kopplung mit spektroskopischen Methoden.

In diesem Abschnitt sollen die Möglichkeiten, die die relativen Retentionsdaten zur Identifizierung bieten, erläutert sowie auf die Kopplung der Mehrsäulensysteme mit spektroskopischen Methoden eingegangen werden.

Der Retentionsindex nach Kovats gehört zu den am häufigsten angewandten Identifizierungshilfen in der Gaschromatographie. Im Vergleich zu den klassischen Einsäulensystemen bietet das Retentionsindexkonzept in seriell gekoppelten Systemen erweiterte Möglichkeiten zur Identifizierung:

Aus dem Chromatogramm des Monitordetektors erhält man Retentionsdaten, die denen auf einem Einsäulen-GC erhaltenen entsprechen. Aus diesen Retentionsdaten kann man unter Verwendung der n-Alkane als Standardsubstanzen die Retentionsindices auf der ersten Säule berechnen. Das Chromatogramm auf dem Hauptdetektor kann auf die gleiche Weise ausgewertet werden, wenn mit intermediärem Trapping gearbeitet und der n-Alkan-Standard in die Kühlfalle injiziert wurde [47].

Werden Systeme ohne intermediäres Trapping verwendet, unterscheidet sich die Berechnungsmethode prinzipiell nicht. Es ist jedoch zu beachten, daß die aus dem Hauptdetektorchromatogramm bestimmten Indices Systemindices darstellen, die den Einfluß beider Säulen repräsentieren und nicht mehr unabhängig vom Trägergasfluß sind. Außerdem weist die zur Berechnung der Systemindices notwendige n-Alkan-Gerade eine Krümmung auf. Dieser Effekt der nicht-Linearität der n-Alkan-Gerade des Säulensystems macht sich besonders bemerkbar, wenn Trennphasen mit unterschiedlichen Trennprinzipien miteinander gekoppelt werden (z.B. Verteilung und Adsorption) [78]. Aus diesen Gründen sind Systemindices zur Identifizierung kaum geeignet.

Besser geeignet sind Retentionsindices der zweiten Säule. Sie werden aus dem in einem Analysenlauf aufgenommenen Monitor- und Hauptdetektor-chromatogramm berechnet. Während die „klassischen" Anwendungen des Retentionsindexkonzeptes davon ausgehen, daß sämtliche Referenzsubstanzen (n-Alkane) und die Probebestandteile selbst den gleichen Startzeitpunkt besitzen, erfolgt die Indexberechnung der Hauptsäule seriell gekoppelter Systeme ohne intermedïares Trapping aus den Retentionszeiten der zweiten Säule, obwohl die einzelnen Substanzen nach der Elution aus der ersten Säule unterschiedliche Startzeitpunkte für die Hauptsäule aufweisen.

Zusammen mit den Retentionsindices auf der ersten Säule können zwei Retentionsindices für einen Peak zur Identifizierung verwendet werden, dies stellt im Vergleich zur Einsäulen-GC einen entscheidenden Vorteil dar, da hier die Sicherheit in der Peakzuordnung wesentlich erhöht werden kann.

Die umgeformte Gleichung 6 kann auch benutzt werden, um aus tabellierten Retentionsindices und den Regressionsparametern der n-Alkan-Geraden die Retentionszeiten auf den Einzelsäulen und dem System zu berechnen. Ein Vergleich gemessener und berechneter Retentionszeiten kann ebenfalls der Identifizierung dienen [79]. Bei verschiedenen Probeaufgabetechniken, wie z.B. der Thermodesorption, der splitlos- und der on-Column-Injektion ist eine temperaturprogrammierte Arbeitsweise der Trennsäule notwendig. Die Anwendung von Retentionsindices, die dabei bestimmt wurden, ist jedoch begrenzt, da diese Werte, neben Starttemperatur und Programmrate auch noch von der Wandstärke und dem Innendurchmesser der Säule, der Filmdicke und anderen Faktoren abhängen. Für die Reproduzierbarkeit der temperaturprogammierten Indices sind auch die . Geschwindigkeit des Wärmetransfers zwischen dem Säulenthermostaten und dem Inneren der Säule entscheidend, so daß die Anwendbarkeit der temperaturprogrammierten Indices zur Identifizierung von Verbindungen mit nur geringen Retentionsunterschieden stark eingeschränkt ist.

In seriell gekoppelten Säulensystemen (wenn zwei unabhängig temperierbare Ofenräume vorhanden sind) besteht jedoch die Möglichkeit, das Gemisch auf der ersten Sule temperaturprogrammiert zu trennen, und die zweite Säule isotherm zur Identifizierung durch Retentionsindices zu nutzen. Ein solches Verfahren wurde von Schomburg und Miṭarbeitern [47] für die Trennung und Identifizierung von Isomeren chlorierter Kohlenwasserstoffe (PCB, PCDD, PCDF) angewandt.

Eine weitere Anwendung aus dem Umweltbereich ist in Abbildung 9 dargestellt: Durch adsorptiver Anreicherung wurden Emissionen aus Hausbrandabgasen gesammelt und anschließend mittels Thermodesorption/GC und GC-MS analysiert. Viele der in diesen Emissionen vorkommenden Substanzen besitzen nicht nur ein luftverschmutzendes sondern auch ein toxisches oder ozonabbauendes Potential.

Bei der Identifizierung mittels GC-MS zeigte sich, daß isomere Verbindungen (z.B. substituierte Benzene und Naphthaline) wegen der ähnlichen Massenspektren nur unzureichend zugeordnet werden können. Zusätzliche Möglichkeiten zur Identifizierung können hier die Retentionsindices bieten. Da die Desorption der Substanzen thermisch erfolgt, war eine temperaturprogrammierte Arbeitsweise der ersten Säule notwendig (Abb. 9a). Die zweite Säule diente dann zur Identifizierung. Die Fraktion der C_2-Naphthaline wurde zusammen mit den n-Alkan-Standards auf diese überführt. In den Emissionen aus dem Hausbrand konnte dadurch eine Reihe von Dimethylnaphthalinen sicher zugeordnet werden (Abb. 9b).

Die Identifizierung von Substanzen, die mittels Mehrsäulentechniken chromatographiert wurden, ist auch durch direkte Kopplung mit stuktur-spezifischen Informationen liefernden Detektoren möglich. In der GC wird dazu am häufigsten das Massenspektrometer mit dem Gaschromatographen gekoppelt, da die Massenspektren einen sehr großen Informationsgehalt besitzen.

Eines der wichtigsten Anwendungsgebiete der Kopplung von Mehrsäulentechniken und massenselektiver Detektion ist die Untersuchung von Extrakten, die als Aroma- oder Duftstoffe interessant sind [80], [81], [82]. Einzelne Substanzen können dabei von ihrer Matrix abgetrennt und deren Struktur mittels Massenspektrometrie aufgeklärt werden.

Technisch kann die Kopplung zwischen schon serienmäßig dazu vorgesehenen Geräten oder zwischen Geräten unterschiedlicher Hersteller [83] durch eine beheizbare Transferline realisiert werden. Insbesondere für den parallelen Betrieb des Massenspektrometers und eines weiteren Detektors kann die Trennsäulenschaltung des SICHROMAT genutzt werden. Das eigentlich zur Kopplung der beiden Säulen vorgesehene LIVE-T-Stück wird dabei als variabler Strömungsteiler genutzt. Das Eluat der zweiten Säule wird dabei gesplittet und ein Teil zum Massenspektrometer, der andere zu einem weiteren Detektor geleitet. Insbesondere für die Untersuchung von sensorisch interessanten Proben können Substanzen mit einem Schnüffeldetektor registriert und anschließend durch das Massenspektrum identifiziert werden [57, 84].

4 Ausblick

In den vorangegangenen Abschnitten wurde gezeigt, daß in Abhängigkeit von der zu lösenden analytischen Fragestellung seriell gekoppelte Trennsysteme mit sehr unterschiedlicher Zielstellung eingesetzt werden können.

Besonders effektiv erweist sich der kombinierte Einsatz der verschiedenen Betriebsarten seriell gekoppelter Säulen.
Abschließend sollen die Vorteile seriell gekoppelter Systeme nochmals zusammengefaßt werden:

– Retentionsoptimierung durch veränderbare Selektivität des Säulensystems zur Erkennung und Vermeidung von Peaküberlagerungen,
– erhöhte Genauigkeit bei der Peakzuordnung und Quantifizierung durch Auswertung mehrerer Datensätze,

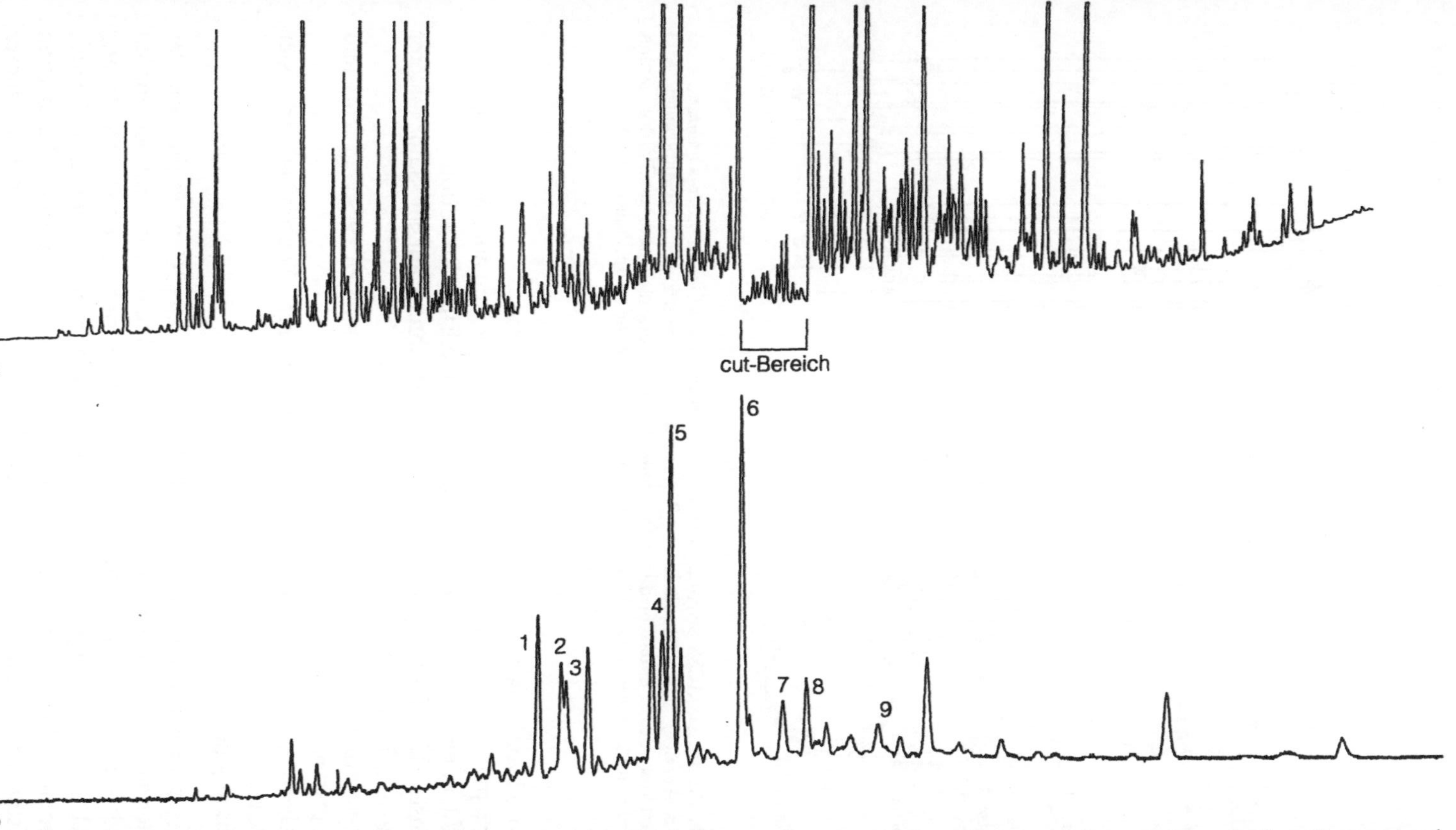

Abb. 9a,b. Identifizierung isomerer Dimethylnaphthaline in Hausbrandemissionen. **a** Monitordetektorchromatogramm: Temperaturprogrammierte Trennung nach Desorption von Carbotrap F. Säule: DB-5 (30 m × 0.32 mm I.D., μm d_f), 35 °C −4 min −4 °C/min −320 °C Trägergas: 2.6 ml/min Helium. **b** Hauptdetektorchromatogram: Isotherme Identifizierung. Säule: SPB-35 (60 m × 0.25 mm I.D.), 130 °C. Trägergas: *1* ml/min Helium. *1* 2-Ethylnaphthalin, *2* 2,7-Dimethylnaphthalin, *3* 2,6-Dimethylnaphthalin, *4* 1,3-Dimethylnaphthalin, *5* 1,6-Dimethylnaphthalin, *6* 2,3-Dimethylnaphthalin und Überlagerungen, *7* 1,4-Dimethylnaphthalin, *8* 1,5-Dimethylnaphthalin, *9* 1,2-Dimethylnaphthalin

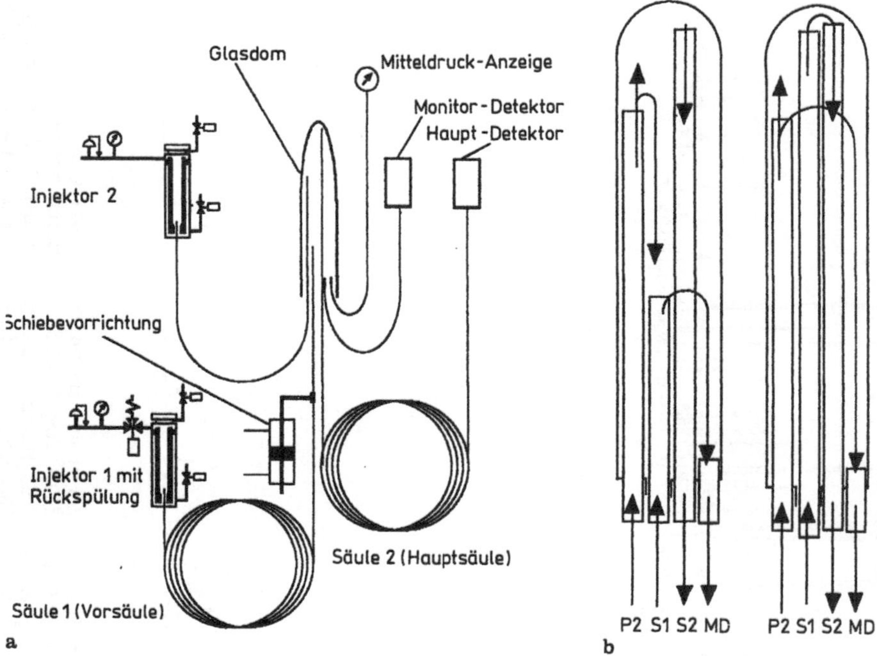

Abb. 10a,b. Prinzip der MCSS-Schaltung (Fa. Fisons Instruments). **a** Gesamtschema **b** Glasdom. P2 Mitteldruck-Anzeige, S1 Trennsäule 1 (Vorsäule), S2 Trennsäule 2 (Hauptsäule) MD Monitordetektor. Durch unterschiedliche Positionierung des Vorsaulenendes im Glasdom strömt das Effluent von S1 entweder zum Monitordetektor (links) oder zur Hauptsäule crechts)

- Analyse von ausgewählten Eluatabschnitten durch:
- Rückspülung (Ausblendung von Matrixkomponenten mit hoher Retention),
- Ausblendung von Matrixkomponenten mit niedriger Retention,
- Transfer (Überführung ausgewählter Eluatabschnitte auf eine Säule anderer Polarität, Temperatur oder höherer Effizienz),
- Fokussierung und Akkumulierung von Komponenten zwischen Vor- und Haupttrennung,
- Anreicherung von einzelnen Komponenten zur Spurenanalytik oder Strukturaufklärung,
- Verkürzung der Analysenzeit.

Trotz des enormen Potentials der multidimensionalen GC steigt die Zahl der Anwender wegen des damit verbundenen höheren apparativen und personellen Aufwands nur langsam an. Diese Methode erweist sich aber zur Bestimmung von solchen Verbindungen in sehr komplex zusammengestzten Gemischen als unumgänglich, die sich mit GC-MS nicht oder nur ungenügend differenzieren lassen (Isomere und Enantiomere). Mit der Untersuchung von immer komplexer zusammengesetzten Gemischen wird daher auch ihre Anwendung zunehmen.

5 Literatur

1. Clauss F, Mahler H, Maurer T (1993) LaborPraxis 17: (2) 30, (3) 38, (4) 50
2. Bertsch W (1978) High Res Chrom & Chrom Comm 1: 85
3. Giddings JC (1987) High Res Chrom & Chrom Comm 10: 319
4. Snyder WD (1989) in High Resolution Gas Chromatography, Hyver KJ Ed, Kap. 5, Hewlett Packard
5. Giddings JC (1990) in Multidimensional Chromatography, Cortes HJ Ed, Marcel Dekker Inc, S. 1 ff
6. Engewald W, Maurer T (1990) J Chromatogr 520: 3
7. König WA, Krüger A, Icheln D, Runge T (1992) J High Res Chrom 15: 184
8. Enqvist J, Hesso A (1982) Kemia-Kemi 9: 176
9. Enqvist J, Enqvist M (1994) J High Res Chrom 17: 141
10. Guiochon G, Guillemin CL (1988) Quantitative Gaschromatography for laboratory analysis and on-line process control, Kap.9, Elsevier Science, Amsterdam
11. Mahler H, Maurer T (1991) GIT, Special Chromatography 11: 95
12. Mahler H, Maurer T, Müller F (1994) Multi-column Systems in gas chromatography, in ER Adlard Ed: Chromatography in the Petroleum Industry (Journal of Chromatography Library Series Vol. 56), Elsevier Science, Amsterdam
13. Miller RS, Stearns SD, Freemann RR (1979) J High Res Chrom 2: 55
14. Jennings W (1984) J Chromatogr Sci 22: 129
15. Wu S, Chatham WH, Farwell SO (1990) J High Res Chrom 13: 229
16. Deans DR (1968) Chromatographia 1: 18
17. Schomburg G, Husmann H, Weeke F (1975) J Chromatogr 112: 205
18. Schomburg G, Dielmann R, Husmann H, Weeke F (1976) J Chromatogr 122: 55
19. Schomburg G, Weeke F, Müller F, Oréans M (1983) Chromatographia 16: 87
20. Müller F, Oréans M (1977) Chromatographia 10: 473
21. Müller F, Analytical Applications Note 297, Siemens AG, Karlsruhe
22. Johnson GL, Tipler A, Crowshaw D (1990) J High Res Chrom 13: 130
23. Rijks JPEM, Rijks JA (1990) J High Res Chrom 13: 261
24. Schaller H (1987) LaborPraxis 11: 1426
25. Kaiser RE (1987) J High Res Chrom 10: 241
26. Bretschneider W, Werkhoff P (1988) J High Res Chrom 11: 543 und 589
27. Hinshaw JV, Ettre LS (1986) Chromatographia 21: 561
28. Hinshaw JV, Ettre LS (1986) Chromatographia 21: 669
29. Laub RJ, Purnell JH (1978) J Chromatogr 161: 59
30. Rijks JA, van den Berg JHM, Diependahl JP (1974) J Chromatogr 91: 603
31. Kaiser RE, Rieder RI (1985) LaborPraxis 12: 1465
32. Repka D, Krupcik J, Benicka E, Leclerq PA, Rijks JA (1989) J Chromatogr 463: 43
33. Kaiser RE, Rieder RI (1985) LaborPraxis 10: 1130
34. Steinborn A, Reinhardt R, Engewald W, Schulze K Poster (1994) 20th Int Symp on Chromatography, 20, Bournemouth (1990) J Chromatogr im Druck
35. Sandra P, David F (1990) in Multidimensional Chromatography, Cortes HJ, Ed, Marcel Dekker Inc, S. 145 ff.
36. Engewald W, Knobloch T, Haufe G, Müller M, Pohris V (1991) Fres J Anal Chem 341: 641
37. Maurer T, Engewald W (1990) LaborPraxis (7/8), 588
38. Engewald W, Maurer T, Schiefke A (1989) Pure & Appl Chem 61: 2001
39. Schomburg G, Weeke F, Schaefer RG (1985) High Res Chrom & Chrom Comm 8: 388
40. Schaefer RG, Höltkemeier J (1988) Chromatographia 26: 311
41. Wright DW, Mahler KD, Ballard LB, Dawes E (1986) J Chromatogr Sci 24: 13
42. Hagman A, Jacobsson S, Chromatogr J (1987) 395: 271
43. Stan H-J (1988) Lebensmittelchem Gerichtl Chem 42: 31
44. Stan H-J, Christall B (1991) Fres J Anal Chem 339: 395
45. Duinker JC, Schulz DE, Petrick G (1988) Anal Chem 60: 478
46. Stan H-J, Heil S (1991) Fres J Anal Chem 339: 34
47. Schomburg G, Husmann H, Hübinger E (1985) High Res Chrom & Chrom Comm 8: 395
48. Himberg KK, Sippola E (1993) Chemosphere 27: 17
49. David F, Sandra P, Hoffmann A, Gerstel J (1992) Chromatographia 34: 259

50. Clair P, Tua M, Simian H: (1991) J High Res Chrom 14: 383
51. Schomburg G (1987) LC-GC 5: 304
52. Neumann H, Meyer H-P (1987) J Chromatogr 391: 442
53. Lou X, Wu X, Zhou W: (1993) J Chromatogr 634: 281
54. Wong B, Castellanos M (1989) J Chromatogr B 495: 21
55. Bicchi C, D'Amato A, Frattini C, Nana GM, Pisciotta A (1989) J High Res Chrom 12: 705
56. Nitz S, Kollmannsberger H, Drawert F (1989) J Chromatogr 471: 173
57. Nitz S, Kollmannsberger H, Albrecht M, Drawert F (1991) J Chromatogr 547: 516
58. Bernreuther A, Bank J, Krammer G, Schreier P (1991) Phytochem Anal 2: 43
59. Karl V, Schmarr H-G, Mosandl A (1991) Chromatogr 587: 347
60. Guichard E, Kustermann A, Mosandl A (1990) J Chromatogr 498: 396
61. Mosandl A, Rettinger K, Weber B, Henn D (1990) Deutsche Lebensmittel-Rundschau 86: 375
62. Lehmann D, Dietrich A, Schmidt S, Dietrich H, Mosandl A (1993) Z Lebensm Unters Forsch. 196: 207
63. Schubert V, Diener R, Mosandl A (1991) Z Naturforsch 46c: 33
64. Rettinger K, Karl V, Schmarr H-G, Detmar F, Hener U, Mosandl A (1991) Phytochem. Anal 2: 184
65. Bicchi C, Pisciotta A (1990) J Chromatogr 508: 341
66. MacNamara K, Brunerie P, Keck S, Hoffmann A: (1992) in Food Science & Human Nutrian, Charalambaus G, Ed, Elsevier, S. 351
67. Kreis P, Mosandl A (1992) Flav & Fragr J 7: 187
68. Kreis P, Mosandl A (1992) Flav & Fragr J 7: 199
69. Borg-Karlsson A-K, Lindström M, Norin T, Persson M, Valterova I (1993) Acta Chem Scand 47: 138
70. Askari C, Hener U, Schmarr H-G, Rapp A, Mosandl A (1991) Fres J Anal Chem 340: 768
71. Mol HG, Janssen HGM, Cramers CA (1993) Poster, 15th Int Symp on Cap Chrom, 24–27. Mai, Riva del Garda
72. Mosandl A (1992) J Chromatogr 624: 267
73. Mosandl A (1992) Kontakte (3), 38
74. Werkhoff P, Brennecke S, Bretschneider W (1991) Chem Mikrobiol Techn Lebensm 13: 129
75. Sandra P, Bicchi C (1987) Capillary Gas Chromatography in Essential Oil Analysis
76. Schomburg G, Weeke F, Müller F, Oreans M (1982) Chromatographia 16: 87
77. Efer J, Maurer T, Engewald W (1990) Chromatographia 29: 115
78. Maurer T, Welsch T, Engewald W (1989) J Chromatogr 471: 245
79. Engewald W, Knobloch T, Maurer T (1991) GIT 35(9), 985
80. Wörner M, Schreier P (1991) Phytochem Anal 2: 260
81. Bernreuther A, Bank J, Krammer G, Schreier P (1991) Phytochem Anal 2: 43
82. Bernreuther A, Koziet J, Brunerie P, Krammer G, Christoph N, Schreier P (1990) Z Lebensm Unters Forsch 191: 299
83. Hennig P, Steinborn A, Engewald W (1994) Chromatographia 38: 689
84. Nitz S, Drawert F, Gellert U (1986) Chromatographia 22: 51 (1986)
85. Bernreuther A, Christoph P, Schreier P (1989) J Chromatogr 481: 363

Voltammetrische Analytik Anorganischer Stoffe

Hendrik Emons

Forschungszentrum Jülich, Institut für Angewandte Physikalische Chemie, D-52425
Jülich

1 Zusammenfassung

Die Übersicht faßt Prinzipien, experimentelle Erfordernisse und Anwendungs-
schwerpunkte der modernen analytisch relevanten voltammetrischen Methoden
unter besonderer Berücksichtigung ihrer Bedeutung für die Spurenanalytik
zusammen. Nach einer komprimierten Darstellung der elektrochemischen
Grundlagen werden die notwendigen apparativen Voraussetzungen bei
Betonung der Vielfalt praktisch einsetzbarer Arbeitselektroden beschrieben.
Analytische Parameter der voltammetrischen Methoden wie Nachweisgrenze,
Empfindlichkeit, dynamischer Bereich, Selektivität und Interferenzprobleme

werden diskutiert. Entsprechend der gegenwärtigen Entwicklung spielt bei den Applikationsbeispielen die Umweltanalytik eine wesentliche Rolle, wobei auch auf Aspekte wie z.B. Speciation oder Probenvorbereitung biologischer Matrices eingegangen wird. Zukünftige Trends zeichnen sich in Richtung verbesserter Automatisierung, verstärktem Einsatz von Durchflußverfahren, der *on line* Kopplung mit Trennmethoden und der voltammetrischen Sensoren für den Feldeinsatz ab.

2 Einleitung

Dynamische elektrochemische Analysenmethoden finden seit Anfang der achtziger Jahre wieder eine zunehmend stärkere Anwendung für praktische Analysenprobleme. Dies resultiert insbesondere aus wesentlichen Verbesserungen der instrumentellen Basis nach Einführung der Mikroprozessortechnik sowie aus neuen Herausforderungen an die chemische Konzentrationsanalytik bezüglich der Erweiterung des Analyt-Spektrums und hinsichtlich immer niedrigerer Nachweisgrenzen, stimuliert durch ökologische und medizinisch-toxikologische Bedenken.

Für die analytische Bestimmung anorganischer Stoffe mittels voltammetrischer Methoden wirken sich die Entwicklungen von neuen Stripping-Techniken und erste Erfolge bei der „Speciation" -Analytik besonders nachhaltig aus. Für einige Ionen lassen sich heute in bestimmten Matrices Nachweisgrenzen bis zu 10^{-12} M erreichen, so daß die Stripping-Methoden zu den nachweisstärksten Analysenmethoden mit besonderer Bedeutung für die Umweltanalytik zählen. Der Schwerpunkt liegt dabei weiterhin auf der Spurenanalytik von Schwermetallen, für die voltammetrische Methoden in den meisten Fällen eine leistungsfähige und kostengünstige Ergänzung bzw. Alternative zu spektrometrischen Methoden wie Atom- oder Massenspektrometrie darstellen. Als hauptsächliche Anwendungsgebiete haben sich die Umweltanalytik in ihrer gesamten Vielfalt sowie Spurenbestimmungen für die medizinische Diagnostik, die Lebensmittelüberwachung und die industrielle Prozeßkontrolle herauskristallisiert [1–5]. Die potentiellen Anwendungsmöglichkeiten sind aber wesentlich größer als bisher ausgenutzt, wie in den folgenden Abschnitten aufgezeigt werden soll.

3 Methodenübersicht

Voltammetrische Methoden sind eine Untergruppe der elektrochemischen Methoden und zeichnen sich dadurch aus, daß in Abhängigkeit von einer zwischen zwei oder mehreren Elektroden angelegten Spannung (Anregungssignal) Grenzflächenprozesse an Elektroden ablaufen, die anhand von Strommessungen (Antwortsignal) verfolgt werden. Der Begriff „Voltammetrie" stellt dabei eine

Verkürzung von Volt-Ampere-Metrie, d.h. also der Spannungs-Stromstärke-Messung dar, die im folgenden dem weitverbreiteten Sprachgebrauch in der Fachliteratur folgend als Messung von Strom (I)-Potential (E)-Kurven bezeichnet werden soll. Wenn diese I-E-Messungen an sich kontinuierlich oder periodisch erneuernden Elektrodenoberflächen (z.B. an der Quecksilbertropfelektrode) erfolgen, bezeichnet man sie auch als Polarographie. Deren Anregungssignale sind jedoch identisch mit den entsprechenden voltammetrischen Techniken und bedürfen deshalb keiner separaten Behandlung. Analytisch wichtige elektrochemische Grenzflächenmethoden unter Stromfluß neben den voltammetrischen Techniken sind die Amperometrie, wo ein konstantes Elektrodenpotential angelegt wird, und die Coulometrie.

Voltammetrische Analysenmethoden basieren auf der Ableitung des Faradayschen Gesetzes:

$$I = z\,F\,(dn/dt) \tag{1}$$

wobei die Stromstärke I als Maß für die Geschwindigkeit der Elektrodenreaktion von der Konzentration c nach

$$I = z\,F\,Ak_{ER}c \tag{2}$$

abhängt. Dabei symbolisiert z die Anzahl der ausgetauschten Elektronen, F die Faraday-Konstante, n die Stoffmenge des Analyten, t die Zeit, A die Elektrodenoberfläche und k_{ER} die Geschwindigkeitskonstante der Elektrodenreaktion.

Da es sich bei den signalerzeugenden Elektrodenreaktionen um Grenzflächenprozesse handelt und mit der Faraday-Konstante ein numerisch großer Proportionalitätsfaktor in Gl. (2) auftritt, genügen wenige elektroaktive, d.h. oxidier- oder reduzierbare Analytspezies an der Elektrodenoberfläche, um ein analytisch verwertbares Stromsignal als Konzentrationsmaß mit hoher Empfindlichkeit zu erhalten. Der dynamische Bereich voltammetrischer Methoden umfaßt daher ohne verfahrensintegrierte Anreicherungsprozesse (vgl. Abschn. 3.8) etwa 6 Größenordnungen, von ca. 10^{-8} M bis 10^{-2} M. Im folgenden werden, wie in der analytischen Literatur weitverbreitet, auch teilweise Massenkonzentrationen wie $\mu g \cdot 1^{-1}$ oder ppb verwendet, obwohl für das Analysensignal die Anzahl der Moleküle und nicht deren Masse entscheidend ist.

Die verschiedenen voltammetrischen Methoden, deren Zahl durch die Verwendung einer nicht einheitlichen Terminologie scheinbar noch vergrößert wird, können für den Einsteiger manchmal etwas verwirrend und für den Anwender bezüglich einer Abschätzung von Vor- und Nachteilen unübersichtlich erscheinen. Die Abb. 1 gibt eine Möglichkeit der Zuordnung analytisch wichtiger voltammetrischer Methoden an. Diese sollen im folgenden in ihren Grundprinzipien kurz erläutert werden, wobei für vertiefte Darstellungen auf die Literatur verwiesen werden muß [6–9]. Einteilungsprinzip für voltammetrische Techniken ist die Form des Anregungssignals für den elektrochemischen Prozeß, d.h. die Potential-Zeit-Funktion.

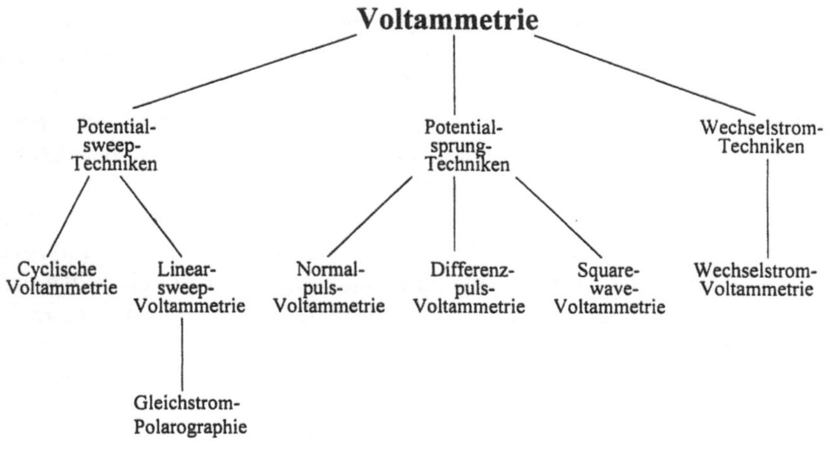

Abb. 1. Übersicht über wichtige voltammetrische Analysenmethoden

3.1 Cyclische Voltammetrie (CV)

Die cyclische Voltammetrie ist i.a. die Methode der Wahl zur Erstcharakterisierung des elektrochemischen Verhaltens der zu analysierenden Spezies. Sie bietet relativ schnell einen Überblick über deren Redoxverhalten in einem breiten Potential-, d.h. also Energiebereich, so daß die Methode auch als „elektrochemische Spektroskopie" bezeichnet wird. Als Anregungssignal (Abb. 2a) wird an die elektrochemische Zelle (vgl. Abschn. 4) eine Potentialänderung in Dreieckform angelegt. Befindet sich in der Meßlösung ein elektroaktiver Stoff, d.h. eine unter den experimentellen Bedingungen oxidierbare bzw. reduzierbare Spezies, so erhält man peakförmige Signale in der Strom-Potential-Kurve (Abb. 2b). Die Analyse von Anzahl, Potentiallage und Form der Stromsignale gestattet die Charakterisierung des untersuchten Systems bezüglich der für das zu entwickelnde Analysenverfahren wichtigen Parameter wie Potentialbereich des Analytsignals, Anzahl der im Redoxprozeß ausgetauschten Elektronen, chemische Reversibilität und Geschwindigkeit der Elektrodenreaktion. Die letztgenannten Informationen sind für die Wahl der konzentrationsanalytisch günstigsten voltammetrischen Technik und deren Zeitparameter wichtig. Dabei bezeichnet man Elektrodenreaktionen als „elektrochemisch reversibel", wenn der heterogene Elektronenübergang zwischen Elektrodenmaterial und Analyt viel schneller als alle anderen Teilprozesse, insbesondere schneller als die Diffusion, abläuft.

Die cyclische Voltammetrie stellt eine auch theoretisch wohlfundierte Methode zur qualitativen Analyse von Redoxsystemen, die sich sowohl in einer Lösung als auch immobilisiert am Elektrodenmaterial befinden können, dar [10]. Zur Konzentrationsbestimmung findet sie in der analytischen Praxis kaum Anwendung.

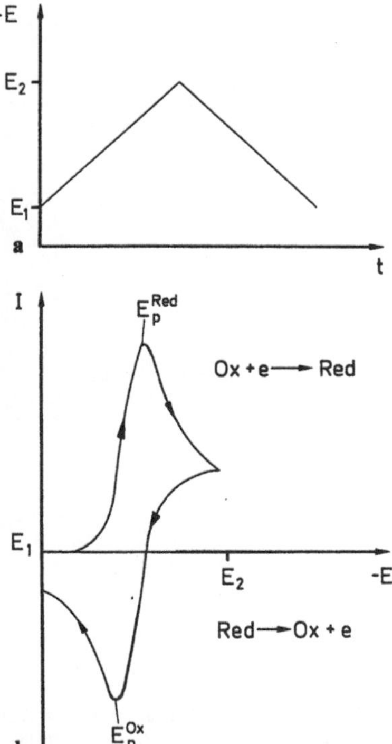

Abb. 2a,b. Cyclische Voltammetrie: a Anregungssignal; b Meßkurve (schematisch)

3.2 Linear-Sweep-Voltammetrie (LSV)

Diese Methode kann als „halbes" CV-Experiment aufgefaßt werden. Als Anregungssignal dient ein linearer Potentialvorschub mit 10–1000 $mV \cdot s^{-1}$ (Abb. 3a). Die Höhe I_p des resultierenden peakförmigen Signals in der I-E-Kurve (Abb. 3b) hängt linear von der Konzentration c des reagierenden Spezies ab und läßt sich für elektrochemisch reversible Elektrodenreaktionen an den üblichen Arbeitselektroden (vgl. Abschn. 4.2) mit der Randles-Sevcik-Gleichung beschreiben:

$$I_p = 0{,}4463\, z\, F\, A\, (zF/RT)^{1/2}\, v^{1/2}\, D^{1/2}\, c \qquad (3)$$

wobei R die allgemeine Gaskonstante, T die Temperatur, v die Potentialvorschubgeschwindigkeit und D der Diffusionskoeffizient des Analyten sind.

Die Nachweisstärke der LSV wird im wesentlichen durch den sogenannten Kapazitätsstrom I_c limitiert. Dieser resultiert während der Messung aus potentialabhängigen Veränderungen von Struktur und Zusammensetzung der elektrochemischen Doppelschicht, welche sich an der Phasengrenze Elektrode/ Lösung ausbildet [6]. Der auch als Doppelschichtladestrom oder nichtfaradayscher Strom bezeichnete Beitrag I_c hängt u.a. von der potentialabhängigen Doppelschichtkapazität der Grenzfläche, der Lage des Potentialmeßbereiches

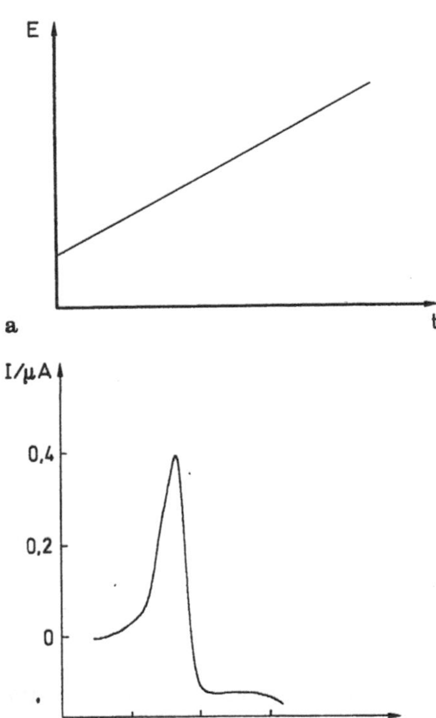

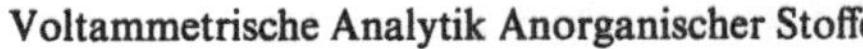

Abb. 3a,b: Linear-Sweep-Voltammetrie: **a** Anregungssignal; **b** Meßkurve von 0,1 mM Pb(II) an einer HMDE

relativ zum Nulladungspotential der Elektrodengrenzfläche, dem Lösungswiderstand sowie linear von Potentialvorschubgeschwindigkeit und Elektrodenoberfläche ab. I_c ist Bestandteil des während der Messung erfaßten Gesamtstromes, trägt aber meist nur zum konzentrationsunabhängigen Grundstromanteil bei. Für Analytkonzentrationen unterhalb ca. 10^{-5} M kann der analytisch interessierende sogenannte Faraday-Strom I, der aus einer Oxidation oder Reduktion resultiert, in der gleichen Größenordnung wie I_c liegen, so daß eine Abtrennung des konzentrationsabhängigen Signals nicht mehr mit der notwendigen Präzision und Reproduzierbarkeit möglich ist.

Die Linear-Sweep-Voltammetrie wurde in der Vergangenheit trotz der Schwierigkeiten bei der I_c-Eliminierung, der relativ hohen Nachweisgrenze von ca. 10^{-5} M und Problemen bei der Peakauftrennung infolge sich im Potentialbereich überlagernder Redoxprozesse häufig eingesetzt, da sich eine lineare Potentialänderung mittels Analogelektronik einfach realisieren ließ. Diese instrumentelle Limitierung hinsichtlich komplizierterer Anregungssignale existiert aber heute durch die preiswerte Verfügbarkeit der Digitaltechnik nicht mehr. Mit letzterer registriert man I-E-Kurven wie in Abb. 3b mittels Staircase-Voltammetrie, bei der anstelle der linearen eine treppenförmige Potentialänderung mit kleinen Amplituden (1–5 mV) verwendet wird.

3.3 Gleichstrompolarographie (DCP)

Seit 1922 hat die Gleichstrompolarographie für die Konzentrationsanalytik vieler anorganischer Ionen, insbesondere der Schwermetallionen, eine wichtige Rolle gespielt. Dazu trug entscheidend die Verwendung der Quecksilbertropf-elektrode (DME) mit ihrer gut reproduzierbaren, definierten Elektrodenober-fläche bei (vgl. Abschn. 4.2).

In den siebziger Jahren wurde die klassische Gleichstrompolarographie, bei der eine kontinuierliche Strommessung an der DME in Abhängigkeit von einem linear geänderten Elektrodenpotential (Abb. 3a) erfolgt, fast vollständig durch analytisch vorteilhaftere Techniken substituiert. Dies resultierte hauptsächlich aus der limitierten Nachweisstärke der DCP von ca. 10^{-5} M aufgrund des sich mit dem Tropfenwachstum vergrößernden Kapazitätsstromanteils.

Gegenwärtig führt man noch einen erheblichen Teil polarographischer Analysen mit der Gleichstrom-Tast-Polarographie durch. Dabei wird ein Teil des Kapazitätsstromes eliminiert, indem die Strommessung nur in einem kurzen Zeitraum (für ca. 15–40 ms) am Ende des Quecksilbertropfenlebens erfolgt (Abb. 4a). Da außerdem in modernen Laboratorien anstelle der DME eine statische Quecksilbertropfenelektrode (vgl. Abschn. 4.2) eingesetzt wird, bei der die Tropfenoberfläche während der Strommessung konstant bleibt, fällt der Kapazitätsstrom im Meßzeitraum exponentiell ab, während der interessierende

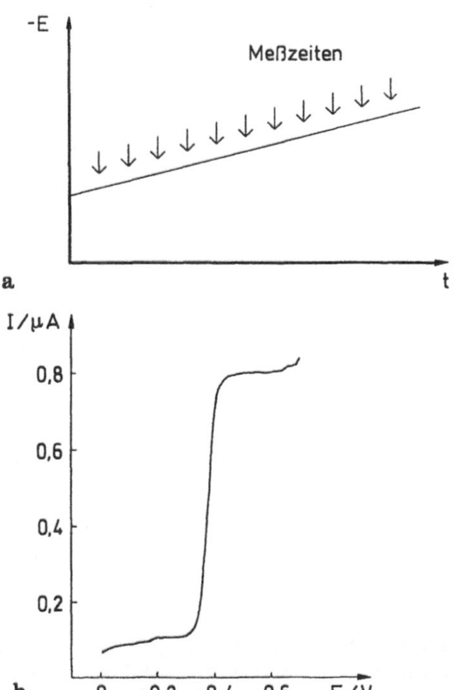

Abb. 4a,b. Gleichstrom-Tast-Polarographie: **a** Anregungssignal; **b** Meßkurve von 0,1 mM Pb(II) an einer SMDE

Faraday-Strom nur proportional zu $t^{-1/2}$ abnimmt. Dies verbessert das Nachweisvermögen um ca. eine Größenordnung im Vergleich zur klassischen DCP. Ein typisches Polarogramm stellt Abb. 4b dar. Die Analytkonzentration ist in einem weiten Konzentrationsbereich (bis ca. 10^{-2} M) der Stufenhöhe direkt proportional.

Der Kapazitätsstromanteil am Meßsignal läßt sich noch weiter verringern, wenn anstelle der linearen Potentialänderung die Staircase-Anregung verwendet wird. Heutzutage erfolgt dies ja durch die Digitaltechnik generell, kann aber bei entsprechender Synchronisation mit dem Strommeßzyklus zur Verbesserung des Meßsignals bewußter ausgenutzt werden.

3.4 Normalpuls-Voltammetrie (NPV)

Diese voltammetrische Methode stellt eine Folge von chronoamperometrischen Messungen mit steigender Potentialsprunghöhe dar, wie Abb. 5a zeigt. Der Strom wird, wie bei der Tastpolarographie, nur kurzzeitig am Ende jedes Pulses gemessen, um den Kapazitätsstrom zu verringern. Das Anfangspotential E_0 sollte in einem Potentialbereich ohne Elektrodenreaktionen der untersuchten Lösung liegen und die Pulszeit sollte kurz (oft ca. 50 ms) sein. Das Normalpuls-Voltam-

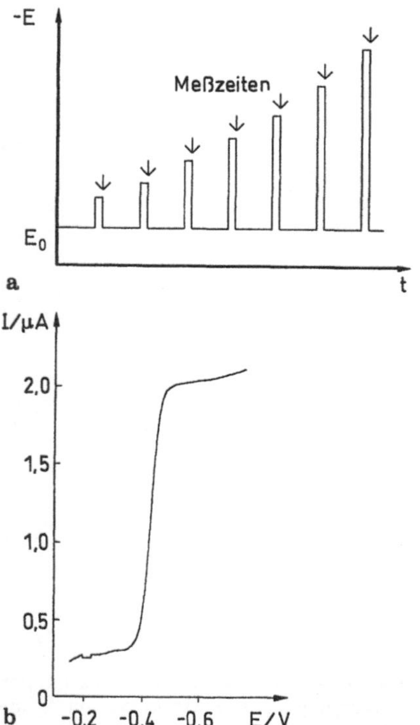

Abb. 5a,b. Normalpuls-Voltammetrie: **a** Anregungssignal; **b** Meßkurve von 0,1 mM Pb(II) an einer SMDE

mogramm erscheint als sigmoidale I-E-Kurve (Abb. 5b), wobei die Stufenhöhe aufgrund des diffusionskontrollierten Grenzstroms wieder der Volumenkonzentration an Analyt proportional ist. Wenn die Wartezeit zwischen den Pulsen vernünftig gewählt wurde (ca. 1–4 s), damit sich jeweils bei E_0 die ursprüngliche Konzentrationsverteilung in der Nähe der Elektrode wieder einstellt, so erhält man im Vergleich zu Gleichstrom-Tast-Messungen in der gleichen Lösung einen etwa um den Faktor 5–6 größeren NPV-Grenzstrom [6]. Deshalb lassen sich mit der NPV Nachweisgrenzen bis ca. $5 \cdot 10^{-7}$ M erreichen. Die Methode fand jedoch analytisch nur eine geringe Verbreitung.

3.5 Differenzpuls-Voltammetrie (DPV)

Eine weitere Verringerung des Kapazitätsstromanteils läßt sich mit der Differenzpuls-Voltammetrie erreichen. Das Anregungssignal (Abb. 6a) besteht aus einer treppenförmigen (oder linearen) Potentialänderung, der periodisch Pulse konstanter Größe überlagert werden. Im Unterschied zu den bisher beschriebenen voltammetrischen Methoden erfolgt bei der DPV noch eine Differenzbildung

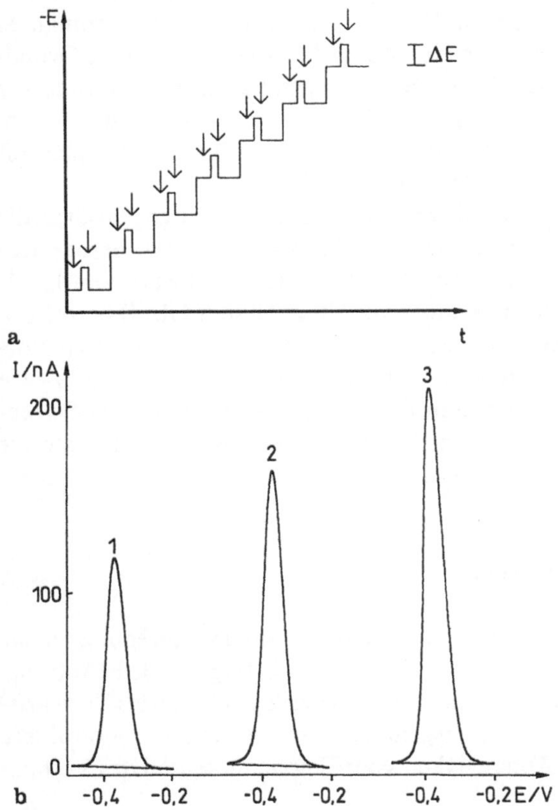

Abb. 6a,b. Differenzpuls-Voltammetrie: **a** Anregungssignal; **b** Meßkurven von Pb(II) an einer HMDE; Pb(II)-Konzentrationen: *1* 0,5 µM; *2* 0,75 µM; *3* 1 µM

zwischen den einzelnen Strömen, die jeweils kurz vor dem Pulsbeginn und am Pulsende gemessen werden. Daraus resultiert ein peakförmiges Meßsignal (Abb. 6b). Typische Parameter für analytische DPV-Experimente liegen bei 10–100 mV für die Pulshöhe ΔE, etwa 50 ms für die Pulsweite t_p, Pulsabständen von 0,5–5 s und Vorschubgeschwindigkeiten um $1–10\ mV \cdot s^{-1}$. Es ist erwähnenswert, daß sich die DPV-Meßkurve der Ableitung des Normalpuls-Voltammograms annähert, wenn ΔE gegen Null geht.

Die Peakstromstärke I_p hängt wieder linear von der Analytkonzentration ab:

$$I_p = nF\,A\,c\,(D/\pi\,t_p)^{1/2}\,\{(1 - \sigma)/(1 + \sigma)\} \tag{4}$$

mit $\sigma = \exp(nF\Delta E/2RT)$ für reversible Systeme.

Das Peakpotential E_p liegt für kleine ΔE nahe am für viele anorganische Elektrodenreaktionen tabellierten polarographischen Halbstufenpotential $E_{1/2}$:

$$E_p = E_{1/2} - \Delta E/2 \tag{5}$$

Der in der Routineanalytik oft verwendete ΔE-Wert von 50 mV resultiert aus einem Kompromiß zwischen maximalem Peakstrom (I_p steigt mit ΔE entsprechend Gl..(4)) und einer ausreichenden Peakauflösung, da sich die Signalbreite mit ΔE vergrößert.

Nachweisgrenzen für DPV-Messungen liegen i.a. niedriger als für die NPV – bei geeigneten Analyten im Bereich von 10^{-7} M – da der kapazitive Stromanteil durch die Subtraktion weiter reduziert wird. Außerdem ist der kapazitive Grundstrom vor und nach Anlegen des Pulses i.a. weitgehend konstant aufgrund der meist geringen Potentialabhängigkeit der Doppelschichtkapazität in dem kleinen Potentialbereich ΔE. Peakförmige DPV-Kurven lassen sich auch oft leichter auswerten als sigmoidale DCP- oder NPV-Signale.

Aufgrund dieser Vorteile ist die Differenzpuls-Voltammetrie gegenwärtig die populärste voltammetrische Analysenmethode. Man sollte jedoch berücksichtigen, daß das konzentrationsabhängige Meßsignal, d.h. der Peakstrom I_p, für irreversible Reaktionen wesentlich geringer ausfällt als durch Gl. (4) berechnet. Solche langsameren Elektrodenreaktionen, die im analytischen Alltag den Normalfall darstellen, rufen auch breitere Peaks hervor. Die Zeitskala für DPV- wie auch für NPV-Experimente ist i.a. wesentlich kürzer als für die Linear-Sweep-Voltammetrie. Deshalb können bei den Pulsmethoden kinetische Effekte die Messung stärker beeinflussen als bei der LSV.

3.6 Square-wave-Voltammetrie (SWV)

Diese Methode benutzt ein symmetrisches rechteckförmiges Anregungssignal, das einer treppenförmigen Potential-Zeit-Funktion überlagert wird (Abb. 7a). Für jeden Square-wave-Zyklus werden kurzzeitig jeweils am Ende des Vorwärts- bzw. Rückwärts-Pulses die Stromstärken gemessen und voneinander subtrahiert. Diese Stromdifferenz bildet in Abhängigkeit vom Treppenpotential das Voltammogramm (Abb. 7b).

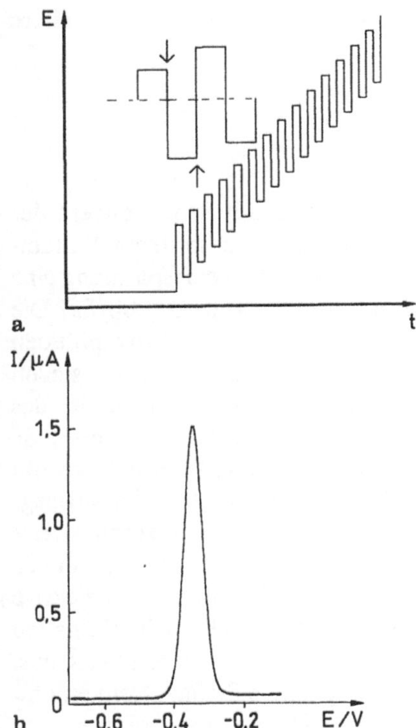

Abb. 7a,b. Square-wave-Voltammetrie: **a** Anregungssignal; **b** Meßkurve von 10 μM Pb(II) an einer HMDE

Oft werden die meisten experimentellen Parameter ähnlich denen der DPV gewählt. Die Vorschubgeschwindigkeit ist jedoch höher aufgrund von Square-wave-Frequenzen im Bereich von 1–100 Hz. Die Nachweisgrenzen von SWV und DPV liegen häufig in vergleichbarer Größenordnung, d.h. bei ca. 10^{-7} M.

Vom analytischen Standpunkt aus besteht der wesentliche Vorteil der SWV in der höheren Geschwindigkeit. Selbstverständlich ist die kürzere Meßzeit hinsichtlich der Gesamtzeit von Analysenverfahren in puncto Probendurchsatz für praktische Zwecke vernachlässigbar. Aber es gibt verschiedene analytische Problemstellungen, für die eine schnelle Voltammetrie vorteilhaft bzw. notwendig ist. Einerseits wird die Elektrodenoberfläche nur kurzzeitig der Analytreaktion, aber auch Interferenzprozessen ausgesetzt, wodurch sich Oberflächenänderungen an Festelektroden weniger störend auswirken (vgl. Abschn. 4). Andererseits gestattet eine solche schnelle Technik die Messung von dreidimensionalen Strom-Potential-Zeit-Profilen in der Fließinjektionsanalyse oder der HPLC (vgl. Abschn. 6). Außerdem kann eine kinetische Diskriminierung gegen irreversible Interferenzreaktionen wie die Sauerstoff-Reduktion erreicht werden. Für spezielle methodische Entwicklungen lassen sich auch die separaten Messungen von Oxidations- und Reduktionsströmen bei der SWV ausnutzen [11]. Die Methode wird durch ihre zunehmend stärkere Einbeziehung in kommerzielle Gerätesysteme sicher in den nächsten Jahren eine weitere Verbreitung finden.

3.7 Wechselstrom-Voltammetrie (ACV)

Verschiedene elektrochemische Meßmethoden basieren auf dem Konzept der Impedanz [12]. Davon ist für analytische Zwecke die Wechselstrom-Voltammetrie am wichtigsten, bei der einer sich linear ändernden Gleichspannung eine sinusförmige Wechselspannung kleiner Amplitude überlagert wird (Abb. 8a). Die Frequenzen liegen i.a. bei $f = 10$–1000 Hz und die Peak-zu-Peak-Amplituden ΔE_{ac} zwischen 4–20 mV. Entsprechend der angelegten Gleichspannung stellen sich mittlere Grenzflächenkonzentrationen für beide Redoxzustände des Analyten an der Elektrode ein, welche dann dem Störsignal kleiner Amplitude ausgesetzt werden. Der resultierende Strom durch die Meßzelle enthält sowohl Gleich- als auch Wechselstromanteile. Man registriert als Funktion der angelegten Gleichspannung entweder den gesamten Wechselstrom oder vorzugsweise die Wechselstromkomponenten bei bestimmten Phasenverschiebungen bezüglich des Störsignals (Abb. 8b). Letztgenannte Methode heißt phasenselektive Wechselstromvoltammetrie und nutzt das unterschiedliche elektrische Verhalten von Ohmschen bzw. kapazitiven Widerständen im Wechselstromkreis aus. Damit lassen sich oft günstig Faradaysche und kapazitive Ströme trennen und Nachweisgrenzen bis zu $5 \cdot 10^{-7}$ M für reversible Redoxsysteme erreichen.

Die Konzentrationsbestimmung aus der ACV-Meßkurve erfolgt über den Peakstrom, der für reversible Systeme und kleine Wechselspannungsamplituden

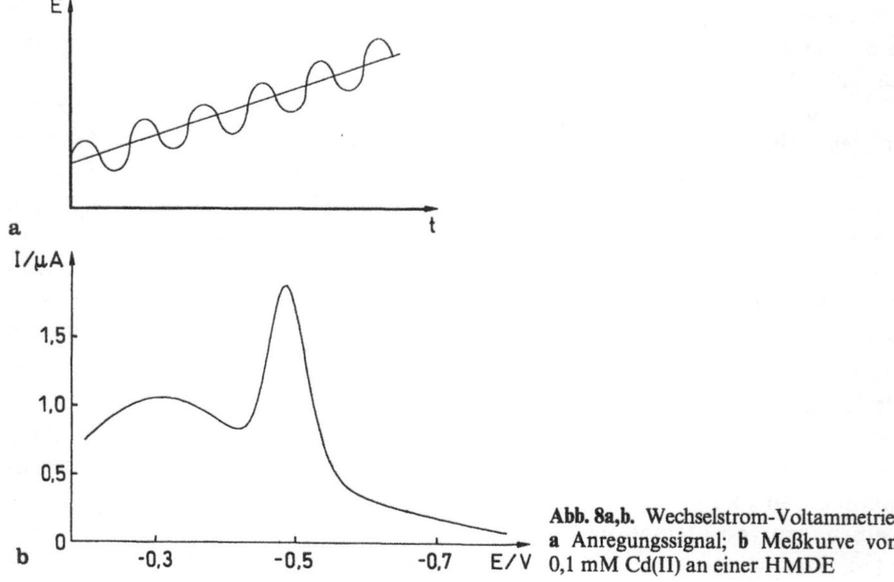

Abb. 8a,b. Wechselstrom-Voltammetrie: **a** Anregungssignal; **b** Meßkurve von 0,1 mM Cd(II) an einer HMDE

linear von der Analytkonzentration abhängt:

$$I_p = c \cdot n^2 F^2 A (2\pi f D)^{1/2} \Delta E_{ac}/4RT \tag{6}$$

Die ACV-Signale können bei einem langsameren Elektronentransfer der Analytreaktion wesentlich unter den mit Gl. (6) abgeschätzten Werten liegen. Daher lassen sich jedoch auch wieder irreversible Interferenzprozesse wie die Sauerstoffreduktion eliminieren.

Besonders bei der Analyse schnell reagierender Spezies kann es sich als vorteilhaft erweisen, den Wechselstrom bei der doppelten Anregungsfrequenz 2f zu messen. Diese sogenannte Oberwellenvoltammetrie (Messung der zweiten Harmonischen) gestattet in einigen Fällen eine bessere Kapazitätsstromseparation und damit niedrigere Nachweisgrenzen [13].

3.8 Stripping-Voltammetrie

Voltammetrische Stripping-Methoden, in der Literatur auch teilweise als „Inverse Voltammetrie" bezeichnet, finden zunehmend Anerkennung als nachweis-starke und empfindliche Analysenmethoden für die Spurenanalytik einer zunehmenden Zahl von anorganischen Ionen [1, 4, 14–16]. Die oft extrem niedrigen Nachweisgrenzen (in einigen Fällen bis 10^{-12} M!) ermöglicht ein *in situ* Zweischrittverfahren: Der Analyt wird an der Elektrode angereichert und anschließend während der eigentlichen Messung wieder elektrochemisch auf-gelöst („stripping"). Die Stripping-Voltammetrie umfaßt eine Gruppe von Tech-niken, die sich in der Natur des Anreicherungs- bzw. Auflösungsvorganges unterscheiden und deren wichtigste im folgenden kurz beschrieben werden.

Für die Spurenbestimmung vieler Schwermetallionen eignet sich die anodische Stripping-Voltammetrie (ASV). Zur Anreicherung wird der Analyt bei konstantem Elektrodenpotential an der Arbeitselektrode in gerührter Lösung für eine fixierte Zeit (10–1800 s je nach Konzentration) reduziert. Da dies meist an einer Quecksilberelektrode geschieht, bildet sich das entsprechende Amalgam mit einer wesentlich höheren Analytkonzentration aufgrund des verringerten Elektrodenvolumens im Vergleich zum Volumen der Meßlösung. Nach Abschal-ten des Rührers ändert man das Potential in positive Richtung durch Li-near-Sweep- bzw. Differenzpuls- oder Square-wave-Voltammetrie (Abb. 9a). Dadurch wird das Metall wieder oxidiert und aufgelöst, woraus ein peakförmiges Signal resultiert (Abb. 9b). Die Peakhöhe hängt von der Metallkonzentration in der Elektrode ab, welche wiederum proportional der ursprünglichen Analytkon-zentration bei adäquater Wahl der experimentellen Parameter wie Elektroden-fläche, Anreicherungszeit, Rühreffekt usw. ist. Die Akkumulationszeiten hängen von der Analytkonzentration ab und erreichen etwa 20 min bei Lösungen von 10^{-9} M. Mit der ASV-Technik lassen sich ca. 12 amalgambildende Metalle gut bestimmen, z.B. Bi, Cd, Cu, Pb, Tl oder Zn. Geeignete Elektroden sind in Abschn. 4.2 beschrieben.

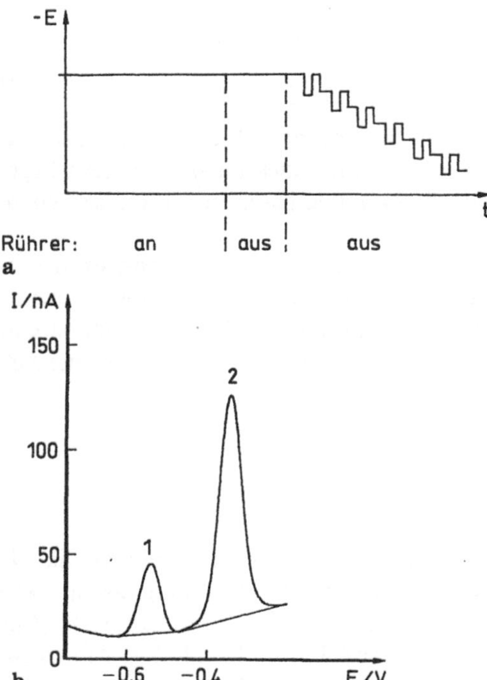

Abb. 9a,b. Anodische Stripping-Voltammetrie: **a** Anregungssignal mit DPV-Detektion; **b** Meßkurve von 10 nM Cd(II) *1* und 30 nM Pb(II) *2*

In den letzten Jahren wurden zunehmend Stripping-Verfahren entwickelt, die auf einer Anreicherung des Analyten durch Adsorption an der Elektrodenoberfläche beruhen [16–18]. Mit dieser adsorptiven Stripping-Voltammetrie (AdSV) lassen sich Spuren von Metallionen bestimmen, die mit der ASV aufgrund fehlender Amalgambildung oder ungünstiger, d.h. meist chemisch irreversibler Elektrodenreaktionen nicht meßbar sind, wie z.B. die Ionen von Al, Co, Cr, Fe, La, Mo, Ni, Pt, Ti, U oder V. Die Spezies werden i.a. bei konstantem Elektrodenpotential in Form von Chelatkomplexen, die sich nach Zugabe entsprechender grenzflächenaktiver Liganden zur Meßlösung bilden, angereichert. Ihre Quantifizierung erfolgt über eine Messung der elektrochemischen Reduktion der adsorbierten Spezies mittels LSV, DPV oder SWV bei negativem Potentialvorschub. Dabei können auch katalytische Prozesse zu einer erheblichen Signalverstärkung beitragen, wie z.B. bei der Co- oder Pt-Bestimmung [19, 20].

Die AdSV kann auch verbesserte analytische Parameter für andere, bisher mit der ASV bestimmte Metalle wie Cu, Sb oder Sn liefern. Dies liegt hauptsächlich an der Anreicherung in Form einer Monoschicht an der Elektrodenoberfläche, wodurch sich wesentlich höhere Akkumulationsfaktoren als bei der Verteilung im Elektrodenmaterial erreichen lassen. Daraus resultiert jedoch ein auf ca. zwei Größenordnungen eingeschränkter dynamischer Bereich der AdSV bei fixierter Anreicherungszeit, da höhere Analytkonzentrationen bereits eine Anreicherung im konzentrationsunabhängigen Sättigungsbereich der Adsorptionsisotherme bedeuten würden. Dies läßt sich aber durch sorgfältige Anpassung der experimentellen Parameter an die Problemstellung vermeiden. Beim Einsatz der sehr nachweisstarken AdSV für die Analytik in komplexen Matrices muß berücksichtigt werden, daß grenzflächenaktive organische Begleitkomponenten die Bestimmung aufgrund von Konkurrenzadsorptionseffekten stören.

Eine besondere Bedeutung erlangt die AdSV gegenwärtig im Bereich der organischen Elektroanalytik, insbesondere für biochemisch interessante Verbindungen und Pharmaka [2, 4, 21].

In der Literatur wird die Bestimmung von Metallkomplexen nach ihrer adsorptiven Akkumulation auch teilweise als katodische Stripping-Voltammetrie (CSV) bezeichnet, da das Meßsignal aus einer Reduktion resultiert. Die konventionelle CSV nutzt jedoch als Anreicherung die Oxidation des Analyten unter Bildung eines unlöslichen Filmes auf der Elektrode mit anschließendem reduktiven Bestimmungsschritt. Sie wird hauptsächlich für Spezies angewendet, die mit Quecksilber unlösliche Salze bilden, wie z.B. Halogenide, Pseudohalogenide und Thiole.

4 Instrumentation

4.1 Geräte

Die Geräteausstattung für elektrochemische Analysenmethoden hat sich seit Mitte der siebziger Jahre durch die Einbeziehung der Mikroelektronik extrem gewandelt und verbessert. Computergesteuerte Meßsysteme, welche nutzerfreundlich die Anwendung eines ganzen Spektrums von Methoden erlauben, gehören heute zum Standard eines Labors. Die in Abb. 10 dargestellte Grundkonzeption blieb jedoch erhalten. Das voltammetrische Meßsystem beinhaltet einen heute auf der Digitaltechnik basierenden Funktionsgenerator, der die in den vorangegangenen

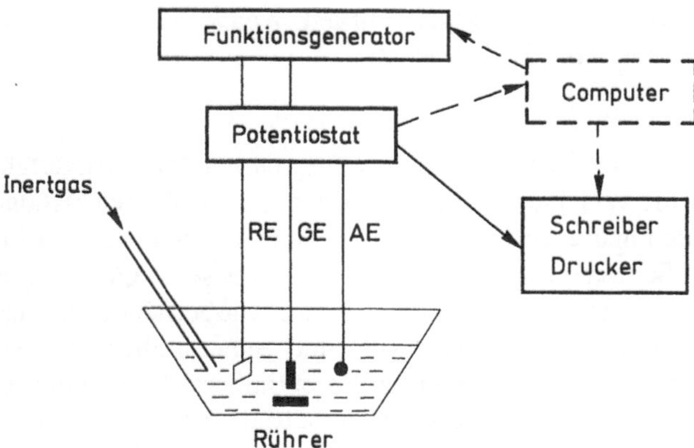

Abb. 10. Prinzipskizze voltammetrischer Meßanordnungen (3-Elektroden-Technik)

Abschnitten beschriebenen E-t-Anregungsfunktionen realisiert. Entscheidend für die Qualität des Meßsystems ist der Potentiostat, der die Potentialkontrolle zwischen Arbeitselektrode und Referenzelektrode gewährleistet sowie den Strom mißt, über einen Strom-Spannungswandler in ein Spannungssignal umsetzt und verstärkt. Er beruht gegenwärtig noch auf der Analogtechnik.

Kommerziell werden sowohl Kompaktgeräte als auch über separate Personalcomputer bedien- und steuerbare Potentiostateneinheiten angeboten. Die entsprechende Software unterscheidet sich im Umfang der implementierten voltammetrischen Methoden, aber auch in den durch den Nutzer variierbaren experimentellen Parametern (wie Wartezeiten, Strommeßzeiten, Vorpolarisationspotentialen u.ä.) und den Auswertemöglichkeiten. Drucker bzw. Plotter substituieren immer mehr die bisher als Ausgabemodul dominierenden XY-Schreiber.

Als Elektrodenanordnung in der Meßzelle hat sich die 3-Elektrodentechnik durchgesetzt, bei der Arbeitselektrode, Referenzelektrode und Gegenelektrode in die Lösung tauchen. Die Referenzelektrode (für wäßrige Lösungen i.a. Kalomel- oder Ag/AgCl-Referenzsysteme) dient als Potentialbezugspunkt und wird nicht von Strom durchflossen. An der großflächigen Gegenelektrode (meist aus Pt oder Glaskohlenstoff) laufen die der Meßreaktion entgegengesetzten Redoxreaktionen mit geringer Überspannung ab.

4.2 Arbeitselektroden

Den wesentlichsten und kritischsten Teil der voltammetrischen Meßanordnung stellt die Arbeitselektrode dar. Da die signalbildenden Prozesse in der Voltammetrie an der Grenzfläche Elektrode/Lösung ablaufen, kommt der Struktur und Stabilität dieser Grenzfläche entscheidende Bedeutung zu. Deshalb hat die Auswahl der Arbeitselektrode hinsichtlich Material und geometrischer Form, ihrer Oberflächenbehandlung und Wartung einen dominierenden Einfluß auf die Bestimmbarkeit des interessierenden Analyten mit adäquater Selektivität, Empfindlichkeit, Nachweisstärke und Reproduzierbarkeit. Analytisch wesentliche Elektrodenmaterialien sind in Abb. 11 dargestellt.

Quecksilberelektroden

Für die Entwicklung voltammetrischer bzw. polarographischer Analysenverfahren spielten und spielen die verschiedenen Formen von Quecksilberelektroden eine besondere Rolle. Auch heute wird dieses Elektrodenmaterial besonders für die Routineanalytik von Schwermetallen am häufigsten eingesetzt. Quecksilber bietet die Vorteile einer definierten, homogenen Elektrodenoberfläche, die sich einfach und zuverlässig reproduzieren läßt. Aufgrund seiner hohen Wasserstoffüberspannung besitzt es einen ausgedehnten Potentialbereich, in neutraler wäßriger Lösung ca. 0,1 V bis $-1,8$ V gegen die gesättigte Kalomelelektrode (SCE). Wesentliche Nachteile bestehen im begrenzten Potentialbereich für Oxidationsreaktionen, der mechanischen Instabilität des Quecksilbertropfens

Abb. 11. Analytisch wichtige Elektrodenmaterialien

und der Verwendung eines potentiell toxischen Stoffes. Es muß jedoch darauf hingewiesen werden, daß heute kompakte Designs für Quecksilberelektroden existieren, die unter Beachtung der üblichen Arbeitsvorschriften für chemische Laboratorien einen gefahrlosen Umgang mit Quecksilber bei elektroanalytischen Messungen gestatten.

Die klassische Quecksilbertropfelektrode (DME), bei der ständig Quecksilber aus einem Glaskapillarende austritt, ist noch recht weit verbreitet. Eine DME läßt sich leicht herstellen bzw. handhaben und bietet eine sich ständig erneuernde Oberfläche. Dies erweist sich als besonders günstig für Messungen in solchen Lösungen, in denen die Elektrode mit der Zeit durch Interferenzstoffe (grenzflächenaktive Matrixkomponenten, unlösliche Produkte von Nebenreaktionen) bedeckt wird. Aber die sich während der Messung ändernde Elektrodenoberfläche und die begrenzte Lebensdauer eines Quecksilbertropfens beschränken den DME-Einsatz in der Spurenanalytik. Deshalb wurden hängende Quecksilbertropfenelektroden (HMDE) und später statische Quecksilbertropfenelektroden (SMDE) entwickelt. Letztere kombinieren Merkmale der DME und der HMDE, indem über ein elektronisch steuerbares Ventil der Austritt einer bestimmten Quecksilbermenge aus der Kapillare kontrolliert erfolgt und während der Strommeßzeit die Hg-Oberfläche konstant bleibt. Nach jedem Meßpunkt wird der Tropfen mechanisch abgeschlagen und anschließend neu gebildet, um Interferenz- und Memory-Effekte auszuschließen.

In der Stripping-Voltammetrie setzt man häufig eine andere Form der Quecksilberelektrode ein, die Quecksilberfilmelektrode (MFE). Sie läßt sich durch elektrochemische Abscheidung eines dünnen Quecksilberfilmes auf einem elektrisch leitenden Substrat wie Glaskohlenstoff, Platin, Gold oder Iridium herstellen. Der Film kann *in situ* während der Messung nach Zugabe von Hg^{2+} zur Analysenlösung oder vor dem Bestimmungsvorgang in einer separaten Zelle gebildet werden. Im Prinzip ist die MFE der HMDE bei der Stripping-

Voltammetrie überlegen, da sie eine bessere mechanische Stabilität sowie niedrigere Nachweisgrenzen und schärfer ausgebildete Stripping-Peaks aufgrund des vergrößerten Oberflächen/Volumen-Verhältnisses und kürzerer Diffusionswege im Vergleich zur HMDE bietet. Andererseits läßt sich bei der HMDE im Routineeinsatz leichter und schneller die Elektrodenoberfläche erneuern. So kommt es bei Kohlenstoffelektroden sehr auf deren Vorbehandlung und eine angepaßte Abscheidungsprozedur an, da dort bei der elektrolytischen Quecksilberfilmbildung zumeist nur eine Vielzahl kleiner Quecksilbertropfen auf der Oberfläche erzeugt werden. Bei einer MFE auf Goldbasis kann die Amalgambildung unerwünschte elektrochemische Eigenschaften hervorrufen und die Reproduzierbarkeit verringern. Bei entsprechender Handhabung bieten Quecksilberfilmelektroden jedoch sehr gute Möglichkeiten zur extremen Spurenanalytik in Konzentrationsbereichen $< 10^{-10}$ M.

Metallische Festelektroden

Metallische Festelektroden werden meist in Form von Platin- oder Goldelektroden zur Messung von Oxidationsreaktionen eingesetzt. Die Edelmetalle bieten den Vorteil ausreichender chemischer Inertheit. Ihr praktischer Einsatz wird jedoch stark durch die Bildung von Wasserstoff, Sauerstoff, Oxidschichten oder anderen Oberflächeneffekten beeinflußt. Deshalb muß die Elektrodenoberfläche regelmäßig und oft sogar zwischen den Meßzyklen so behandelt werden, daß reproduzierbare Verhältnisse herrschen. Da aufgrund von fest haftenden Ablagerungen häufig ein mechanisches Polieren nötig ist, empfehlen sich scheibenförmige Festelektroden mit Isolationsmaterial aus PEEK oder Kel-F als Zylindermantel. An die mechanische Behandlung schließen sich chemische und elektrochemische Reinigungsprozeduren an, die hinsichtlich der analytischen Meßbedingungen in Bezug auf Lösungszusammensetzung und Potentialbereich zu optimieren sind [22]. Die auf viel Erfahrung und experimentellem Geschick basierende Reinigung und „Aktivierung" von Festelektroden stellt gegenwärtig noch einen wesentlichen Hinderungsgrund für deren stärkere Anwendung im Routineeinsatz dar.

Kohlenstoffelektroden

Ein ebenfalls weitverbreitetes Elektrodenmaterial ist Kohlenstoff. Obwohl die elektrochemischen und teilweise sogar die chemischen Eigenschaften der Grenzflächen Kohlenstoff/Lösung noch nicht vollständig aufgeklärt wurden [23], setzt man dieses Material hauptsächlich in Form von Graphit, Kohlepasten oder sogenanntem Glaskohlenstoff für analytische Zwecke ein. Insbesondere Glaskohlenstoffelektroden bieten aufgrund ihres breiten Potentialbereiches, der sich in neutraler wäßriger Lösung von ca. $-1,5$ V bis $+1,5$ V (vs. SCE) erstreckt, sowie ihrer glatten Oberfläche vielfältige analytische Anwendungsmöglichkeiten und sind das am häufigsten eingesetzte Elektrodenmaterial in elektrochemischen Durchflußzellen. Die Oberflächenbehandlung beeinflußt den Ablauf von Elektrodenprozessen am Kohlenstoff so stark, daß eine adäquate Vorbehandlung über das Auftreten von Signalen und deren Form entscheidet [24].

Kohlepastenelektroden bestehen aus Graphitpulver und einem organischen Bindemittel wie Nujol. Sie zeichnen sich durch einen sehr niedrigen Grundstrom aus und lassen sich zwischen ca. $-0,8$ V und $+1,0$ V (vs. SCE) in wäßriger Lösung einsetzen. Dabei können besonders einfach Modifier wie z.B. Chelatbildner zugemischt werden, um selektiv bestimmte Analyte an der Elektrode anzureichern [25]. Derartige Elektroden stellen dann bereits eine Form von modifizierten Elektroden dar, die im folgenden kurz vorgestellt werden.

Modifzierte Elektroden

In den letzten Jahren wurden zahlreiche Arbeitselektroden entwickelt, deren Oberflächen modifiziert wurden, um eine Selektivitätserhöhung und/oder niedrigere Nachweisgrenzen durch selektive chemische Voranreicherung an der Elektrode bzw. Elektrokatalyse bei der voltammetrischen Bestimmung oder Verbesserungen von Stabilität und Lebensdauer der Arbeitselektroden zu erreichen [26].

Die Modifizierungstechniken reichen dabei von der einfachen mechanischen Fixierung von Membranen mit physikalischer Siebwirkung oder Ionenaustauschereigenschaften vor der Elektrode bis zu verschiedenen Verfahren zur Immobilisierung der Modifizierungssubstanz an der Grenzfläche Elektrode/ Lösung via Adsorption, chemische Bindung zu Oberflächengruppen des Elektrodenmaterials, Einschluß in Gel- bzw. Polymerschichten oder chemischer Vernetzung der Moleküle. Letzteres führt zu polymermodifizierten Elektroden, an denen sich z.B. Metallionen chemisch anreichern lassen [27]. Auch Biosensoren, bei denen eine biologische Komponente zur selektiven Analyterkennung an bzw. in der Elektrode immobilisiert wird, können sich für anorganische Spezies eignen, wie am Beispiel der Akkumulation von Cu(II) durch in einer Kohlepastenelektrode fixierte Braunalgen demonstriert wurde [28].

Die Entwicklung von maßgeschneiderten Strukturen an der Elektrode war eines der aktivsten Forschungsgebiete der Elektroanalytik in den letzten 15 Jahren. Aber trotz der interessanten Fortschritte in den Forschungslaboratorien werden modifizierte Elektroden bisher kaum in der Routineanalytik eingesetzt. Wesentliche praktische Probleme bestehen nämlich noch in der reproduzierbaren Herstellung solcher Elektroden, ihrer Stabilität unter realen analytischen Bedingungen und dem Mangel an entsprechenden Herstellungstechnologien, um kostengünstig modifizierte Elektroden mit wesentlich verbesserten analytischen Eigenschaften im Vergleich zu existierenden Routineverfahren im Labor oder für Feldmessungen zu produzieren.

Mikroelektroden

Für die in Abschn. 3 vorgestellten voltammetrischen Methoden werden überwiegend Arbeitselektroden mit einer Oberfläche im mm^2-Bereich eingesetzt, so daß in der Nähe von planaren Elektroden der Stofftransport hauptsächlich durch lineare Diffusion erfolgt. In den letzten Jahren finden jedoch elektroanalytische Messungen an wesentlich kleineren Elektroden zunehmendes Interesse [29, 30]. Es wurden verschiedene Elektrodendesigns in Form von Scheiben-, Band-,

Faser-, Ring- oder Hg-Tropfenelektroden entwickelt, bei denen mindestens
eine Dimension der aktiven Elektrodenoberfläche im Bereich weniger Mikro-
meter bzw. darunter liegt. Deshalb bezeichnet man sie als Mikroelektroden
oder sogar als Ultramikroelektroden. Ihr charakteristisches Merkmal besteht
im erhöhten Stofftransport zur Elektrode durch nichtlineare (sphärische)
Diffusion.

Für die analytische Voltammetrie bieten Mikroelektroden eine Reihe
von interessanten Möglichkeiten, wie die Vermeidung zusätzlichen Rührens bei
der Anreicherungsphase in der anodischen Stripping-Voltammetrie, die
Messung in extrem kleinen Probevolumina bzw. in Lösungen geringer
Leitfähigkeit, verbesserte Signal-Rausch-Verhältnisse aufgrund reduzierter Ka-
pazitätsstromanteile sowie die Möglichkeit der *in vivo* Messung. Besonders
vorteilhaft gestaltet sich ihr Einsatz in elektrochemischen Durchflußdetektoren
(vgl. Abschn. 6).

Die Hauptprobleme für einen breiteren analytischen Einsatz von voltammetrischen Mikroelektroden bestehen gegenwärtig bei der rauscharmen Messung kleiner Ströme im Pikoampere-Bereich und darunter sowie bei der
schwierigen reproduzierbaren und kostengünstigen Herstellung derartiger Elektroden und ihrer mechanischen Reinigung. Zumindest die Signalerfassung läßt
sich durch die Verwendung von Mikroelektrodenarrays vereinfachen.

4.3 Lösungsmittel und Leitelektrolyte

Da die oben beschriebenen voltammetrischen Analysenmethoden praktisch
ausschließlich in Lösungen angewendet werden, kommt der Auswahl des
Lösungsmittels sowie des meist zur Gewährleistung einer ausreichenden Grund-
leitfähigkeit zugesetzten Leitelektrolyten eine wesentliche Bedeutung zu. Beide
müssen im für die Analytreaktion interessierenden Potentialbereich i.a.
elektrochemisch und chemisch inert sein, obwohl in ausgewählten Fällen
durchaus vor- oder nachgelagerte Reaktionen erwünscht sein können, und sie
müssen in adäquater Reinheit preiswert verfügbar sein.

Die Bestimmung anorganischer Spezies wird natürlich hauptsächlich in
Wasser durchgeführt. Als Lösungsmittel sollte zwei- bis dreifach destilliertes
Wasser, aus dem auch organische Komponenten durch UV-Photolyse oder
Adsorption entfernt wurden, verwendet werden. Aber auch andere Solventien,
wie z.B. Methanol, Ethanol, Acetonitril, DMF oder DMSO lassen sich z.B. für
die Bestimmung anorganischer Komplexverbindungen bzw. metallorganischer
Verbindungen einsetzen. Vor Messungen im Potentialbereich $E < -50\,mV$ (vs.
SCE) muß der in der Lösung vorhandene Sauerstoff entfernt werden, da dessen
Reduktionsprozesse sonst stören. Dies geschieht i.a. durch Spülen mit Stickstoff
oder Argon entsprechender Reinheit. Die Lösungsmittel müssen nicht nur den
Analyten und notwendige Reagenzzusätze (z.B. Chelatbildner bei der AdSV),
sondern auch Elektrolyte zur Gewährleistung einer ausreichenden elektrischen
Leitfähigkeit der Meßlösung solubilisieren.

Der Elektrolyt sollte in einer Ionenstärke von ca. 0,1 M, wenigstens aber in einem 100–1000 fachen Überschuß im Vergleich zum Analyten präsent sein, um Migrationseffekte und Änderungen der elektrochemischen Doppelschicht während der Analyse zu minimieren. Es kommen hauptsächlich anorganische Säuren und Salze in Form der Chloride, Nitrate, Sulfate oder Perchlorate bzw. Puffergemische zum Einsatz. Bei der Wahl des Leitelektrolyten sind die chemischen Reaktionen mit dem Analyten (z.B. Komplexbildung), elektrochemische Zersetzungsreaktionen, die den verfügbaren Potentialbereich einschränken, sowie spezifische Adsorptionseffekte (z.B. bei Halogeniden) zu berücksichtigen. Letztere können die Analysensignale beeinflussen und hängen stark von Elektrodenmaterial und Potentialbereich ab [31]. In der Spurenanalytik limitiert oft die Reinheit des Leitelektrolyten die praktisch erreichbare Nachweisgrenze.

5 Applikationen

Die voltammetrische und polarographische Analytik hat sich in allen Bereichen, in denen es insbesondere um die Spurenbestimmung von Schwermetallen, aber auch um die Quantifizierung von Neben- und Spurenbestandteilen aus einer immer größer werdenden Palette anderer Spezies geht, einen festen Platz erobert. Dabei spielt die problem- und methodenangepaßte Probenvorbereitung eine wesentliche Rolle. So müssen die Proben i.a. in einen gelösten Zustand überführt werden und es sind außer bei der Speciation-Analytik (vgl. Abschn. 5.2) alle grenzflächenaktiven organischen Komponenten in der Analysenlösung vor der Messung zu beseitigen, um Inhibitionseffekte bis hin zur vollständigen Blockierung und damit Inaktivierung der Elektrodenoberfläche zu verhindern. Dafür eignen sich je nach Matrix z.B. UV-Bestrahlungen, Mikrowellen-, offene Naß-, Druck- oder Hochdruckaufschlüsse.

Bei der Analyse komplex zusammengesetzter Proben sollte die eingeschränkte Möglichkeit, mittels Voltammetrie simultan mehrere Analyte zu bestimmen, berücksichtigt werden. Aufgrund des nur begrenzt zur Verfügung stehenden Potential-, d.h. also Energiebereiches (1–2 V) lassen sich i.a. maximal 4–5 Spezies in einem Experiment erfassen. Deshalb beinhalten entsprechende Analysenverfahren eventuell noch vorgeschaltete Trennoperationen, wie z.B. Extraktionen, bzw. chemische Reaktionen in der Meßlösung, wie z.B. das Maskieren von Interferenzsubstanzen mittels Komplexbildung. Da nur selten matrixangepaßte Standards zur Verfügung stehen, erfolgt die Auswertung bei realen Proben i.a. nach dem Standardadditionsverfahren.

Im folgenden werden anhand ausgewählter Problemfelder und Analyte hauptsächliche Anwendungen für die anorganische Analytik vorgestellt. Es muß jedoch unbedingt darauf hingewiesen werden, daß diese Analysenmethoden auch zunehmend im Bereich der organischen, insbesondere der biochemisch-pharmazeutischen Analytik, Eingang finden.

5.1 Wasserproben

Sowohl im Bereich der Umweltkontrolle als auch bei der industriellen Prozeß- und Abwasserüberwachung lassen sich voltammetrische Verfahren für eine breite Palette anorganischer Analyte einsetzen. Einen Eindruck davon vermittelt Tabelle 1, die nur eine Auswahl von Möglichkeiten ohne Anspruch auf Vollständigkeit präsentiert. Die Originalliteratur zu diesem Gebiet ist nahezu unüberschaubar. Die Beispiele in Tabelle 1 wurden unter dem Gesichtspunkt der Spurenanalytik in realen Proben zusammengestellt. Deshalb dominieren Stripping-Verfahren, die jeweils in Klammern auch die verwendete Detektionstechnik enthalten. In wäßrigen Proben lassen sich die Spezies überwiegend bis in den unteren ppb-Bereich hinein bestimmen, wobei durch Ausnutzung katalytischer Prozesse teilweise sogar wenige ppt erfaßbar sind (z.B. für Pt, Cr).

Je nach Herkunft der wäßrigen Proben und in Abhängigkeit von der Problemstellung beinhalten die Analysenverfahren verschiedene Probenvorbereitungsschritte. Für die Bestimmung von Totalgehalten kann bei Trink-, Regen- und Meerwasser eine Filtration (oft 0,45 µm Filter) und das Ansäuern auf ca. pH 2 ausreichen. Die Ionen müssen vor der Messung auf eine einheitliche und elektrochemisch günstige Oxidationsstufe (z.B. As(III), Se(IV)) gebracht werden. Mittels Stripping-Methoden lassen sich sogar Schwermetallspuren in Schnee, arktischem Eis oder Aerosolen bestimmen [52]. Probleme treten hauptsächlich

Tabelle 1. Beispiele zur voltammetrischen Analyse wäßriger Proben

Analyt	Methode	Arbeitselektrode	Konzentrationsbereich	Literatur
Ag (I)	ASV (LSV)	GC	$> 100 \text{ ng} \cdot 1^{-1}$	[32]
Al (III)	AdSV (DPV)	HMDE	$> 1 \text{ µg} \cdot 1^{-1}$	[33]
As (III)	ASV (DPV)	Au	$> 200 \text{ ng} \cdot 1^{-1}$	[34]
Au (III)	ASV (LSV)	GC	$> 200 \text{ µg} \cdot 1^{-1}$	[35]
Bi (III)	ASV (SWV)	GC	$> 2 \text{ ng} \cdot 1^{-1}$	[36]
CN$^-$	DPV	DME	$0{,}01 - 10 \text{ mg} \cdot 1^{-1}$	[37]
Cd (II)	ASV (DPV)	HMDE	$0{,}1 - 50000 \text{ µg} \cdot 1^{-1}$	[38]
Co (II)	AdSV (DPV)	HMDE	$0{,}1 - 10 \text{ µg} \cdot 1^{-1}$	[38]
Cr (VI, III)	AdSV (DPV)	HMDE	$> 1 \text{ ng} \cdot 1^{-1}$	[39]
Cu (II)	ASV (DPV)	HMDE	$1 - 50000 \text{ µg} \cdot 1^{-1}$	[38]
Fe (II)	ASV (LSV)	MFE	$> 5 \text{ µg} \cdot 1^{-1}$	[40]
Fe (III)	AdSV (DPV)	HMDE	$> 20 \text{ ng} \cdot 1^{-1}$	[41]
Hg (II)	ASV (DPV)	Au	$> 50 \text{ ng} \cdot 1^{-1}$	[42]
In (III)	ASV (LSV)	HMDE	$> 0{,}58 \text{ µg} \cdot 1^{-1}$	[43]
Mn (II, III)	SWV	HMDE	$> 10 \text{ µg} \cdot 1^{-1}$	[44]
Mo (VI)	DPV	DME	$> 30 \text{ ng} \cdot 1^{-1}$	[45]
Ni (II)	AdSV (DPV)	HMDE	$0{,}1 - 10 \text{ µg} \cdot 1^{-1}$	[38]
Pb (II)	ASV (DPV)	HMDE	$0{,}1 - 50000 \text{ µg} \cdot 1^{-1}$	[38]
Pt (II)	AdSV (DPV)	HMDE	$> 0{,}1 \text{ ng} \cdot 1^{-1}$	[46]
Sb (III)	ASV (DPV)	MFE	$> 50 \text{ ng} \cdot 1^{-1}$	[47]
Se (IV)	AdSV (DPV)	HMDE	$> 30 \text{ ng} \cdot 1^{-1}$	[48]
Sn (IV)	ASV (ACV)	HMDE	$> 2{,}4 \text{ µg} \cdot 1^{-1}$	[49]
Tl (I)	ASV (DPV)	HMDE	$0{,}1 - 50000 \text{ µg} \cdot 1^{-1}$	[38]
U (VI)	AdSV (DPV)	HMDE	$> 70 \text{ ng} \cdot 1^{-1}$	[50]
V (V)	AdSV (DPV)	HMDE	$> 5 \text{ ng} \cdot 1^{-1}$	[51]
Zn (II)	ASV (DPV)	HMDE	$1 - 50000 \text{ µg} \cdot 1^{-1}$	[38]

bei der Vermeidung von Kontaminationen, die ja generell in der Spurenanalytik nur mit größter Sorgfalt und recht hohem Aufwand bei allen Verfahrensschritten von der Probenahme bis zur Messung zu minimieren sind, und durch Störungen in Gegenwart organischer grenzflächenaktiver bzw. komplexbildender Begleitkomponenten auf. Diese lassen sich in vielen Fällen durch UV-Bestrahlung, teilweise nach Zugabe starker Oxidationsmittel, beseitigen.

Als besonders leistungsfähig hat sich die Voltammetrie bei Spurenanalysen in Meerwasser erwiesen. Gerade die sprunghafte Entwicklung neuer adsorptiver Stripping-Verfahren erlaubt jetzt Bestimmungen im Bereich um 10^{-10} M [53]. Der hohe Salzgehalt, der ja z.B. für atomspektroskopische Methoden Probleme hervorruft, erweist sich für die Voltammetrie als günstig hinsichtlich einer guten Eigenleitfähigkeit der Meßlösung.

Stark belastete Proben wie Abwässer, eine ganze Reihe von Flußwässern, Deponiesickerwässer oder Prozeßwässer der Industrie müssen in teilweise mehrstufigen Prozessen vorbereitet werden, um nach Filtration, Extraktion, Photolyse, chemischer Oxidation etc. Totalgehalte von Analyten bestimmen zu können. Interferenzen durch mehrere an der Elektrode im gleichen Potentialbereich reagierende Spezies bzw. durch hohe Überschüsse einer elektroaktiven Matrix erfordern eine problemangepaßte Verfahrensentwicklung unter Optimierung der chemischen und elektrochemischen Parameter wie Lösungszusammensetzung, Elektrodenmaterial, Detektionsmethode, Meßintervall usw. So wurden derartige Interferenzen bei der Cobaltbestimmung in technischen Zinkelektrolyten durch eine *in situ* Kombination von chemischen, grenzflächenchemischen und elektrochemischen Prozessen beseitigt [54].

5.2 Speciation

Für die Bewertung von Umweltbelastungen, aber auch für die medizinische Diagnostik und Toxikologie sowie die biochemisch-biologische Forschung kommt es zunehmend nicht nur bzw. nicht mehr primär auf die Bestimmung von Gesamtgehalten der Elemente in der jeweiligen Probe an, sondern es werden quantitative Aussagen zu Vorliegen und Verteilung bestimmter Spezies benötigt. Deshalb bildet sich gegenwärtig eine als „Speciation" bezeichnete anorganisch-analytische Arbeitsrichtung heraus, in deren Mittelpunkt die Identifizierung und Bestimmung von Spezies, d.h. von Elementen (vorwiegend Metalle und Metalloide) und metallorganischen Verbindungen in ihren natürlich vorliegenden Oxidationsstufen und Bindungsformen (z.B. koordinativ in Komplexen, kovalent in metallorganischen Verbindungen etc.) steht [55]. Dieser Übergang von der Element- zur Speziesbestimmung, in der organischen Analytik ja bereits im vorigen Jahrhundert vollzogen, erweitert natürlich die Analytpalette erheblich und stellt völlig neue Anforderungen an entsprechende Analysenverfahren, von der Probenahme über die Lagerung, Aufbereitung, Messung und Kalibrierung bis hin zur Qualitätskontrolle. Die Konzentrationen der interessierenden Spezies liegen teilweise erheblich unter den Gesamtgehalten,

Stabilitätsprobleme spielen eine entscheidende Rolle und neben kombinierten Trenn- und Bestimmungsverfahren sind strukturanalytische Methoden oft unverzichtbar, um die entsprechenden Liganden bzw. organische Bestandteile in metallorganischen Verbindungen identifizieren zu können.

Die voltammetrische Detektion zeichnet sich ja im Unterschied zu anderen weitverbreiteten anorganischen Analysenmethoden, wie der Atomspektrometrie, prinzipiell durch eine Spezies- und nicht durch eine Elementselektivität aus. Natürlich ist sie aufgrund des Faraday-Gesetzes (Gl. (1)) besonders für die selektive Bestimmung unterschiedlicher Oxidationsstufen einer Reihe gelöster Spezies, vorwiegend von Metallionen, prädestiniert. Anhand der Halbstufen- bzw. Peakpotentiale, deren Lage auch durch die chemischen Potentiale der reagierenden Teilchen bestimmt werden, lassen sich jedoch auch schwach oder stark durch organische Liganden komplexierte Metallionen unterscheiden [56]. Die Stripping-Methoden bieten oft eine ausreichende Nachweisstärke, z.B. für die Speziesanalytik von Cu-, Cd- oder Pb-Verbindungen in Meer- oder Flußwasser [57]. Da sich jedoch voltammetrisch nur eingeschränkt eine simultane Mehrkomponentenbestimmung elektrochemisch ähnlicher Spezies durchführen läßt, erfordern reale Proben i.a. speziell angepaßte vorgeschaltete Trennverfahren. In der Literatur wurden verschiedene Analysenschemata für die Speciation mit voltammetrischer Detektion beschrieben [58, 59], wobei sich gerade das Gebiet der species- und gleichgewichtserhaltenden Analysenverfahren im Ultraspurenbereich noch in starker Entwicklung befindet.

5.3 Biologische Proben

Voltammetrische Methoden eignen sich gut für die Bestimmung von Schwermetallgehalten in Körperflüssigkeiten wie Blut oder Urin. So läßt sich z.B. der neue US-amerikanische Grenzwert von 100 $\mu g \cdot l^{-1}$ (ca. $5 \cdot 10^{-7}$ M) Blei im Blut von Kindern unter Berücksichtigung des Aufwandes für ein entsprechendes flächendeckendes Monitoring-Programm nur mittels anodischer Stripping-Voltammetrie bzw. eventuell der Stripping-Potentiometrie kontrollieren [60]. Eine Bestimmung von Totalgehalten im Blut erfordert neben der Probenverdünnung auch eine Probenvorbereitung zur Freisetzung der protein- bzw. komplexgebundenen Analyte und zur Abtrennung bzw. Zerstörung der organischen Interferenzen, da insbesondere Proteine irreversibel an Elektrodenoberflächen adsorbieren [61].

Biologische Proben mit festen Matrixbestandteilen lassen sich je nach Art und Problemstellung für die voltammetrische Analyse aufschließen. Die Abb. 12 stellt dies am Beispiel des Probenvorbereitungsschemas, welches im Rahmen der Umweltprobenbank des Bundes angewandt wird, dar. Besonders gute Ergebnisse liefert der insgesamt vier Stunden dauernde Hochdruckaufschluß in Quarzgefäßen bei 290° C [62]. In auf diese Weise aufgeschlossenen Proben, die z.B. aus Muscheln, Algen, Vogeleiern, Fischorganen, Baumblättern bzw. -nadeln oder Regenwürmern stammen können, lassen sich Analyte wie Cd, Co, Cu, Ni,

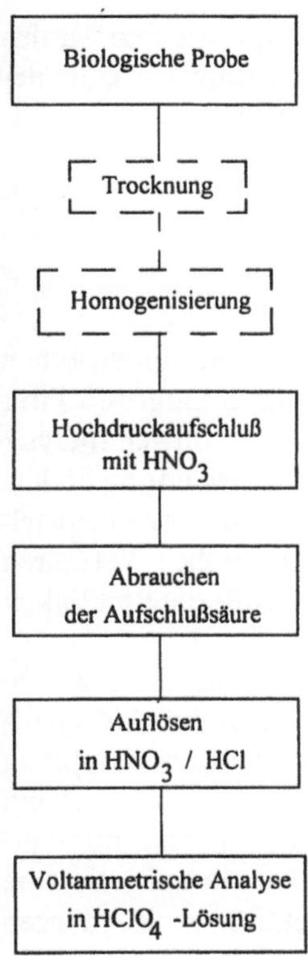

Abb. 12. Fließschema zur Probenvorbereitung biologischer Materialien (nach [62])

Pb, Se, T1 und Zn bis in den unteren ppb-Bereich (bezogen auf die Ausgangsprobenmasse) mittels Stripping-Methoden bestimmen [63].

Auch in der Lebensmittelanalytik können voltammetrische Methoden aufgrund ihrer Nachweisstärke und Empfindlichkeit vorteilhaft eingesetzt werden. So läßt sich z.B. die Schwermetallbestimmung in Weinen mittels ASV direkt nach UV-Bestrahlung durchführen [64], während andere Matrices wie Milch, Fleisch oder Früchte mit den oben erwähnten Verfahren vollständig aufgeschlossen werden müssen [1].

Natürlich gewinnt zukünftig gerade für die Analytik von biologischen Proben die im vorigen Abschnitt diskutierte Spezies-Bestimmung unter toxikologischen, biologischen und ökologischen Aspekten enorm an Bedeutung.

5.4 Sonstige Proben

Für eine Vielzahl anderer Probenarten wurden voltammetrische Verfahren hauptsächlich unter dem Gesichtspunkt der Schwermetallbestimmung eingesetzt. Dies reicht von der Bodenanalytik, wo sich z.B. mittels anodischer Stripping-Voltammetrie simultan Cd, Cu, Pb und Zn in den Aufschlußlösungen bestimmen lassen [65], über geologische Proben [66, 67] bis hin zur Luftanalytik anhand von Stäubpartikeln und Luftfiltern [68]. Entsprechende Analysenverfahren wurden z.B. auch für die Produktkontrolle bei der Pharmaherstellung [69], in der Metallurgie [70] und in der Halbleiterindustrie [71] beschrieben.

6 Ausblick

Die in den vorangegangenen Abschnitten beschriebenen voltammetrischen Analysenmethoden werden wohl auch in den nächsten Jahren aufgrund ihrer Nachweisstärke und Empfindlichkeit hauptsächlich in der Umweltanalytik und für spezielle Fragestellungen der klinischen Diagnostik Anwendung finden. Gleichzeitig stellen sie für eine zunehmende Zahl von analytischen Problemstellungen eine unabhängige Vergleichsmethode zu spektrometrischen Verfahren dar, um im Rahmen der internen und externen Qualitätskontrolle die Richtigkeit von Analysendaten zu prüfen.

Dabei entwickeln sich die voltammetrischen Verfahren in Analogie zu anderen instrumentalanalytischen Methoden in Richtung besserer Automatisierung und personalsparender Erhöhung des Probendurchsatzes, der Kopplung mit leistungsfähigen Trennverfahren und der Miniaturisierung, wobei auch ein längerer wartungsfreier Dauerbetrieb, z.B. bei großflächigen quasikontinuierlichen Monitoring-Programmen unter Feldbedingungen, sowie teilweise eine Selektivitätserhöhung angestrebt werden. Die erstgenannten Tendenzen stimulieren stark die Umstellung von bekannten batch-Verfahren auf Durchflußsysteme sowie die Neuentwicklung von entsprechenden kontinuierlichen oder Fließinjektionsverfahren. Die elektrochemische Detektion in der Durchflußanalytik [72, 73], bisher hauptsächlich in Form der Amperometrie praktiziert, kann durch voltammetrische Messungen in Form der I-E-t-Profile erheblich an Information gewinnen [74]. Bisherige Stripping-Verfahren lassen sich ebenfalls aus dem batch- in das Durchflußprinzip überführen [75] und gestatten dadurch leichter eine integrierte Probenvorbehandlung flüssiger Proben, die Konditionierung und Kalibrierung der Arbeitselektrode sowie den Lösungswechsel zur interferenzärmeren Detektion im Stripping-Schritt. Eine Kopplung der voltammetrischen Detektion mit Trennmethoden ist nicht nur für die HPLC, sondern auch für die sich zur leistungsfähigen Ergänzung entwickelnde Kapillarelektrophorese in Sicht [75].

Mit diesen Verbundverfahren sollten auch wesentliche Fortschritte bei der sich erst in den Anfängen befindlichen Hinwendung zur anorganischen Speciation-Analytik möglich werden. Gerade für ein selektives Umweltmonitoring können voltammetrische Verfahren einen wesentlichen Beitrag leisten. Dies wird durch die weitere Entwicklung entsprechender Sensoren unterstützt, die z.B. in Form von Mikroelektrodenarrays mit jeweils unterschiedlich modifizierten Elektrodenoberflächen die Nachweisstärke und Empfindlichkeit der Voltammetrie mit selektiven chemischen bzw. physikalischen Anreicherungsprozessen koppeln. Insgesamt können Verbesserungen bei der Stabilität und Handhabbarkeit der

Arbeitselektroden, ob in Form modifizierter oder „konventioneller" Elektroden, wesentlich zur Weiterverbreitung und stärkeren analytischen Anwendung der Voltammetrie und zur Akzeptanzerhöhung der damit erzielten Resultate beitragen.

7 Symbole und Abkürzungen

A	Elektrodenoberfläche
c	Konzentration
D	Diffusionskoeffizient
E	Elektrodenpotential
E_0	Anfangspotential (NPV)
E_p	Peakpotential
$E_{1/2}$	polarographisches Halbstufenpotential
ΔE	Pulshöhe in der DPV
ΔE_{ac}	Peak-zu-Peak-Amplitude in der ACV
F	Faraday-Konstante
f	Frequenz
I	Stromstärke
I_c	kapazitiver Strom
I_p	Peakstrom
k_{ER}	Geschwindigkeitskonstante der Elektrodenreaktion
n	Stoffmenge
R	allgemeine Gaskonstante
T	Temperatur
t	Zeit
t_p	Pulszeitdauer
z	Anzahl der ausgetauschten Elektronen

ACV	Wechselstrom-Voltammetrie
AdSV	adsorptive Stripping-Voltammetrie
ASV	anodische Stripping-Voltammetrie
CV	Cyclische Voltammetrie
DCP	Gleichstrompolarographie
DME	Quecksilbertropfelektrode
DPV	Differenzpuls-Voltammetrie
GC	Glaskohlenstoff
HMDE	hängende Quecksilbertropfenelektrode
LSV	Linear-Sweep-Voltammetrie
MFE	Quecksilberfilmelektrode
NPV	Normalpuls-Voltammetrie
SMDE	statische Quecksilbertropfenelektrode
SWV	Square-wave-Voltammetrie

8 Literatur

1. Henze G, Neeb R (1986) Elektrochemische Analytik. Springer-Verlag, Heidelberg
2. Hart JP (1990) Electroanalysis of Biologically Important Compounds. E Horwood, Chichester
3. Wang J (1988) Electroanalytical Techniques in Clinical Chemistry and Laboratory Medicine. VCH Publ, New York
4. Smyth MR, Vos JG (eds) (1992) Analytical Voltammetry. Elsevier, Amsterdam
5. Junter GA (ed) (1988) Electrochemical Detection Techniques in the Applied Biosciences, Ellis Horwood, Chichester
6. Bard AJ, Faulkner LR (1980) Electrochemical Methods. J Wiley, Chichester
7. Bond AM (1980) Modern Polarographic Methods in Analytical Chemistry. Marcel Dekker, New York
8. Kissinger PT, Heineman WR (eds) (1984) Laboratory Techniques in Electroanalytical Chemistry. Marcel Dekker, New York
9. Southampton Electrochemistry Group (1985) Instrumental Methods in Electrochemistry. Ellis Horwood, Chichester
10. Parker VD (1986) in: Bard AJ (ed) Electroanalytical Chemistry, vol 14. Marcel Dekker, New York, pp 1–111
11. Osteryoung J, O'Dea JJ (1986) in: Bard AJ (ed) Electroanalytical Chemistry, vol 14, Marcel Dekker, New York, pp 209–308
12. Smith DE (1966) in: Bard AJ (ed) Electroanalytical Chemistry, vol 1, Marcel Dekker, New York, pp 1–155.
13. Woodson AL, Smith DE (1970) Anal Chem 42:242
14. Neeb R (1969) Inverse Polarographie und Voltammetrie, Akademieverlag, Berlin
15. Vydra F, Stulik K, Julakova E (1976) Electrochemical Stripping Analysis, E. Horwood, Chichester
16. Wang J (1985) Stripping Analysis, VCH Publ, Deerfield Beach
17. Wang J, Mahmoud J, Zadeii J (1989) Electroanalysis 1:229
18. Wang J (1989) in: Bard AJ (ed) Electroanalytical Chemistry, vol 16, Marcel Dekker, New York, pp 1–88
19. Weinzierl I, Umland F (1982) Fresenius Z Anal Chem 312:608
20. Zhao Z, Freiser H (1986) Anal Chem 58:1498
21. Bersier PM, Bersier J (1985) CRC Crit Rev Anal Chem 16:15
22. Adams RN (1969) Electrochemistry at Solid Electrodes. Marcel Dekker, New York
23. Kinoshita K (1988) Carbon-Electrochemical and Physicochemical Properties, Wiley, Chichester
24. McCreery RL (1991) in: Bard AJ (ed) Electroanalytical Chemistry, vol 17, Marcel Dekker, New York, pp 221–374
25. Cai X, Kalcher K, Neuhold C, Goessler W, Grabec I, Ogorevc B (1994) Fresenius J Anal Chem 348:736
26. Ryan MD, Chambers JQ (1992) Anal Chem 79R
27. Oyama N, Anson FC (1979) J Am Chem Soc 101:3450
28. Gardea-Torresdey J, Darnall D, Wang J (1988) Anal Chem 60:72
29. Wightman RM, Wipf DO (1989) in: Bard AJ (ed) Electroanalytical Chemistry, vol 15, Marcel Dekker, New York, pp 267–353
30. Montenegro MI, Queiros MA, Daschbach JL (eds) (1991) Microelectrodes. Theory and Applications. Kluwer Academic Publ, Dordrecht
31. Anson FC (1975) Acc Chem Res 8:400
32. Kopanica M, Vydra F (1971) J Electroanal Chem 31:175
33. van den Berg CMG, Murphy K, Riley JP (1986) Anal Chim Acta 188:177
34. Bodewig FG, Valenta P, Nürnberg HW (1982) 311:187
35. Petak P, Vydra F (1974) Collect. Czech. Chem. Commun. 39:943
36. Komorsky-Lovric S (1988) Anal Chim Acta 204:161
37. Canterford DR (1975) Anal Chem 47:88
38. DIN 38406, Teil 16 (1990) Deutsche Einheitsverfahren zur Wasser-, Abwasser- und Schlammuntersuchung, Kationen (Gruppe E), Beuth Verlag, Berlin
39. Wang J, Lu J, Olsen K (1992) Analyst 117:1913
40. Ogura K, Miwa Y (1980) J Electroanal Chem 111:253
41. van den Berg CMG, Huang ZQ (1984) J Electroanal Chem 177:269

42. Sipos L, Golimowski J, Valenta P, Nürnberg HW (1979) Fresenius Z Anal Chem 298:1
43. Neeb R, Dessaules J (1967) Fresenius Z Anal Chem 224:276
44. Luther GW, Nuzzio DB, Wu J (1994) Anal Chim Acta 284:473
45. Magyar B, Wunderli S (1985) Microchim Acta III:223
46. Metrohm, Application Bulletin Nr. 220/1 d
47. Gillain G, Duyckaerts G, Disteche A (1979) 106:23
48. Wang J, Sun C, Jin W (1990) J Electroanal Chem 291:59
49. Mendez JH, Martinez RC, Lopez MEG (1982) Anal Chim Acta 138:47
50. van den Berg CMG, Huang ZQ (1984) Anal Chim Acta 164:209
51. van den Berg CMG, Huang ZQ (1984) Anal Chem 56:2383
52. Wang J, Farias PAM, Mahmoud JS (1985) Anal Chim Acta 172:57
53. Yokoi K, van den Berg CMG (1992) Electroanalysis 4:65
54. Emons H, Schmidt T, Werner G (1990) Anal Chim Acta 228:55
55. Broekaert JAC, Gücer S, Adams F (eds) (1990) Metal Speciation in the Environment, Springer-Verlag, Berlin
56. Nürnberg HW, Valenta P, Mart L, Raspor B, Sipos L (1976) Fresenius Z Anal Chem 282:357
57. Batley GE, Florence TM (1976) Mar Chem 4:347
58. Batley GE, Florence TM (1976) Anal Lett 9:379
59. Figura P, McDuffie B (1980) Anal Chem 52:1433
60. Noble R (1993) Anal. Chem. 65:265A
61. Ohme M, Lund W (1979) Fresenius Z Anal Chem 298:260
62. Standard Operating Procedures der Umweltprobenbank des Bundes (in Vorbereitung)
63. Ostapczuk P, Froning M, Stoeppler M (1989) Fresenius Z Anal Chem 334:661
64. Golimowski J, Valenta P, Nürnberg HW (1979) Z. Lebensm. Unters. Forsch. 168:333
65. Reddy SJ, Valenta P, Nürnberg HW (1982) Fresenius Z Anal Chem 313:390
66. Scholz F, Lange B (1992) Trends Anal Chem 11:359
67. Liem I; Kaiser G, Sager M, Tölg G (1984) Anal Chim Acta 158:179
68. Nguyen VD, Valenta P, Nürnberg HW (1979) Sci Total Environ 12:151
69. Patriarche GJ, Zhang H (1990) Electroanalysis 2:573
70. Gottesfeld S, Ariel MJ (1965) J Electroanal Chem 9:112
71. Lanza P (1983) Anal Chim Acta 146:61
72. Stulik K, Pacakova V (1987) Electroanalytical Measurements in Flowing Liquids, E Horwood, Chichester
73. Emons H, Jokuszies G (1988) Z Chem 28:197
74. Samuelsson R, O'Dea J, Osteryoung J (1980) Anal Chem 52:2215
75. Wang J, Setiadji R, Chen L, Lu J, Morton SG (1992) Electroanalysis 4:161
76. Lu W, Cassidy RM (1993) Anal Chem 65:1649

III. Anwendungen

Analyse schwerflüchtiger organischer Schadstoffe in Sedimenten

M. Kolb, M. Bahadir

1 Zusammenfassung

Dieser Artikel gibt einen Überblick über Methoden zur Analyse schwerflüchtiger organischer Schadstoffe in Sedimenten. Berücksichtigt werden in Sedimenten häufiger analysierte Substanzgruppen, wie CKWs, PCBs, PAHs, Phthalate, Phenole, Amine und LAS-Tenside. Dabei wird auch auf die Besonderheiten der Matrix Sediment eingegangen. Analysenverfahren auf Einzelstoffe und Substanzgruppen werden Screeninganalysen und Multimethoden gegenübergestellt: Bei der Einzelstoff und Substanzgruppenanalytik werden Probenvorbereitung, Extraktion und Clean up spezifisch auf die zu analysierenden Verbindungen abgestimmt. Im Vordergrund stehen Lösungsmittelextraktion, vor allem als Soxhletextraktion, und säulenchromatographische Aufreinigung mit Aluminiumoxid, Florisil und Kieselgel. Teilweise wurden auch zeit- und kostengünstigere Verfahren z.B. mit der Festphasenextraktion entwickelt. Einen wichtigen Teil bei der Probenaufarbeitung nehmen die Abtrennung von elementarem Schwefel und Fettsäureestern ein. Die Gaschromatographie mit ECD, PND oder MS sind die gebräuchlichsten Verfahren für Detektion und Quantifizierung. In geringerem Umfang wird die HPLC eingesetzt. Bei Screeninguntersuchungen und Multimethoden liegt der Schwerpunkt auf einer erschöpfenden Extraktion und schonenden Clean up Verfahren. Teilweise wird bei Screeninganalysen das Clean up durch einen entsprechend höheren instrumentellen Aufwand bei der Bestimmung ersetzt. Multimethoden haben das Ziel, Sedimentextrakte in einem Aufarbeitungsverfahren in separate Substanzgruppen aufzutrennen, um mit möglichst geringem Aufwand eine Bestandsaufnahme der Kontamination zu erreichen. Die Methodenentwicklung für Multimethoden wird mit Hilfe von ausgewählten Substanzen, die einen weiten Eigenschaftsbereich abdecken, durchgeführt.

2 Einleitung

Oberflächengewässer werden neben anorganischen von einer Vielzahl organischer Umweltchemikalien belastet. Hinzu kommen deren Reaktions- und Abbauprodukte. Abbildung 1 gibt einen Überblick über die Prozesse, die nach dem Eintrag einer Substanz in ein Gewässer ihren weiteren Verbleib bestimmen. Durch Adsorption zahlreicher dieser Substanzen an Schwebstoffen, die insbesondere im Bereich von Stillwasserzonen, wie Seen, Hafenbecken und Staustufen in großer Menge absinken, werden Gewässersedimente zu Schadstoffsenken und können als langzeitige Schadstoffdepots fungieren. Durch Veränderungen von Gewässerparametern, wie pH-Wert, Redoxpotential, Ionenstärke, Eintrag von Komplexbildnern oder Tensiden und durch biologische Wechselwirkungen sowie bei Ausbaggerungen kontaminierter Sedimentschichten können im Sediment reversibel festgelegte Schadstoffe remobilisiert werden und zu Umweltgefährdungen führen [2, 3]. Für die Beurteilung der Belastungssituation von Sedimenten und Maßnahmen zur Verbesserung der Schlammqualität sind spurenanalytische Untersuchungen auf organische Schadstoffe von grundlegender Bedeutung [4].

Abhängig von der jeweiligen Fragestellung wurden zahlreiche Analysenverfahren entwickelt. Dabei läßt sich grundsätzlich unterscheiden zwischen Analysenmethoden, die für die Untersuchung auf ausgewählte Umweltchemikalien konzipiert wurden, und Untersuchungen, die eine Bestandsaufnahme von organischen Schadstoffen in Sedimenten zum Ziel haben. Für die Analyse von Einzelsubstanzen oder einzelnen Substanzgruppen lassen sich häufig spezielle Extraktionsverfahren und selektive Aufreinigungsschritte verwenden. Dabei werden unterschiedliche Konzepte für die Analyse neutraler, saurer und basi-

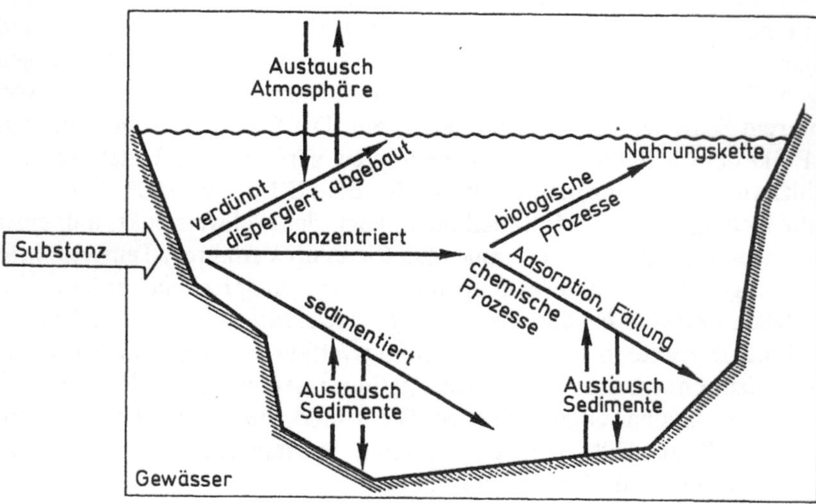

Abb. 1. Prozesse, die im Gewässer auf eingetragene Substanzen einwirken [1]

scher Verbindungen angewendet. Das Ausmaß an Probenaufreinigung hängt weitgehend von der Selektivität und Empfindlichkeit des Detektionsverfahrens und der erforderlichen Bestimmungsgrenze ab. In vielen Fällen kann die Abtrennung störender Begleitsubstanzen schon in einem Clean up-Schritt in ausreichendem Umfang erfolgen. Bei Screeninganalysen spielen breit angelegte Extraktionsverfahren, schonende Aufreinigungsmethoden sowie die massenspektrometrische Identifizierung von Analyten die wesentliche Rolle.

Ein wichtiges Kriterium für die Auswahl und Entwicklung von Analysenverfahren ist, neben den zu analysierenden Substanzen, die Matrix. An die Probenmatrix muß zum einen das Extraktionsverfahren angepaßt werden, und zum anderen liefert die Probenmatrix die Begleitsubstanzen, die die Analytik stören, indem sie in Chromatogrammen Peaks von Analyten überlagern und chromatographische Systeme kontaminieren. Gewässersedimente stellen bezüglich Korngrößenverteilung und chemischer Zusammensetzung eine sehr heterogene Matrix dar. Einen Überblick über deren chemische Zusammensetzung gibt Tabelle 1. Die Zahlen entstammen Angaben über die Zusammensetzung von Hamburger Hafensedimenten. Die chemische Zusammensetzung von Sedimenten unterliegt allgemein großen Schwankungsbreiten. Den Hauptanteil bilden in der Regel Wasser und die anorganischen Bestandteile. Tonminerale machen dabei den überwiegenden Teil der anorganischen Matrix aus. Diese sind neben den organischen Matrixbestandteilen wesentlich an der adsorptiven

Tabelle 1. Chemische Zusammensetzung von Sedimenten nach Därr und Lerman [5, 6]

Wasser		20-86%
anorganische Bestandteile in der Trockensubstanz		70–99%
davon	SiO_2	55–77%
	Al_2O_3	5–10%
	Fe_2O_3	3–6%
	CaO	1,5–3%
	K_2O	1,5–3%
	Na_2O	< 1%
	MnO	< 1%
	SO_3	0,5–1%
als	Tonminerale	57-74%
	Quarz	15–74%
	Feldspat/Calcit/Hämatit/ Schwefelverbindungen u.a.	Rest
organische Bestandteile in der Trockensubstanz		0,2–30%
als	Huminstoffe	
	Fettsäuren und Fettsäureester	
	Kohlenwasserstoffe	
	Pigmente (Chlorophyllderivate und Carotinoide)	
	Steroide	
	Terpenoide	
	u.a. natürliche Stoffwechselprodukte	

Anreicherung von Schadstoffen beteiligt und haben daher Einfluß auf die Extraktionsausbeute [7]. Organische Bestandteile sind im allgemeinen unter 30% in der Sedimenttrockensubstanz (TS) enthalten. Nach Ackermann et al. liegt der mit Trichlormethan extrahierbare Anteil an der organischen Trockensubstanz bei 10% [8]. Als störende Begleitsubstanzen aus der Sedimentmatrix werden vor allem Huminstoffe, Kohlenwasserstoffe, Fettsäuren und Fettsäureester sowie Pigmente (z.B. Chlorophyll und -derivate) mit organischen Lösungsmitteln extrahiert. Außerdem kommt elementarer Schwefel als anorganischer Matrixbestandteil in mit organischen Lösungsmitteln gewonnenen Sedimentextrakten vor. Aufgabe der Probenaufreinigung ist es, die organischen Begleitsubstanzen und elementaren Schwefel soweit erforderlich und ohne Analytverluste möglich zu beseitigen.

Dieser Artikel gibt einen Überblick über Analysenmethoden, die in der Sedimentanalytik auf schwerflüchtige organische Schadstoffe gebräuchlich sind. Die Beschreibung der Methoden ist unterteilt in Substanzgruppenanalytik, einschließlich Einzelstoffanalytik und Screeninganalytik bzw. Multimethoden. Nicht berücksichtigt wurden dabei sehr spezielle Analysenverfahren, wie für die Analyse auf polychlorierte Dibenzo-p-dioxine und -furane oder metallorganische Verbindungen. Denn diese Verbindungen benötigen immer eine jeweils spezifische Probenaufarbeitung.

3 Einzelstoff- und Substanzgruppenanalytik

In Sedimenten analysierte Einzelstoffe und Substanzgruppen

Im Rahmen von Monitoringprogrammen zur Analyse von Gewässersedimenten und für die Analyse von Baggergut wurden in der Regel eine oder mehrere organische Substanzgruppen ausgewählt, und die Analysenmethoden für die jeweiligen Substanzen optimiert.

Ein Schwerpunkt von Analysenprogrammen waren *chlorierte Kohlenwasserstoffe* (CKWs) [9, 10, 11]. Gründe hierfür sind die bekannte Persistenz und Bioakkumulierbarkeit dieser Substanzklasse und der im Verhältnis geringe analytische Aufwand, um Substanzen im Spurenbereich zu bestimmen. Die sehr hohe Nachweisempfindlichkeit von halogenierten Verbindungen mit der Gaschromatographie mit Elektroneneinfangdetektor (GC/ECD) spielt hierbei eine wichtige Rolle. Analysen von CKWs berücksichtigten in der Regel höher chlorierte Benzole, HCH-Isomere und die DDT-Gruppe. Neben den HCH-Isomeren und der DDT-Gruppe werden häufig Organochlorinsektizide der Cyclodiengruppe (vor allem: Aldrin, Dieldrin, Endrin, Endosulfan, Heptachlor und Heptachlorepoxid), die keine reinen Chlorkohlenwasserstoffe sind, analysiert. Die Organochlorinsektizide haben wegen ihrer hohen insektiziden Wirksamkeit, langen Wirkungsdauer, ihres breiten Wirkungsspektrums sowie wegen ihrer einfachen Herstellbarkeit und Handhabung und nicht zuletzt wegen ihrer geringen akuten Warmblütertoxizität in der Geschichte des Pflanzenschutzes eine bedeutende Rolle gespielt und sind daher in der Umwelt weit verbreitet [12].

Außer Chlorbenzolen und Organochlorinsektiziden wurden Industriechemikalien wie Chlornaphthaline, polychlorierte Biphenyle (PCBs) sowie polychlorierte Terphenyle (PCTs) in Sedimenten bestimmt. Vor allem PCBs sind durch ihre zahlreichen technischen Anwendungen als Isolier- und Kühlflüssigkeiten, als Weichmacher, Flammschutzmittel und wasserabweisende Imprägniermittel zu ubiquitären Umweltchemikalien geworden. Daher wurde ihnen auch bei der Sedimentanalyse erhöhte Aufmerksamkeit gewidmet. Weiterhin wurden von einigen Autoren aliphatische und olefinische CKWs (z.B. Hexachlorbutadien) analysiert [13, 14]. Oliver und Nicol bestimmten zusätzlich Chlortoluole [15]. Teilweise wurde auch Octachlorstyrol in Sedimentanalysen auf CKWs einbezogen [16, 17, 18, 19].

Neben den CKWs gehören die *polycyclischen aromatischen Kohlenwasserstoffe* (PAHs) zu den sehr häufig in Sedimenten untersuchten Umweltchemikalien. Die Analyse von PAHs in Sedimenten ist nicht nur wegen ihrer allgemeinen Verbreitung als Umweltkontaminanten sondern auch wegen des kanzerogenen und mutagenen Potentials einiger Vertreter (z.B. Benzo[a]pyren) von großem Interesse. Außerdem gelten PAHs neben nicht aromatischen Kohlenwasserstoffen (NAHs) als Indikatoren für Ölverschmutzungen vor allem in Meeressedimenten [20, 21, 22, 23]. Charakteristisch für fossile Brennstoffe, wie Erdöl und Kohle, ist ein großer Anteil an alkylsubstituierten Aromaten geringen Kondensationsgrades, die bei niedrigen Temperaturen im Verlauf von langandauernden Inkohlungsprozessen bevorzugt gebildet werden. Höher kondensierte unsubstituierte PAHs entstehen dagegen im wesentlichen bei höheren Temperaturen während Verbrennungsprozessen. Eine Reihe von Autoren versuchten, anhand von typischen Mustern von PAHs, NAHs und Verhältniszahlen (Indices) die Kontaminationsquellen von Sedimenten zu bestimmen [20, 24, 25, 26, 27, 28, 29, 30].

Verstärktes Interesse wird auch der Analyse von *Phthalaten* in Sedimenten entgegengebracht. Denn sie werden wegen ihres umfangreichen Einsatzes als Weichmacher für Kunststoffe in großer Menge produziert und dadurch in der Umwelt weit verbreitet [31, 32, 33].

Außerdem gehören *Phenole*, vor allem Chlorphenole, zu den oft in Sedimenten bestimmten Verbindungen. Sie werden überwiegend über industrielle Abwässer in Gewässer eingetragen. Phenole können u.a. durch Umwandlung von Naturstoffen, z.B. Lignin, und synthetischen Chemikalien, z.B. Herbiziden, wie den Phenoxycarbonsäuren, freigesetzt werden [34]. Chlorphenole werden wegen ihrer antimikrobiellen Eigenschaften in vielen Bereichen eingesetzt, oder sie entstehen bei der Chlorbleiche von Papier und gelangen über Abwässer von Papierfabriken in Vorfluter [35]. Carter und Hites analysierten Sedimentproben auf einige verzweigte Alkylphenole, die für das Abwasser einer photochemischen Fabrik charakteristisch waren [36]. Daher konnten sie die Verbindungen als Marker verwenden, um den Transport und die Verteilung von Umweltchemikalien sedimentgebundener Schadstoffe zu untersuchen.

Weitere in Sedimenten analysierte Substanzgruppen sind die ein hohes toxisches Potential aufweisenden *aromatischen Amine*. Sie werden zur Farbstoff-, Pestizid- und Pharmazeutikaproduktion verwendet und können über industrielle Abwässer in Oberflächengewässer gelangen [37]. Aniline entstehen auch als Abbauprodukte von Phenylharnstoffherbiziden [38].

Auch *Tenside*, die vor allem über häusliche Abwässer in Oberflächengewässer eingetragen werden, waren häufiger Gegenstand von Sedimentanalysen. Überwiegend wurden dabei die weitverbreiteten LAS-Tenside (lineare Alkylbenzolsulfonate) bestimmt [39, 40, 41, 42, 43].

Analysenmethoden für CKWs, PAHs und Phthalate

Abbildung 2 gibt einen allgemeinen Überblick über die Probenaufarbeitung von Sediment- und anderen Umweltproben auf organische Spurenstoffe. Der erste Schritt jeder Probenaufarbeitung nach der Probenvorbereitung ist die Extraktion. In der Literatur werden Extraktionsverfahren sowohl für feuchte als auch für trockene Sedimentproben beschrieben. Malisch hielt die Trocknung von

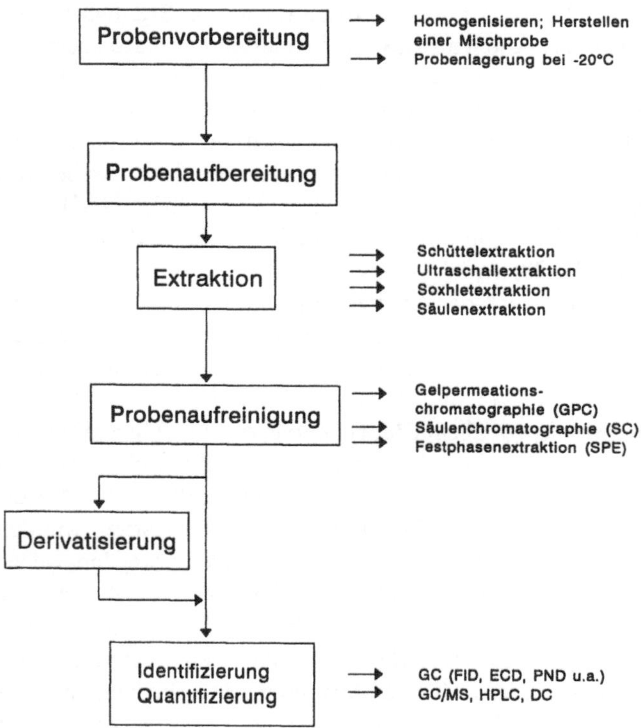

Abb. 2. Allgemeines Aufarbeitungsschema für Sediment- und andere Umweltproben in der organischen Rückstandsanalytik

Sedimentproben aus mehreren Gründen für bedenklich [31]: Während der Trocknung können vor allem bei höheren Temperaturen Verluste von Analyten durch Verdampfung, vor allem flüchtigerer Substanzen, oder Wasserdampfdestillation auftreten. Außerdem kann durch die Trocknung eine Alterung des Sedimentes bewirkt werden, die mit Umlagerungen in den interlamellaren Zwischenräumen erklärt wird. Dadurch sollen Einschlußverbindungen von Analyten gebildet werden, die die Extrahierbarkeit erschweren. Weiterhin erleichtert Wasser allgemein die Desorption von Substanzen durch Desaktivierung von Partikeloberflächen. Dennoch wurden bei der CKW- und PAH-Analytik überwiegend getrocknete Sedimentproben verwendet. Eine Trocknung wird immer vorgenommen, wenn ausschließlich mit unpolaren Lösungsmitteln wie Hexan extrahiert wird (z. B. bei der PCB-Analytik), da feuchte Sedimentproben sonst nur ungenügend vom Extraktionsmittel benetzt würden. Zur Trocknung der Sedimentproben werden die verschiedensten Methoden eingesetzt: Für die Extraktion von PCBs trockneten z.B einige Autoren bei erhöhten Temperaturen von 60 °C bis 110 °C [3, 44, 45]. Bush et al. stellten aber bei einer Trocknung bei 60 °C bereits Verluste von leichtflüchtigeren PCB-Kongeneren im Bereich von 30–60% fest [46]. Sie extrahierten daher Sedimentproben ohne Trocknung durch Schüttelextraktion mit einem Aceton-Hexan-Gemisch. Deutliche Verluste von 2- und 3-Ring-PAHs stellten Plöger und Reupert bei einer Trocknung bei 110 °C fest. Von Anthracen wurden bereits nur noch 50% wiedergefunden [47]. Häufig wurden daher schonendere Trocknungsverfahren, wie die Gefriertrocknung [48], das Verreiben mit Natriumsulfat [13, 17, 18, 49, 50] oder die Trocknung bei Raumtemperatur im Exsikkator über einem Trocknungsmittel, wie Phosphorpentoxid [51], verwendet. Bei der PAH-Analytik ist die Gefriertrocknung die gebräuchlichste Trocknungsmethode [20, 21, 24, 26, 52, 53, 54, 55].

Das am häufigsten eingesetzte Extraktionsverfahren für die Lösungsmittelextraktion von neutralen Substanzen und Substanzgruppen ist die Soxhletextraktion. Daneben wird die Kaltextraktion durch Schütteln oder unter Ultraschalleinwirkung durchgeführt. Extrahiert wird mit den unterschiedlichsten Lösungsmitteln und Lösungsmittelgemischen. Bei Analysenverfahren, die speziell auf die Analyse der unpolaren PCBs ausgerichtet waren, wurde oft Hexan zur Extraktion verwendet [3, 45, 48]. Dies hat den Vorteil, daß weniger polare Begleitsubstanzen mitextrahiert werden. Da bei der umfassenderen Analyse auf CKWs ein größerer Polaritätsbereich abgedeckt werden muß, erfolgt die Extraktion überwiegend mit Lösungsmittelgemischen unter Zusatz von polaren Lösungsmitteln. Am gebräuchlichsten sind Gemische aus Hexan und Aceton in unterschiedlichen Mischungsverhältnissen [15, 17, 56, 57, 58]. Auch Gemische mit Dichlormethan [13, 14], reines Dichlormethan [50, 59] oder Aceton [17, 18] u.a.m. wurden verwendet. Wenn feuchte Sedimentproben extrahiert werden, schließt sich ein Verteilungsschritt mit Wasser an die Extraktion an, um die organische Phase von der wäßrigen abzutrennen. Häufig wurden hierfür wäßrige Lösungen von Natriumsulfat oder Natriumchlorid verwendet, um die Phasentrennung zu verbessern (Aussalzeffekt) [14, 60]. Mit dem Ziel der erschöpfenden Extraktion auch von stark an die Matrix gebundenen Organochlorpestiziden testeten Huschek et al. verschiedene naßchemische Aufschlußverfahren mit oxidierenden Säuren (siehe Tabelle 2) [61]. Die hydrolysestabilen Organochlorpestizide überstehen diese drastische Behandlung. Für den Einsatz in der Routineanalytik empfahlen die Autoren, Sedimentproben mit einem Gemisch aus Perchlorsäure und Eisessig 4 h unter Rückfluß zu kochen. Anschließend wird mit Hexan extrahiert. Verschiedene Lösungsmittel und Lösungsmittelgemische werden bei der Extraktion von PAHs verwendet. Einen Vergleich von Lösungsmitteln und Lösungsmittelgemischen (u.a. Dichlormethan, Dichlormethan/Methanol, Aceton/Hexan, Ethanol/ Toluol) für die Soxhletextraktion gefriergetrockneter Sedimente zur Analyse auf PAHs führten Holoubek et al. [54] durch. Sie stellten dabei keine signifikanten Unterschiede fest, gaben aber dennoch die Soxhletextraktion mit Dichlormethan als die beste Methode an. Eine Übersicht über die ermittelten Wiederfindungsraten enthält Tabelle 3. Auch Evans et al. [62], Helfrich und Armstrong [53], Huggett et al. [55] und Morel et al. [21] verwendeten die Soxhletextraktion mit Dichlormethan. Bei einem Vergleich verschiedener Extraktionsverfahren stellten Hagenmaier et al. [26] und Plöger und Reupert [47] die niedrigsten Wiederfindungsraten von PAHs bei einer Kaltextraktion feuchter Sedimentproben mit Aceton fest. Ein wichtiger Aspekt bei der PAH-Analytik ist, daß die PAHs unter Lichteinwirkung teilweise photochemisch umgewandelt werden. Bei der Probenaufbereitung sollte daher möglichst weitgehend unter Lichtauschluß gearbeitet werden. Nur wenige Autoren weisen im Zusammenhang mit der langandauernden Soxhletextraktion darauf hin, daß im Dunklen extrahiert wurde [24, 54, 62]. Die lösungsmittelfreie Extraktion von PAHs aus Sedimenten mit der superkritischen Flüssigkeitsextraktion (SFE) testeten Hawthorn et al. [63]. Die SFE-Einheit wurde direkt an die Kapillar-GC (GC/FID und GC/MS) gekoppelt. Extrahiert wurde mit überkritischem CO_2 und N_2O. Aufgegeben wurden die Extrakte mit der split-Technik. Dadurch sollen bei komplexen Matrices wie Sedimenten die Kontamination der Kapillarsäule verringert und Verstopfungen der Restrictor-Kapillare durch mitextrahieren Schwefel und Wasser verhindert werden. Für die Analyse auf PAHs konnten in 1 h Analysenzeit einschließlich Extraktion und Quantifizierung mit zertifiziertem Sedimentmaterial gute Ergebnisse erzielt werden. Für die Extraktion von Phthalaten sind polare Lösungsmittel oder Lösungsmittelgemische erforderlich. Peterson und Freeman verglichen verschiedene Lösungsmittel für die Extraktion von Phthalaten [32]. Die niedrigsten Extraktionsausbeuten erhielten sie mit dem unpolaren Hexan und die größten mit Dichlormethan. Gemische aus Hexan bzw. Petrolether und Aceton setzten Malisch et al. [31] und Russel und McDuffie [33] als Extraktionmittel ein. Die Verfahren dieser Autoren waren darauf ausgerichtet, Phthalate und CKWs zusammen zu extrahieren.

Im Anschluß an eine Lösungsmittelextraktion werden meistens säulen-chromatographische Aufreinigungsverfahren mit dem Ziel eingesetzt, möglichst viele Begleitsubstanzen von den jeweiligen Analyten abzutrennen. Die Gestaltung

Tabelle 2. Wiederfindungsraten (in%) von Organochlorpestiziden bei verschiedenen naßchemischen Extraktionsverfahren und bei Soxhletextraktion von Sedimentproben (Prozentangaben bezogen auf die größten bestimmten Konzentrationen, deren Wiederfindungsraten als 100% gesetzt wurden), Auszüge einer Tabelle nach [61] mit den Methoden für die die besten Wiederfindungsraten ermittelt wurden.

Methode	HCB	α-HCH	γ-HCH	ß-HCH	δ-HCH	o,p'-DDE	p,p'-DDE	o,p'-DDD	p,p'-DDD	o,p'-DDT	p,p'-DDT
4 h Kochen unter Rückfluß mit 20 ml $HCLO_4$ und 10 ml Eiessig, Ausschütteln mit Hexan	72,5	89,5	82,2	100	96,5	93,6	83,0	91,5	87,5	94,2	95,1
3 h Druckaufschluß mit 15 ml $HCLO_4$ und 5 ml Eisessig, Ausschütteln mit Hexan	49,1	88,8	69,0	59,0	85,3	95,5	85,4	84,1	86,5	86,1	87,9
1 h Naßschlammextraktion mit 60 ml H_2SO_4, Ausschütteln mit Hexan	–	94,1	100,0	45,7	100,0	46,8	85,6	92,8	95,5	100,0	100,0
20 h Soxhletextraktion mit Hexan/Aceton (2:1)	100,0	88,0	70,5	100,0	83,0	51,6	100,0	100,0	100,0	100,0	100,0

Tabelle 3. Vergleich verschiedener Extraktionsmethoden zur Extraktion von PAHs aus einem Modellsediment nach [54] (Extraktionszeit: 6 h, Wiederholungen: n = 3, Clean up: Florisil)

PAH	Wiederfindungsraten [%]							
	Soxhlet mit Dichlor-methan	Soxhlet mit Ethanol/ Toluol	Soxhlet mit Trichlorme-than/Toluol	Soxhlet mit Aceton/ Hexan	Soxhlet mit Cyclohexan/ Methanol	Soxhlet mit Trichlorme-thane/ Methanol	Ultraschall mit Acetonitril	Digestion mit 0,5 M KOH in Methanol/ Wasser
Fluoranthen	90	87	83	90	84	79	81	79
Phenanthren	92	77	79	79	81	72	82	80
Chrysen	93	81	88	81	79	74	80	77
Benzo[b]fluoranthen	92	80	77	82	62	73	89	81
Benzo[k]fluoranthen	90	87	79	85	59	77	82	74
Benzo[a]pyren	71	85	74	82	63	74	77	75
Benzo[ghi]perylen	75	85	79	84	71	73	81	74
x	86,1	83,1	79,1	83,3	71,3	74,6	81,7	77,1

dieser Methoden richtet sich nach der Anzahl der Substanzgruppen und den jeweiligen Eigenschaften der Analyte, die erfaßt werden sollen, und außerdem nach der erforderlichen Bestimmungsgrenze und der verwendeten Detektionsmethode. Weiterhin lassen sich bei der Analyse mehrerer Substanzgruppen (z.B. CKWs und PAHs) zwei verschiedene Konzepte zur Probenaufreinigung unterscheiden:

– für jede Substanzgruppe ein gesondertes Clean up-Verfahren
– ein gemeinsames Clean up-Verfahren.

Die säulenchromatographischen Aufreinigungsverfahren für die CKW-Analyse sind im wesentlichen auf die Abtrennung von polaren Matrixbestandteilen ausgerichtet. Zu diesen Matrixbestandteilen gehören vor allem Fettsäureester, die wegen ihrer elektrophilen Eigenschaften zu ECD-Signalen führen, die die Analytpeaks überlagern können. Das gebräuchlichste Material für die stationäre Phase der Clean up-Säulen ist Florisil (Magnesiumsilikat) [13, 17, 25, 49, 50, 51, 64]. Daneben wird Kieselgel verwendet [9, 11, 65]. In einigen Fällen wird mit Aluminiumoxid aufgereinigt [17, 66]. Die Elution der Analyte wird überwiegend zweistufig durchgeführt. Zunächst werden die unpolaren CKWs (Chlorbenzole, Octachlorstyrol, chlorierte aliphatische und olefinische Kohlenwasserstoffe, PCBs, alle oder einige Vertreter der DDT-Gruppe) mit einem unpolaren Lösungsmittel, Hexan oder Petrolether, eluiert. Anschließend erfolgt die Elution der polareren CKWs (HCH-Isomere, Cyclodiene, teilweise DDD und DDT) mit einem etwas in der Polarität gesteigerten Elutionsmittelgemisch. Lopez-Avila et al. reinigten z.B. Sedimentextrakte mit aktiviertem Florisil auf [13]. Chlorbenzole, 2-Chlornaphthalin, Hexachlorbutadien und Hexachlorcyclopentadien wurden mit Petrolether eluiert, die HCH-Isomeren mit einem 1:1 Gemisch aus Petrolether und Diethylether. Das LWA NRW verwendete eine säulenchromatographische Aufreinigung mit Florisil, bei der Chlorbenzole, PCBs und die DDT-Gruppe durch Elution mit Hexan von HCH-Isomeren und Cyclodien-Insektiziden abgetrennt wurden [57]. Die HCH-Isomeren und Cyclodiene wurden anschließend mit Hexan/Diethylether (95/5) eluiert. Einige Autoren intensivierten das Clean up für die CKW-Analyse, indem sie zwei verschiedene säulenchromatographische Verfahren nacheinander durchführten. Wegman und Hofstee fraktionierten z.B. CKWs zunächst mit einer Säulenchromatographie unter Verwendung von basischem Aluminiumoxid (siehe Abb. 3) [67]. Im Anschluß an die Elution mit Petrolether wurden die polareren Organochlorpestizide (ß-HCH, Heptachlorepoxid, Dieldrin und Endrin) mit einem Gemisch aus Petrolether und Diethylether eluiert. Das erste Eluat mit den unpolaren CKWs wurde darauf mit einer Kieselgel-Säulenchromatographie in zwei Fraktionen aufgetrennt. Mit Petrolether wurden zuerst u.a. Hexachlorbenzol, PCBs, Aldrin, Heptachlor und die DDT-Gruppe und mit Petrolether/Dichlormethan darauf HCH-Isomere, Telodrin und restliches p,p'-DDT eluiert. Ein sehr aufwendiges Clean up führten Verbrugge et al. für die Analyse von Hafensedimentextrakten auf Organochlorpestizide

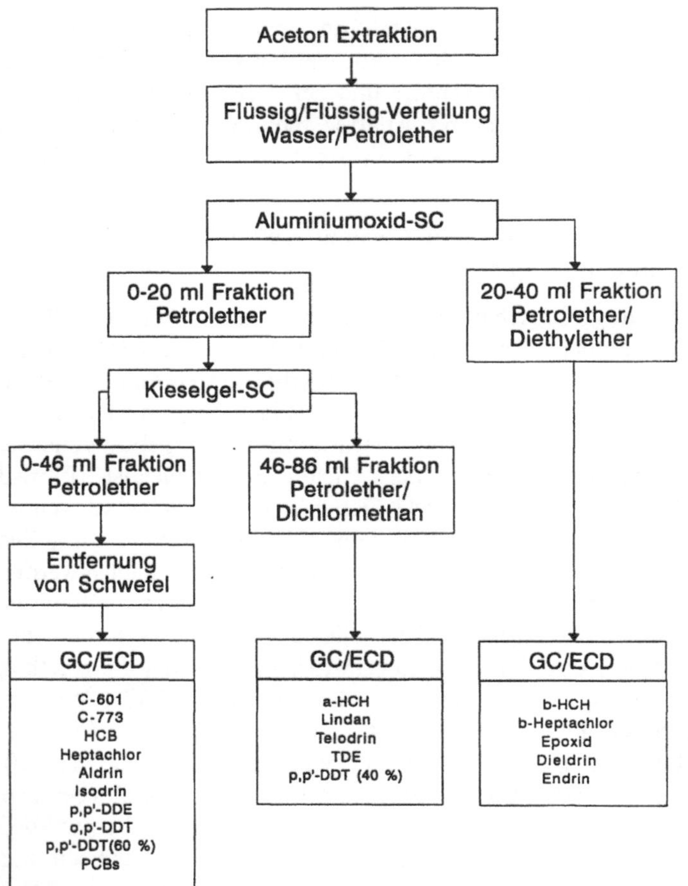

Abb. 3. Analysenschema für die CKW-Bestimmung in Sedimenten nach [67]. C-60 = 1,2,3,4,7,7-Hexachlorbicyclo-[2,2,1]-heptadieen-2,5; C-773 = 1,2,3,4,5,7,7-Heptachlorbicyclo-[2,2,1]-hepteen-2 (Nebenprodukte der Aldrin- und Dieldrinsynthese)

durch [50]. Nach der Aufreinigung mit der Gelpermeationschromatographie (GPC) nach der USEPA-Methode [68] wurde eine Säulenchromatographie mit Florisil durchgeführt. Die erste Fraktion, die mit 6% Diethylether in Petrolether eluiert wurde und den Hauptteil der Analyte enthielt, wurde einer zweiten Fraktionierung mit Kieselgel unterzogen.

Sollen ausschließlich unpolare und wenig polare CKWs erfaßt werden, vereinfacht sich das Clean up deutlich. Dann wird in der Regel nur einstufig eluiert. Einstufige Elutionen sind z.B. beim säulenchromatographischen Clean up für die PCB-Analyse üblich. Als Elutionsmittel wurden dabei je nach Aktivierungszustand der Säule reines Hexan [46] oder etwas polarere Gemische wie Hexan/Diethylether [69] und i-Octan/Toluol [70] eingesetzt. Eine Säulenchromatographie spezifisch für die PCB-Analyse nach der Methode von Jansson et al. [71] verwendeten Nylund et al. [60]. Dabei wurde Aktivkohle vermischt mit Chromosorb zur Trennung nicht planarer PCBs von coplanaren PCBs und polychlorierten Naphthalinen (PCNs) eingesetzt. Denn coplanare PCBs, d.h. Kongenere ohne Substituenten in ortho-Position, werden selektiv stärker an Aktivkohle adsorbiert. Die nicht planaren Verbindungen können zuerst mit 20% Dichlormethan in Hexan und die coplanaren Verbindungen anschließend mit Toluol eluiert werden. Der Hintergrund für diese Auftrennung ist, daß für coplanare PCBs, als annähernd Isostereomere zu 2, 3, 7, 8 TCDD, eine erhöhte Toxizität festgestellt wurde [72].

Bei der PAH-Analytik wird für das Clean up von Sedimentextrakten i.a. die Adsorptionschromatographie mit Kieselgel (aktiviert und desaktiviert) bevorzugt [20, 22, 27, 29, 47, 62, 64, 73, 74, 75, 76, 77]. Dabei wird meistens zweistufig eluiert, um in einer ersten Fraktion die NAHs (Alkane und Alkene) abzutrennen. Diese stören vor allem bei der Bestimmung der PAHs mit GC/FID, indem sie einen starkten Basislinienanstieg verursachen und Analytpeaks überlagern. Die NAHs werden durch Elution mit einem unpolaren Lösungsmittel, zumeist Hexan, abgetrennt. Anschließend erfolgt die Elution der PAHs mit einem polareren Lösungsmittelgemisch, fast ausschließlich Hexan/Dichlormethan in unterschiedlichen Mischungsverhältnissen. Einen Vergleich säulenchromato-graphischer Aufreinigungsverfahren mit gebräuchlichen stationären Phasen führten Holoubek et al. durch (siehe Tabelle 4) [54]. Sie testeten Kieselgel, Florisil, Aluminiumoxid und XAD-2 als Phasenmaterial. Die höchsten Wiederfindungsraten > 95% erzielten sie mit Kieselgel in Pasteurpipetten nach der Methode von Kawamura und Kaplan [78]. Ein gebräuchliches Verfahren bei der PAH-Analytik, das zusätzlich zur Säulenchromatographie eingesetzt wird, ist die Fraktionierung mit der GPC. Als stationäre Phase wird dabei i.a. Sephadex LH-20, ein Dextrangel, verwendet [53, 62, 73, 76, 77, 79]. Mit diesem Gel lassen sich die PAHs nach ihrem Kondensationsgrad auftrennen und coeluierende polyungesättigte aliphatische Kohlenwasserstoffe von den PAHs abtrennen. In Abb. 4 ist das Elutionsverhalten einiger PAHs bei der GPC mit Sephadex LH-20 dargestellt. Der Aufreinigungseffekt, der mit diesem Verfahren erzielt wird, ist in Abb. 5 verdeutlicht. Für eine gemeinsame Bestimmung von PAHs, Nitro- und Keto-PAHs verwendeten Spitzer und Kawatsuka eine Clean up-Säule mit XAD-2-Material [80]. Die Analyte wurden mit Toluol/Pentan eluiert, nachdem polare Inhaltsstoffe mit Ethanol und unpolare mit Pentan/Ethanol abgetrennt worden waren. Fernandez und Bayona verwendeten die GPC mit Bio-Beads® S-X12 und Dichlormethan als ersten Clean up Schritt [52]. Die PAH-Fraktion wurde anschließend semipräparativ mit der Normalphasen-Flüssigkeitschromatographie (Porasil®) und einem Hexan-Dichlormethan-Gradienten in 8 Fraktionen in die Gruppen PAHs, Nitro-, Keto-, N- und Hydroxy-PAHs aufgetrennt (siehe Abb. 6)

Sowohl für die PAH- als auch für die CKW-Analytik wurden einfachere Verfahren zur Probenaufreinigung entwickelt, um Zeit und Kosten zu sparen. Roerden et al. entwickelten ein schnelles materialsparendes Clean up für die PCB-Analyse in verschiedensten Matrices, wie Sediment, Fisch, Flugasche, Öl, Hydrauliköl, mit Kieselgel in einer Pasteurpipette mit Wiederfindungsraten über

Tabelle 4. Wiederfindungsraten von PAHs bei verschiedenen Clean up-Verfahren zur Aufreinigung eines Sedimentextraktes nach [54] (Wiederholungen: n = 3)

PAH	Wiederfindungsraten [%]					
	Florisil Dichlormethan	Florisil Toluol	Kieselgel n-Hexan/Dichlormethan (2:1)	Aluminiumoxid n-Pentan/Dichlormethan (7:3), Dichlormethan	Kieselgel/ Aluminiumoxid Toluol	Amberlite XAD-2 Toluol, Ethanol
Fluoranthen	90	74	95	88	86	82
Phenanthren	92	77	99	92	90	88
Chrysen	95	97	99	98	86	84
Benzo[b]fluoranthen	91	85	100	91	93	97
Benzo[k]fluoranthen	87	89	98	72	89	92
Benzo[a]pyren	67	57	87	73	85	72
Benzo[ghi]perylen	79	83	91	91	91	74
$\bar{x}$	85,9	80,3	95,6	86,4	88,5	82,7

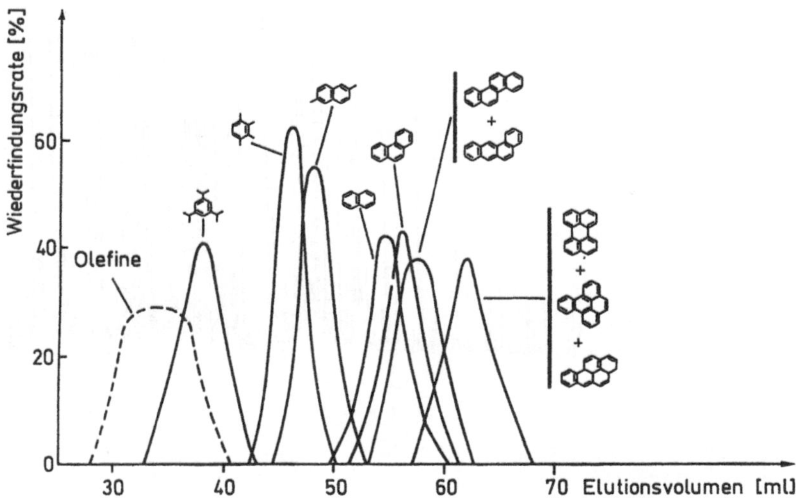

Abb. 4. Elutionsverhalten ausgewählter aromatischer Kohlenwasserstoffe bei der GPC mit Sephadex LH-20 und Cyclohexan/Methanol/Dichlormethan (6:4:3) als Eluent [77]

90% [46]. Die Elution erfolgte mit 5,5 ml Hexan, wobei einige Matrixbestandteile mit den ersten 2 ml des Eluats von den PCBs abgetrennt werden konnten. Für die umfassendere CKW-Analyse haben Lopez-Avila et al. als zeit- und kostensparende Alternative zu einer konventionellen säulenchromatographischen Aufreinigung mit Florisil eine Methode mit kommerziell erhältlichen Florisilkartuschen entwickelt [81]. Es wird dabei keine Fraktionierung der CKWs vorgenommen, sondern nur in einem Schritt mit Hexan/Aceton (9:1) eluiert. Die Autoren optimierten die SPE mit Florisil auch für die Phthalat-Analyse. Dabei erwies sich die Elution der Phthalate mit Hexan/Diethylether (4:1) im Anschluß an eine Elution mit Hexan als geeignet. Um CKWs und Phthalate gemeinsam zu bestimmen, wurden die CKWs mit Hexan/Dichlormethan (4:1) und darauf die Phthalate mit Hexan/Aceton (9:1) eluiert. MOREL et al. verwendeten die Festphasenextraktion mit Kieselgel als Clean up-Methode für die Analyse von PAHs in Sedimentproben [21]. Mit einer Aminopropylfestphase und Toluol als Elutionsmittel reinigte Rose Sedimentextrakte für die PAH-Analytik auf [82]. Auch Boloubassi und Saliot verwendeten eine amingebundene Normalphase [24]. Ein automatisierbares Aufreinigungsverfahren mit der HPLC für die CKW- und PAH-Analytik wurde von Rebbert et al. entwickelt [83]. Die Autoren setzten hierfür eine semipräparative Säule mit Aminopropylsilan ein. Dabei wurde das Elutionsverfahren für jede Substanzgruppe einzeln optimiert. Die PAHs wurden einstufig mit 2% Dichlormethan in Hexan eluiert, während die CKWs in zwei Fraktionen aufgetrennt wurden. PCBs und p,p'-DDE wurden mit Hexan eluiert, die übrigen Organochlorpestizide anschließend mit 5% Dichlormethan in Hexan.

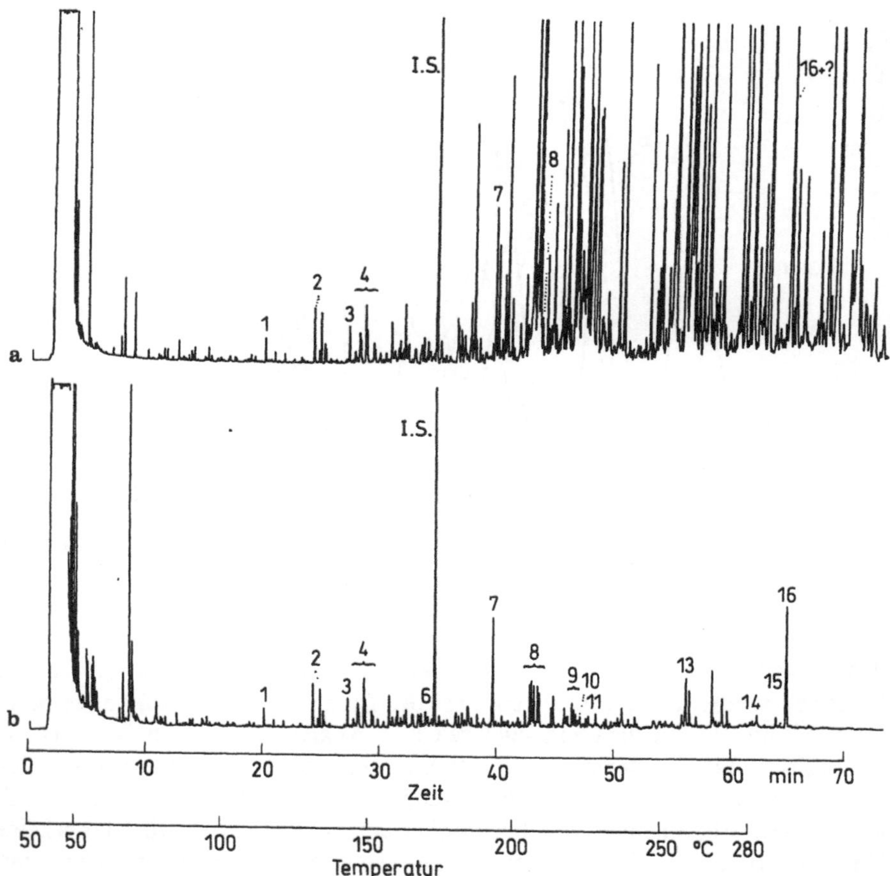

Abb. 5a, b. GC/FID-Chromatogramm eines Sedimentextraktes nach Clean up mit **a** Kieselgel-SC und **b** Kieselgel-SC gefolgt von GPC mit Sephadex LH-20 und Cyclohexan/Methanol/ Dichlormethan (6:4:3) [77]. I.S. = interner Standard, *1* = Naphthalin, *2* = Methylnaphthalin, *3* = Biphenyl, *4* = Dimethylnaphthalin, *6* = Fluoren, *7* = Phenanthren, *8* = Methylphenanthren, *9* = Dimethylphenanthren, *10* = Fluoranthen, *11* = Pyren, *13* = Chrysen, *14* = Benzo[e]pyren, *15* = Benzo[a]yren, *16* = Perylen

Ein wichtiger Aspekt bei der Sedimentanalytik ist die Entfernung von elementarem Schwefel aus den Analysenlösungen. Vor allem bei der Analyse von CKWs ist die Schwefelabtrennung erforderlich. Denn außer Fettsäureestern verursacht vor allem Schwefel durch seine elektrophilen Eigenschaften erhebliche Signale des ECDs, die bis zur Detektorstätigung führen können. Abb. 7 zeigt ein GC/ECD-Chromatogramm eines aufgereinigten Sedimentextraktes vor und nach der Schwefelentfernung. Elementarer Schwefel wird bei der SC gemeinsam mit den unpolaren Verbindungen eluiert und läßt sich daher nicht allein durch eine SC von den unpolaren Analyten abtrennen. Für die Entfernung von Schwefel sind in der Literatur eine Reihe von Methoden beschrieben. Tabelle 5 enthält eine Übersicht mit Vor- und Nachteilen der Methoden. Bei den meisten

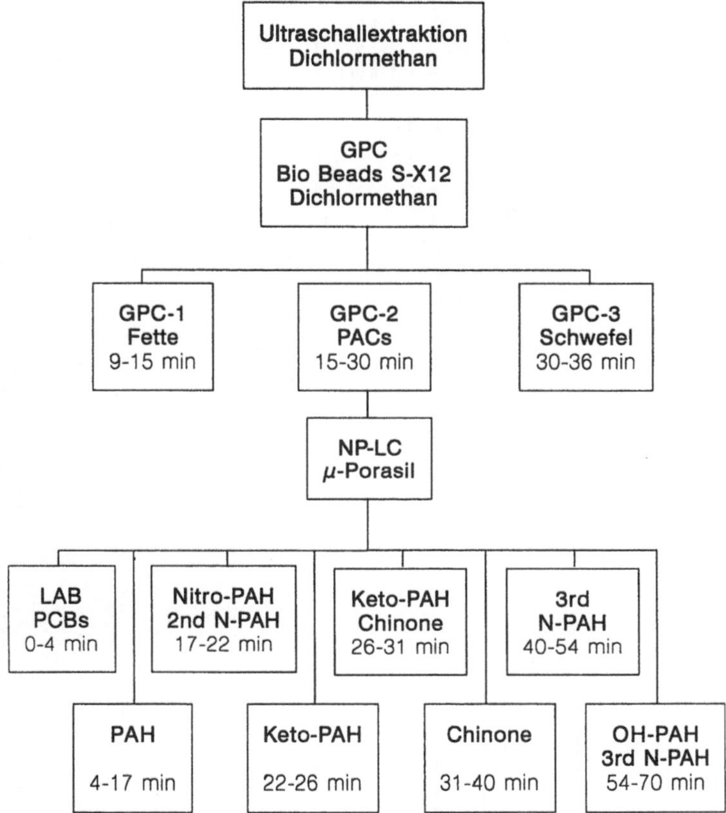

Abb. 6. Fraktionierungsschema für die Analyse von PAHs in Sedimenten und anderen Umweltproben nach [52]. NP-LC = Normalphasen-Flüssigkeitschromatographie, LAB = langkettige Alkylbenzole, 2nd N-PAH = sekundäre Stickstoff-Heterocyclen, 3rd N-PAH = tertiäre Stickstoff-Heterocyclen, OH-PAH = Hydroxy-PAH

Verfahren werden Schwermetalle (Quecksilber, Kupfer und Silberverbindungen) als Reagenzien verwendet. Die Entfernung des Schwefels beruht auf der Bildung von Schwermetallsulfiden auf den aktiven Schwermetalloberflächen. Nachteilig dabei sind die anfallenden schwermetallhaltigen Abfälle. Quecksilber ist zudem sehr toxisch. Diese Probleme entfallen bei den übrigen zwei in der Tabelle 5 aufgeführten Verfahren, bei denen eine Extraktion mit Tetrabutylammoniumsulfit-Reagem (TBA-Sulfit) oder eine GPC-Aufreinigung vorgenommen werden. Die Schwefelentfemung mit Quecksilber [15, 46] aktiviertem Kupferpulver [13, 18] und TBA-Sulfit-Reagenz [50, 69, 90, 91] wurde sowohl vor als auch im Anschluß an eine säulenchromatographische Aufreinigung durchgeführt. Schuphan et al. setzten Quecksilber zur besseren Handhabung in Form von Kupferamalgam als Mikroreaktionssäule ein [85]. Eine Schwefelentferung mit Mikroreaktionssäulen, deren stationäre Phasen aus mit Ag_2O imprägniertem Kieselgel bestand, verwendeten Buchert et al. für die CKW-Analytik im

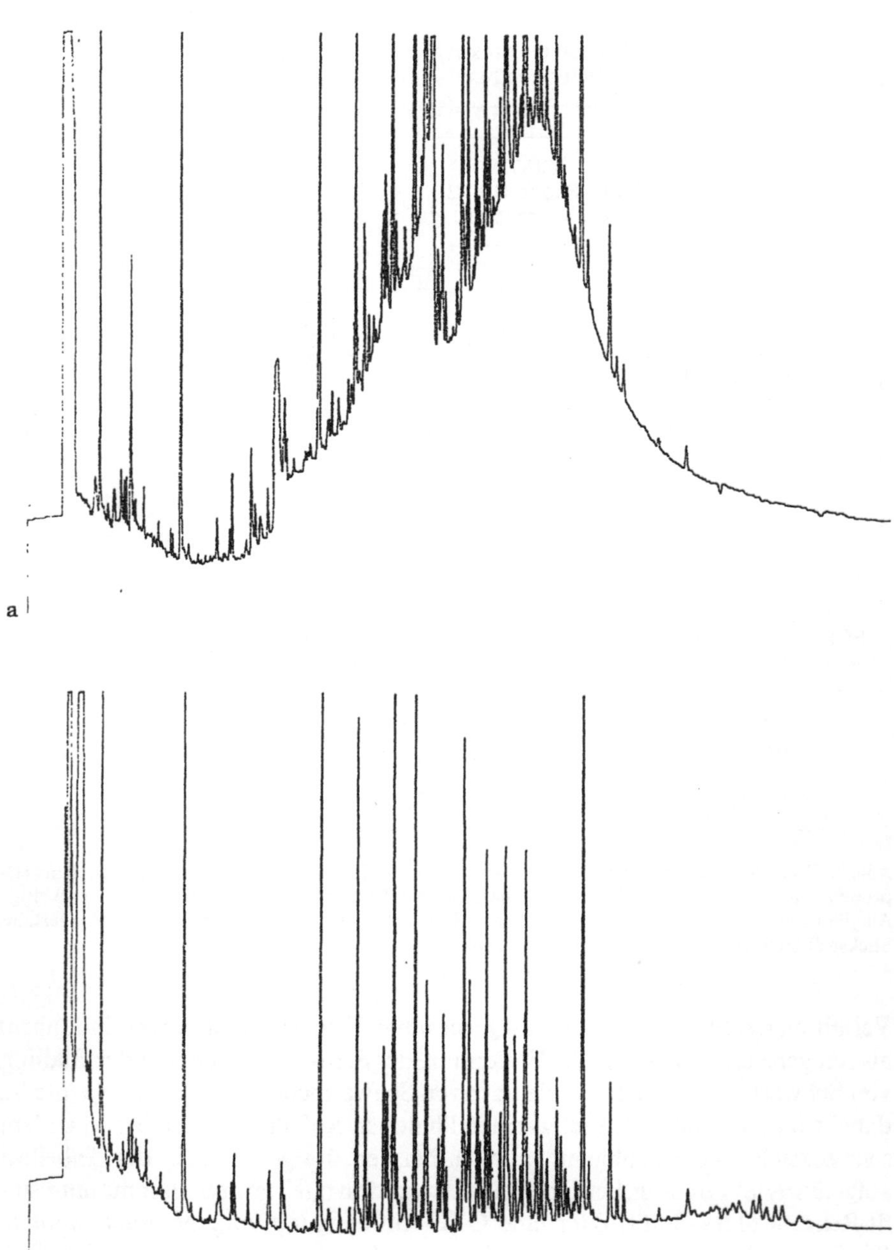

Abb. 7a,b. GC/ECD-Chromatogramm eines mit Säulenchromatographie aufgereinigten Sediment-extraktes vor **a** und nach **b** der Schwefelentfernung mit TBA-Sulfit

Tabelle 5. Übersicht über Methoden zur Schwefelentfernung

Methode	Vorteile	Nachteile	Quelle
Quecksilber	sehr wirksam schnell	sehr toxisch schwermetallhaltiger Abfall	[84]
Kupferamalgam (13% Quecksilber)	in Säulen füllbar	toxisch schwermetallhaltiger Abfall	[85]
aktiviertes Kupferpulver a) frisch gefällt b) mit Säure behandelt	in Säulenchromatographie integrierbar	Adsorption polarer Substanzen schwermetallhaltiger Abfall	a) [86] b) [87]
mit Ag_2O imprägniertes Kieselgel	Schwefelabtrennung zusammen mit säulenchro- matographischer Aufreini- gung	aufwendige Herstellung relativ teuer schwermetallhaltiger Abfall	[51]
Tetrabutylammoniumsulfit	keine problematischen Abfälle	nur extraktive Aufrei- nigung von Lösungen in unpolaren Lösungsmitteln möglich	[88]
GPC	keine problematischen Abfälle kein zusätzlicher Arbeitsschritt	nur für Analyte geeignet, die vor Schwefel eluiert werden	[89]

Anschluß an ein säulenchromatographisches Clean up [51]. Um einen zusätzlichen Arbeitsschritt für die Schwefelabtrennung zu sparen, wurde von einigen Autoren aktiviertes Kupferpulver als zusätzliche Schicht in die stationäre Phase der SC integriert [9, 11, 31, 92, 93].

Auch zur oxidativen Zerstörung von Matrixbestandteilen wie Fettsäureester wurden Mikroreaktionssäulen eingesetzt. Als Material für die Säulenfüllung wurde mit Schwefelsäure imprägniertes Kieselgel verwendet [15, 51, 65]. Andere Autoren schüttelten die Probenlösungen direkt mit kongenzrierter Schwefelsäure [94]. Solche drastischen Clean up-Methoden überstehen nur stabile CKWs, wie z.B. PCBs. Dadurch ist der Aufreinigungseffekt für die Analyse dieser Verbindungen auch entsprechend groß. Die Effizienz von Clean up-Methoden nach USEPA (1986) im Hinblick auf die Abtrennung von Schwefel und Fettsäureestern bei der PCB-Analyse verglichen Brannon und Karn (siehe Tabelle 6) [95]. Sie testeten eine Florisil- und eine Kieselgel-SC mit anschließender Schwefelentfernung mit Quecksilber. Diese Aufreinigungs-methoden verglichen sie mit einem Clean up ohne SC, bei dem Fettsäureester durch Schütteln mit konzentrierter Schwefelsäure und Schwefel durch Behandlung mit Quecksilber oder Tetrabutylammoniumsulfit-Reagenz (TBA-Sulfit) entfernt wurden. Bei der Florisil-SC wurde nur mit einem

Tabelle 6. Effektivität von verschiedenen Clean up-Verfahren zur Abtrennung von Ölen, Fetten und Schwefel aus Sedimentextrakten für die PCB-Analytik (Angabe der prozenualen Abnahme) nach [95]

	Abnahme des Öl- und Fettgehaltes in %		Abnahme des Schwefelgehaltes in %	
Clean up- Verfahren	Sediment 1	Sediment 2	Sediment 1	Sediment 2
Florisil-SC Dichlormethan/Hexan (2:8)/ Quecksilber	33	31	53	68
Schwefelsäure/Tetrabutyl- ammoniumsulfit	54	30	97	95
Schwefelsäure/Quecksilber	33	41	63	66
Kieselgel-SC 1. Hexan, 2. Dichlormethan/Hexan (2:8)/ Quecksilber	53	82	94	96

Hexan/Dichlormethan-Gemisch (80:20) eluiert, während bei der Kieselgel-SC das erste Eluat mit Hexan als Elutionsmittel verworfen wurde. Anschließend erfolgte die Elution der PCBs mit Hexan/Dichlormethan. Die niedrigsten Gehalte an Fettsäureestern im PCB-Eluat bestimmten sie nach dem Clean up mit der Kieselgelsäule. Es wurden 50–80% der Fettsäureester entfernt. Durch ein Clean up mit Schwefelsäure wurden 30–50%, mit der Florisil-SC um 30% der Fettsäureester abgetrennt. Eine Schwefelentfernung über 95% wurde sowohl beim Clean up mit Schwefelsäure und TBA-sulfit als auch bei der Kieselgel-SC kombiniert mit einer Quecksilberbehandlung des Eluates erreicht. Die anderen Methoden führten zu Schwefelentfernungen zwischen 50 und 70%. Die Kieselgel-SC und eine zusätzliche Schwefelentfernung mit TBA-Sulfit oder Quecksilber erwiesen sich aufgrund dieser Ergebnisse als die effektivsten Aufreinigungsverfahren.

Methoden für die gemeinsame Bestimmung von zwei Substanzgruppen wurden sowohl für CKWs und PAHs als auch für CKWs und Phthalate entwickelt. Dafür wurden mehrstufige Elutionen durchgeführt und verschiedene Adsorbentien kombiniert oder nacheinander eingesetzt. Buchert et al. verwendeten für die Analyse von Sedimenten auf CKWs und PAHs eine Florisil-SC [51]. Mit Hexan als Elutionsmittel erhielten sie eine erste Fraktion mit PCBs, PCTs, DDE und Alkanen. Eine zweite Fraktion mit der restlichen DDT-Gruppe, HCHs und PAHs wurde mit Hexan/Diethylether eluiert. Zur Abtrennung von restlichen Matrixbestandteilen, wie Schwefel und Fettsäureester, setzten sie zusätzlich Mikroreaktionssäulen ein. Furlong et al. verwendeten für die Aufreinigung von Sedimentextrakten eine gemischte Säule aus Kieselgel und aktiviertem Kupferpulver [92]. CKWs wurden in zwei Fraktionen mit Hexan und Hexan/Dichlormethan (10%) und anschließend PAHs mit Dichlormethan eluiert. Eine mehrschichtige Säule aus Aluminiumoxid, Kieselgel und Kupferpulver wurde von WADE et al. entwickelt [93]. Aliphaten wurden von dieser Säule mit Pentan eluiert. In einer zweiten Fraktion unter Verwendung von Pentan/Dichlormethan (1:1) als Elutionsmittel wurden PCBs, chlorierte Pestizide und PAHs gemeinsam eluiert. Ein aliquoter Teil des zweiten Eluates wurde für die PAH-Analyse noch mit Sephadex LH-20 nachgereinigt. Für die Analyse auf CKWs und Phthalate führte Malisch eine einstufige Probenaufreinigung mit einer gemischten Säule aus Aluminiumoxid, Florisil und Kupferpulver durch [31]. Die Elution der Phthalate erfolgte zusammen mit den CKWs mit einem Dichlormethan/Hexan-Gemisch. Russel und McDuffie setzten ein intensiveres zweistufiges Clean up ein (siehe Abb. 8) [33]. Zuerst wurden die Extrakte mit einer Aluminiumoxidsäule aufgereinigt. Zwei CKW-Fraktionen wurden mit Hexan eluiert und eine Phthalatfraktion mit Benzol. Sowohl mit der Phthalatfraktion als auch mit der ersten CKW-Fraktion wurde darauf jeweils eine Kieselgel-SC durchgeführt. Die Phthalate wurden im Anschluß an eine mit Benzol eluierte Abfallfraktion mit Benzol/Aceton (10%) von der Kieselgelsäule eluiert. Einige polarere Probenbestandteile wurden dabei auf der Kieselgelsäule zurückgehalten.

Ein zusätzlicher Aspekt, der bei der Phthalatanalytik berücksichtigt werden muß, beruht auf der allgemeinen Verbreitung der Phthalate. Dadurch besteht eine hohe Kontaminationsgefahr der Proben über die verwendeten Geräte, Chemikalien und die Laborluft [32, 96]. Besondere Probleme im Bezug auf hohe Blindwerte bereiten Di-n-butyl- (DBP) und Di-(2-ethylhexyl) phthalat (DEHP). Um Kontaminationen zu vermeiden, sind bei der Analyse von Phthalaten die verwendeten Laborgeräte besonders gründlich mit Lösungsmitteln zu reinigen, Adsorbentien ausreichend lange zu konditionieren, und verwendete Chemikalien auf ihre Reinheit zu überprüfen. Dazu sollte regelmäßig ein Chemikalien-blindwert mit analysiert werden [33]. Um die Probenkontamination bei der Sedimentanalyse so klein wie möglich zu halten, reduzierten Peterson und Freeman die Probenaufarbeitungsschritte und wendeten besondere Schutzvorkehrungen an [32]. Sie trockneten die Sedimentproben vor der Extraktion bei 45 °C in einem Vakuumofen, der mit einem Luftfilter aus XAD-2 Harz und Aktivkohle ausgestattet war. Die Extraktion führten sie mit Ultraschall in einem geschlossenen Gefäß durch. Eingeengt wurden die Proben im Stickstoffstrom, wobei der Stickstoff zuvor über Adsorbentien gereinigt wurde. Außerdem wurde auf eine Probenaufreinigung verzichtet. Um die Phthalate dennoch ausreichend empfindlich zu detektieren, wurden die Extrakte gezielt mit der GC/MS im SIM-Mode analysiert.

Die Probenaufreinigung bei der CKW- und PAH-Analytik wurde teilweise durch eigens auf die Matrix und die zu analysierenden Substanzgruppen ausgerichtete Extraktionsverfahren verringert. Für die Extraktion von PAHs wurde häufig ein Verfahren eingesetzt, bei dem zunächst eine Verseifung von Fettsäureestern der Sedimentmatrix mit KOH in einem Methanol-Wasser-gemisch erfolgt. Denn Fettsäureester stören bei der PAH-Analytik, weil sie bei säulenchromatographischen Aufreinigungsschritten mit den PAHs coeluieren und bei der Detektion eine Überlagerung von PAH-Peaks verursachen können.

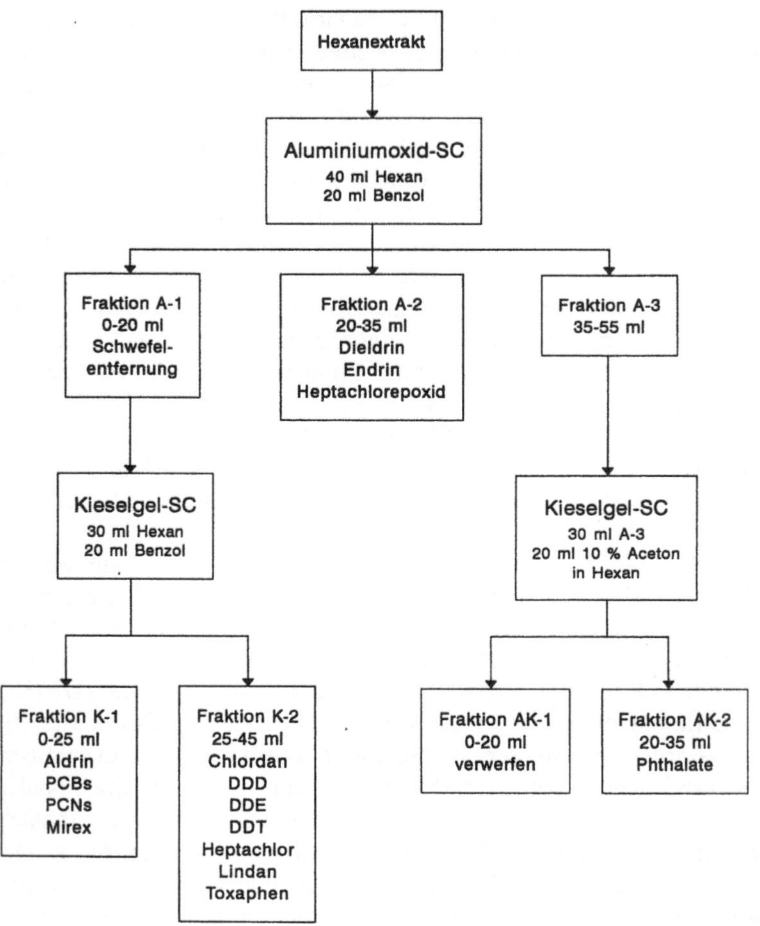

Abb. 8. Aufreinigungsschema zur Analyse von CKWs und Phthalaten in Sedimenten, Böden und Deponiesickerwässern nach [33]

Hilpert et al. wiesen darauf hin, daß es bei Verwendung von reiner methanolischer Kalilauge zu Umesterungen der Fette kommen kann [97]. Um dies zu vermeiden, ist ein Wasserzusatz von 25 % erforderlich. Im Anschluß an die Hydrolyse wurden die PAHs und NAHs mit einem unpolaren Lösungsmittel, wie Hexan, Pentan oder auch einem Gemisch aus Hexan und Diethylether aus der Seifenlösung extrahiert [27, 54, 66, 75, 98]. Ein relativ selektives Extraktionsverfahren für hydrolysestabile CKWs ist eine Wasserdampfdestillation, kombiniert mit einer Lösungsmittelextraktion in speziellen Apparaturen. Diese Apparaturen werden in zahlreichen Variationen verwendet (z.B. nach Bleidner, Veith-Kiwus, Kühl-Clevenger). Die Apparatur nach Veith-Kiwus ist in Abb. 9 dargestellt. Die Lösungsmittelextraktion mit Hexan oder i-Octan erfolgt in der Dampfphase. Das anschließende Clean up reduziert sich im wesentlichen auf eine Schwefelentfernung. Götz et al. extrahierten Sedimente auf Chlorbenzole mit einer Apparatur nach Kühl-Clevenger [99]. Für die Extraktion von Chlorbenzolen, PCBs, HCH-Isomeren und die DDT-Gruppe verwendeten Eder et al. und Sturm et al. eine Wasserdampfdestillation nach Veith-Kiwus [17, 94]. Schuphan et al. [85] verglichen eine Bleidner-Extraktion [101] von Sedimentproben auf Hexachlorbenzol, HCH-Isomere, die DDT-Gruppe und PCBs mit einer Soxhletextraktion nach Buchert et al. [51]. Die Ergebnisse sind in Tabelle 7 zusammengefaßt. Ziel war eine Verkürzung der Analysenzeit durch Ersatz der zeitaufwendigen Probentrocknung und Soxhletextraktion. Ebenso konnte auf ein säulenchromatographisches Clean up verzichtet werden. Für Lindan, p,p'-DDT, p,p'-DDD, PCB 138 und PCB 180 stellten die Autoren mit der Bleidner-Extraktion niedrigere Wiederfindungsraten ($\leqslant$ 60%) fest als mit der Soxhletextraktion. Für die übrigen Verbindungen waren die Wiederfindungsraten mit der Bleidner-Extraktion vergleichbar oder besser. Ein Mikroverfahren der Wasserdampfdestillation, kombiniert mit einer Pentanextraktion nach Rijks et al. [102], verwendete Bierl [103] für die gleichzeitige Bestimmung von Chlorbenzolen, HCH-Isomeren und leichtflüchtigen CKWs.

Zur quantitativen Bestimmung von CKWs in Sedimentproben wird fast ausschließlich die Gaschromatographie mit ECD verwendet. Calero et al. gaben für die Bestimmung von Organochlorpestiziden in Sedimenten Detektionsgren-

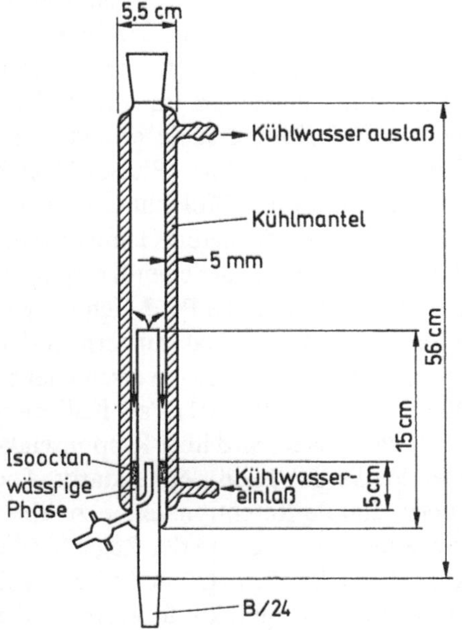

Abb. 9. Apparatur zur kombinierten Wasserdampfdestillation und Lösungsmittelextraktion nach Veith-Kiwus [100]

Tabelle 7. Wiederfindungsraten (in %, Wiederholungen: n = 6, 4 bzw. 3) von Organochlorverbindungen (je 0,03 mg/kg) aus Sedimentproben nach Extraktion mit der Bleidner-Methode (zum Vergleich wurde auch Wasser untersucht) und mit der Soxhletextraktion nach [85]

Verbindungen	Bleidner Methode		Soxhletextraktion
	Sediment	Wasser	Sediment
HCB	$90 \pm 6{,}4$	$100 \pm 1{,}6$	$85 \pm 4{,}5$
α-HCH	$76 \pm 8{,}2$	$97 \pm 1{,}6$	$81 \pm 11{,}3$
γ-HCH	$40 \pm 7{,}9$	$94 \pm 0{,}9$	$73 \pm 10{,}7$
PCB 28	$98 \pm 9{,}3$	$106 \pm 5{,}4$	$82 \pm 4{,}6$
PCB 52	$90 \pm 8{,}9$	$102 \pm 1{,}7$	$84 \pm 6{,}4$
PCB 101	$80 \pm 6{,}1$	$99 \pm 2{,}2$	$81 \pm 4{,}0$
PCB 138	$61 \pm 8{,}9$	$106 \pm 2{,}9$	$83 \pm 6{,}0$
PCB 153	$66 \pm 8{,}3$	$98 \pm 0{,}9$	$69 \pm 9{,}2$
PCB 180	$43 \pm 9{,}2$	$98 \pm 1{,}6$	$75 \pm 8{,}6$
p,p'-DDT	$10 \pm 5{,}4$	$90 \pm 16{,}4$	$37 \pm 12{,}0$
p,p'-DDE	$82 \pm 5{,}5$	$99 \pm 0{,}5$	$80 \pm 4{,}6$
p,p'-DDD	$42 \pm 9{,}0$	$101 \pm 3{,}5$	$69 \pm 4{,}0$

zen mit dem ECD von 0,5-2 µg/kg Sedimentprobe an [104]. Pereira et al. [14] führten substanzspezifischere Messungen auf Chlorbenzole, Octachlorstyrol, Octachlornaphthalin und Hexachlorbutadien in Sedimentproben mit der GC/MS mit Methan-PCI bzw. Rostad und Pereira [105] mit GC/MS/MS mit Methan-PCI (Detektionsgrenze 20 pg) durch, um das Clean up vernachlässigen zu können. Als einzigen Aufreinigungschritt setzten sie eine Schwefelentfernung mit Kupferpulver ein. Für die gaschromatographische Auftrennung werden in der Regel fused silica-Kapillarsäulen mit unpolarer oder wenig polarer Belegung (Dimethyl-Polysiloxane, wie DB-1, SE-52 u.s.w. oder Dimethyl-Diphenyl-Polysiloxane, wie DB-5, SE-54 u.s.w.) verwendet. Um die komplexen PCB-Gemische aus theoretisch 209 möglichen Kongeneren besser aufzutrennen, verwendeten Guenther et al. zwei hintereinander gekoppelte Kapillarsäulen. Im Anschluß an die Auftennung durch eine konventionelle DB-5 Kapillarsäule erfolgte eine Auftrennung mit einer chemisch gebundenen flüssig-kristallinen Phase, die eine verbesserte Auftrennung starrer Moleküle aufgrund ihrer Molekülstruktur ermöglicht [106]. Wegen der Komplexität des PCB-Kongeneren-Gemisches erfolgt die Angabe von quantitativen Ergebnissen nach verschiedenen Konzepten. Ein häufig verwendetes Konzept beruht darauf, daß technische PCB-Gemische – z.B. verschiedene Arochlor-Mischungen, die anhand von Peakmustern in den Proben identifiziert werden konnten, oder Gemische aus verschiedenen Arochlor-Mischungen, wie Arochlor 1242, 1254 und 1250 (1:1:1) – als Kalibrierstandards verwendet werden [69, 107, 108]. Quantifiziert wird über Responsefaktoren ausgewählter Peaks oder sämtlicher Peaks der Kalibrierstandards. Die Identifizierung der Peaks erfolgt dabei über relative Retentionszeiten zu einer Referenzverbindung. Deutsche Autoren verwenden dagegen in der Regel für die Quantifizierung die sechs PCB-Kongeneren, PCB 28, 52, 101, 138, 153 und 180 (Nomenklatur nach Ballschmiter und Zell [109]), als signifikante Vertreter der technischen Gemische [3, 45, 70, 91]. Dieses Konzept wurde in die Schadstoffhöchstmengen-Verordnung [110] und in die DIN-Norm zur PCB-Bestimmung in Alöl (DIN 51527 [111]) aufgenommen. Der PCB-Gehalt wird als Summe der sechs Kongeneren angegeben. Für die Abschätzung des Gesamtgehaltes des technischen PCB-Gemischs im Sediment wurde teilweise die Summe der sechs Kongeneren mit dem Faktor 5 multipliziert [3, 70, 91].

Für die Identifizierung und Quantifizierung von PAHs werden überwiegend die GC/FID oder GC/MS verwendet. Die GC/MS wird vor allem zur Identifizierung von einzelnen Peaks (z.B. Alkylisomere) bzw. zur Bestätigung einer Peakzuordnung der in Sedimentproben meistens sehr komplexen PAH-Gemische eingesetzt. Für die gaschromatographische Auftrennung werden in der Regel fused silica-Kapillarsäulen mit etwas polarerer Belegung (z.B. Dimethyl-Dipheny-Polysiloxane, wie DB-5, SE 54 u.s.w.) benutzt. Die Analyse mit HPLC/Fluoreszenzdetektor wird überwiegend angewendet, wenn nur einige Leit-PAHs (z.B. 6 PAHs gemäß Trinkwasser-Verordnung (TVO), [112]) bestimmt werden sollen [26, 47, 54, 62]. Denn mit der HPLC wird eine schlechtere Peakauflösung als mit der Kapillar-GC erreicht. Die 6 PAHs gemäß TVO zeigen unter bestimmten Bedingungen eine sehr starke Fluoreszenz, während andere PAHs nur schwach fluoreszieren. Die „TVO-PAHs" können daher auch bei schlechterer Peakauflösung selektiv und empfindlich bestimmt werden [26]. Je nach zu analysierender PAH-Gruppe werden unterschiedliche Wellenlängen für die Anregung (260 bis 365 nm) und Messung der Fluoreszenz (408 bis 460 nm) ausgewählt. Einige Autoren bestimmten die PAHs ohne Auftrennung als Summe mit der Fluoreszenzspektrometrie. Die Fluoreszenzintensität wird dafür in Äquivalenten der Chrysenfluoreszenz im Maximum des Chrysenspektrums gemessen [21, 30]. LAI et al. analysierten Benzo[a]pyren und Pyren in Sedimentproben ohne Extraktion und Aufreinigung direkt mit laserinduzierter Fluoreszenzspektrometrie im mg/kg-Bereich [113].

Für die quantitative Bestimmung der Phthalate verwendeten Malisch et al. die GC/MS mit einer unpolaren SE-30 Kapillarsäule [31]. Russel und McDuffie detektierten mit dem ECD, für den sie die höchste Empfindlichkeit auf Phthalate bei einer Detektortemperatur von 250 °C feststellten [33].

Analysenmethoden für Phenole, Amine, Azaarene und Tenside

Andere Analysenkonzepte als für die Analyse neutraler Verbindungen, wie CKWs, PAHs und Phthalate, werden für die Analyse saurer und basischer Verbindungen angewendet. Die sauren und basischen Eigenschaften der Analyte müssen dabei berücksichtigt werden.

Bei der Extraktion von Chlorphenolen aus Sedimentproben können grundsätzlich zwei verschiedene Vorgehensweisen unterschieden werden, die auf den sauren Eigenschaften der Chlorphenole beruhen. Für die Extraktion wurden jeweils feuchte Sedimentproben eingesetzt, um den pH-Wert einstellen zu können. Entweder wurden die Sedimentproben mit 1 M Natronlauge [44, 66, 99] bzw. 0,1 M Natriumcarbonatlauge [114] versetzt, und die Phenole in ihrer ionischen Form extrahiert, oder die Sedimentproben wurden zuerst mit Salz- oder Schwefelsäure auf pH Werte < 1 oder < 2 angesäuert, und die Phenole in ihrer undissoziierten Form mit Lösungsmitteln extrahiert [34, 99, 115, 116]. Für die Lösungsmittelextraktion der angesäuerten Sedimentproben wurden Gemische aus Aceton/Hexan [34] oder 2-Propanol/Hexan [115] aber auch reines Aceton [99] oder reines Toluol [116] verwendet. Eder und Weber führten mit den Rückständen der Lösungsmittelextraktion eine Wasserdampf- destillation durch [115]. In den Extrakten fanden sie zusätzlich geringe Mengen an Chlorphenolen. Alkylphenole, die weniger dissoziiert vorliegen, wurden nach Vermischen der feuchten Sedimentproben mit Natriumsulfat ohne Einstellung des pH-Wertes durch Soxhletextraktion mit zwei verschiedenen Lösungsmitteln extrahiert. Zuerst wurde mit 2-Propanol und dann mit Hexan extrahiert [36, 117].

Für die Bestimmung der Phenole wird in der Regel eine Derivatisierung durchgeführt, da die Phenole aufgrund ihrer hohen Polarität irreversibel an aktiven Zentren von GC-Trennsäulen adsorbiert werden. Daraus resultiert Peaktailing und damit auch eine geringere Nachweisempfindlichkeit. Eine Vielzahl verschiedener Derivatisierungsmethoden wurde fur die Wasseranalytik entwickelt. Zum Beispiel wurden Diazomethan-, Acetanhydrid-, Silyl-, Heptafluorbuttersäure-, Pentafluorbenzoyl- und Dinitrophenyl-Derivate zur Phenolbestimmung synthetisiert [118]. Bei der Sedimentanalytik wurden die Phenole fast ausschließlich mit Acetanhydrid acetyliert, obwohl dadurch der Response der Verbindungen bei Bestimmung mit GC/ECD nicht erhöht wird. Der Grund für die Verwendung von Acetanhydrid ist, daß die Derivatisierung verhältnismäßig einfach durchführbar ist. Die Lösungsmittelextrakte von der sauren Extraktion werden mit einer Kaliumcarbonatlösung ausgeschüttelt und in dieser Lösung mit Acetanhydrid umgesetzt [34, 99, 116]. Die Derivate werden anschließend mit Hexan aus der wäßrigen Lösung extrahiert. Als zusätzlichen Aufreinigungsschritt führten Götz et al. vor der Derivatisierung eine Flüssig/Flüssig-Verteilung mit Wechsel des pH-Werts durch und trennten auf diese Weise neutrale und basische Verbindungen ab [99]. Im Falle einer basischen Extraktion der Sedimentproben wurde entweder direkt nach pH-Einstellung mit Acetanhydrid derivatisiert [114, 119], oder die Phenole wurden zunächst nach Ansäuren der Extrakte mit einem organischen Lösungsmittel und anschließend mit einer Kaliumcarbonatlösung ausgeschüttelt und darauf mit Acetanhydrid umgesetzt [44]. Der zweite Weg bewirkt eine zusätzliche Aufreinigung der Extrakte. In der Regel wurden im Anschluß an die Derivatisierung keine Aufreinigungsschritte durchgeführt. Aber LEE et al. (1987) empfahlen, eine Minikieselgel-SC anzuschließen, um polare Begleitsubstanzen abzutrennen [34]. Für die Elution der Phenolderivate wurde Toluol/Hexan (1:1) oder Aceton/Hexan (5 + 95) verwendet. Auch Götz et al. setzten teilweise eine Minikieselgel-SC zur Aufreinigung im Anschluß an die Derivatisierung ein [99]. Eine andere Derivatisierungsmethode mit Diazomethan führten Götz et al. für Chlorphenole durch [120]. Zuvor wurden die Phenole nach Ansäuern der basischen Sedimentextrakte mit Hexan ausgeschüttelt. Anschließend folgte ein Clean up über eine gemischte Säule aus Kieselgel und mit Schwefelsäure imprägniertem Kieselgel.

Für die quantitative Bestimmung der Chlorphenole wurde überwiegend die GC mit ECD verwendet. Ein GC/ECD-Chromatogramm eines acetylierten Sedimentextraktes ist in Abb. 10 dargestellt. Teilweise wurde auch die GC/MS im SIM-Mode eingesetzt, um die Ergebnisse abzusichern bzw. um monochlorierte Verbindungen, die beim ECD nur einen relativ geringen Response aufweisen, oder nicht halogenierte Phenole zu bestimmen. Dabei wurden unpolare (DB-1, SE-30, OV-1) und wenig polare (SE 54) bis mittelpolare Kapillarsäulen (DB-1701) verwendet.

Die Extraktion von aromatischen Aminen und basischen N-PAHs (Azaarene) erfolgt ohne Einstellung des pH-Wertes der Sedimentproben. Nelson und Hites extrahierten Sedimentproben für die Bestimmung von Anilinen mit 2-Propanol [121]. Ein speziell auf die Extraktion aromatischer Amine abgestimmtes Gemisch aus Toluol/Pyridin verwendeten Scholz und Palauschek [37]. Azaarene wurden zusammen mit PAHs mit Lösungsmittelgemischen aus Aceton/Hexan [122] oder Benzol/Methanol [73] extrahiert. Das Clean up für die basischen Verbindungen beruhte in der Regel auf einer Flüssig/Flüssig-Verteilung bei wechselndem pH-Wert. Onuska und Terry schüttelten z.B. zunächst bei pH 1 neutrale PAHs aus [122]. Die basischen Azaarene wurden

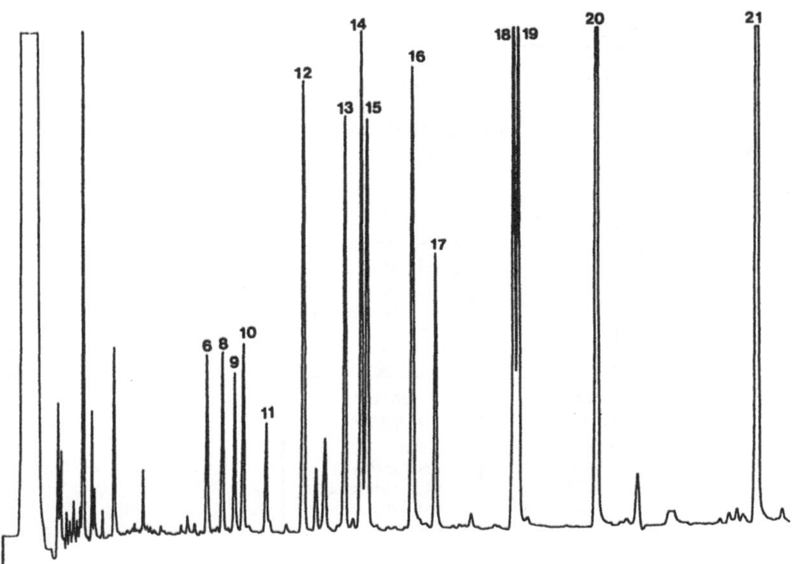

Abb. 10. GC-ECD-Chromatogramm eines acetylierten Sedimentextraktes, der mit Chlorphenolen dotiert wurde (10 ng/g) [34]. *6* = 2,6-Dichlorphenol, *8* = 2,4-Dichlorphenol, *9* = 3,5-Dichlorphenol, *10* = 2,3-Dichlorphenol, *11* = 3,4-Dichlorphenol, *12* = 2,4,6-Trichlorphenol, *13* = 2,3,6-Trichlorphenol, *14* = 2,3,5-Trichlorphenol, *15* = 2,4,5-Trichlorphenol, *16* = 2,3,4-Trichlorphenol, *17* = 3,4,5-Trichlorphenol, *18* = 2,3,5,6-Tetrachlorphenol, *19* = 2,3,4,6-Tetrachlorphenol, *20* = 2,3,4,5-Tetrachlorphenol, *21* = Pentachlorphenol

darauf bei pH 14 mit Dichlormethan aus der wäßrigen Phase extrahiert. Auch Scholz und Palauschek verwendeten u.a. die Methode der Flüssig/Flüssig-Verteilung mit Wechsel des pH-Wertes zur Aufreinigung von Sedimentextrakten [37]. Sie entwickelten die Probenaufreinigung für insgesamt 31 aromatische Amine (siehe Abb. 11). Je nach Basizität bildeten einige Amine im Sauren keine Salze und wurden nicht oder nur teilweise in die wäßrige Phase überführt. Dadurch verteilten sich die Amine nach dem Ausschütteln auf den sauren und den basischen Extrakt. Als weitere für das Clean up von Sedimentproben gut geeignete Methode setzten die Autoren die GPC mit Bio-Beads® S-X2 und Cyclohexan/Ethylacetat (1:1) ein. Die Quantifizierung aromatischer Amine oder N-PAHs wurde meistens mit GC/PND durchgeführt. Durch die Selektivität dieses Detektors wurde die geringe Probenaufreinigung ausgeglichen. Zur Absicherung positiver Ergebnisse wurde häufig die GC/MS eingesetzt. Für die gaschromatographische Auftrennung wurde in der Regel eine fused silica Carbowax Kapillarsäule verwendet, die speziell für basische Verbindungen geeignet ist.

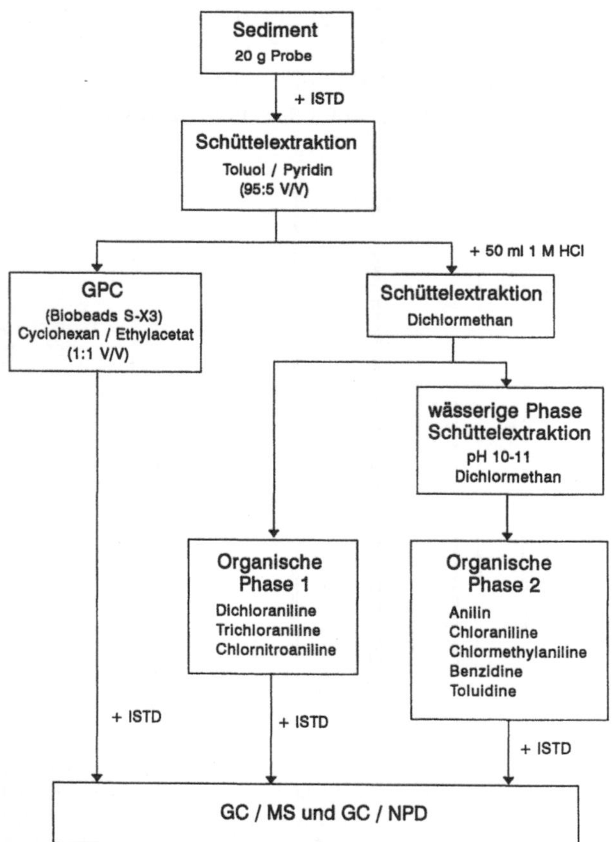

Abb. 11. Analysenschema für substituierte aromatische Amine in Sedimenten nach [37]

Sehr spezielle Methoden sind für die Analyse von LAS-Tensiden in Sedimenten erforderlich. Bei den Clean up-Verfahren wird der anionische Charakter der LAS-Tenside genutzt. Es wurden z.B. Anionenaustauscher zur Anreicherung der Tenside [41] oder Kationenaustauscher zur Aufreinigung der Extrakte eingesetzt [39, 42, 43]. Häufig wurde auch die Komplexbildung von LAS-Tensiden mit Methylenblau für die Aufreinigung genutzt. Allgemein sind die Clean up-Methoden sehr komplex. Für eine gaschromatographische Bestimmung sind zudem zweistufige Derivatisierungen erforderlich [39, 42, 43]. Als Indikatorsubstanzen für die LAS-Tenside können lineare Alkylbenzole (LAB) analysiert werden [42, 123]. Denn LAS-Tenside werden durch die Sulfonierung eines Gemisches von homologen LAB hergestellt. Reste von nicht sulfonierten LAB verbleiben in den LAS-Tensiden und weisen eine relativ hohe Persistenz auf. Als nicht ionogene, unpolare organische Verbindungen lassen sie sich leichter nachweisen. Takada und Ishiwatari verwendeten eine Analysenmethode mit Florisil- und Kieselgel-SC sowie einer Schwefelentfernung mit aktiviertem Kupferpulver, die Methoden für die CKW-Analytik ähnelt [42, 123].

4 Screeninganalytik und Multimethoden

Methodenentwicklungen für eine Vielzahl organischer Schadstoffe aus unterschiedlichen Substanzklassen, die für eine systematische Bestandsaufnahme von Sedimentbelastungen von Bedeutung sind, sind selten. Ausnahmen sind Methoden für die Analyse von zwei Substanzklassen, wie CKWs und PAHs oder CKWs und Phthalate (siehe Kapitel 3). In einigen Fällen wurden Screeninganalysen auf organische Schadstoffe in Sedimenten ohne vorherige Methodenentwicklung, d. h. auch ohne gezieltes Clean up durchgeführt [124, 125, 126]. Onuska et al. analysierten Benzolextrakte von Sedimenten des Lake Ontario ohne jegliches Clean up, um einen Überblick über die Schadstoffverteilung zu erhalten [126]. Die Analyse der Extrakte erfolgte mit GC/MS im Full scan-Mode. Hinweise auf Schadstoffe wurden über eine automatische Bibliothekssuche erhalten und soweit möglich mit Referenzsubstanzen abgesichert. Zusätzlich wurde eine gezielte Suche nach ausgewählten organischen Schadstoffen mit Hilfe von Massenchromatogrammen durchgeführt. Auf diese Weise konnten eine Reihe neutraler Schadstoffe, wie PAHs, Chlorbenzole, Alkylbenzole und Phthalate, identifiziert werden. Eine Übersicht enthält Tabelle 8. Nachteilig bei einem solchen Vorgehen ist die große Belastung des chromatographischen Systems mit Matrixbestandteilen, die schnell zu einer Verschlechterung der Analysenqualtität führt. Außerdem sind umfangreiche Störmöglichkeiten durch Matrixbestandteile gegeben, indem deren Signale Analytpeaks überlagern. Weiterhin geht mit der Peakvielfalt eine schlechtere Peakauflösung einher, so daß die Identifizierungsmöglichkeiten begrenzt bleiben. McFall et al. führten vor der GC/MS-Analyse von Sedimentextrakten auf organische Schadstoffe einen Clean up-Schritt mit der GPC

Tabelle 8. Qualitativ durch GC/MS-Screening in verschiedenen Sedimentproben des Lake Ontario bestimmte organische Schadstoffe nach [126]. + detektiert, − nicht detektiert, (+) an der Detektionsgrenze

| Verbindung Probenachmeort | 206 | | 210 | 210 | 208 | | 209 | 211 |
Sedimenttiefe [cm]	0–5	8–13	3–5	13–14	0–3	9–12	0–3	3–3
Toluol	+	+	+	+	+	+	+	+
Xylole	+	+	+	+	+	−	−	+
Trialkylbenzole	+	+	+	−	+	+	−	+
Tetraalkylbenzole	+	+	+	−	+ +	+	−	+
Naphthalin	+	+	+	+	+	+	+	+
Biphenyl	+	−	−	+	−	−	−	−
Acenaphthylen	+	−	+	−	+	−	−	−
Acenaphthen	+	−	+	−	+	−	+	+
Fluoren	+	+	+	+	+	−	+	+
Phenanthren/Anthracen			+		+	(+)	+	+
alkylierte PAHs	−	−	+	−	+	−	+	+
Dichlorbenzole	+	−	−	+	−	+	+	+
Trichlorbenzole	+	(+)	+	−	−	−	+	+
Tetrachlorbenzole	+	−	−	−	−	−	+	+
Pentachlorbenzol	+	−	−	−	−	−	+	−
Hexachlorbenzol	−	−	+	−	+	−	+	+
Fluorchlortoluole	+	−	+	−	−	−	−	−
chlorierte Styrole	+	−	+	−	+	−	−	−
höhere PAHs	+	+	+	(+)	+	−	+	−
Phthalate	+	+	+	+	+	−	+ +	+
2-Chlornaphthalin	+	+	−	−	+ +	−	+ + +	+
Alkylbenzoate	−	−	+	−	+	+	−	+
Benzylether	−	−	+	+	−	−	−	−

mit Dichlormethan als mobile Phase durch [125]. Die Extraktion wurde als Schüttelextraktion mit Petrolether bei pH 12–13 durchgeführt, um außer neutralen auch basische Substanzen zu erfassen. Die Totalionenstrom-Chromatogramme wurden wie bei Onuska et al. [126] mit Hilfe einer automatischen Bibliothekssuche auf organische Schadstoffe und außerdem gezielt auf die neutralen und basischen „priority pollutants" der USEPA untersucht. Insgesamt konnten 25 „priority pollutants" identifiziert werden, wobei es sich im wesentlichen um PAHs und Phthalate handelte. Gurka untersuchte die Möglichkeiten einer Bestimmung von 54 wichtigen Umweltchemikalien in Sedimentextrakten mit GC/FTIR [127]. Die Extrakte wurden zuvor mit der GPC aufgereinigt. Auf diese Weise wurden nur relativ hohe Nachweisgrenzen im Bereich von 3 bis 88 mg/kg Trockensubstanz (TS) erreicht. Eine Screeninganalyse von Vorflutersedimenten einer chemischen Fabrik führten Jungclaus et al. durch [124]. Teilweise wurden die Sedimentextrakte mit einer Mini-Kieselgel-SC (1 g) in eine Hexan-, eine Benzol- und eine Methanolfraktion aufgetrennt. Für die Analyse setzten sie eine relativ aufwendige instrumentelle Analytik ein. Neben der direkten Analyse der Extrakte und Kieselgelfraktionen mit GC/MS analysierten sie Probenlösungen mit HPLC/UV-VIS bei zwei Wellenlängen. Für die HPLC-Trennung wurde eine RP-18 Säule und ein Acetonitril/Wasser-Gradient verwendet. Das HPLC-Eluat von Substanzen mit intensiver UV-Absorption wurde aufgefangen und mit hochauflösender MS mit Direkteinlaß analysiert. Auf diese Weise konnten sie zusätzlich einige Substanzen identifizieren. Für die Routineanalytik ist diese Vorgehensweise ungeeignet.

Analysenmethoden mit gezielter Probenaufreinigung, eingeschränkt auf eine Reihe neutraler und wenig flüchtiger organischer Schadstoffe, entwickelten Qzertich und Schroeder [128] und Desideri et al. [129]. Qzretich und Schroeder reduzierten das Clean up auf nur einen Aufarbeitungsschritt mittels Festphasenextraktion [128]. Die durch Ultraschallextraktion mit Acetonitril gewonnenen Sedimentextrakte wurden auf RP-18 Kartuschen gegeben und mit Acetonitril wieder eluiert. Eine Fraktionierung wurde dabei nicht vorgenommen. Zur Schwefelentfernung verwendeten sie aktiviertes Kupferpulver, das über das Adsorptionsmaterial geschichtet wurde. Für 22 neutrale „priority pollutants" bestimmten sie bei einer Konzentration von 2,5 mg/kg Feuchtsubstanz die Wiederfindungsraten. Hexachlorbutadien fanden sie überhaupt nicht wieder, Naphthalin nur zu 15%. Dies führten sie auf die hohe Flüchtigkeit der Verbindungen zurück. Auch die übrigen Wiederfindungsraten von 48 bis 84% waren trotz der hohen Dotierkonzentration relativ niedrig. Eine Auftrennung von Sedimentextrakten in drei Fraktionen mit einer Minisäule, die übereinandergeschichtetes RP-18-Material und Kieselgel enthielt, und sehr geringen Mengen an Elutionsmitteln führten Desider et al. durch [129]. Mit 1 ml Hexan wurden zuerst aliphatische Kohlenwasserstoffe eluiert, anschließend mit 2 ml Hexan/Dichlormethan (1:1) aromatische halogenierte und nicht halogenierte Kohlenwasserstoffe wie PAHs, PCBs und Organochlorpestizide. Eine polare dritte Fraktion eluierten sie mit 2 ml Dichlormethan/Methanol (1:1). In dieser Fraktion wurden z.B. Phthalate und das polare Pestizid Dieldrin eluiert. Die Extraktion von jeweils nur 5 g feuchtem Sediment wurde durch Rühren mit einem Lösungsmittelgemisch aus Hexan/Dichlormethan/Methanol durchgeführt, um sowohl polare als auch unpolare Analyte zu erfassen.

Eine umfassendere Analysenmethode für 51 organische „priority pollutants" der USEPA, die außer neutralen auch saure und basische Verbindungen einbezieht, haben Lopez-Avila et al. entwickelt [130]. Dabei wurde durch aufeinanderfolgende Extraktion bei pH 12 und pH 1 ein Extrakt mit basischen und neutralen Verbindungen und ein zweiter Extrakt mit sauren Verbindungen erhalten. Die beiden Extrakte wurden jeweils getrennt aufgearbeitet. Der unter sauren Bedingungen gewonnene Extrakt wurde mit GPC, mit Bio-Beads® S-X3 als stationäre Phase und Dichlormethan als mobile Phase, aufgereinigt. Der Extrakt mit den basischen und neutralen Verbindungen wurde mit einer Kieselgelsäule in 4 Fraktionen aufgetrennt. Die Elution erfolgte mit Hexan (Fraktion 1), 10% Dichlormethan in Hexan (Fraktion 2), 50% Dichlormethan in Hexan (Fraktion 3) und 5% Aceton in Dichlormethan (Fraktion 4). Dabei wurden eine Reihe der untersuchten „priority pollutants" über zwei bis drei Fraktionen verteilt. Naphthalin und p,p'-DDE wurden z.B. in den drei ersten Fraktionen gefunden, Lindan in den Fraktionen 2 bis 4, Phthalate in den Fraktionen 3 und 4. Die Identifizierung und Quantifizierung der Substanzen wurde mit GC/MS durchgeführt. Die Wiederfindungsraten lagen für Substanzkonzentrationen von je 4 mg/kg TS für den überwiegenden Teil der „priority pollutants" im Bereich von 60 bis 120%. Polare und basische Verbindungen, wie Benzidin, 3,3'-Dichlorbenzidin, Endrin und Endosulfan wurden nicht wiedergefunden. Von Aldrin, Trichlorbenzol, Hexachlorbenzol, Anthracen, 4-Nitrophenol und 2,4-Dimethylphenol wurden weniger als 58% wiedergefunden. Die Wiederfindungsraten von $\rho'\rho$-DDT und Fluoranthen betrugen jeweils über 150%. Die für drei Wiederholungen angegebenen Standardabweichungen lagen überwiegend im Bereich von $\pm$ 15 bis $\pm$ 50%. Als Ursachen für die relativ hohen Schwankungen wurde die Komplexität der Matrix und coeluierende Verbindungen angegeben. KOLB et al. entwickelten eine Multimethode für organische Schadstoffe in Sedimenten und Klärschlämmen [131, 132]. Mit dieser Methode gelang die Auftrennung von 26 sogenannten „Leitsubstanzen" in fünf separate Substanzgruppen (siehe Abb. 12). Die Leitsubstanzen umfaßten sowohl neutrale als auch saure und basische, mittel- bis schwerflüchtige Verbindungen unterschiedlicher Polarität. Die feuchten Sedimentproben wurden sukzessiv im neutralen, sauren und basischen Millieu mit Aceton/Hexan extrahiert und die Extrakte anschließend mit Dichlormethan ausgeschüttelt. Die Extrakte wurden vereinigt und in einem Aufarbeitungsgang bearbeitet. Damit sollte die Auftrennung homologer Verbindungen z.B. aus der Gruppe der Phenole oder Aniline vermieden werden. Da schwach saure Verbindungen schon im neutralen oder basischen Millieu extrahiert werden und umgekehrt. Der Probenextrakt wurde zur Abtrennung höher molekularer Verbindungen zunächst mit der GPC aufgereinigt. Anschließend wurden die Analyte bei einer Säulenchromatographie mit stark desaktiviertem Aluminiumoxid in eine unpolare und eine polare Fraktion aufgetrennt. Die unpolaren bis mittelpolaren Leitsubstanzen, einschließlich Dinitrotoluol und Chloraniline, ließen sich mit Hexan eluieren. Phthalate und Phenole wurden als polare Fraktion mit Methanol/Ammoniak eluiert. Der Zusatz von 1 Vol. % Ammoniak zum Methanol ermöglichte die quantitative Elution auch von 4-Nitrophenol und Pentachlorphenol, die stark vom Aluminiumoxid adsorbiert werden. Die weitere Auftrennung der unpolaren Fraktion der Aluminiumoxid-SC in drei Leitsubstanzgruppen war mit einer Kieselgel-SC möglich. In der ersten Fraktion wurden CKWs und Alkylbenzole mit Hexan eluiert. Durch Zusatz von geringen Mengen an Ethylacetat zum Hexan (1:49) ließen sich PAHs, sowie Nitro- und Oxo-PAHs eluieren. Chloraniline und Dinitrotoluol konnten als dritte Fraktion mit Ethylacetat erhalten werden. Die polare Fraktion der Aluminiumoxid-SC wurde einer Derivatisierung mit Pentafluorbenzoylchlorid unterzogen. Dabei wurden die Phenole selektiv umgesetzt. Auf diese Weise ließen sich auch die Phenole empfindlich gaschromatographisch bestimmen. Hierbei erwies sich GC/MS mit NCI als besonders geeignet. Im Anschluß an die Derivatisierung konnten die Phenolderivate aufgrund ihrer gegenüber den underivatisierten Phenolen verringerten Polarität mit einer Kieselgel-SC von den Phthalaten abgetrennt werden. In Zusatzversuchen mit Substanzkonzentrationen, die abhängig von der Substanz zwischen 0,06 und 1 mg/kg TS lagen, wurden für die meisten Leitsubstanzen Wiederfindungsraten über 80% bestimmt. Bei drei Wiederholungen

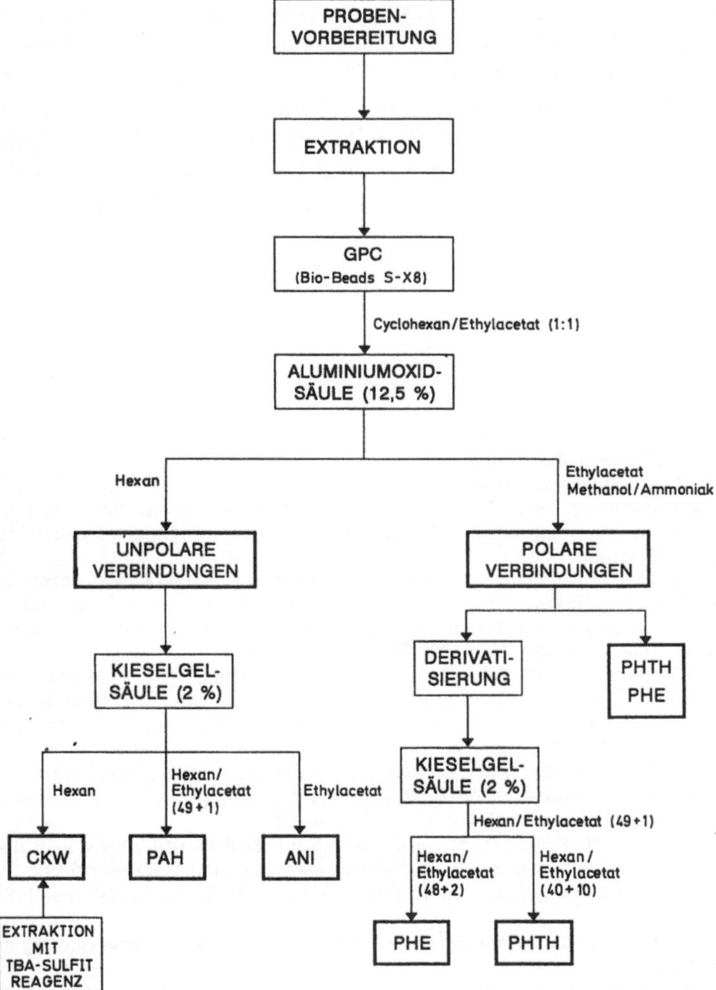

Abb. 12. Analysenschema zur Bestimmung von schwerflüchtigen organischen Schadstoffen in Sedimenten [131, 132]. PHTH = Phthalate, PHE = Phenole, CKW = CKWs, PCBs und Atkylbenzole, PAH = PAHs, Nitro-PAHs, Keto-PAHs und Heterocyclen. ANI = Aniline und Dinitrotoluol

war die Bestimmung mit Spannweiten von in der Regel unter 10% und maximal 20% reproduzierbar. Auffallend niedrige Wiederfindungsraten wurden von 2,4-Dimethylphenol, 4-Nitrophenol, 2,4-Dichloranilin und besonders 4-Chloranilin bestimmt. Bei Dimethylphenol waren u.a. Verluste beim Einengen eine Ursache für die niedrigen Wiederfindungsraten verantwortlich. Verluste von Nitrophenol traten vor allem beim Derivatisierungsschritt auf. Hier scheint die Matrix einen Einfluß auf die Minderbefunde zu haben. Bei den Chloranilinen waren Adsorptionsverluste bei der Säulenchromatographie für die niedrigen

Wiederfindungsraten verantwortlich. Zusätzliche Verluste der Chloraniline von
bis zu 18% traten bei der Extraktion auf. Sehr auffällig war auch die niedrige
Wiederfindungsrate von Dinitrotoluol von 27%, verursacht durch eine starke
Adsorption an der Sedimentmatrix. Im Gegensatz hierzu betrug die
Wiederfindungsrate von Dinitrotoluol ohne Berücksichtigung der Extraktion
88%. Die Ergebnisse zeigen die Grenzen einer Multimethode in Hinblick auf die
Analyse von leichter flüchtigen und stark adsorbierbaren Verbindungen.

5 Literatur

1. Kummert R und Stumm W (1989) Gewässer als Ökosysteme, S 167, 2. Auflage, Verlag der
   Fachvereine Zürich Teubner BG, Stuttgart
2. Förstner U (1984) Mobilität von toxischen Schwermetallen in Baggerschlamm; S 67–88. in:
   Freie Hansestadt Hamburg, Behörde für Wirtschaft, Verkehr, Landwirtschaft, Amt für
   Strom- und Hafenbau, Ergebnisse aus dem Baggergutuntersuchungsprogramm: Fachseminar
   Baggergut, Heft 1, Hamburg
3. Mast P-G und Gunkel F (1991) Untersuchungen zur Verteilung und zu den Umsetzungen von
   polychlorierten Biphenylen in einem innerstädtischen Gewässer; Vom Wasser 76, 321–331
4. Knöpp H (1989) Flußsedimente und Hafenbaggerschlämme, S 1–16, in: G Höser, W Schenkel,
   H Schnurer, Müll-Handbuch, Bd 2, Kap 3009, Erich-Schmidt Verlag
5. Därr G-M (1984) Baggergut als Sekundärrohstoff zur Herstellung von Baumaterialien,
   S 389–403, in: Freie Hansestadt Hamburg, Behörde für Wirtschft, Verkehr, Landwirtschaft,
   Amt für Strom- und Hafenbau, Ergebnisse aus dem Baggergutuntersuchungsprogramm:
   Fachseminar Baggergut, Heft 1, Hamburg
6. Lerman (Ed), A (1978) Lakes – chemistry, geology, physics, Springer Verlag, New York.
7. Hellmann H (1987) Untersuchung der Anreicherungstendenz. von organischen Spurenstoffen
   gegenüber Tonmineralien; Fresenius Z Anal Chem 32 524–529
8. Ackermann F, Hellmann H, Knöpp H, Müller D, Nöhtlich I, Schleichert U, Schwille F und
   Tippner M (1982) Wird das Baggern an öffentlichen Gewässern zum Umweltproblem?, in:
   Bundesanstalt für Gewässerkunde, Jahresbericht der Bundesanstalt für Gewässerkunde 1981,
   Teil 1, Koblenz
9. Arge-Elbe (1982) Chlorierte Kohlenwassserstoffe – Daten der Elbe – von Schnackenburg bis
   zur See (1980–1982)
10. Frank S, und Wild S (1988) Sedimentuntersuchungen im Hamburger Hafen – Organische
    Schadstoffe -, in: Freie Hansestadt Hamburg, Behörde für Wirtschaft, Verkehr, Landwirtschaft,
    Amt für Strom und Hafenbau, Ergebnisse aus dem Baggergutuntersuchungsprogramm, Heft 3,
    Hamburg
11. Keller M, Hellmann H und Petersen R (1988) Schadstoffbelastung in Gewäs-sern, Organo-
    halogene, Schwermetalle, nichtionische Tenside, in: Bundesanstalt für Gewässerkunde, Schluß-
    bericht für 1984–1987, Koblenz
12. Thier H-P und Frehse H (1986) Chemie der Pestizide, Organochlor-Verbindungen (Insektizide),
    S 14–18, in: Rückstandsanalytik von Pflanzenschutzmitteln, Kap 1.2.3, Georg Thieme Verlag,
    Stuttgart New York
13. Lopez-Avila V, Dodhiwala N, Milanes J und Beckert WF (1989 a) Evaluation of EPA method
    8120 for determination of chlorinated hydrocarbons in environmental samples; J Assoc Off Anal
    Chem 72, 593–602
14. Pereira WE, Rostad CE, Chiou CT, Brinton TI, Barber LB, Demcheck DK und Demas CR
    (1988) Contamination of estuarine water, biota, and sediment by halogenated organic
    compounds: a field study; Environ Sci Technol 22, 772–778
15. Oliver BG und Nicol KD (1982) Gas chromatographic determination of chlorobenzenes and
    other chlorinated hydrocarbons in environmental samples using fused silica capillary columns;
    Chromatographia 16, 336–341

16. Carey JH, Hart JH (1986) Gas chromatographic/mass spectrometric (GC/MS) identification of the major components of non-aqueous material from the St Clair River; Water Poll Res J Canada 21, 309–322

17. Eder G, Sturm T und Ernst W (1987) Chlorinated hydrocarbons in sediments of the Elbe river and the Elbe estuary; Chemosphere 16, 2487–2496

18. Ernst W, Weigelt V und Weber K (1984) Octachlorostyrene – a permanent micropollutant in the North Sea; Chemosphere 13, 161–168

19. Lau YL, Oliver BG und Krishnappan BG (1989) Transport of some chlorinated contaminants by the water, suspended sediments, and bed sediments in the St Clair and Detroit Rivers; Environ. Tox Chem. 8, 293–301

20. Bieri RH, Cueman MD, Smith CL und Su CW (1978) Polynuclear aromatic and polycyclic aliphatic hydrocarbons in sediments from the Atlantic Outer Continental Shelf; Intern. J Environ Anal Chem 5, 293–310

21. Morel G, Samhan O, Literathy P, Al-Hashash H, Moulin L, Saeed T, AL-Matrouk K, Martin-Bouyer M, Saber A, Paturel L, Jarosz J, Vial M, Combet E, Fachinger C, Suptil J (1991) Evaluation of chromatographic and spectroscopic methods for the analysis of petroleum-derived compounds in the environment; Fresenius J Anal Chem 339, 699–715

22. Nagy E, Carley JH und Hart JH (1986) Hydrocarbons in St Clair River sediments; Water Poll Res J Canada 21, 390–398

23. Sinkkonen S (1989) The fate of some crude oil residues in sediments; Chemosphere 18, 2093–2100

24. Bouloubassi I und Saliot A (1991) Sources and transport of hydrocarbons in the Rhône delta sediments.(Northwestern Mediteranean); Fresenius J Anal Chem 339, 765–771

25. Colombo JC, Pelletier E, Brochu C, Khalil M und Catoggio JA (1989): Determination of hydrocarbon sources using n-alkane and polyaromatic hydrocarbon distribution indexes. Case study: Rio de La Plata Estuary, Argentina; Environ Sci Technol 23, 888–894

26. Hagenmaier J, Kaut H und Krauss P (1986) Analysis of polycyclic aromatic hydrocarbons in sediments, sewage sludges and composts from municipal refuse by HPLC; Intern J Environ Anal Chem 23, 331–345

27. Kayal SI und Connell DW (1989) Polycyclic aromatic hydrocarbons (PAHs) in sediments of the Brisbane River (Australia) – preliminary results; Wat Sci Technol 21, 161–165

28. Klungsøyr J, Wilhelmsen S, Westrheim K, Saetvedt E und Palmork KH (1988) The GEEP Workshop: organic chemical analyses; Mar Exol Prog Ser 46, 19–26

29. Laflamme RE and Hites RA (1978) The global distribution of polycyclic aromatic hydrocarbons in recent sediments; Geochim Cosmochim Acta 42, 289–303

30. Smith JN und Levy EM (1990) Geochronology for polycyclic aromatic hydrocarbon contamination in sediments of the Saguenay Fjord; Environ Sci Technol 24, 874–879

31. Malisch R (1981) Sedimente als Modell für die Beurteilung der Umweltkontamination durch chlororganische Pestizide, polychlorierte Biphenyle und Phthalate unter besonderer Berücksichtigung des zeitlichen Verlaufs, Dissertation, Universität zu Münster.

32. Peterson JC und Freeman DH (1982) Method validation of GC-MS-SIM analysis of phthalate esters in sediment; Intern J. Environ Anal Chem 12, 277–291

33. Russell DJ und McDuffie B (1983) Analysis for phthalate esters in environmental samples: separation from PCB's an pesticides using dual column liquid chromatography; Intern J Environ Anal Chem 15, 165–183

34. Lee HB, Stokker YD und Chau ASY (1987): Analysis of phenols by chemical derivatization. V Determination of pentachlorophenol and 19 other chlorinated phenols in sediments; J Assoc Off Anal Chem 70, 1003–1008

35. Paasivirta J, Palm H, Paukku R, Akhabuhaya J und Lodenius M (1988) Chlorinated insecticide residues in Tanzanian environment. Tanzandrin; Chemosphere 17, 2055–2062

36. Carter DS und Hites RA (1992): Fate and transport of Detroit River derived pollutants throughout Lake Erie; Environ Sci Technol 26, 1333–1341

37. Scholz B und Palauschek N (1988) The determination of substituted aromatic amines in water and sediment samples; Fresenius Z Anal Chem 331, 282–289

38. Kußmaul H, Hegazi M und Pfeilsticker K (1975) Zur Analytik von Phenylharnstoff-Herbiziden im Wasser. Gaschromatographische Bestimmung der Wirkstoffe und Metaboliten; Vom Wasser 44, 31–47

39. Hon-Nami H und Hanya T (1980) Difference in the composition of linear alkylbenzene sulfonate homologues in river sediment and river water; Jap J Limnol 41, 1–4

40. Kunkel E (1987) Umweltanalytik von Tensiden; Tenside, Detergents 24, 281–285
41. Matthijs E und De Henau H (1987) Determination of LAS. Determination of linear alkylben-zenesulfonates in aqueous samples, sediments, sludges and soils using HPLC; Tenside Detergents 24, 193–199
42. Takada H und Ishiwatari R (1990) Biodegradation experiments of linear alkylbenzenes (LABs): isomeric composition of C_{12} LABs as an indicator of the degree of LAB degradation in the aquatic environment; Environ Sci Technol 24, 86–91
43. Trehy ML, Gledhill WW und Orth RG (1990) Determination of linear alkylbenzenesulfonates and dialkyltetralinsulfonates in water and sediment by gas chromatography/mass spectrometry; Anal Chem 62, 2581–2586
44. Lampi P, Tolonen K, Vartiainen T und Tuomisto J (1992) Chlorophenols in lake bottom sediments: a retrospective study of drinking water contamination; Chemosphere 24, 1805–1824
45. Roerden O, Reisinger K, Leymann W und Frischkorn CBG (1989) A simple clean-up, procedure for the quantitative determination of PCBs in complex materials; Fresenius Z Anal Chem 334, 413–417
46. Bush B, Shane LA, Wahlen M und Brown MP (1987) Sedimentation of 74 PCB congeners in the upper Hudson River; Chemosphere 16, 733–744
47. Plöger E. und Reupert R (1986) Bestimmung von PAKs in Wasser, Sedimenten, Schlamm und Abfall mit Hilfe der HPLC, S 136–166, in: Gewässerschutz, Wasser, Abwasser: Neuere Entwick-lungen und Erfahrungen mit der Bestimmung halogenorganischer Verbindungen als Summen- und Einzelstoffanalysen im Hinblick auf die Novellierung der Wassergesetze – Erfahrungen mit der HPLC für organische und anorganische Komponenten, Bd. 88, Institut für Siedlungswasserwirtschaft der TU Aachen, Aachen
48. West RH und Hatcher PG (1980) Polychlorinated biphenyls in sewage sludge and sediment of the New York Bight; Mar Poll Bull 11, 126–129
49. LWA NRW (1991) Rheingüteberichte NRW '90, Düsseldorf
50. Verbrugge DA, Othoudt RA, Grzyb KR, Hoke RA, Drake JB, Giesy JP und Anderson D (1991) Concentration of inorganic and organic contaminants in sediments of six harbors on the North American Great Lakes; Chemosphere 2, 809–820
51. Buchert H, Bihler S und Ballschmiter K (1982) Untersuchungen zur globalen Grundbelastung mit Umweltchemikalien. VII. Hochauflösende Gas-Chromatographie persistenter Chlorkohlenwasserstoffe und Polyaromaten in limnischen Sedimenten unterschiedlicher Belastung; Fresenius Z Anal Chem 313, 1–20
52. Fernandez P und Bayona JM (1992) Use of off-line gel permeation chromatography-normal-phase liquid chromatography for the determination of polycyclic aromatic compounds in environmental samples and standard reference materials (air particulate matter and marine sediment); J Chromatogr 25, 141–149
53. Helfrich J und Armstrong DE (1986) Polycyclic aromatic hydrocarbons in sediments of the southern basin of Lake Michigan; J Great Lakes Res 12, 192–199
54. Holoubek I, Paasivirta J, Maatela P, Lahtiperä M, Holoubková I, Korinek P, Bohácek Z und Cáslavský J (1990) Comparison of extraction methods for polycyclic aromatic hydrocarbon determination in sediments; Toxicol Environ Chem 25, 137–154
55. Huggett RJ, De Fur PO und Bieri RH (1988) Organic compounds in Chesapeake Bay Sediments; Marine Pollution Bulletin 19, 454–458
56. Colombo JC, Kalil MF, Arnac M, Horth AC und Catoggio JA (1990) Distribution of chlorinated pesticides and individual polychlorinated biphenyls in biotic and abiotic compartments of the Rio de La Plata, Argentina; Environ Sci Technol 24, 498–505
57. LWA NRW (1986) Sedimentuntersuchungen in Fließgewässern (1978–1983), in: Wasser und Abwasser, LWA Schriftenreihe, Heft 41, Düsseldorf
58. Nerin C, Echarri I und Cacho J (1991) Determination of HCHs in sediments of the River Gallego; Fresenius J Anal Chem 339, 684–687
59. Kaminsky R und Hites RA (1984) Octachlorostyrene in Lake Ontario: Sources and Fates; Environ Sci Technol 18, 275–279
60. Nylund K, Asplund L, Jansson B, Jonsson P, Litzén K und Sellström U (1992) Analysis of some polyhalogenated organic pollutants in sediment and sewage sludge; Chemosphere 12, 1721–1730
61. Huschek G, Beerbalk HO, Werner G und Engewald W (1989) Bestimmung von Organochlorpestiziden in Schlämmen und Sedimenten; Acta Hydrochim Hydrobiol.17, 131–141

62. Evans KM, Gill RA, Robotham PWJ (1990) The PAH and organic content of sediment particle size fractions; Water, Air, and Soil Pollut 51, 13–31

63. Hawthorn SB, Miller DJ, Langenfeld JJ: Qantitative analysis using directly coupled supercritical fluid extraction-capillary gas chromatography (SFE-GC) with a conventional split/splitless injection port; J Chromatogr Sci 26, 2–8

64. Alberti J (1983) Organische Schadstoffe in Gewässersedimenten; Vom Wasser 61, 149–154

65. Oliver BG und Pugsley CW (1986): Chlorinated contaminants in St Clair River sediments; Water Poll Res J Canada 21, 368–380

66. Paasivirta J, Herzschuh R, Lahtiperä M, Pellinen J und Sinkkonen S (1981) Oil residues in baltic sediment, mussel and fish, I Development of the analyses method; Chemosphere 10, 919–928

67. Wegmann RCC und Hofstee AWM (1982): Determination of organochlorines in river sediment by capillary gas chromatography; Water Res. 16, 1265–1272.

68. USEPA (1986) Test methods for evaluating solid waste, physical/chemical methods, SW-846, 1B, Washington D.C

69. Alford-Stevens AL, Budde WL und Bellar TA (1985) Interlaboratory study on determination of polychlorinated biphenyls in environmental contaminated sediments; Anal Chem 57, 2452–2457

70. Poppe A, Alberti J, Friege H und Rönnefahrt B (1988): Umweltgefhärdung durch chlorierte Diphenylmethane (Ugilec 141); Vom Wasser 70, 33–42

71. Jannson B, Andersson R, Asplund L, Bergman Å, Litzén K, Nylund K, Reutergårdh L, Sellström U, Uvemo U-B, Wahlberg C und Widequist U (1991) Multiresidue method for the gas-chromatographic analysis of some polychlorinated and polybrominated pollutants in biological samples; Fresenius J Anal Chem 340, 439–445

72. Kannan N, Tanabe S, Wakimoto T und Tatsukawa R (1987) Coplanar polychlorinated biphenyls in Arochlor and Kanechlor mixtures; J Assoc Off Anal Chem 70, 451–454

73. Barrick RC. Fürlong ET und Carpenter R (1984) Hydrocarbon and azaarene markers of coal transport to aquatic sediments; Environ Sci Technol 18, 846–854

74. Bates TS, Hamilton SE und Cline JD (1984) Vertical transport and sedimentation of hydrocarbons in the central main basin of Puget Sound, Washington; Environ Sci Technol 18, 299–305

75. Grimalt J, Marfil C und Albaigés J (1984) Analysis of hydrocarbons in aquatic sediments; Intern J Environ Anal Chem 18, 183–194

76. Hamilton SE, Bates TS und Cline JD (1984) Sources and transport of hydrocarbons in the Green-Duwamish River, Washington; Environ Sci Technol 18, 72–79

77. Ramos LS und Prohaska PG (1981) Sephadex LH-20 chromatography of extracts of marine sediment and biological samples for the isolation of polynuclear aromatic hydrocarbons; J Chromatogr 211, 284–289

78. Kawamura K und Kaplan IR (1986) Biogenic and anthropogenic organic compounds in rain and snow samples collected in Southern California; Atmos Environ 20, 115

79. MacLeod JR, WD, Prohaska PG, Gennero DD und Brown DW (1982) Interlaboratory comparisons of selected trace hydrocarbons from marine sediments; Anal. Chem. 54, 386–392

80. Spitzer T und Kuwatsuka S (1988) Simultaneous clean-up of nitroarenes and polycyclic aromatic ketones from soil and particulate matter on XAD-2; J Chromatogr 435, 489–495

81. Lopez-Avila V, Milanes J, Dodhiwala NS und Beckert WF (1989 b) Clean-up of environmental sample extracts using florisil solid-phase extraction cartridges; J Chrom Sci 27, 209–215

82. Rose E (1990) Untersuchungen zum Verhalten von polycyclischen aromatischen Kohlenwasserstoffen in Wasser und Boden einer Trinkwassergewinnungsanlage, Dissertation, Universität-GH Paderborn

83. Rebbert RE, Chesler SN, Guenther FR, Doster BJ, Parris RM, Schantz MM und Wise AA (1992) Preparation and analysis of a river sediment standard reference material for the determination of trace organic constituents; Fresenius J Anal Chem 342, 30–38

84. Goerlitz DF und Law LM (1971): Note on removal of sulfur interference from sediment extracts from pesticide analysis; Bull Environ Contam Tox 6, 9–10

85. Schuphan I, Ebing W, Holthöfer J, Krempler R, Lanka E, Ricking M und Pachur H-J (1990): Bleidner vapour phase extraction technique for the determination of organochlorine compound in lake sediments; Fresenius J Anal Chem 336, 564–566

86. Blumer M (1957) Removal of elemental sulfur from hydrocarbon fractions; Anal Chem 29, 1039–1041
87. Czuczwa JM und Hites RA (1984) Environmental fate of combustion-generated polychlorinated dioxins and furans; Environ Sci Technol 18, 444–450
88. Jensen S, Renberg L und Reutergråd L (1977) Residue analysis of sediment and sewage sludge for organochlorines in the presence of elemental sulfur; Anal Chem 49, 316–318
89. Czuczwa JM und Alford-Stevens A (1989) Optimized gel permeation chromatographic cleanup for soil, sediment, wastes, and oily waste extracts for determination of semivolatile organic pollutants and PCBs; J Assoc off Anal Chem 72, 752–758
90. Kerkhoff MAT, De Vries A, Wegman RCC und Hofstee AWM (1982): Analysis of PCBs in sediments by capillary gas chromatography; Chemosphere 11, 165–174
91. Poppe A, Alberti J und Bachhausen P (1991) Entwicklung der Belastung nordrhein-westfälischer Flußsedimente mit Tetrachlorbenzyltoluolen und polychlorierten Biphenylen; Vom Wasser 76, 191–198
92. Furlong ET, Carter DS, Hites RA (1988) Organic contaminants in sediments from the Trenton Channel of the Detroit River, Michigan; J Great Lakes Res 14, 489–501
93. Wade TL, Atlas EL, Brooks JM, Kennicutt II MC, Fox RG, Sericano J, Garcia-Romero B und Defreitas D (1988) NOAA Gulf or Mexico status and trends program: Trace organic contaminant distribution in sediments and oysters; Estuaries 11, 171–179
94. Sturm R, Knaut HD, Reinhardt RKH und Grandraß J (1986) Chlorkohlenwasserstoffverteilung in Sedimenten und Schwebstoffen der Elbe; Vom Wasser 67, 23–38
95. Brannon JM und Karn R (1990) Cleanup of sediment extracts prior to PCB analysis; Bull Environ Contam Toxicol 44, 542–548
96. Ziogoú K, Kirk PWW und Lester JN (1989) Evaluation of a clean-up procedure for the determination of phthalatic esters in sewage sludge; Environ Technol Lett 10, 77–82
97. Hilpert LR, May WW, Chesler SN und Hertz HS (1978) Interlaboratory comparison of determination of trace level petroleum hydrocarbons in marine sediments; Anal Chem 50, 458–463
98. Albaigés J und Grimalt J (1987) A qualtity assurance study for the analysis of hydrocarbons in sediments; Intern J Environ Anal Chem 31, 281
99. Götz R, Schumacher E, Roch K, Specht W und Weeren RD (1990) Chlorierte Kohlenwasserstoffe (CKWs) in Hamburger Hafensedimenten; Vom Wasser 75, 375–392
100. Veith GD und Kiwus LM (1977) An exhaustive steam-distillation and solvent-extraction unit for pesticides and industrial chemicals; Bull Environ Contam Toxicol 17, 631–636
101. Bleidner WE, Backer HM, Levitesky M und Lowen WK (1954) Determination of 3-(p-chlorophenyl)-1, 1-dimethylurea in soils and plant tissue; J Agric Food Chem 2, 476–479
102. Rijks V, Curvers J, Noy TH und Cramers C (1983) Possibilities and limitations of steam destillation-extraction as a pre-concentration technique for trace analysis of organics by capillary gas chromatography; J of Chromatogr. 279, 395–407
103. Bierl R (1988) Combined trace analysis of volatile and semivolatile chlorinated hydrocarbons in river sediment; Fresenius Z Anal Chem 330, 437–438
104. Calero S, Fomsgaard I, Lacayo ML, Martinez V, Rugoma R (1992) Preliminary study or 15 organochlorine pesticides in Lake Xoloton, Nicaragua; Chemosphere 24, 1413–1419
105. Rostad CE und Pereira WE (1989) Analysis of chlorinated organic compounds in estuarine biota and sediments by chemical ionization tandem mass spectrometry; Biomed Mass Spectrom 18, 464–470
106. Guenther FR und Rebbert RE (1989) The analysis of polychlorinated biphenyls by multidimensional gas chromatography; J High Res Chromatogr 821–824
107. Brannon JM, Myres TE, Gunnison D und Price CB (1991) Nonconstant polychlorinated biphenyl partitioning in New Bedford Harbor sediment during sequential batch leaching; Environ. Sci Technol 25, 1082–1087
108. Mudroch A, Onuska FI und Kalas L (1989) Distribution of polychlorinated biphenyls in water, sediment and biota of two harbours; Chemosphere 18, 2141–2154
109. Ballschmiter K und Zell M (1982) Analysis of polychlorinated biphenyls by glass capillary gas chromatography, composition of technical Arochlor-and Chlophen-PCB mixtures; Fresenius Z Anal Chem 302, 20–31
110. Schadstoff-Höchstmengenverordnung (1988) Verordnung ber Höchstmengen an Schadstoffen in Lebensmitteln vom 23. März 1988, Bundesgesetzblatt Teil I S 422
111. DIN 51527 TEIL 1 (1987) Prüfung von Mineralölerzeugnissen, Bestimmung polychlorierter Biphenyle (PCB). Flüssigchromatographische Vortrennung und Bestimmung 6 ausgewählter

PCBs mittels eines Gaschromatographen mit Elektronen-Einfang-Detektor (ECD), in: Normenausschuß Materialprüfung (N) im DIN Deutsches Institut für Normung e. V, Beuth Verlag, GmbH

112. Trinkw V (1990) Verordnung über Trinkwasser und über Wasser für Lebensmittelbetriebe (Trinkwasserverordnung - TrinkwV) vom 05, Dezember 1990, Bundesgesetzblatt Teil I. S 2612, berichtigt am 23.01.1991 Bundesgesetzblatt Teil I, S 227

113. Lai JK, Filseth SV, Sadowski CM und Moragan FJ, Direct determination of Benzo[a]pyren and Pyrene in solid environmental samples by jet-cooled spectroscopy; Intern J Environ Anal Chem 40, 99–109

114. Abrahamsson K und Klick S (1989) Distribution and fate of halogenated organic substances in an anoxic marine environment; Chemosphere 18, 2247–2256

115. Eder G und Weber K(1980) Chlorinated phenols in sediments and suspended matter of the Weser estuary; Chemosphere 9, 111–118

116. Wegman RCC und Van Den Broek HH (1983): Chlorophenols in river sediment in the Netherlands; Water Res 17, 227–230

117. Shiraishi H, Carter DS und Hites RA (1989) Identification and determination of tert.-alkylphenols in carp from the Trenton Channel of the Detroit River, Michigan, USA; Biomedical and environmental mass spectrometry 18, 478–483

118. Bengtsson G (1985) A gas chromatographic micromethod for trace determinations of phenols; J Chrom Sci 23, 397–401

119. Paasivirta J, Hakala J, Knuutinen J, Otollinen T, Särkkä J, Welling L, Paukku R und Lammi R (1990) Organic chlorine compounds in lake sediments. III. Chlorohydrocarbons, free and chemically bound chloropenols; Chemosphere 21, 1355–1370

120. Götz R, Friesel P, Roch K, Päpke O, Ball M und Lis A (1993) Polychlorinated-p-dibenzodioxins (PCDDs), -dibenzofurans (PCDFs), and other chlorinated compounds in the river Elbe: results on bottom sediments and fresh sediments collected in sedimentation chambers; Chemosphere 27, 105–111

121. Nelson CR und Hites RA (1980) Aromatic amines in and near Buffalo River; Environ Sci Technol 14, 1147–1149

122. Onuska FI und Terry KA (1989) Identification and quantitative analysis of nitrogen-containing polycyclic aromatic hydrocarbons in sediments; J High Res Chrom 12, 362–367

123. Takada H und Ishiwatari R (1985) Quantitation of long-chain alkylbenzenes in environmental samples by silica gel column chromatography and high-resolution gas chromatography; J. Chromatogr 346, 281–290

124. Jungclaus GA, Lopez-Avila V und Hites RA (1978) Organic compounds in an industrial wastewater: a case study of environmental impact; Environ Sci Technol 12, 88–96

125. McFall JA, Antoine SR und DeLeon (1985) Base-neutral extractable organic pollutants in biota and sediments from Lake Pontchartrain; Chemosphere 14, 1561–1569

126. Onuska FI, Mudroch A und Terry KA (1983) Identification and determination of trace organic substances in sediment cores from the westem basin of Lake Ontario; J Great Lakes Res, Internat Assoc Great Lakes Res 9, 169–182

127. Gurka DF (1985) Interim protocol for the automated analysis of semivolatile organic compounds by gas chromatography/Fourier transform infrared (GC/FT-IR) spectrometry; Appl Spectrosc 39, 827–833

128. Qzretich RJ und Schroeder WP (1986) Determination of selected neutral priority organic pollutants in marine sediment, tissue, and reference materials utilizing bonded-phase sorbents; Anal Chem 58, 2041–2048

129. Desideri PG, Lepri L, Canovaro M und Checchini L (1988) Recovery, identification and determination or organic compounds in marine sediments; Stud Environ Sci 34, 317–331

130. Lopez-Avila V, Northcutt R, Onstot J und Wickham M (1983) Determination of 51 priority organic compounds after extraction from standard reference materials; Anal Chem 55, 881–889

131. Kolb M (1993) Entwicklung einer analytischen Trennmethode zur Bestimmung organischer Schadstoffe in Sedimenten, Dissertation, TU Braunschweig

132. Kolb M, Böhm HB und Bahadir M (1994): Analytical multimethod for the determination of low volatile organic pollutants in sediments and sewage sludges; im Druck

Forensische Analytik: Drogen und Arzneimittel

Th. Daldrup, F. Mußhoff

Institut für Rechtsmedizin der Heinrich-Heine-Universität Düsseldorf Moorenstraße 5, D-40225 Düsseldorf

1 Zusammenfassung

Der forensische Nachweis einer Drogen- oder Medikamenten-Einnahme gewinnt zunehmend an Bedeutung. An die Analytik werden höchste Qualitätsansprüche gestellt, da die Befunde wichtige Beweismittel in Gerichtsverfahren sind und fehlerhafte Analysen unter Umständen zu einer Verurteilung eines Unschuldigen führen können. Es werden die wichtigsten illegalen Drogen besprochen und die modernsten Methoden zu deren Nachweis insbesondere in Körperflüssigkeiten beschrieben. Weiterhin werden Screening-Verfahren vorgestellt, mit denen es möglich ist, unbekannte Substanzen zu identifizieren. Ferner werden anhand von Vorschriften zum Nachweis einzelner Arzneimittel einige andere wichtige Analysenverfahren beschrieben. Alle vorgestellten Methoden entstammen der Vorschriftensammlung des forensischtoxikologischen Labors des Instituts für Rechtsmedizin Düsseldorf; sie haben alle ihre Routinetauglichkeit unter Beweis gestellt.

2 Einleitung

Dienen chemische Analysen oder die Erforschung neuer analytischer Verfahren vorrangig gerichtlichen oder kriminologischen Zwecken, so wird für diese Tätigkeit der Begriff forensische Analytik verwendet (Das Forum war in altrömischen Städten der Platz, der als Ort der Rechtspflege diente; die forensischen Wissenschaften sind folglich alle die im Dienste der Rechtspflege stehenden Wissenschaften). Ob etwas „forensisch" ist, hängt somit nicht von der Art, sondern nur vom Ziel der Tätigkeit ab. Da nun jegliches Analysenverfahren im forensischen Bereich verwendet werden kann, ist es nicht möglich, ein kurzes Übersichtskapitel zu diesem Thema zu schreiben. Für den vorliegenden Aufsatz haben wir uns deshalb zwei Schwerpunktthemen herausgegriffen:

1. Die typischen Qualitätsanforderungen an analytische Verfahren, damit hiermit erhobene Befunde als Beweismittel in einem Gerichtsverfahren zugelassen werden und
2. praktische Anleitungen zum Nachweis der wichtigsten illegalen Drogen sowie ausgewählter forensisch-toxikologisch relevanter Arzneistoffe.

Für alle diejenigen, die sich darüber hinaus für die forensische Analytik im speziellen und für die Rechtsmedizin sowie naturwissenschaftliche Kriminalistik im allgemeinen interessieren, haben wir am Ende eine Auswahl von Titeln einschlägiger Handbücher zusammengestellt. In diesen Büchern finden sich ausführliche Kapitel über die vielen anderen Gebiete der forensischen Analytik, wie Analysen an Blutspuren (z.B. DNA), von Dokumenten (Papier, Tinte usw.), von Brandbeschleunigern und Explosivstoffen, von Schmauchspuren nach Schußwaffengebrauch, von Fingerabdrücken, von Fasern und Haaren sowie bio- und thantochemischen Untersuchungen für diagnostische Zwecke oder zur Bestimmung des Leichenalters, um nur einige Beispiele zu nennen.

Bei der Abfassung des vorliegenden Aufsatzes setzen wir voraus, daß der Leser über die Grundlagen der angesprochenen Analysenverfahren informiert ist, zumal die wichtigsten Methoden, wie GC, HPLC, MS, Immunoassay und andere, in den Bänden 2, 3, 4, 8 der vorliegenden Reihe abgehandelt worden sind. Die hier vorgestellten Methoden sind alle routinetauglich. Sie entstammen alle der Methodensammlung des forensisch-toxikologischen Laboratoriums des Instituts für Rechtsmedizin der Heinrich-Heine-Universität Düsseldorf.

3 Allgemeines

3.1 Richtlinien zur Durchführung chemisch-toxikologischer Untersuchungen

Bindende Richtlinien zur Durchführung forensischer Analysen auf Drogen und Arzneistoffe gibt es bisher nicht. Verschiedene Fachgesellschaften haben jedoch Richtlinien mit empfehlendem Charakter abgefasst, so auch die GTFCh (Gesellschaft für Toxikologische und Forensische Chemie) [1]. Auch wenn diese Richtlinien (noch) nicht bindend sind, so empfiehlt es sich dennoch, bei der Durchführung forensischer Analysen hiernach (siehe Anhang) zu arbeiten.

3.2 Drogen

In Westeuropa werden in der Drogenszene im wesentlichen vier Stoffe bzw. Stoffgruppen konsumiert. Es handelt sich allen voran um die Cannabisprodukte (z.B. Haschisch und Marihuana), um das Heroin sowie um die Stimulantien Cocain und Amphetamin. Eine geringere Rolle spielen das LSD und die synthetischen Amphetamine, wie das Methylendioxymethamphetamin (= MDMA, Ecstasy, XTC, ADAM). Die zahlreichen anderen Stoffe, die in illegalen Labors hergestellt und auf dem Drogenmarkt angeboten werden, beobachtet man nur in Einzelfällen. Selbstverständlich muß ein forensisches Analysenlabor über Methoden verfügen, um im Falle eines Falles auch seltenere Drogen zu identifizieren. In der Regel wird eine Identifizierung einer Probe z.B. mittels GC/MS gelingen und auch bei der Untersuchung von Urinproben werden die meisten Stoffe mit den Screening-Verfahren, die auch zum Nachweis der Aufnahme eines unbekannten Arzneimittels eingesetzt werden, entdeckt. Screening-Methoden werden später *en detail* beschrieben. Bei Verdacht des Konsums von Betäubungsmitteln ist es am ökonomischsten, zuerst auf die vier oben genannten wichtigsten Drogen zu prüfen. Diese sollen hier kurz vorgestellt werden.

3.2.1 Cannabisprodukte

Die bekanntesten Cannabisprodukte sind Haschisch und Marihuana. Am weitesten verbreitet ist der Konsum des durch Bearbeitung der Hanfpflanze gewonnenen, stark harzhaltigen, aromatisch riechenden, zu Platten oder Klumpen verpreßten Haschischs. Von den Cannabinoiden (= Cannabisinhaltsstoffe) sind forensisch das am zentralen Nervensystem angreifende, für die typische bewußtseinsverändernde Wirkung verantwortliche Delta-9-Tetrahydrocannabinol (= THC) und dessen in der Leber gebildeten Metabolite die wichtigsten. Haschisch enthält im Schnitt ca. 10% THC; Spitzenqualitäten, insbesondere die Haschischprodukte, die aus in Gewächshäusern unter kontrollierten Bedingungen gezüchteten Cannabispflanzen gewonnen werden, können Wirkstoffgehalte von über 30% aufweisen. THC wird in der Leber an der Methylgruppe in 9-Stellung zum ebenfalls psychotrop wirksamen 11-Hydroxy-delta-9-Tetrahydrocannabinol (= 11-OH-THC) und weiter zu 11-nor-delta-9-Tetrahydrocannabinol-9-Carbonsäure (= THC-COOH) oxidiert. Während THC und 11-OH-THC nur kurzfristig im Serum eines Konsumenten nachweisbar sind (Halbwertzeiten anfangs unter einer Stunde), lassen sich THC-COOH und das hieraus in der Leber durch Glucuronidierung entstehende Konjugat durch deren sehr lange Halbwertzeiten unter Umständen sogar über Wochen, als Ausscheidungsprodukte im Urin sogar über mehrere Monate, nach Beendigung einer Phase des chronischen Konsums nachweisen. Auch in der Haarstruktur wird THC fest eingebaut. Der Nachweis der THC-Metabolite im Urin oder von THC in den Haaren ist forensisch immer dann von Bedeutung, wenn zu prüfen ist, ob eine Person überhaupt Cannabisprodukte konsumiert hat. Eine Untersuchung kann z.B. bei Verdacht des Verstoßes gegen das Betäubungsmittelgesetz notwendig werden. Die Untersuchung der Blutprobe ist notwendig, wenn man etwas über die konsumierten Mengen oder etwas über eine akut vorhandene Wirkung wissen will. Wie eine Blutprobe auf THC und Metabolite analysiert wird, ist weiter unten (Abschnitt 8.4.1) ausführlich beschrieben.

3.2.2 Heroin

Heroin (Diacetylmorphin) führt zu einer sehr starken psychischen und physischen Abhängigkeit mit der Folge, daß die Beschaffung und die Aufnahme von Heroin bzw. Ausweichstoffen aus dem Arzneimittelsektor (insbesondere Benzodiazepine und Codein/Dihydrocodein) zum wesentlichen Lebensinhalt der Konsumenten wird. Heroin wird nach intravenöser Injektion sehr rasch vom Gehirn aufgenommen und über das Monoacetylmorphin (= MAM) zum Morphin deacetyliert. Das Morphin wird in der Leber glucuronidiert und in dieser sowie freier Form ausgeschieden. Ein Verfahren zum Nachweis von freiem und konjugiertem Morphin, von Codein und von Dihydrocodein wird in Abschnitt 8.4.2 beschrieben.

3.2.3 Cocain

Der Konsum von Cocain hat in den letzten Jahren immer mehr an Bedeutung gewonnen. Dieses Betäubungsmittel führt nach Ausklingen der gewünschten stimulierenden Wirkung zu einem Zustand der körperlichen Erschöpfung sowie Depression. Diese negative Nachwirkung verleitet dazu, erneut Cocain einzunehmen, wodurch sich eine Abhängigkeit entwickelt. Cocain wird auch in Kombination mit Heroin konsumiert. Der Effekt dieser kombinierten Einnahme ist, daß die zentraldämpfende Wirkung des Opiats unterdrückt und somit die euphorisierende Wirkung länger bewußt wahrgenommen wird. Die nach Cocain-Konsum auftretende Schlaflosigkeit wird oft auch durch die Einnahme von Hypnotika versucht zu bekämpfen, so daß sich auch eine Tablettenabhängigkeit entwickeln kann. Cocain wird im Organismus u.a. zu Benzoylecgonin und Methylecgonin abgebaut. Ein Abbau findet auch nach der Entnahme durch die im Blut vorhandenen Esterasen statt. Durch eine Zugabe von Fluoridsalzen kann dieser Abbau deutlich verlangsamt werden. Der Hauptmetabolit, das Benzoylecgonin, ist pharmakologisch unwirksam, wird aber, da er wesentlich stabilér als Cocain in Körperflüssigkeiten ist, dennoch bevorzugt analytisch bestimmt. In Abschnitt 8.4.3 wird ein Verfahren zum Nachweis von Cocain und Benzoylecgonin aus Serum oder Urin und in Abschnitt 8.5 ein Nachweisverfahren für Haarproben vorgestellt.

3.2.4 Amphetamin

Auch der Konsum von Amphetamin hat in den letzten Jahren zugenommen. Amphetamin wird, ebenso wie das Cocain, aufgrund seiner stimulierenden Wirkung eingenommen, so u.a. um die Ermüdungserscheinungen bei den oft nächtelang dauernden Besuchen in einschlägigen Diskotheken zu unterdrücken. Häufig sieht man die Kombination Cannabis und Amphetamin bzw. Alkohol und Amphetamin, wobei hier das Amphetamin insbesondere die durch Cannabis oder Alkohol auftretende Sedierung unterdrücken soll. Der Konsum von Amphetamin führt, wie der von Cocain, zu Schlaflosigkeit bzw. nach wiederholter Aufnahme zu einem totalen körperlichen, evtl. sogar lebensbedrohlichen Erschöpfungszustand. Amphetamin wird als solches in den Körperflüssigkeiten nachgewiesen. Das in Abschnitt 8.4.4 beschriebene Verfahren erfaßt neben dem Amphetamin, auch das ebenfalls stimulierend wirkende Methamphetamin sowie die halluzinogen und euphorisch wirkenden Amphetamin-Derivate Methylendioxyamphetamin (MDA) und das bereits oben erwähnte MDMA.

3.3 Arzneimittel

Es liegt auf der Hand, daß der Nachweis von Arzneimitteln eine wesentliche Rolle in der forensischen Analytik spielt. Man kann verallgemeinert sagen, daß ein forensisches Labor mit der Untersuchung jeglicher Arzneimittelart konfrontiert wird. Dies sei an einem authentischen Beispiel erläutert: In der Nähe eines Kinderspielplatzes wurden über einen längeren Zeitraum von einer Person Tabletten verschiedenster Art ausgelegt. Kinder hatten diese Tabletten eingesammelt und ihren Eltern gezeigt, die dann Anzeige erstatteten. Die Ermittlungsbehörden wollten wissen, um welche Tabletten es sich handelt bzw. was hätte passieren können, wenn diese Tabletten z.B. von einem Kind geschluckt worden wären. Um diese Frage zu beantworten, war es natürlich notwendig, die Wirkstoffe dieser Tabletten qualitativ und quantitativ zu bestimmen. Die Analysen zeigten, daß bei den Tabletten sowohl hochwirksame Herzmittel als auch „harmlose" Mineralstoffe bzw. Vitaminpräparate vorhanden waren. Die „harmlosen" Arzneistoffe mußten genauso einer forensischen Analyse unterzogen werden, wie die anderen Medikamente, bevor man überhaupt zu einer toxikologischen Bewertung kommen konnte. In der Mehrzahl der Fälle hat man es jedoch im forensischen Bereich mit Medikamenten zu tun, die bedingt durch ihre Einwirkung auf das zentrale Nervensystem zu einer

Bewußtseinsveränderung führen oder die sehr leicht zu einer akuten Schädigung anderer Organe führen können. Die genannten Arzneimittelwirkungen können bereits nach therapeutischen Dosierungen zu Fahruntüchtigkeit oder bei Überdosierungen zu tödlichen Vergiftungen führen. Auch können Arzneimittel, insbesondere Psychopharmaka mit euphorisierender bzw. angstmindernder Wirkung, Bedeutung bei Straftaten wie z.B. Diebstählen erlangen. Von den zahlreichen Nachweismethoden für Arzneimittel haben wir für diesen Aufsatz einige wenige charakteristische ausgewählt.

4 Untersuchungsmaterial

Beim Untersuchungsmaterial kann es sich um sehr unterschiedliche Asservate handeln (biologisches Material von Lebenden oder Leichen, Tabletten- oder Speisereste, Gefäße mit Anhaftungen unbekannter Substanzen, illegale Rauschgiftproben). Besonders wichtig ist die umfassende Asservierung, dabei ist darauf zu achten, daß:

- möglichst bald asserviert wird;
- saubere und dicht verschließbare Gefäße aus geeignetem Material verwendet werden;
- alle Gefäße dauerhaft mit Namen, Art der Probe und Zeit der Entnahme beschriftet werden;
- Proben im Kühlschrank oder bei längerer Aufbewahrung im Eisfach gelagert werden.

Bei Verdacht auf eine akute Vergiftung soll nach Möglichkeit noch *vor* der therapeutischen Gabe von Medikamenten Mageninhalt, Blut und Urin sichergestellt werden. Die Art der weiterhin zu asservierenden Proben richtet sich nach dem Giftverdacht. Da die Entwicklung eines Falles oft nicht vorausgesehen werden kann, ist es besser eher zu viel als zu wenig zu asservieren.

4.1 Produkte des legalen/illegalen Marktes

Eine wichtige Aufgabe der forensischen Analytik ist die Klärung der Identität eines Stoffes, um festzustellen ob er dem Betäubungsmittel-Gesetz (BtmG) unterstellt ist oder nicht. Betäubungsmittel sind alle die Stoffe, die in den Anlagen zum BtmG aufgelistet sind; es kommt also primär nicht auf die Wirkung eines Stoffes an. Diese Besonderheit des BtmG hat dazu geführt, daß in zahlreichen Privatlabors versucht wird, neue Stoffe mit z.B. halluzinogener Wirkung zu synthetisieren, die nicht im BtmG stehen und deren Besitz somit nicht strafbar ist. Für diese Stoffe wurde der Begriff Designer-Drogen kreiert. Die meisten dieser, in den vergangenen Jahren auf dem Markt erschienen Drogen fallen inzwischen unter das BtmG.

Bei einer Anzahl von Arzneistoffen ist es abhängig von den Wirkstoff-Mengen je abgeteilter Form (z.B. pro Tablette), ob sie den Beschränkungen des BtmG unterliegen oder nicht. In diesen Fällen reichen ausschließlich qualitative Analysen nicht aus.

Die Analytik dieser Stoffe wird mit den gleichen Methoden durchgeführt wie sie nachstehend für Körperflüssigkeit beschrieben werden, ist aber wesentlich einfacher, da aufwendige Anreicherungs- und Reinigungsschritte in der Regel nicht notwendig sind.

4.2 Urin

Ist die Frage zu beantworten, ob und, wenn ja, welche Drogen oder Arzneimittel von einer Person eingenommen wurden, so ist der Urin das geeignetste Probenmaterial für die hierfür notwendigen Screening („general unknown") – Untersuchungen. Es sollten ca. 50 bis 100 mL asserviert werden. Im Abschnitt 8.1 wird eine Urin-Screening-Methode ausführlich beschrieben.

4.3 Blut

Will man nicht nur wissen, welche Stoffe eingenommen wurden, sondern auch etwas über die aufgenommenen Mengen und die Wirkungsstärke wissen, so ist eine Blutprobe das Untersuchungsmaterial der Wahl. Die Polizei kann bei konkretem Verdacht einer unter der Einwirkung von Arzneimitteln oder Drogen begangenen Straftat die unverzügliche Entnahme einer Blutprobe auch gegen den Willen des Beschuldigten anordnen. Die Urinabgabe ist dagegen stets freiwillig. Dies führt dazu, daß häufig nur eine Blutprobe für forensische Analysen zur Verfügung steht. Deshalb werden auch im methodischen Teil dieses Aufsatzes überwiegend Analysenverfahren, die für diese Körperflüssigkeit besonders geeignet sind, beschrieben. In der Regel wird man versuchen, durch Zentrifugation bei ca. 3000 U/min aus dem Blut das Serum zu gewinnen, da die Bestimmungen hieraus fast immer zu besseren Analysenergebnissen führen. Häufig ist jedoch eine Serumgewinnung nicht mehr möglich, so daß auf das Vollblut zurückgegriffen werden muß.

4.4 Haare

Seit langem ist bekannt, daß insbesondere das Kopfhaar ein geeignetes Untersuchungsmaterial zum Nachweis einer auch längere Zeit zurückliegenden Schwermetall-Intoxikation darstellt. Die Schwermetalle werden in die Haarmatrix fest eingebaut und wachsen, so geschützt, mit dem Haar aus der Kopfhaut heraus. Da das Haar um ca. 1 cm pro Monat wächst, läßt sich z.B. bei einer heimlichen, längere Zeit zurückliegenden Beibringung von Arsenik oder eines anderen Schwermetallsalzes durch eine zentimeterweise vorzunehmende Analyse eines Haarbüschels feststellen, wann die Giftbeibringung stattfand; dies kann für ein Ermittlungsverfahren von größter Bedeutung sein. Erst seit einigen Jahren ist bekannt, daß auch die meisten Drogen und zahlreiche Arzneimittel in gleicherweise, wie die Schwermetalle, im Haar konserviert werden, so daß man bei genügend langen Haaren und bei genügender Menge (bleistiftdickes Büschel) z.B. eine ein Jahr und länger dauernde Drogenkarriere einer Person durch Laboranalysen rekonstruieren kann. Diese noch junge Disziplin der forensischen Analytik gewinnt zunehmend an Bedeutung. Im Abschnitt 8.5 wird eine Methode zum Nachweis des Cocainkonsums durch eine Haaranalyse vorgestellt.

5 Probenvorbereitung

Die Anwendung chromatographischer Verfahren erfordert für die Untersuchung der in der Regel wässrigen, komplex zusammengesetzten Matrix meist eine Isolierung der Arzneistoffe/Drogen. Da die Wirkstoffe in sehr niedrigen Konzentrationen vorliegen, soll die Probenaufbereitung sowohl zu einer Abtrennung unerwünschter Bestandteile als auch zu deren Anreicherung im Extrakt führen. Art und Umfang der anzuwendenden Methode sind dabei von der gesuchten Substanz, jedoch auch von der Matrix abhängig. Fett- und eiweißarme Flüssigkeiten wie Urin bereiten in der Regel wesentlich geringere Schwierigkeiten als Blut oder Gewebe. Bei der Aufarbeitung von Urin ist zu berücksichtigen, daß neben den Ausgangsverbindungen wasserlösliche Stoffwechselprodukte wie die Glucuronide vorliegen können, zu deren Erfassung vor der Extraktion eine Hydrolyse notwendig ist.

Bei der Auswahl der Extraktionsmethode sind die Eigenschaften der Substanz in Bezug auf Lipophilie und pKa-Wert mitentscheidend. Weiter ist zu berücksichtigen, ob in einem Arbeitsgang auf eine große Anzahl von Substanzen untersucht werden soll oder ob es sich um die gezielt Bestimmung der Konzentration eines Stoffes handelt, bei der Selektivität gefragt ist.

Extraktions- und chromatographische Eigenschaften von Substanzen ermittelt man mit Hilfe von Testproben mit definierten Mengen an Reinsubstanzen.

5.1 Herstellung von Lösungen

Auch wenn derzeit umfangreiche Tabellenwerke und Spektrenbibliotheken existieren, ist zur Absicherung der Güte einer Extraktionsmethode oder eines Chromatographie-/Spektrometrieverfahrens der Vergleich mit der Reinsubstanz empfehlenswert. Für die quantitative Analyse ist generell ein Reinsubstanzvergleich erforderlich.

Ist die Haltbarkeit der gelösten Substanz gewährleistet, stellt man sich 0.1%ige Stammlösungen in Methanol her, die bei $-18\,^{\circ}\mathrm{C}$ gelagert werden.

5.2 Flüssig-Flüssig-Extraktion

Als klassisches Verfahren zur Isolierung eines Stoffes ist die Extraktion mit organischen Lösungsmitteln anzusehen. Hierbei wird die wässrige Phase beispielsweise im Scheidetrichter mit nichtmischbaren Lösungsmitteln bei mehreren pH-Werten extrahiert. Derartige Verfahren werden seit etwa 150 Jahren, seit Stas und Otto [36, 30], zur Isolierung von Arzneistoffen aus biologischem Material angewandt und sind daher in der Literatur eingehend beschrieben. 88% der von „Clarke" [25] beschriebenen Arzneimittel sind mit in Wasser nicht mischbaren Lösungsmitteln wie Ether, Chloroform und Ethylacetat zu isolieren [38]. Von den verbleibenen wasserlöslichen Verbindungen ist wiederum ein erheblicher Anteil durch Alkoholextraktion oder Ionenpaarextraktion erfaßbar. Die meisten Arzneimittel stellen Elektrolyte dar, deren nicht ionisierter Anteil im organischen Extraktionsmittel löslich ist. Durch Variation von pH-Wert und Lösungsmittel ist bei der Flüssig-Flüssig-Extraktion Selektivität erreichbar. Praktische Beispiele hierzu finden sich in den Abschnitten 8.4.4 (Nachweis von Amphetaminen) und 8.6.5 (Nachweis von Nortriptylin).

Besteht das Ziel der Untersuchung in dem Nachweis einer großen Anzahl von Arzneimitteln mittels eines einzigen Extraktionsganges, hat sich ein pH-Wert von 8 bis 9 bewährt, bei dem es möglich ist, sowohl schwach saure Verbindungen, wie Barbiturate, als auch basische und amphotere Stoffe in für qualitative Aussagen ausreichenden Mengen zu erfassen [32]. Eine Anwendung ist das Arzneimittel-Screening aus Blut (Abschnitt 8.3).

Die bei der Extraktion verwendeten Lösungsmittel sollen wenig toxisch, genügend flüchtig und stabil sein. Ein Gemisch aus gleichen Teilen Ethylacetat und Diethylether hat sich als universell einsetzbares Extraktionsmittel für eine große Palette an Arzneistoffen bewährt [12]. Bei der Flüssig-Flüssig-Extraktion im Scheidetrichter ist oft das Auftreten von Emulsionen störend und die Reproduzierbarkeit sehr gering, weshalb bei uns ein Säulenextraktionsverfahren eingeführt wurde (Abschnitt 8.3). Beim Einsatz der Extrelut- oder ChemElut-Säulen handelt es sich um eine Variante der Flüssig-Flüssig-Verteilung [6]. Hierbei wird die wäßrige Phase über Diatomeenerde (weitporiges Kieselgur) gegeben, welche die wässrige Probe absorbiert und über eine große Oberfläche verteilt. Bei der nachfolgenden Elution mit einem mit Wasser nicht mischbaren Lösungsmittel erfolgt praktisch eine vielstufige Mikrophasenextraktion (Abb. 1). Zur schnellen Extraktion empfehlen wir vor der Aufgabe auf die Säule (20 mL Volumen) ein Versetzen der zu untersuchenden Probe (2 mL Vollblut oder Serum, 2–10 mL Urin oder 1 g Gewebehomogenat) mit Puffer pH 8 bis 9 ad 20 mL und eine Elution mit zweimal 20 bis 30 mL Ethylacetat/ Diethylether (1:1).

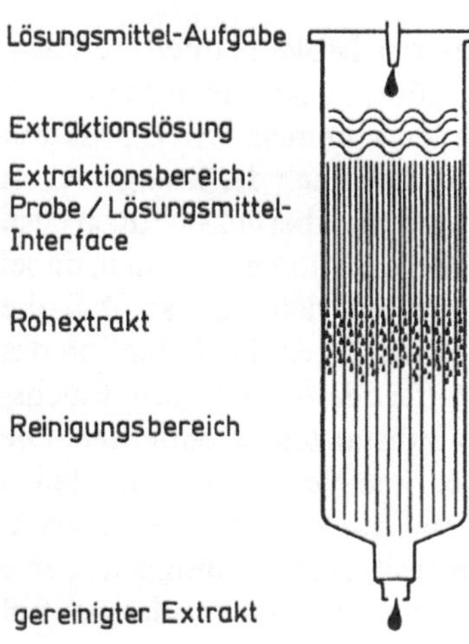

Abb. 1. ChemElut-Säulen enthalten eine speziell modifizierte Form von Diatomeenerde (weitpoorige Kieselgur), welche die wässrige Probe absorbiert und über eine große Oberfläche verteilt. Sobald das Lösungsmittel langsam durch die Säule sickert, kommt es mit dem dünnen Film der wässrigen Probe in Kontakt und wird dann durch die Säulenmatrix weiter gereinigt

5.3 Sonstige Extraktionsmethoden

5.3.1 Festphasen-Extraktion

Eine Festphasen-Extraktion findet unter Verwendung von Polystyrolharzen und modifizierten Kieselgelen statt, an die Arzneistoffe beim Durchlaufen der wässrigen Phase durch das Säulenmaterial gebunden werden. Amberlite-XAD 2 und -XAD 4 stellen ein Kunstharz aus Styrol-Divinylbenzolpolymeren mit großer Oberfläche dar [19]. Es weist eine nichtionische Struktur auf und bindet neben lipophilen auch viele wasserlösliche organische Verbindungen durch van der Waal'sche Kräfte. Es sind im Handel fertig gepackte Säulen mit diesem Harz erhältlich, die zur Aufbereitung von Urin zur Dünnschichtchromatographie gut einsetzbar sind. Für andere Flüssigkeiten empfiehlt sich die Verwendung des Amberlite-XAD-Harzes im Batch-Verfahren. Hierbei wird zu einer wässrigen Probe von ca. 20 mL, z.B. bestehend aus 5 mL Blut und 15 mL Puffer, ca. 5 g Harz gegeben und 5 min geschüttelt. Das Harz wird durch Dekantieren abgetrennt, in eine Säule überführt und diese nach Spülen mit Puffer mit einem Lösungsmittel extrahiert. Der Einsatz des XAD-Harzes für andere chromatographische Methoden erfordert eine aufwendige Vorreinigung des Harzes. Der Vorteil liegt in der allgemeinen Anwendbarkeit, man kann sogar quartäre Ammonium-Verbindungen und Glucuronide isolieren.

Selektivere Extraktionen sind mit Phasen auf Kieselgelbasis möglich. Als modifizierte Silicagele werden meistens C_{18}- oder C_8-Sorbentien eingesetzt. Auch hier erfolgt die Bindung durch nichtpolare Wechselwirkungen, die als van der Waal'sche oder Dispersionskräfte bezeichnet werden. Durch Modifizierung des Kieselgels ist jedoch eine Vielzahl von Varianten hergestellt worden, die durch Ausnutzung verschiedener Wechselwirkungen eine Einstellung der Selektivität gestatten. Von der Industrie werden dazu ausführliche Empfehlungen gegeben [16, 41]. Meist setzt man C_{18}- oder C_8-Material ein, da

Arzneistoffe in der Regel einen erheblichen apolaren Molekülanteil besitzen. Über Silanol-Restgruppen am Kieselgel kann es darüber hinaus noch zu polaren Wechselwirkungen mit den polaren Molekülanteilen kommen. Die Extraktion erfolgt in kleinen Säulen. Die Sorbensmasse bemißt sich nach der Menge der zu bindenden Substanz, wobei auch die Matrix zu berücksichtigen ist. Reversed-Phase-Säulen müssen vor Gebrauch stets konditioniert werden; dabei werden die Alkylgruppen solvatisiert, d.h. sie richten sich aus, so daß die Isolierung der apolaren Arzneistoffe erst möglich wird. Nach der Retention des Arzneistoffes wird zunächst mit Wasser oder Puffer, dann auch mit Eluens-Wassergemischen gewaschen, um interferierende Substanzen zu entfernen. Die Elution erfolgt mit geringen Lösungsmittelmengen. Eine Neuentwicklung stellen Extraktionssäulen mit einer Mischphase (mixed-mode) dar, die sowohl Kationenaustauscher- als auch C_{18}-Eigenschaften besitzen. Sie ermöglichen eine spezifische Extraktion verschiedener Substanzen – sauer, basisch oder neutral -anhand ihrer funktionellen Gruppen [8].

Die Festphasen-Extraktion wird von uns bevorzugt für den Nachweis von Drogen aus Blut (S. Abschn. 8.4.1, 8.4.2 und 8.4.3) aber auch von Arzneimitteln (Abschn. 8.6.1) eingesetzt.

5.3.2 Fällung

In einigen Analysen ist die Proteinfällung die Aufarbeitungsmethode der Wahl. Auf diese Weise ist es möglich, Blutproben mit Reagentien, die für Urin bestimmt sind, immunologisch zu untersuchen (Abschn. 8.2) oder mit Methoden, die nur für Serum entwickelt wurden zu extrahieren (Abschn. 8.4, 8.6.1). Da diese Aufarbeitung sehr schnell und zuverlässig ist, wird sie auch immer dann eingesetzt, wenn Stoffe, die in höhere Konzentration vorliegen (z.B. Paracetamol siehe Abschn. 8.6.4) bzw. die sich aufgrund ihrer Eigenschaften, wie Hydrophilie oder hohe Flüchtigkeit (z.B. Clomethiazol, siehe Abschn. 8.6.3) mit organischen Lösungsmitteln nicht oder nur unvollkommen extrahieren lassen, mit dem HPLC bestimmt werden sollen. Zur Fällung werden vor allem Aceton, Methanol oder Acetonitril, aber auch Trichloressigsäure (Abschn. 8.4.2) eingesetzt.

5.4 Hydrolyse

Wie schon erwähnt, ist besonders bei der Aufarbeitung von Urin zu berücksichtigen, daß hier neben den Ausgangsverbindungen wasserlösliche Stoffwechselprodukte wie die Glucuronide vorliegen können. Um diese Konjugate zu erfassen, ist eine enzymatische oder Säurehydrolyse erforderlich; erst danach ist die Extraktion möglich. Als wirksames Verfahren hat sich bei uns die Säurehydrolyse unter Druck bewährt. Dabei werden 8 mL Urin mit 2 mL konzentrierter Salzsäure in einem verschlossenen Gefäß 20 min auf 120 °C erwärmt (s. Abschn. 8.1).

Für die Benzodiazepinglucuronide empfiehlt sich das schonendere Verfahren der enzymatischen Spaltung: 10 mL Urin werden auf pH 4.5 eingestellt, mit 2500 U ß-Glucuronidase/Arylsulfatase versetzt und für 3 h bei 55 °C im Wasserbad inkubiert. Mit Ammoniak und Puffer wird auf pH 8.0 eingestellt und wie üblich extrahiert.

11-nor-delta-9-Tetrahydrocannabinol-9-Carbonsäure (THC-COOH), der Hauptmetabolit von Delta-9-Tetrahydrocannabinol (THC), liegt im Urin ebenfalls größtenteils in konjugierter Form vor. Hier hat sich folgende alkalische Hydrolyse bewährt: Inkubation von 1 mL Urin mit 0.1 mL KOH (10 M) für 30 min bei Raumtemperatur. Extrahiert wird nach Zusatz von 0.1 g Maleinsäure mit 5 mL Hexan/Ethylacetat (9:1) [26]. Da die Glucuronide häufig pharmakologisch wirksam sind, kann auch die Hydrolyse der Blutprobe notwendig werden. Ein entsprechendes Verfahren wird in Abschn. 8.4.2 für Morphin vorgestellt.

5.5 Derivatisierungen

In der Gaschromatographie ist es häufig vorteilhaft, polare funktionelle Gruppen mit geeigneten Reagenzien zu derivatisieren. Hierdurch erreicht man eine Verbesserung der Flüchtigkeit, höhere thermische Stabilität und auch niedrigere Nachweisgrenzen durch bessere Peaksymmetrie. Deshalb werden bei den meisten nachfolgend beschriebenen quantitativen GC/MS-Verfahren die Stoffe in derivatisierter Form bestimmt. Wesentlich ist jedoch, daß nur ein Derivat schnell und reproduzierbar gebildet wird.

Durch Derivatisierung werden häufig auch spezifischere Detektionen mit dem Vorteil hoher Empfindlichkeit möglich. Weiterhin lassen sich Elutionsreihenfolgen und Fragmentierungsmuster (MS) durch gezielte Derivatisierung beeinflußt. Standard-Derivatisierungsmethoden in der Gaschromatographie sind die Silylierung, Acylierung und Methylierung [31].

6 Qualitative Analysen

6.1 Allgemeines

Die Voraussetzung, daß ein Analysenverfahren für eine sogenannte General-unknown-Untersuchung eingesetzt werden kann, sind:

- Universalität, um toxikologisch relevante Substanzen unterschiedlicher Strukturen in einem Analyselauf zu erfassen;
- Empfindlichkeit, zum Teil bis in den Picogramm-Bereich;
- gute Reproduzierbarkeit und hohes Auflösungsvermögen der chromatographischen Verfahren.

Diesen Anforderungen werden trotz des großen Angebotes nur wenige Analysenverfahren gerecht.

6.2 Immunchemische Testverfahren

Immunchemische Testverfahren [5] sind Analysenverfahren, bei denen eine Antigen-(spezifische) Antikörperreaktion verwendet wird, um gewünschte Substanzen zu bestimmen. Für alle immunchemischen Bestimmungen gilt, daß an die Qualität des Antikörpers hohe Anforderungen gestellt werden müssen. Der Antikörper wird vor allem durch seine Spezifität und Bindungsenergie charakterisiert. Besonders vorteilhaft sind der geringe Substanzverbrauch bei hoher Nachweisempfindlichkeit sowie der geringe Arbeitsaufwand. Nachteilig ist die Möglichkeit von Kreuzreaktionen mit anderen Verbindungen, die falsch-positive oder falsche quantitative Bestimmungen zur Folge haben können. Aus diesem Grund werden immunchemische Tests in der forensischen Analytik primär als Vortestverfahren eingesetzt; eine Absicherung der Ergebnisse mit chromatographischen Untersuchungsverfahren ist immer erforderlich. Von den zahlreichen Varianten kommerziell erhältlicher immunologischer Verfahren werden für die forensische Drogen- und Arzneimittel-Analytik am häufigsten verwandt:

- Enzym-Multiplied-Immuno-Assay (z.B. EMIT-dau/EMIT-ST)
- Fluoreszenz-Polarisations Immuno-Assay (FPIA, z.B. ADx/TDx).
- Latex-Agglutinations-Immuno-Assay (z.B. ONTRAK)
- Radio-Immuno-Assay (RIA).

Mit Ausnahme der RIA-Tests können diese Assays ohne spezielle Genehmigung eingesetzt werden. Die meisten dieser Tests sind für Analysen von Urin konzipiert; für diese Körperflüssigkeit gibt es vom Hersteller der Reagenzien ausgearbeitete, jeder Packung beigefügte Arbeitsanleitungen, nach denen gearbeitet werden sollte. Häufig ist jedoch Blut zu untersuchen. Die Modifizierung von FPIA-Urintests zur Durchführung qualitativer und semiquantitativer Bestimmungen aus Blut wird in Abschn. 8.2 ausführlich dargestellt.

6.3 Chromatographische Verfahren

Praktisch alle Arzneimittel und Drogen lassen sich mit dünnschicht-, gas- bzw. hochleistungsflüssig seits chromatographischen Methoden nachweisen. Die früher angewandte Papierchromatographie wird nur noch selten verwendet.

6.3.1 Dünnschichtchromatographie (DC)

Aufgrund ihrer Flexibilität durch zahlreiche Möglichkeiten der Variation der stationären und mobilen Phase und des Detektionsverfahrens, aufgrund ihrer Schnelligkeit und aufgrund der einfachen Handhabung sowie der geringen Kosten hat die DC in der forensischen Analytik weite Verbreitung gefunden.

Diesen Vorteilen stehen jedoch zwei Nachteile entgegen:

- Die Vielzahl der verwendeten DC-Systeme und ungenügende Reproduzierbarkeit von R_F-Werten erschweren die Vergleichbarkeit der Resultate von Laboratorium zu Laboratorium;
- Die relativ geringe Trennleistung bedingt eine beschränkte Identifizierungsmöglichkeit aus nur einem chromatographischen Lauf.

Beim „DFG/TIAFT-Verfahren" der korrigierten R_F-Werte ($R_F{}^C$-Verfahren) [24] wird die Identifizierungsmöglichkeit der DC durch kombinierten Einsatz mehrerer standardisierter Laufmittelsysteme mit möglichst geringer Korrelation der resultierenden R_F-Werte erhöht. Vier bei jedem Lauf mitgeführte Referenzstandards ermöglichen eine Korrektur der aktuellen R_F-Werte, so daß deren Reproduzierbarkeit verbessert wird.

Beim DC-Verfahren mit „differenzierter Detektion" [14] wird bei Verwendung nur eines Laufmittelsystems die Identifizierungskraft durch das Detektionsverfahren (charakteristische Abfolgen verschiedener, nacheinander verwendeter Sprüh- oder Tauchreagentien) erhöht. Durch den Einsatz moderner DC-Scanner sowie neuer Techniken (z.B. AMD = Automated Multiple Development) ist die DC in der forensischen Analytik auch für quantitative Untersuchungen einsetzbar. Ein umfassendes DC-Screening-Verfahren, welches routinemäßig für die Untersuchung von Urinproben eingesetzt wird und welches sowohl mit den korrigierten R_F-Werten als auch mit der differenzierten Detektion arbeitet, wird in Abschn. 8.1 beschrieben.

6.3.2 Gaschromatographie (GC)

Die Gaschromatographie [4] ist ein sehr leistungsfähiges Trennverfahren für gasförmige, flüssige, gelöste oder feste Substanzen, soweit sich diese unzersetzt (oder in Spezialfällen zumindest unter Bildung definierter Zersetzungsprodukte) verdampfen lassen. Zahlreiche sonst schwer verdampfbare Verbindungen lassen sich durch Derivatisierung (vgl. 5.5.) reproduzierbar in verdampfbare Verbindungen umwandeln.

In der forensischen Analytik werden als Trennphase bevorzugt die methylsubstituierten Polysiloxane eingesetzt. Die Detektion erfolgt nach Möglichkeit direkt mit einem Massenspektrometer. In der Regel kann man aber bei Screeninguntersuchungen, insbesondere an Leichengewebeproben, auf die Verwendung weiterer spezifischer Detektoren nicht verzichten. Der wichtigste ist der stickstoffspezifische Flammenionisationsdetektor (NFID), da die meisten zu bestimmenden Wirkstoffe stickstoffhaltig sind und daher mit diesem Detektor mit hoher Empfindlichkeit und Selektivität nachweisbar sind.

Zur Charakterisierung einer Substanz werden Retentionsindices (= RI) und Vergleichsproben benutzt. Man kann auf umfangreiche Datensammlungen gaschromatographischer Retentionsindices zurückgreifen [39, 40], die auf definierte und reproduzierbare Weise gemessen wurden. Mit ihnen ist es relativ leicht möglich, einem gaschromatographischen Signal eine begrenzte Anzahl von Substanzen zuzuordnen. In der Praxis hat sich gezeigt, daß zahlreiche nachzuweisende Substanzen sehr empfindlich auf geringste Qualitätsänderungen der chromatographischen Trennmaterialien, besonders des Trägers, reagieren. Die Folge ist, daß derartige Substanzen (z.B. Morphin) durch Peakverbreiterung und/oder irreversible Adsorption nicht mehr mit der notwendigen Empfindlichkeit am Detektor erfaßbar sind, so daß die Gefahr besteht, trotz einer lebensbedrohlichen Vergiftung einen negativen Befund zu erhalten. Säulen, die für forensisch-toxikologische Analysen eingesetzt werden sollen, sind deshalb mit einer speziellen Testmischung, die eine nach analytischen Überlegungen repräsentative Auswahl der zu erfassenden Substanzen enthält, zu prüfen. Auch bei Verwendung eines Temperaturprogrammes mit linearem Gradienten (z.B. 100 bis 280 °C; 12° pro Minute) und eines NFID – ein für Screening-Untersuchungen übliches GC-System – können die Retentionsindices für die tägliche Arbeit ausreichend genau aus der relativen Retentionszeit durch graphischen Vergleich ermittelt werden (Abb. 2). Eine eindeutige Identifizierung allein über Retentionsindices ist bei der Vielzahl der in Frage kommenden Substanzen natürlich nicht möglich, weshalb man auf eine Kombination Gaschromatographie-Massenspektrometrie (GC/MS) nicht verzichten kann. Bei der Mehrzahl der im methodischen Teil beschriebenen Verfahren wird denn auch ein GC/MS benötigt.

6.3.3 Hochleistungsflüssigkeitschromatographie (HPLC)

Mit der HPLC [3] lassen sich im Gegensatz zur Gaschromatographie auch thermisch labile Substanzen bestimmen. In der forensischen Analytik hat diese Methode mit der Entwicklung der Umkehrphase (Reversed-phase) Eingang gefunden, besonders für Einzelbestimmungen und zur Prüfung definierter Verbindungsklassen. Problematisch ist, daß die Typenbezeichnung eines Reversed-phase-Materials wenig über die chromatographischen Eigenschaften aussagt. Es existiert (noch) keine mit der Gaschromatographie vergleichbare Möglichkeit der Retentionsindices-Bestimmung, so daß man sich mit der Registrierung der relativen Retentionszeiten (RRT-Werte) oder Retentionen begnügen muß. RRT-Werte zur Identifizierung von Substanzen sind nur dann sinnvoll, wenn die Analysen unter definierten Bedingungen und mit Säulen gleicher chromatographischer Eigenschaften durchgeführt werden. Deshalb ist auch in der HPLC ein speziell auf die Probleme der toxikologischen Analytik zugeschnittener Test notwendig, mit dem sich geringste, aber relevante Qualitätsunterschiede des Säulenmaterials und der übrigen chromatographischen Parameter festhalten lassen (Abb. 3).

Zahlreiche Variationsmöglichkeiten der Trennphase und des Fließmittels sowie die Möglichkeit der Verwendung verschiedenster Detektoren ermöglichen eine breite Anwendung der HPLC. Als Detektoren werden hauptsächlich UV-, Fluoreszenz- und Photodioden-Array-Detektoren verwendet. Insbesondere mit

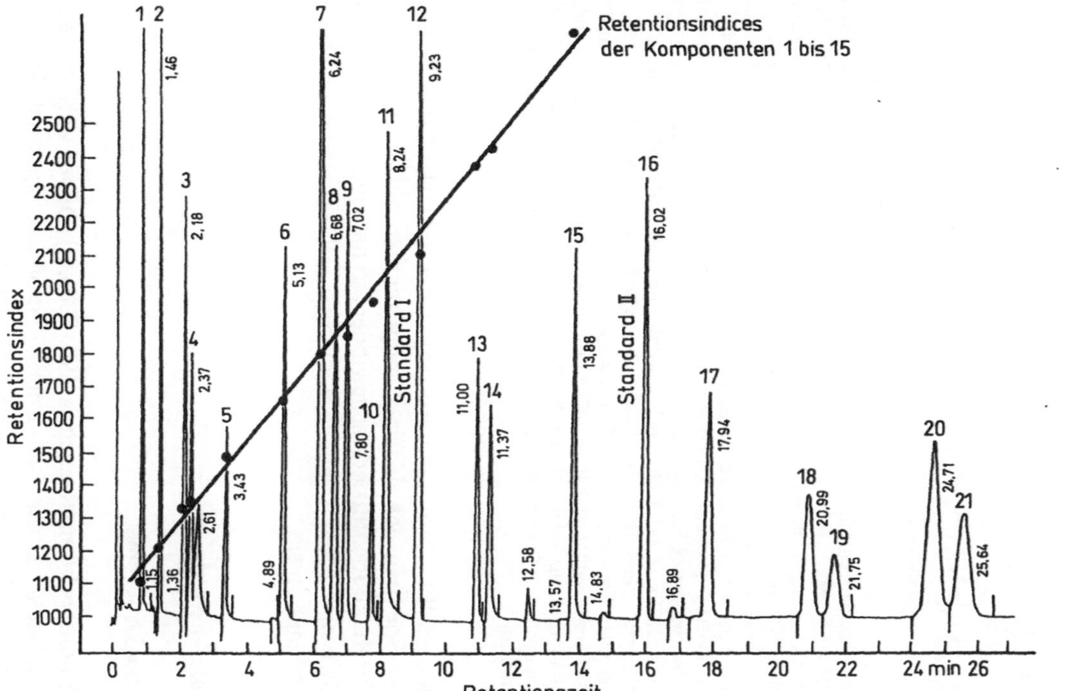

Abb. 2. Testgemisch zur täglichen Prüfung von Gaschromatographie-Säulen für forensisch-toxikologische Analysen. Überprüfung von Reproduzierbarkeit der RRT-(RI-)Werte und Empfindlichkeit. Säule: 15 m Kapillarsäule OV1. Temperatur: 100–280°C, 120°C/min. Gemischzusammensetzung (injizierte Einzelmenge): *1* Amphetamin (25 ng), *2* Clomethiazol (25 ng), *3* Nicotin (10 ng), *4* Ephedrin (50 ng), *5* Barbital (50 ng), *6* Phenacetin (50 ng), *7* Coffein (25 ng), *8* Tilidin (50 ng), *9* Diphenhydramin (50 ng), *10* Cyclobarbital (100 ng), *11* Standard I. (Chloraminobenzophenon 50 ng), *12* Methaqualon (50 ng), *13* Codein (50 ng), *14* Morphin (50 ng), *15* Chinin (50 ng), *16* Standard II (Thioridazin 100 ng), *17* Butaperazin (50 ng), *18* Tiotixen (50 ng), *19* unbekannter Störpeak, *20* Loperamid (100 ng), *21* Lidoflazin (50 ng). Stickstoffspezifischer Detektor

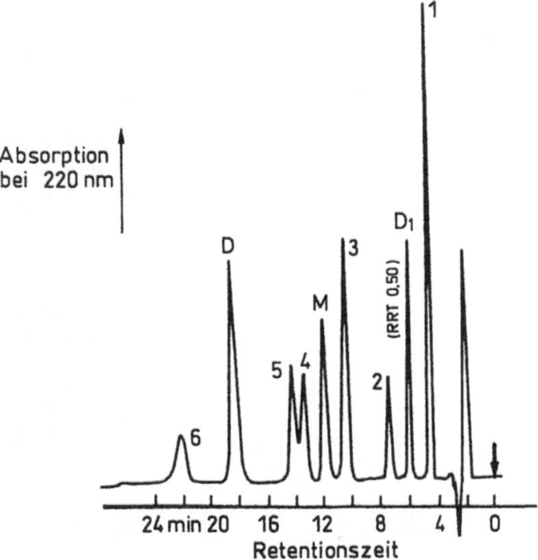

Abb. 3. Trennung eines Dreikomponentengemisches (DMD-Test) und von sechs weiteren Substanzen mit der Hochleistungsflüssigchromatographie. Zusammensetzung: D1 = Diphenhydramin, M = MPPH (5-[p-Methylphenyl]-5-phenylhydantoin), D2 = Diazepam. Die RRT-Werte dieser drei Komponenten bezogen auf MPPH (RRT = 1) verändern sich erheblich in Abhängigkeit von der Säulenqualität (Umkehrphase C_{18}), so daß es mit diesem Test möglich ist, Säulen mit bestimmten Eigenschaften auszuwählen. Um eine gewisse Gewähr zu haben, reproduzierbare relative Retentionszeiten der mit der HPLC zu erfassenden Substanzen zu erhalten, werden für Screening-Untersuchungen nur solche Säulen verwendet, welche die Testkomponenten exakt wie hier gezeigt trennen. Das hier benutzte Elutionsmittel – ein Gemisch aus Acetonitril und Phosphatpuffer (pH 2,3) im Gewichtsverhältniss 31:69 – hat sich sowohl zum Testen der Säulen als auch für Screening-Untersuchungen bewährt. Mit einem Photodioden-Array-Detektor wurde das Chromatogramm bei einer Wellenlänge von 220 nm aufgezeichnet. Diese Wellenlänge wurde als Kompromiß zwischen Universalität und Empfindlichkeit gewählt. Für spezielle Zwecke kann es vorteilhaft sein, einen Fluoreszenz- oder einen elektrochemischen Detektor zur Verfügung zu haben. Die weiteren Komponenten: *1* Propranolol, *2* Promethazin, *3* Amitriptylin, *4* Chlorpromazin, *5* Ethaverin, *6* Thioridazin

der Kombination HPLC/Photodioden-Array-Detektor (HPLC/DAD) lassen sich über die UV-Spektren der einzelnen aufgetrennten Substanzen wertvolle Informationen für deren Identifizierung gewinnen, so daß auch Screeninguntersuchungen möglich sind. Mehrere im methodischen Teil beschriebene Verfahren setzen diese Kombination ein.

6.4 Spektroskopische Methoden

6.4.1 UV-/VIS-Spektroskopie

UV-VIS-Absorptionsspektren (Bereich ca. 190–800 nm) können wertvolle qualitative und quantitative Ergebnisse liefern. Besonders aussagekräftig sind pH-abhängige Verschiebungen der Absorptionsmaxima, was z.B. bei der

Broughton'schen Barbituratbestimmung ausgenutzt wird [7]. Eine einfache Methode zur Bestimmung von Carboxyhämoglobin (COHb) und Methämoglobin (MetHb) stellt die spektrometrische Multiwellenlängenanalytik dar [42]. Wichtigstes Einsatzgebiet der UV-Spektroskopie heutzutage ist jedoch die schon angesprochene Detektion von Substanzen nach der chromatographischen Trennung mittels HPLC.

6.4.2 Massenspektrometrie

Die Massenspektrometrie wurde bereits im Zusammenhang mit der GC-MS-Kopplung erwähnt. Für eine Substanzidentifizierung stehen umfangreiche, speziell für forensisch-toxikologische Fragestellungen konzipierte Spektrenbibliotheken zur Verfügung. Mit der Massenspektrometrie sind die sichersten analytischen Aussagen möglich. In allgemeinen empfiehlt es sich, mit anderen Methoden gewonnene Ergebnisse durch Massenspektren zu bestätigen und abzusichern. Speziell für das Arzneimittel- und Drogen-Screening wurde von Maurer ein sogenanntes Computer-Monitoring-Programm (CMP) mit charakteristischen Suchmassen für verschiedene Substanzklassen entwickelt [21, 31]. Der Vorteil dieses Systems besteht darin, daß zur Auswertung der vielen bei einer Analyse auf unbekannte Substanzen anfallenden Massenspektren im ersten Schritt nur charakteristische Suchmassen abgefragt werden müssen, um zu erfahren, ob ein Vertreter der jeweiligen Stoffklasse vorliegt (Tabelle 1).

6.4.3 Sonstige spektroskopische Verfahren

Während die Massenspektrometrie und UV-/VIS-Spektrometrie besonders für die Untersuchung von Körperflüssigkeiten und Organgeweben eingesetzt

Tabelle 1. Computer-Monitoring-Programm (CMP) zur Suche nach verschiedenen Substanzgruppen in einem acetylierten Urinextrakt nach saurer Hydrolyse [21, 31]

Substanzgruppen	Charakteristische Suchmassen (m/z)							
Sedativa/Hypnotika	83	117	141	167	69	207	211	235
Antikonvulsiva	58	104	113	117	165	193	204	246
Benzodiazepine	205	211	230	241	245	249	312	333
Antidepressiva, Neuroleptika I	58	72	86	100	114	141	193	194
Antidepressiva, Neuroleptika II	98	132	154	191	198	205	243	267
Butyrophenone	112	123	134	189	203	223	233	287
Phenothiazine (Antihistaminika)	58	72	100	114	124	128	141	199
Alkanolamine (Antihistaminika)	58	139	165	167	179	182	218	260
Ethylendiamine (Antihistaminika)	58	72	85	125	165	183	198	201
Alkylamine (Antihistaminika)	58	169	203	205	230	233	262	337
Antiparkinson Mittel	86	98	136	150	165	196	197	208
Nicht-opioide Analgetika	109	123	137	188	245	259	288	308
Opioide	69	71	87	187	242	327	341	343
Betablocker	72	86	98	140	151	159	200	335
Antiarrhythmika	58	72	84	86	136	224	266	426

werden, bedient man sich bei der Untersuchung von unbekannten Gemischen oder etwa illegaler Rauschgiftproben sehr gerne auch anderer spektroskopischer Verfahren, insbesondere der IR- bzw. der NMR-Spektroskopie. Bei Reinsubstanzen liefert ein Vergleich des IR-Spektrum mit einem Referenzspektrum häufig insbesondere durch den sogenannten „fingerprint"-Bereich einen Hinweis auf die Identität. Zum Vergleich stehen umfangreiche IR-Spektrenkataloge zur Verfügung. Neue Impulse erfährt die IR-Spektroskopie derzeit durch die Fortentwicklung der Fourier-Transform-Infrarot-Spektral-Photometer [15]. Durch die NMR-Spektrometrie besteht die Möglichkeit z.B. bei der Untersuchung von Rauschgiftproben, Chargen zu differenzieren und einander zuzuordnen [2, 29]. Wertvolle Hinweise für polizeiliche Ermittlungen können sich ergeben, wenn der Nachweis der bei illegalen Synthesen eingesetzten Grundchemikalien Aussagen über das angewandte Syntheseverfahren ermöglicht.

7 Quantitative Analysen

Der letzte Schritt in der Durchführung der Analyse ist die quantitative Bestimmung der vorher identifizierten Stoffe. Eine Quantifizierung ist insbesondere an Blutproben sinnvoll, da die Ergebnisse sich toxikologisch bewerten lassen (Tabelle 2). Da oftmals die Menge an Untersuchungsmaterial und die Gehalte sehr gering sind, ist eine Quantifizierung meist sehr aufwendig.

Um eine Kontrolle über sämtliche Arbeitsschritte zu gewährleisten, empfiehlt sich der Einsatz eines Standards schon vor der ersten Probenbehandlung. Dieser interne Standard sollte sich in seinen chemischen Eigenschaften, in allen Arbeitsschritten und im Chromatographieverhalten wie die zu analysierende Substanz verhalten. Im Idealfall setzt man in der GC-MS-Analyse Isotope – deuterierte Analoga – der Substanz ein (z.B. d_3-THC) ein. Quantifiziert wird an Hand von Eichgeraden (Substanz/Standard), die durch routinemäßige Kalibration bzw. Kontrollen abgesichert werden.

8 Methodischer Teil

8.1 Arzneimittel-/Drogen-Screening aus Urin

Die Bestimmung von Arzneimitteln und Drogen aus Urin gehört seit jeher zu den Routineaufgaben der toxikologischen Analytik. Die Analysen erfolgen in aufgearbeiteten Urinproben mit Hilfe der gängigen chromatographischen und spektrometrischen Methoden, die zu einer eindeutigen Identifizierung führen. Unabhängig davon hat sich gezeigt, daß die einfache Dünnschichtchromato-

Tabelle 2. Ausschnitt aus einer Substanzdatei zur Auswertung der mit Dünnschichtchromatographie, Gas-Chromatographie, Hochleistungsflüssigchromatographie und Massenspektrometrie erhaltenen Analysenbefunde und zur Bewertung der quantitativen Befunde [eigene Daten, 31, 37]

Wirksubstanz	DC hRf	GC RI	HPLC RRT	Massenspektrometrie Substanztyp. Suchmassen (m/z)	Plasmaspiegel [mg/L] therapeut.:	toxisch ab:
Bromazepam	65	2690	0.42	318, 320, 247, 249, 121	0,08–0,17	0.25–0.5
Carbamazepin	62	2290	0.67	236, 193, 165	4.0–9.0	12
Chlordiazepoxid	56	2760	0.30	275, 273, 231, 230	0.7–2.0	3.5–10
Chlorpromazin	71	2465	1.14	346, 332, 233, 318, 114, 100, 86, 58	0.03–0.15	0.5–1.0
Diazepam	79	2410	1.54	275, 273, 231, 230, 245, 244	0.125–0.5(1.5)	1.5–3.0
Diphenhydramin	70	1870	0.51		0.025–0.1	0.2–2.0
Doxepin	67	2210	0.56	365, 307, 337, 292, 234, 279, 86, 58	0.1–0.25*	0.5*
Fenfluramin	62	1220	0.40		0,05–0,15	0.3–0.5
Imipramin	68	2220	0.78	366, 308, 338, 280, 193, 195, 114, 58	0.045–0.15	–
Isoniazid	32	1630	0.18		0.2–10	20
Lorazepam	45	2450	0.82	309, 307, 267, 265, 232, 230	0.02–0.25	0.3–0.5
Maprotilin	36	2355	0.80	422, 363, 377, 364, 305, 306, 319, 218	0.1–0.4*	0.75–1.0*
Medazepam	78	2270	0.52	298, 297, 230, 228, 275, 273, 231	0.01–0.15	0.6
Methaqualon	80	2115	1.10		1.0–3.0	5.0–8.0
Nitrazepam	68	2675	0.77	296, 254, 212, 211, 242, 241	0,03–0,12	0.2–0.5
Pentazocin	73	2280	0.41	345, 301, 323, 327, 259, 87, 72, 109	0.05–0.2	1.0
Pethidin	62	1765	0.31	333, 203, 275, 187, 305, 247,172, 71	0.2–0.8	1.0–5.0
Phenacetin	69	1665	0.50	193, 151, 237, 195, 153, 179, 137, 109	5.0–10	50
Procain	72	2010	0.57		5.0–15	20–40
Promethazin	64	2270	0.63	370, 312, 342, 284, 212,114, 72, 58	0.1–0.4	1.0–2.0
Propranolol	48	2150	0.39		0.05–0.3	1.0–2.0
Thioridazin	66	3180	1.88	384, 398, 370, 112, 154, 98	0.2–1.0	2

* + Metabolit

graphie, d.h. ohne angekoppelte spektroskopische Verfahren, weiterhin wichtiger
Teilbereich systematisch durchgeführter Analysen bleibt. Die Gründe hierfür
sind geringer apparativer Aufwand, zeitsparende Durchführung mehrerer
chromatographischer Trennungen nebeneinander und Verwendung bewährter
Anfärbereagentien zur Klärung der Frage nach Fremdsubstanzen [12].

8.1.1 Material

Folgende Chemikalien (in der Regel pro analysis-Qualität) werden benötigt:

a) für die Extraktion: 25%iges Ammoniak, Ammoniumchlorid, tert-
   Butylmethylether oder Diethylether, Ethylacetat, Methanol, Natriumsulfat
   (wasserfrei), 25%ige Salzsäure und Stickstoff-Gas
b) für die Fließmittel (zusätzlich): Aceton, Eisessig und Toluol
c) für die Anfärbereagentien (zusätzlich): Aqua dest., Bismutnitrat (basisch),
   Eisen(III)chlorid, 10%ige Hexachloroplatinsäure, Kaliumiodid, N-[Naphthyl-
   (1)]ethylendiammoniumdichlorid, Natriumdisulfit, Natriumnitrit, Ninhydrin
   und Weinsäure
d) Kieselgel-Fertigplatten mit Fluoreszenz-Indikator (Schichtdicke 0.25 mm
   oder HPTLC-Qualität).

Anfärbereagentien:

a) *Dragendorff-Reagenz:* Stammlösung: 13 g Bismut(III)nitrat in 120 mL Aqua
   dest. aufschlämmen und 150 g Kaliumiodid zugeben. Lösung mehrere
   Stunden rühren. Dann langsam 38 mL Schwefelsäure (c = 2 mol/L) unter
   Rühren zugeben (Abzug!). Abwarten bis Kaliumsulfat ausfällt. Abfiltrieren
   und ad 1 L auffüllen. Zur Stabilisierung 1 g Natriumdisulfit lösen. Stammlösung ist lichtgeschützt bei Raumtemperatur haltbar. Gebrauchslösung:
   1 Teil Stammlösung mit 2 bis 3 Teilen 10%iger Essigsäure verdünnen.
b) *Kaliumiodoplatinat-Reagenz:* 1 mL 10%ige Hexachloroplatinsäure, 20 mL
   10%ige Kaliumiodidlösung (in Wasser) und 40 mL Aqua dest. mischen.
c) *Ninhydrin-Reagenz:* 0.4% Ninhydrin in Aceton.
d) *Eisenchlorid-Reagenz.* 3%ige FeCl$_3$-Lösung in Essigsäure (c = 1 mol/L).
e) *Reagenz für Benzophenone.*
   1. Natriumnitrit: NaNO$_2$ (4.5% in H$_2$O, bei 4 °C lagern) 1:1 mit Salzsäure
      (c = 2 mol/L) mischen.
   2. Kupplungsreagenz: N-[Naphthyl-(1)ethylen]-diammoniumdichlorid   in
      Wasser/Ethanol 1:10 (0.5–1%ige Lösung, frisch ansetzen).

8.1.2 Methode

a) *Phase I:* 8 mL Urin (andere Untersuchungsmaterialien und -mengen sind
   möglich) werden in einem 30 mL Zentrifugenglas mit Schraubdeckel mit 1 g

Ammoniumchlorid und ca. 0.2 mL Ammoniak auf pH 8–9 eingestellt und zweimal mit ca. 8 mL der Mischung Ether/Ethylacetat (1:9) extrahiert. Die organischen Phasen werden vereinigt, mit Natriumsulfat getrocknet, mit ca. 0.5 mL methanolischer Salzsäure (1 Teil Salzsäure + 50 Teile Methanol) versetzt und unter Stickstoff bei 50 °C eingeengt. Dieser Extrakt (Phase I) enthält die sogenannten freien basischen, neutralen sowie schwach sauren Verbindungen.

b) *Phase II*: Die verbliebene Wasserphase wird mit 2 mL 25%iger Salzsäure versetzt und zweimal mit ca. 8 mL Ether extrahiert. Die Etherphasen werden vereinigt, mit Natriumsulfat getrocknet und unter Stickstoff bei 50 °C eingeengt. Dieser Extrakt (Phase II) enthält die sogenannten stark-sauren Verbindungen.

c) *Phase III*: Die verbliebene wäßrige Phase wird zur Entfernung noch vorhandener Ether-Reste erwärmt und dann im fest verschlossenen Zentrifugenglas exakt 20 min auf 120 °C erhitzt. Hierzu verwendet man vorteilhaft einen zur Aufnahme des Glases speziell angefertigten Aluminiumblock, der auf einer Heizplatte steht und auf 120 °C erwärmt ist. Nach der Hydrolyse wird die Phase in Eiswasser abgekühlt und zweimal mit 8 mL Ether extrahiert. Die Etherphasen werden vereinigt, mit Natriumsulfat getrocknet und unter Stickstoff bei 50 °C eingeengt. Dieser Extrakt (Phase III) enthält unter den Hydrolysebedingungen entstandene sogenannte neutrale Verbindungen, insbesondere die Hydrolyseprodukte der Benzodiazepine.

d) *Phase IV*: Die verbliebene Wasserphase wird durch Zusatz von ca. 1.5 mL Ammoniak auf pH 9 eingestellt und zweimal mit 8 mL einer Mischung aus Ether/Ethylacetat (1:9) extrahiert bzw. alternativ in einen 100 mL Scheidetrichter überführt und einmal mit ca. 80 mL der Ether/Ethylacetat-Mischung extrahiert. Der Extrakt wird mit Natriumsulfat getrocknet, am Rotationsverdampfer eingeengt, unter Verwendung von Methanol als Lösungsmittel in ein Probenfläschchen überführt und erneut unter Stickstoff eingeengt. Dieser Extrakt (Phase IV) enthält insbesondere die in konjugierter Form ausgeschiedenen basischen Verbindungen.

Die verbliebene wäßrige Phase wird in der Regel verworfen. Sie enthält u.a. noch quartäre Ammoniumverbindungen, die sich nach Ionenpaarbildung (z.B. mit Bromthymol) extrahieren lassen. Die Extraktrückstände von Phase I bis IV werden jeweils in 80 µL Methanol aufgenommen und hiervon 20 µL auf folgende Dünnschichtplatten aufgetragen:

e) *DC von Phase I und IV (Basen und Barbiturate)*: Auf die Dünnschichtfertigplatten werden neben den Extrakten der Phase I und IV 10 µL eines Vergleichstests, der folgende Arzneimittelwirkstoffe in einer Konzentration von 1 µg/µL enthält, aufgetragen: Morphin, Chinin, Methylphenobarbital und Haloperidol. Daneben werden beliebige andere fallbezogene Vergleichssubstanzen aufgetragen. Die Platte wird in folgendem Fließmittel entwickelt: Ethylacetat, Methanol, Ammoniak (25%) (85:10:5). Die Fließhöhe beträgt ca. 8 cm und wird nach 10–15 min erreicht. Nach der

Entwicklung wird die Platte unter UV-Licht (254 nm) mit Ammoniakdampf angehaucht. Die Gegenwart von Barbituraten wird durch eine deutliche Intensivierung der UV-Löschung angezeigt. Die Platte wird zur vollständigen Entfernung des Ammoniaks gut getrocknet und dann hintereinander mit folgenden Reagentien behandelt:

1. Mit Ninhydrin leicht besprühen. Dann die Platte 5 min auf der Heizplatte erhitzen (130 °C). Die Gegenwart primärer Amine wird durch rote bis violette Anfärbung angezeigt.
2. Die Platte wird anschließend mit Dragendorff-Reagenz besprüht, bis die gesamte Platte gleichmäßig gelb eingefärbt ist. Die Gegenwart basischer Fremdsubstanzen wird durch orange Farbflecken angezeigt. (Anmerkung: In vielen Fällen ist es durchaus gerechtfertigt, die Dünnschichtplatten ausschließlich mit Dragendorff-Reagenz zu besprühen. Die meisten basischen Stoffe reagieren auch ohne Vorbehandlung mit Ninhydrin mit dem Dragendorff-Reagenz.)

f) *DC von Phase II (starke Säuren)*. Als Vergleich wird Acetylsalicylsäure in einer Menge .von 10–20 µg aufgetragen. Die Entwicklung der Platte kann in dem unter e) vorgestellten Fließmittel bzw. in folgender Mischung erfolgen: Toluol, Diethylether, Eisessig, Methanol (60:30:9:0.5). Nach Erreichen einer Fließmittelhöhe von ca. 8 cm wird die Platte getrocknet, unter UV-Licht (254 und 366 nm) beurteilt (Fluoreszenz) und mit $FeCl_3$-Lösung besprüht. Die Gegenwart von Salicylatmetaboliten wird durch violette Anfärbungen angezeigt.

g) *DC von Phase III (Hydrolyse-Produkte der Benzodiazepine)*: Als Vergleich wird 2-Amino-5-Chlorbenzophenon (10 µg) aufgetragen. Die Platte wird in dem System Toluol/Aceton (95:5) entwickelt. Nach Trocknen der Platte sind die gelb gefärbten Hydrolyseprodukte der Benzodiazepine zu beurteilen. Ist dies nicht eindeutig möglich, so ist die Platte wie folgt zu behandeln [35]:

1. Photolytische Desalkylierung: ca. 20 min Bestrahlung der Platte mit einer handelsüblichen Höhensonne (ohne „IR-Strahler").
2. Besprühen der Platte mit Natriumnitrit.
3. Nachsprühen mit Kupplungsreagenz.

Die Benzophenone (und auch andere Substanzen) zeigen sich mit roter bis violetter Farbe.

8.1.3 Ergebnisse

Das beschriebene Analysenverfahren wurde bisher an rund 1500 authentischen Urinproben überprüft. Es konnte die Einnahme von ca. 100 verschiedener Wirkstoffen nachgewiesen werden. Die Auswertung erfolgt mit Hilfe von Literaturdaten sowie einer eigenen Datenbank [12, 24]. Bei der DC handelt es sich um eine einfache und kostengünstige Nachweistechnik für eine Vielzahl toxikologisch relevanter Substanzen. Besonders vorteilhaft ist diese Methode zur Klärung der Frage, ob überhaupt Fremdsubstanzen vorhanden sind, bzw. um zu prüfen, ob relevante Mengen eines bestimmten Stoffes im Untersuchungsmaterial vorliegen. Die Überprüfung der Befunde erfolgt mit verschiedenen chromatographischen und spektroskopischen Techniken, insbesondere der Kombination GC/MS, für die die erhaltenen Extrakte in der Regel auch verwendbar sind, so daß eine erneute Probenvorbereitung entfällt.

8.2 Immunchemisches Drogenscreening aus Blut

Wie in 6.2 ausgeführt, werden immunchemische Verfahren als Screening-Tests auf Substanzklassen oder für gezielte Einzeluntersuchungen auf bestimmte Drogen eingesetzt. Besonders vorteilhaft sind der geringe Substanzverbrauch bei hoher Nachweisempfindlichkeit sowie der geringe Arbeitsaufwand. Für den Einsatz von Vollblut oder besser Serum bei Assays, die speziell für Urin konzipiert wurden, hat sich in der forensisch-toxikologischen Analytik die Proteinfällung, speziell die Acetonfällung, vor der Messung bewährt [33].

8.2.1 Material

Aceton (pro analysis); ADx-Reagentien für die Bestimmung in Urin von Amphetaminen, Benzodiazepinen, Cocainmetabolite, Opiate und Cannabinoide (Abbott Diagnostika, Wiesbaden); methanolische Vergleichslösungen von Amphetamin, Benzoylecgonin, Flunitrazepam, Morphin und THC-COOH; gesättigte wäßrige Kochsalzlösung. *Kalibratoren*: Amphetamin: [100, 200 und 500 ng/mL Wasser:Aceton (1:1)]; Benzoylecgonin: [500, 1000 und 1500 ng/mL Wasser:Aceton (1:1)]; Flunitrazepam: [20, 50 und 100 ng/mL Wasser:Aceton (1:1)]; Morphin: [50, 200 und 400 ng/mL Wasser:Aceton (1:1)]; THC-COOH: [20, 50 und 100 ng/mL Wasser:Aceton (1:1)]; Als Leerwertprobe dient eine 1:1 Mischung Wasser:Aceton.

8.2.2 Methode

Das ADx Gerät (Abbott Diagnostika, Wiesbaden) wird nach Herstellerangaben kalibriert.

0.3 mL Serum oder Blut werden in einem 1,5 mL Eppendorf-Reaktionsgefäß mit 0.3 mL Aceton versetzt, gemischt und zentrifugiert (2 min; ca. 10000 g). 0.2 mL des Überstandes werden mit 20 µL gesättigter Kochsalzlösung versetzt und mit dem ADx-System wie eine Urinprobe immunchemisch auf Amphetamine, Benzodiazepine, Cannabinoide, Cocain-Metabolite und Opiate untersucht. In gleicher Weise wie die Überstände werden die einzelnen Kalibratoren sowie die

Leerwertprobe vermessen und für jeden Stoff eine Eichgerade erstellt. Vorher wird das Ergebnis der Leerwertprobe von allen Meßwerten abgezogen.

8.2.3 Ergebnisse

Die Ergebnisse der Serum- oder Blutüberstände werden mit Hilfe der Eichgeraden ausgewertet; nur für die Cannabinoide und für die Cocainmetabolite ist aufgrund der Kreuzreaktivität der Antikörper und der Metabolisierung von THC bzw. Cocain in Grenzen eine quantitative Aussage anhand der Eichgeraden möglich; bei den übrigen Stoffen dient der an der Eichgeraden abgelesene Wert zur groben Abschätzung der in der Blutproben vorhandenen Wirkstoff-Mengen. Alle positiven Ergebnisse müssen mit einer anderen analytischen Methode überprüft werden.

8.3 Arzneimittel-Screening aus Blut

Ein Arzneimittel-Screening aus Blut ist oft dann gefragt, wenn ein Drogen- bzw. Medikamentenmißbrauch oder Intoxikationen vorliegen, um dann rasch therapeutisch wirksam eingreifen zu können. Da nicht selten Art und eingenommene Menge unbekannt sind, müssen Analysenverfahren verwandt werden, die schnell und wenig arbeitsaufwendig, aber universell und empfindlich sind. Bewährt hat sich der Einsatz von ChemElut™ Einweg-Extraktionssäulen mit einer speziell modifizierten Form von Diatomeenerde (weitporige Kieselgur) zur Flüssig-Flüssig-Extraktion für die GC- und HPLC-Analyse (vergl. Abb. 1).

8.3.1 Material

Extraktion: ChemElut™ Einweg-Extraktionssäulen (20 mL) (Analytichem International; ICT-Handelsgesellschaft, Frankfurt a.M.); Methanol und Ethylacetat (pro analysis); Diethylether (für HPLC); Phosphatpuffer pH 8.0 (3,7 mL 1/15 mol/L KH_2PO_4 + 96,3 mL 1/15 mol/L Na_2HPO_4).

8.3.2 Methode

2 mL Blut werden mit 18 mL Phosphatpuffer versetzt und unter Rühren für 10 min bei Raumtemperatur inkubiert. Das gesamte Volumen wird auf die Extraktionssäule aufgetragen. Nach 10 min Inkubation wird mit zweimal 20 mL einer Mischung Ether/Ethylacetat (1:1) eluiert. Die kombinierten Eluate werden am Rotationsverdampfer evaporiert und in 40 μL Methanol rekonstituiert. Aliquote einer Probe werden nach unterschiedlichen Chromatographieverfahren untersucht.

a) *HPLC*: Ein HPLC-Screening erfolgt mit zwei verschiedenen Fließmittel-Systemen, einem Acetonitril/Wasser-Gemisch (LC I) und einem Acetonitril/

Phosphatpuffer-Gemisch (LC II). LC I: 31.2% Acetonitril (Lichrosolv) in Wasser (HPLC-grade) (w/w); Fluß: isokratisch 1 ml/min; Geräte: Perkin-Elmer LC Series 3 mit UV-Detektor LC 55 und Integrator Sigma 10. LC II: 156 g Acetonitril (Lichrosolv) + 344 g Puffer (4.8 g 85%ige Orthophosphorsäure und 6.66 g KH_2PO_4 auf 1 L Wasser (HPLC-grade), pH 2.3); Fluß: isokratisch 1.3 mL/min; Geräte: Perkin-Elmer LC Series 1, Perkin-Elmer LC-480 Auto Scan Diode Array Detector mit 16 mm Zelle und PC mit Perkin-Elmer Software. In beiden Systemen wird eine Kontrosorb-Säule 16 RP18 (250 × 4.6 mm i.d.) verwendet. Bezugssubstanz: Jeweils 5-(p-Methylphenyl)-5-phenylhydantoin (MPPH).

b) *GC*: Perkin Elmer Sigma 1; Fused Silica Kapillarsäule Macherey-Nagel Permabond OV 1 (15 m × 0.53 mm i.d., df = 1.8 µm); Temperaturprogramm: 130–300 °C, 10 °C/min, 12 min Endzeit, NFID (300 °C), Injektortemperatur 270 °C. Trägergas: N_2 (10 mL/min). Bezugssubstanzen: 2-Amino-5-Chlorbenzophenon, Thioridazin.

8.3.3 Ergebnisse

Unter Berücksichtigung der zur Zeit auf dem Markt erhältlichen bzw. allgemein verbreiteten Arzneimittel, Rauschmittel und Pestizide (Organophosphate) wurde eine Liste mit chromatographischen Daten von fast 1500 Substanzen zusammengestellt, wobei allerdings nicht bei allen das Extraktionsverhalten überprüft wurde. Diese Substanzen wurden alle nach den unterschiedlichen Chromatographieverfahren untersucht und die relativen Retentionszeiten festgelegt. Ein größerer Teil der Substanzen ist entweder nur durch GC und nicht über HPLC nachweisbar oder umgekehrt. Während für die HPLC nur wenige Tabellen mit Retentionszeiten vorhanden sind, wurden für die GC zahlreiche Tabellenwerke veröffentlicht. Besonders bewährt haben sich die Angaben der Retentionsindices nach Kovats. Über einen weiten Bereich besteht ein linearer Zusammenhang zwischen RRT und RI, so daß sich die RRT-Werte näherungsweise in die entsprechenden RI-Werte umrechnen lassen (vergl. Abb. 2).

Um die chromatographischen Daten für Screening-Untersuchungen einsetzen zu können, wurden sämtliche Retentionswerte in Karteien geordnet (vergl. Tab. 2) und auf entsprechende Datenträger übertragen. Im Rahmen einer Screening-Untersuchung kann die Kombination der Chromatographieverfahren zu einer schnellen Differenzierung führen [3, 9, 10, 21].

8.4 Bestimmung von Drogen im Serum

In 8.2. wurde auf das immunchemische Drogenscreening lediglich aus Blut eingegangen, wobei ausgeführt wurde, daß es sich dabei um Vorteste handelt. Zur Bestätigung, der eindeutigen Identifizierung des jeweiligen Wirkstoffs und seiner

Metabolite sowie zu deren exakten quantitativen Bestimmung dienen die nachfolgend für einzelne Drogen beschriebenen Verfahren.

8.4.1 Cannabinoide (Tetrahydrocannabinol und Metabolite)

Material: Interner Standard (IS): 0.5 µg d_3-THC + 1.0 µg d_3-THC-COOH/ mL Methanol; Mischung aus 20% Tetramethylammoniumhydroxid (TMAH) mit Dimethylsulfoxid (DMSO) (1:20), 0.1 M Essigsäure, Methyliodid, 0.1 M Salzsäure, Methanol, Acetonitril, Ethylacetat, Iso-Octan (alles analytical grade). Worldwide Monitoring Clean Up C_{18} end-capped Extraktionssäulen (100 mg; 1 mL) (Amchro, Sulzbach/Taunus), silanisierte Vials.

Methode: Serum-/Blutproben (0.5 bis 1 mL) werden mit 40 µL IS versetzt. Serumproben werden vor der Festphasen-Extraktion direkt mit 10% iger Essigsäure (75 bis 150 µL) auf pH 4.5 eingestellt. Blutproben werden mit der doppelten Menge an Acetonitril intensiv (bei Bedarf mit Hilfe von Ultraschall) gemischt und zentrifugiert (3 min, 10000 g). Der Überstand wird abgenommen und mit Wasser soweit verdünnt, daß der Acetonitrilgehalt bei 30% liegt. Die C_{18}-Extraktionssäulen werden durch Waschen mit 2 mL Methanol, gefolgt von 2 mL Wasser und 1 mL Essigsäure konditioniert. Die vorbereiteten Lösungen von Serum bzw. Blut werden unter Vakuum mit einer Flußrate von ca. 1 mL/min auf die Säule aufgetragen. Die Säulen werden mit 1 mL Essigsäure, gefolgt von 1 mL 40%iges Acetonitril in Wasser gewaschen und durch Zentrifugation der Säule (5 min, 1000 g) getrocknet. Die Cannabinoide werden in ein silanisiertes Vial mit zweimal 0.75 mL Acetonitril eluiert. Das Eluat wird bei 50 °C unter Stickstoff evaporiert. Die Methyl-Derivate erhält man, indem der Rückstand bei Raumtemperatur für 2 min in 0.2 mL TMAH/DMSO inkubiert wird; es folgt die Zugabe von 50 µL Methyliodid und weitere Inkubation für 15 min bei Raumtemperatur; nach Zugabe jeder Komponente wird am Vortex gemischt. Die Mischung wird mit 0.2 mL Salzsäure angesäuert und dann mit 1 mL iso-Octan extrahiert. 0.8 mL des organischen Überstan des werden in ein Vial überführt und bei 50 °C unter Stickstoff evaporiert. Der Rückstand wird in 20 µL Ethylacetat rekonstituiert und ein Aliquot einer GC/MS-Analyse unterworfen. *GC/MS*: Hewlett-Packard GC Model 5890A mit 5970A Mass Selective Detector (MSD); Fused Silica Kapillarsäule OV1 (12 m × 0.2 mm i.d.; df = 0.33 µm); Temperaturprogramm: 100 °C für 2 min, 40 °C/min auf 260 °C für 6 min, 40 °C/min auf 300 °C für 5 min; split/splitless Injektor bei 270 °C.

Ergebnisse: Die GC/MS-Analyse erfolgt im Selected Ion Monitoring Mode (SIM). Die charakteristischen Massen sind in Tabelle 3 aufgeführt. Zur Quantifizierung werden die Peakhöhenverhältnisse herangezogen: m/z 313 (THC)/m/z 316 (d_3-THC), m/z 313 (11-OH-THC)/m/z 316 (d_3-THC-COOH) und m/z 313 (THC-COOH)/m/z 316 (d_3-THC-COOH) quantifiziert. Die Kalibrationskurven sind für alle drei Substanzen über einen weiten Konzentrationsbereich linear (THC und 11-OH-THC 1–100 ng/mL,

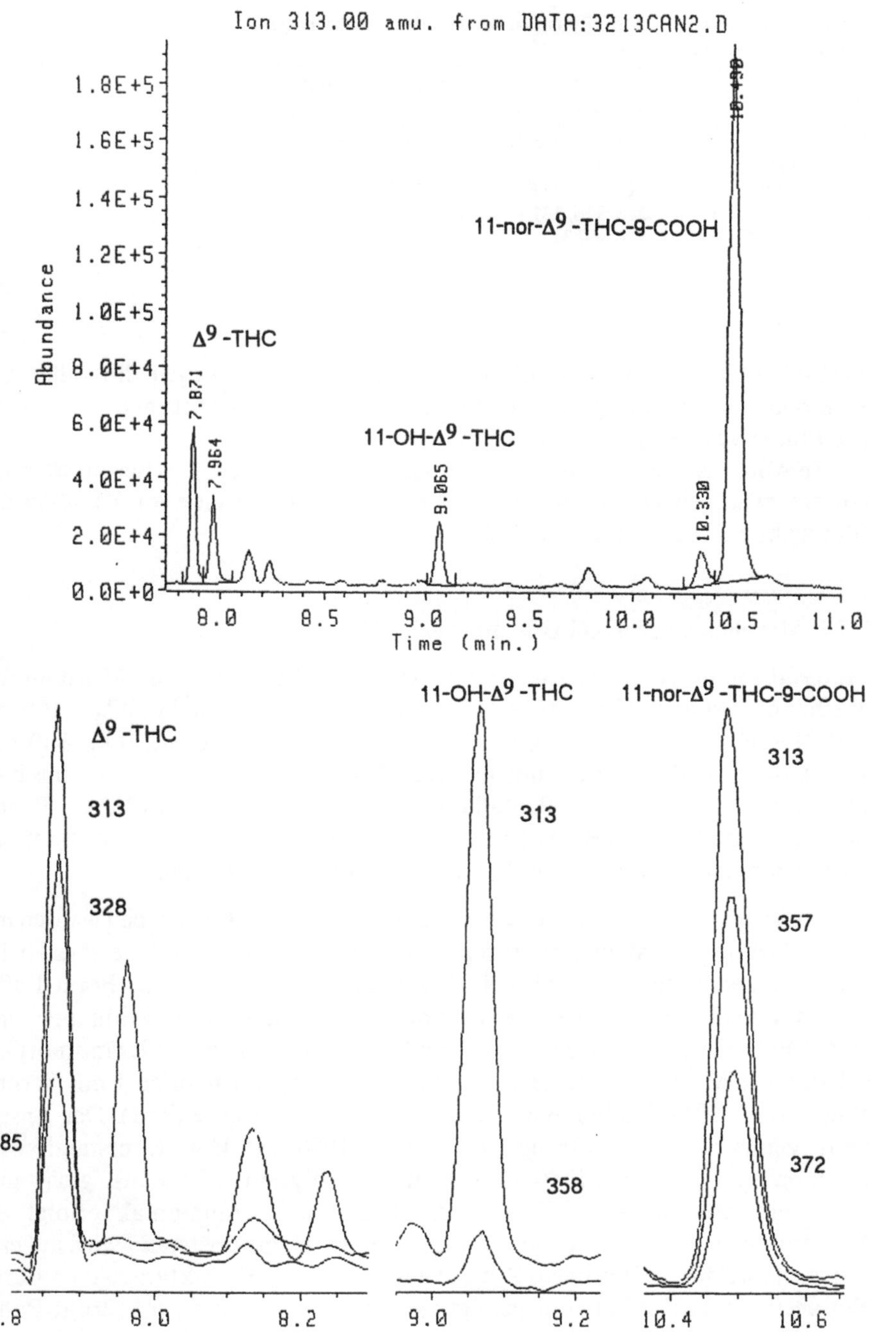

Abb. 4. Typisches Chromatogramm einer authentischen Serumprobe mit 19 ng/mL THC, 4 ng/mL 11-OH-THC und 70 ng/mL freie THC-COOH (Methyl-Derivate)

Tabelle 3. Suchmassen und Retentionszeiten der methylierten Cannabinoid-Komponenten

	Charakteristische Suchmassen (m/z)	Retentionszeit (min)
THC	285, 313, 328	7.87
11-OH-THC	313, 358	9.07
THC-COOH	313, 357, 372	10.49
d3-THC	288, 316, 331	7.87
d3-THC-COOH	316 360 375	10.49

THC-COOH 1–2000 ng/mL), die Nachweisgrenzen liegen für alle drei Komponenten unter 1 ng/mL, die Wiederfindungsraten aus Serum bei über 80%, aus Blut etwas weniger.

In Abb. 4 ist ein typisches Chromatogramm dargestellt. Das Serum stammte von einem jungen Mann, der zugab, 1 g Haschisch eine Stunde vor Abnahme der Blutprobe geraucht zu haben [11].

8.4.2 Morphin, Codein und Dihydrocodein [28]

Material: Interner Standard (IS): 5 µg d_3-Codein + 5 µg d_3-Morphin/mL Methanol. Borat-Puffer (pH 9): 835 mL Lsg. A (12.37 g H_3BO_3 + 100 mL 1 M NaOH mit 0.05 M Borax-Lsg. ($Na_2B_4O_7$) ad 1 L) + 165 mL Lsg. B (0.1 M HCL). Ammoniak, Ammoniumchlorid, 2 M Salzsäure, 10% Trichloressigsäure, Methanol, Ethylacetat, Pentafluoropropionylanhydrid (PFPA), Pentafluoropropanol (PFPOH). Worldwide Monitoring Clean Up C_{18} end-capped Extraktionssäulen (100 mg; 1 mL) (Amchro, Sulzbach/Taunus).

Methode: Serum oder Blut werden mit 20 µL IS versetzt. Blutproben werden mit 2 mL Aceton gemixt und zentrifugiert (5 min, 1000 g). Der Überstand wird abgenommen, unter Stickstoff bei 50 °C evaporiert und in 2 mL Borat-Puffer aufgenommen. Serumproben werden vor der Festphasen-Extraktion mit 1 mL Borat-Puffer versetzt. Soll in authentischen Fällen das Gesamtmorphin (Morphin + Morphinglucuronid) bestimmt werden, gibt man zu 1 mL Serum/ Blut 0.5 mL 10% Trichloressigsäure und 1.5 mL Salzsäure (2 M). Der Ansatz wird gemischt und zentrifugiert (5 min, 1000 g). Der Überstand wird abgenommen und bei 120 °C für 20 min hydrolysiert. Mit 1 mL gesättigter Ammoniumchlorid-Lsg. und 0.3 bis 0.4 mL 25% Ammoniak erfolgt die Einstellung auf pH 9. Der nach zentrifugation erhaltene überstand wird auf eine Extraktionssäule aufgetragen. Zuvor werden die C_{18}-Extraktionssäulen durch Waschen mit 2 mL Methanol, gefolgt von 2 mL Wasser und 1 mL Borat-Puffer konditioniert. Die vorbereiteten Proben werden unter Vakuum mit einer Flußrate von ca. 1 mL/min auf die Säule aufgetragen. Die Säulen werden mit 1 mL Borat-Puffer, gefolgt von 1 mL 25% Methanol in Wasser gewaschen und durch Zentrifugation der Säulen (5 min, 1000 g) getrocknet. Die Opiate werden mit zweimal 0.75 mL Methanol in ein Vial eluiert. Das Eluat wird bei 50 °C unter Stickstoff evaporiert. Die Pentafluoropropionyl-Derivate erhält man, indem der Rückstand in 40 µL PFPA + 10 µL PFPOH aufgenommen und für 30 min bei 80 °C inkubiert wird. Dann wird bei 50 °C unter Stickstoff zur Trodene evaporiert. Der Rückstand wird in 20 µL Ethylacetat rekonstituiert und ein Aliquot einer GC/MS-Analyse unterworfen. *GC/MS*: Hewlett-Packard GC Model 5890A mit 5970A Mass Selective Detector (MSD); Fused Silica Kapillarsäule OV1 (12 m × 0.2 mm i.d.; df = 0.33 µm); Temperaturprogramm: 150 °C für 2 min, 40 °C/min auf 220 °C für 6 min, 40 °C/min auf 300 °C für 5 min; split/splitless Injektor bei 270 °C.

Ergebnisse: Die GC/MS-Analyse erfolgt im Selected Ion Monitoring Mode (SIM). Die charakteristischen Massen der Pentafluoropropionylderivate und die Retentionszeiten sind in Tabelle 4 aufgeführt.

Zur Quantifizierung werden die Peakflächenverhältnisse herangezogen: m/z 445 (Codein)/m/z 448 (d_3-Codein), m/z 447 (Dihydrocodein)/m/z 448 (d_3-Codein), m/z 414 (Morphin)/m/z 417 (d_3-Morphin) und m/z 473 (MAM)/m/z 417 (d_3-Morphin). Abbildung 5 zeigt eine chromatographische Auftrennung und die charakteristischen Massenfragmente.

8.4.3 Cocain und Metabolite

Material: Phosphat-Puffer (3.4 g KH_2PO_4 in 225 mL Wasser lösen, mit 1 M KOH auf pH 6.0 und mit Wasser auf 250 mL auffüllen), 0.1 M HCL, Natriumfluorid, Methanol. Elutionslösung: 80 mL Dichlormethan + 20 mL iso-Propanol + 2 mL 25% Ammoniak. Bond-Elut-Certify Extraktionssäulen (ICT-Handelsgesellschaft, Frankfurt/Main).

Methode: Blutproben (1 mL) werden mit 1 mL Aceton gemixt und zentrifugiert (5 min, 1000 g). Der Überstand wird abgenommen unter Stickstoff bei 50 °C evaporiert und in 6 mL Phosphat-Puffer aufgenommen. Serumproben werden vor der Extraktion mit 5 mL Phosphat-Puffer versetzt. Der gesamte Ansatz wird auf eine Extraktionssäule aufgetragen. Zuvor werden die Bond-Elut-Certify Extraktionssäulen durch Waschen mit 2 mL Methanol, gefolgt von 2 mL Phosphat-Puffer konditioniert. Die vorbereiteten Proben werden unter Vakuum

Tabelle 4. Suchmassen und Retentionszeiten der Opioide (Pentafluoropropionyl-Derivate)

	Charakteristische Suchmassen (m/z)	Retentionszeit (min)
Codein	119, 282, 445	10.10
Dihydrocodein	119, 284, 447	9.80
Morphin	119, 414, 577	9.35
6-Monoacetylmorphin	204, 414, 473	11.85
d3-Codein	119, 285, 448	10.10
d3-Morphin	119, 417, 580	9.35

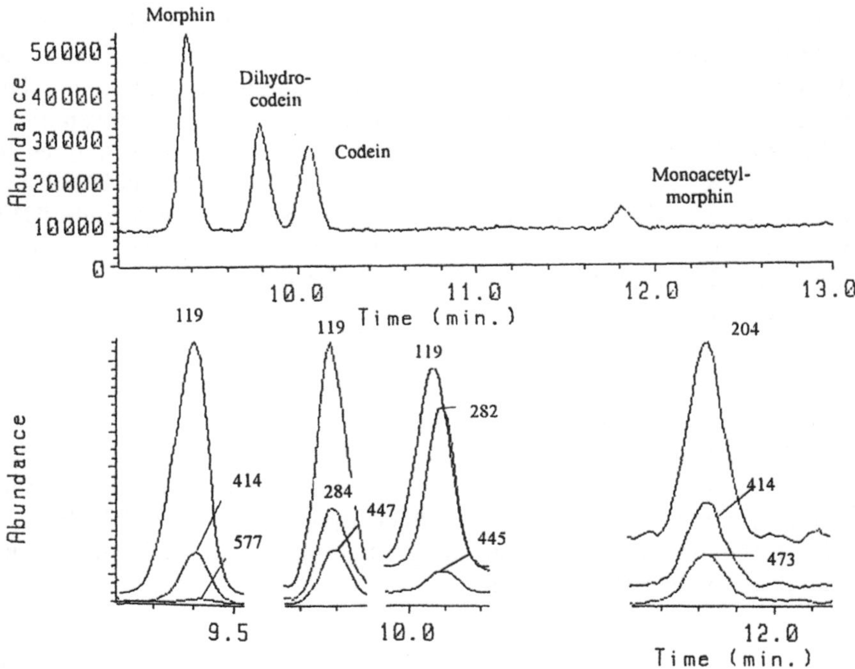

Abb. 5. Chromatogramm einer externen Vergleichslösung für eine Opioid-Bestimmung (Pentafluoropropionyl-Derivate). Die Konzentrationen bezogen auf 1 mL zu untersuchendes Serum betrugen: Morphin 50 ng/mL (+ 50 ng d_3-Morphin), Dihydrocodein 50 ng/mL, Codein 50 ng/mL, Monoacetylmorphin 20 ng/mL

mit einer Flußrate von ca. 1 mL/min auf die Säule aufgetragen. Die Säulen werden mit 3 mL Wasser, gefolgt von 3 mL HCl und 9 mL Methanol gewaschen. Nach dem Trocknen der Säulen (Zentrifugation 5 min, 1000 g) erfolgt die Elution in ein Vial mit 2 mL Elutionslsg. Das Eluat wird bei 50 °C unter Stickstoff evaporiert, in 20 µL Methanol rekonstituiert und ein Aliquot einer HPLC-Analyse unterworfen. *HPLC/DAD*: Perkin Elmer Series 1 LC Pump; Säule Kontrosorb 10 RP 18 (25 × 4.6 mm i.d.); Perkin Elmer LC-480 Auto Scan Diode Array Detector; PC mit Perkin Elmer-Software (LC-DES plus). Chromatographie Parameter: Isokratische Bedingungen mit einem Fluß von 1.3 ml/min; Elutionsmittel: 100 mL Acetonitril (Lichrosolv Merck) + 400 mL Phosphat-Puffer (4.8 g 85%ige Orthophosphorsäure und 6.66 g KH_2PO_4 ad 1 L Wasser (Baker-HPLC-Reagent), pH 2.30).

Ergebnisse: Die Identifizierung von Cocain und Benzoylecgonin erfolgt durch den Vergleich der Retentionszeiten und Peakform von Probe und Reinsubstanz sowie über die UV-Spektren. Die Quantifizierung erfolgt über eine jeweils neu mit Reinsubstanzlösungen zu erstellende Eichgeraden. Abbildung 6 zeigt das Ergebnis einer authentischen Probe.

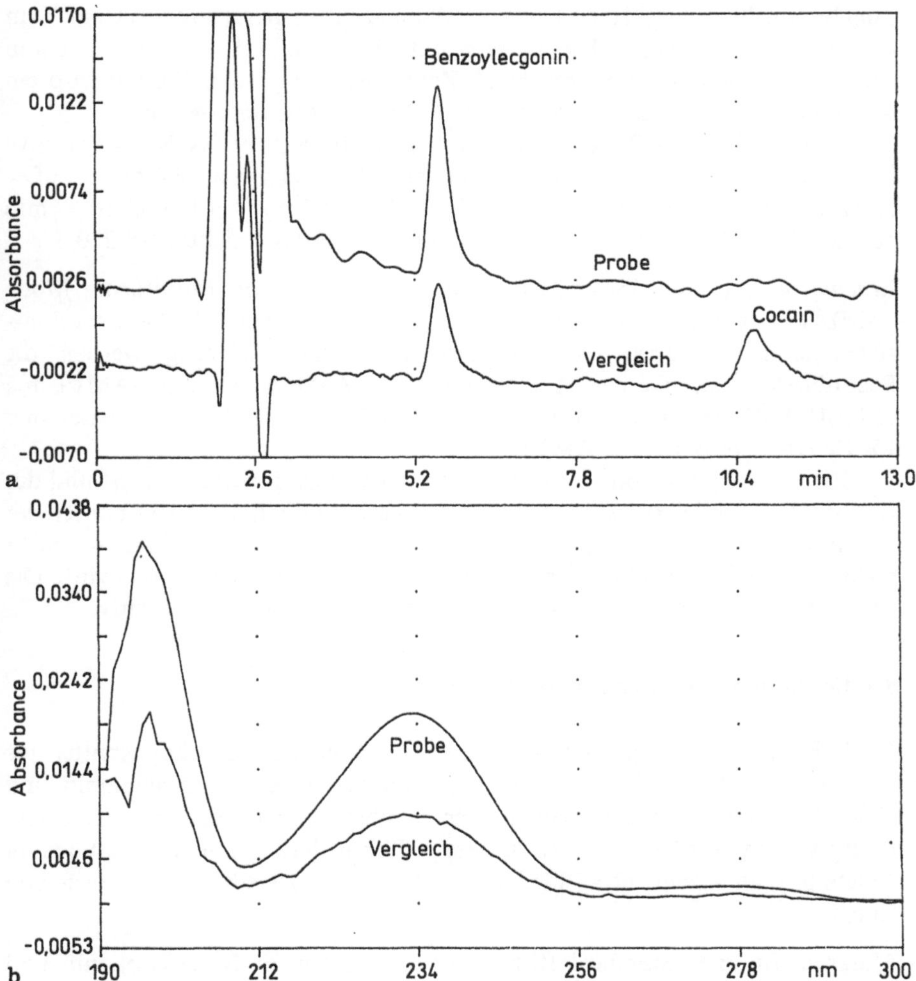

Abb. 6a,b. HPLC-Chromatogramm (220 nm) einer authentischen Serumprobe mit 390 ng Benzoylecgonin/mL, das über einen externen Vergleich gelegt wurde **a**. Die Bestätigung der Substanz erfolgt über das UV-Spektrum **b** von Benzoylecgonin

8.4.4 Amphetamin (AMP), Methamphetamin (MEAMP), 3,4-Methylendioxyamphetamin (MDA) und 3,4-Methylendioxymethamphetamin (MDMA) [17]

Material: Interner Standard (IS): 5 µg d_3-AMP-HCl/mL Wasser, Natriumhydroxid (2 mol/L), Hexan, N-Methyl-bis-trifluoroacetamid (MBTFA).

Extraktion und Derivatisierung: Serum (0.1 mL) wird mit 10 µL IS versetzt und zuerst mit 0.1 mL Hexan überschichtet. Bei Blutproben empfiehlt sich eine Verdünnung mit 0.1 mL A.dest. und eine Extraktion mit 0.2 mL Hexan. Nach

Zugabe von 20 µL NaOH wird geschüttelt und zentrifugiert (5 min, 1000 g). Vom Überstand werden 50 µL abgenommen, mit 10 µL MBTFA versetzt und 20 min bei Raumtemperatur inkubiert. Nach Zentrifugation (5 min, 1000 g) wird ein Aliquot des Hexan-Überstandes einer GC/MS-Analyse unterworfen.

GC/MS: Hewlett-Packard GC Model 5890A mit 5970A Mass Selective Detector (MSD); Fused Silica Kapillarsäule OV1 (12 m × 0.2 mm i.d.; df = 0.33 m); Temperaturprogramm: 40 °C für 2 min, 40 °C/min auf 120 °C, 10 °C/min auf 220 °C, 40 °C/min auf 300 °C für 5 min; split/splitless Injektor bei 270 °C.

Ergebnisse: Die GC/MS-Analyse erfolgt im Selected Ion Monitoring Mode (SIM). Die charakteristischen Massen der MBTFA-Derivate und die Retentionszeiten sind in Tabelle 5 aufgeführt. Zur Quantifizierung werden die Peakhöhenverhältnisse herangezogen: m/z 140 (AMP)/m/z 143 (d_3-AMP), m/z 154 (MEAMP)/m/z 143 (d_3-AMP), m/z 135 (MDA)/m/z 143 (d_3-AMP) und m/z 154 (MDMA)/m/z 143 (d_3-AMP).

Bei Verwendung von Hexan kann ohne Evaporation derivatisiert und der Extrakt direkt injiziert werden (Abb. 7). Dies erhöht die Reproduzierbarkeit der Methode, da aufgrund der hohen Flüchtigkeit des Amphetamins durch das nicht mehr notwendige Eindampfen eine große Fehlerquelle eliminiert wird. Die Methode ist einfach, schnell, gut reproduzierbar und genügend sensitiv.

8.5 Bestimmung von Drogen aus Haaren (Cocain)

Nach Einführung geeigneter Extraktionsverfahren für Betäubungsmittel aus Haaren kann heute der Konsum von Opiaten, Cocain, Amphetamin und Cannabis sowie einiger Medikamente über einen längeren Zeitraum nachgewiesen werden [23]. In unserem Labor hat sich eine Methode in Anlehnung an Kauert et al. [18] bewährt, hier dargestellt am Nachweis von Cocain.

Material: Interner Standard (IS): 10 µg d_3-Cocain, d_3-Benzoylecgonin und d_3-Ecgoninmethylester/mL Methanol. Phosphat-Puffer (3.4 g KH_2PO_4 in 225 mL A. dest. gelöst, mit 1 M KOH auf pH 6.0 eingestellt und mit Wasser ad 250 mL aufgefüllt), 0.1 M HCL, Aceton, Methanol, Petrolether. Elutionslösung: 80 mL Dichlormethan + 20 mL iso-Propanol + 2 mL 25% Ammoniak. Bond-Elut-Certify Extraktionssäulen (ICT-Handelsgesellschaft, Frankfurt/ Main).

Tabelle 5. Suchmassen und Retentionszeiten der Amphetamin-Derivate nach Derivatisierung mit MBTFA

	Charakteristische Suchmassen (m/z)	Retentionszeit (min)
Amphetamin	91, 118, 140	6.19
Methamphetamin	118, 110, 154	7.10
MDA	135, 162, 275	9.82
MDMA	135, 154, 162, 289	11.35
d3-Amphetamin	91, 121, 143	6.19

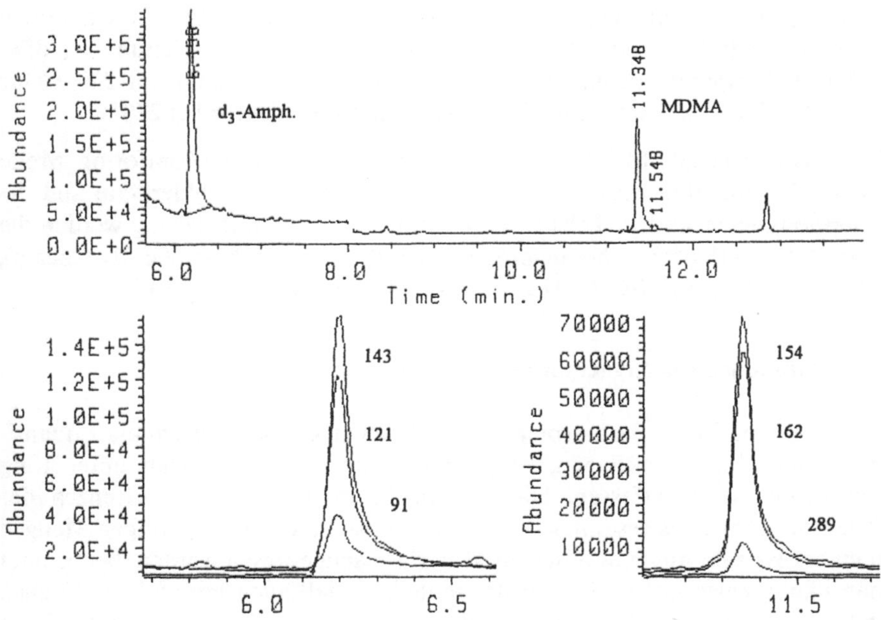

Abb. 7. Chromatogramm einer authentischen Serumprobe. Die zugesetzte d$_3$-Amphetamin-Konzentration betrug 500 ng/mL, gefunden wurden 480 ng MDMA/mL

Extraktion: Die Haare (2 bis 3 cm lange Segmente) werden mit einer Schere zerkleinert, in einem verschraubbaren zentrifugenröhrchen eingewogen (50–200 mg) und mit jeweils ca. 10 mL A. dest., Aceton sowie Petrolether gewaschen. Es folgt eine Behandlung mit 10 mL Methanol im Ultraschallbad für 5 h und anschließend diezugabe von 10 µL der Standardlsg. hinzugegeben wurden. Die Methanolphase wird eingedampft. Zur weiteren Aufreinigung erfolgt die Festphasen-Extraktionen für Cocain und Metabolite (vgl. 8.4.3).

Der Rückstand wird in 6 mL Phosphat-Puffer aufgenommen und auf eine Bond-Elut-Certify Extraktionssäule aufgetragen. Zuvor wird die Extraktionssäule durch Waschen mit 2 mL Methanol, gefolgt von 2 mL Phosphat-Puffer konditioniert. Die Probe wird unter Vakuum mit einer Flußrate von ca. 1 mL/min auf die Säule aufgetragen. Dann wird mit 3 mL Wasser, gefolgt von 3 mL HCl und 9 mL Methanol gewaschen. Nach dem Trocknen der Säule (Zentrifugation 5 min, 1000 g) erfolgt die Elution in ein Vial mit 2 mL Elutionslösung. Das Eluat wird bei 50 °C unter Stickstoff evaporiert.

Derivatisierung: Die Pentafluoropropyl-Derivate erhält man, indem der Rückstand in 40 µL PFPA + 10 µL PFPOH aufgenommen und für 30 min bei 70 °C inkubiert wird. Dann wird bei 50 °C unter Stickstoff evaporiert. Der Rückstand wird in 20 µL Ethylacetat rekonstituiert und ein Aliquot der GC/MS-Analyse unterworfen.

GC/MS: Hewlett-Packard GC Model 5890A mit 5970A Mass Selective Detector (MSD); Fused Silica Kapillarsäule OV1 (12 m × 0.2 mm i.d.; df = 0.33 µm); Temperaturprogramm: 150 °C für 2 min, 40 °C/min auf 220 °C für 6 min, 40 °C/min auf 300 °C für 5 min; split/splitless Injektor bei 270 °C.

Ergebnisse: Die GC/MS-Analyse erfolgt im Selected Ion Monitoring Mode (SIM). Die charakteristischen Massen der Pentafluoropropylderivate und die Retentionszeiten sind in Tabelle 6 aufgeführt. Zur Quantifizierung werden die Peakflächenverhältnisse herangezogen: m/z 303 (Cocain)/m/z 306 (d_3-Cocain), m/z 182 (EME)/m/z 303 (d_3-BE) und m/z 300 (BE)/m/z 303 (d_3-BE).

8.6 Bestimmung von Arzneimitteln im Serum

Um therapeutische Serumspiegel von hochwirksamen Pharmaka quantitativ nachweisen zu können, ist es notwendig, Absolutmengen unter 1 ng reproduzierbar zu erfassen. Häufig erreicht man hierbei die Grenzen der Detektoren bzw. des gesamten Analysensystems. Sollen diese geringen Mengen in einem Extrakt aus biologischem Material nachgewiesen werden, beobachtet man häufig einen hohen Störsubstanzanteil, so daß auch mit stoffspezifischen Detektoren (ECD, NFID) keine gesicherte Analyse möglich ist. Die HPLC mit DAD ist in der Regel nicht so empfindlich wie ein GC, der scheinbare Nachteil wird aber dadurch z.T. behoben, daß die Säule wesentlich größere Stoff- aber auch Lösungsmittelmengen toleriert. Hierdurch kann die fehlende Empfindlichkeit teilweise durch höhere Substanzaufgabe ausgeglichen werden. Durch die Aufnahme der biologischen Extrakte in größeren Volumina Lösungsmittel können Fehler durch Inhomogenität der Untersuchungsprobe verringert werden. Für die meisten Wirkstoffe reicht es in der HPLC aus, Absolutmengen im Bereich von 1-10 ng reproduzierbar nachzuweisen. Gelingt es, den Störsubstanzanteil im Vergleich zum Wirkstoffanteil in den Extrakten möglichst niedrig zu halten, so lassen sich Pharmaka in Serum oder Vollblutproben sehr empfindlich bestimmen.

8.6.1 Benzodiazepine

Benzodiazepine werden therapeutisch als Sedativa, Hypnotika, Antikonvulsiva und zentrale Muskelrelaxantien eingesetzt [34]. Sie weisen zum Teil große

Tabelle 6. Suchmassen und Retentionszeiten von Cocain samt Metabolite (Perfluoropropyl-Derivate)

	Charakteristische Suchmassen (m/z)	Retentionszeit (min)
Cocain	82, 182, 303	17.42
Benzoylecgonin	82, 300, 421	16.54
Ecgoninmethylester	82, 182, 345	10.03
d3-Cocain	85, 185, 306	17.42
d3-Benzoylecgonin	85, 303, 424	16.54

Unterschiede in den therapeutischen Konzentrationsbereichen auf (Tabelle 7). Im folgenden wird eine schnelle Festphasen-Extraktion mit anschließender HPLC als Screening-Methode beschrieben, die auch zu quantitativen Ergebnissen führt [27].

Material: Interner Standard (IS): 10 µg Brotizolam/mL Methanol; Borat-Puffer (pH 9) [835 mL Lösung A (12.37 g H_3BO_3 + 100 mL 1 M NaOH mit 0.05 M Borax-Lösung ($Na_2B_4O_7$) ad 1 L) + 165 mL Lösung B (0.1 M HCl]; Methanol, Ethylacetat, Worldwide Monitoring Clean Up C_{18} end-capped Extraktionssäulen (100 mg; 1 mL) (Amchro, Sulzbach/Taunus).

Extraktion: Serum oder Blut (1 mL) werden mit 40 µL IS versetzt. Blutproben werden mit 2 mL Aceton gemixt und zentrifugiert (5 min, 1000 g). Der Überstand wird abgenommen, unter Stickstoff bei 50° C evaporiert und in 2 mL Borat-Puffer aufgenommen. Serumproben werden vor der Festphasen-Extraktion mit 1 mL Borat-Puffer versetzt. Der gesamte Ansatz wird auf eine Extraktionssäule aufgetragen. Zuvor werden die C_{18}-Extraktionssäulen durch Waschen mit 2 mL Methanol, gefolgt von 2 mL Wasser und 1 mL Borat-Puffer konditioniert. Die vorbereiteten Proben werden unter Vakuum mit einer Flußrate von ca. 1 mL/min auf die Säule aufgetragen. Die Säulen werden mit 1 mL Wasser, gefolgt von 1 mL 15% Methanol in Wasser gewaschen und durch Zentrifugation der Säulen (5 min, 1000 g) getrocknet.

Benzodiazepinkomponenten werden in ein Vial eluiert mit zweimal 0.5 mL Methanol. Das Eluat wird bei 50° C unter Stickstoff evaporiert und in 15 µL Methanol aufgenommen, wovon ein Aliquot von 10 µL injiziert wird.

HPLC/DAD: Perkin Elmer Series 1 LC Pump; Säule Kontrosorb 10 RP 18 (25 × 4.6 mm i.d.); Perkin Elmer LC-480 Auto Scan Diode Array Detector; PC mit Perkin Elmer-Software (LC-DES plus). Chromatographie Parameter: Isokratische Bedingungen mit einem Fluß von 1.3 ml/min; Elutionsmittel: 156 g Acetonitril (Lichrosolv Merck) + 344 g Phosphat-Puffer [4.8 g 85%ige Orthophosphorsäure und 6.66 g KH_2PO_4 ad 1 L Wasser (Baker-HPLC-Reagent), pH 2.30].

Ergebnisse: Gerade die 1,4-Benzodiazepine zeigen eine intensive UV-Absorption mit spezifischen UV-Maxima. Für die Screening-Untersuchung empfiehlt sich

Tabelle 7. Therapeutische und toxische Serumkonzentrationen von verschiedenen Benzodiazepinen [34, 37]

Wirksubstanz	Therapeutischer Bereich [mg/L]	Toxischer Bereich [mg/L]
Midazolam	0,08–0,25	–
Bromazepam	0,08–0,17	0,25–0,50
Oxazepam	1.00–2.00	3,00–5,00
Nordazepam	0,20–0,80	2.00
Tetrazepam	0,30–1,00	–
Flunitrazepam	0,005–0,015	0.05
Triazolam	0,002–0,020	–
Diazepam	0,50–0,75	1,50–3,00

die universelle Detektorwellenläge von 220 nm. Zur Quantifizierung werden die Peakhöhenverhältnisse (Probe zu Standard) herangezogen. Die Kalibrationskurven sind für sämtliche untersuchten Benzodiazepine (Tabelle 8) über einen weiten Konzentrationsbereich linear. Die Nachweisgrenzen liegen bei ca. 5 bis 10 ng/mL. Mit der Dioden-Array-Detektion erhält man bis hinunter zu Konzentrationen von 10 ng/mL UV-Spektren der Substanzen als zusätzliche Identifikationsmerkmale (Abb. 8).

Diese Methodik der Festphasen-Extraktion mit angeschlossener HPLC und Dioden-Array-Detektion zeichnet sich für das Benzodiazepin-Screening aus durch gute Wiederfindungsraten, hohe Reproduzierbarkeit und ausreichende Sensitivität und Selektivität. In kritischen Fällen kann der gleiche Extrakt auch für eine GC/MS-Bestätigung eingesetzt werden.

8.6.2 Barbiturate (Methohexital, Thiopental)

Bei der Stoffklasse der Barbiturate handelt es sich um zyklische Ureide der Malonsäure, die aufgrund ihrer sedativen und hypnotischen Wirkung in der Vergangenheit als Schlafmittel bevorzugt Verwendung fanden und zu zahlreichen schwersten und tödlichen Vergiftungen führten. Heutzutage haben die kurzwirksamen Barbiturate wie Thiopental und Methohexital nach wie vor als Narkosemittel eine große Bedeutung. Die Barbiturate lassen sich problemlos mit dem im Abschnitt 8.3 beschrieben universellen Verfahren qualitativ und quantitativ bestimmen. Es geht jedoch einfacher und schneller, wenn man

Tabelle 8. Auflistung der mit der beschriebenen HPLC-Methode nachweisbaren Benzodiazepine

Benzodiazepin	Retentionszeit (min)	Benzodiazepin	Retentionszeit (min)
Alprazolam	10.3	Hydroxymidazolam	3.6
7-Aminoclonazepam	2.5	Ketazolam	14.5
7-Aminoflunitrazepam	3.0	Lorazepam	6.9
7-Aminonitrazepam	2.1	Lormetazepam	11.5
Bromazepam	4.2	Medazepam	4.5
Brotizolam	13.0	Metaclazepam	7.3
Camazepam	21.7	Midazolam	4.0
Chlordiazepoxid	2.9	Nitrazepam	6.4
Clobazam	11.3	Noraminoflunitrazepam	2.3
Clonazepam	8.0	Norchlordiazepoxid	4.8
Clotiazepam	12.0	Norclobazam	7.2
Demoxepam	4.7	Nordazepam	7.8
Desalkylflurazepam	9.2	Norflunitrazepam	6.6
Diazepam	14.9	Oxazepam	6.4
Estazolam	7.9	Oxazolam	3.5
Flunitrazepam	10.4	Temazepam	10.0
Flurazepam	4.0	Tetrazepam	8.3
3-Hydroxybromazepam	3.0	Triazolam	11.1
Hydroxyethylflurazepam	7.3		

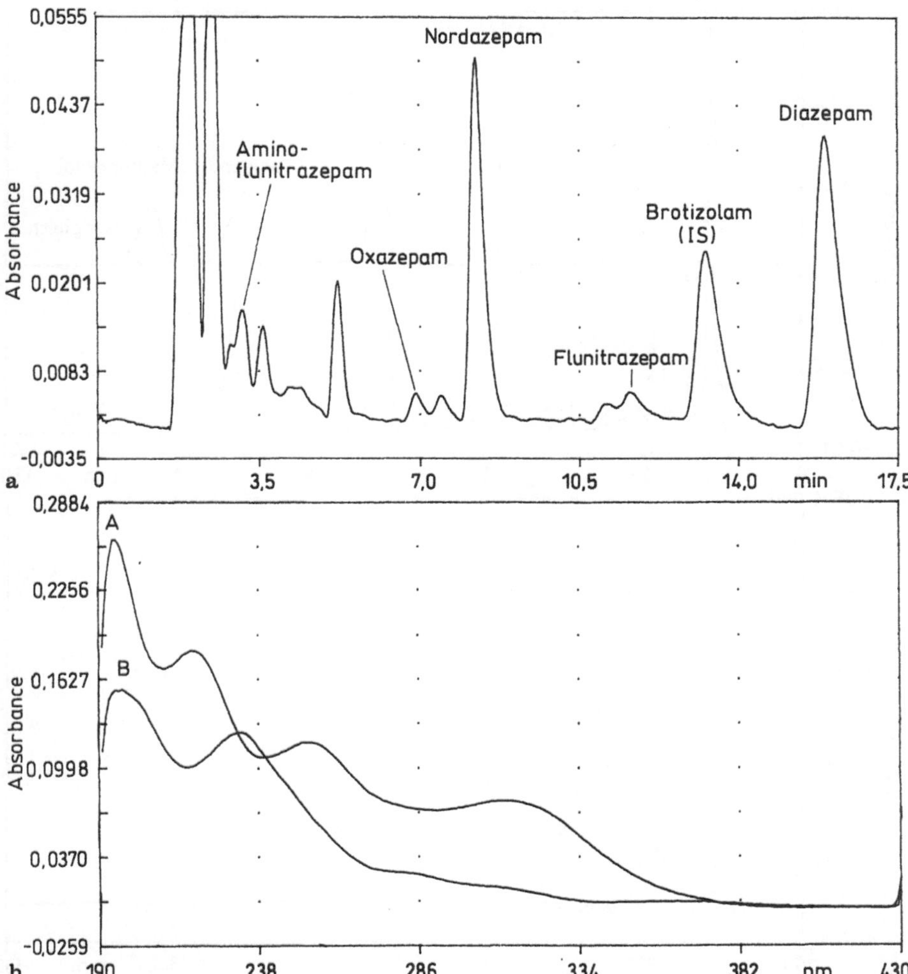

Abb. 8a,b. HPLC-Chromatogramm (220 nm) einer authentischen Serumprobe **a.** Es wurden nachfolgend aufgeführte Benzodiazepine in den angegebenen Konzentrationen nachgewiesen: Aminoflunitrazepam (60 ng/mL), Oxazepam (30 ng/mL), Nordazepam (420 ng/mL), Flunitrazepam (60 ng/mL), Diazepam (720 ng/mL). Darunter sind die zur Substanzidentifizierung herangezogenen UV-Spektren von Flunitrazepam (x10; **a**) und Diazepam **b** abgebildet. Die Verschiebung der Retentionszeiten zu den in Tab. 8 angegebener Werten erklärt sich durch die unterschiedliche Säulenqualität (vgl. HPLC-Test)

nachfolgendes, am Beispiel von Methohexital und Thiopental aufgezeigtes Extraktionsverfahren verwendet.

Material: Diethylether, 5-(p-Methylphenyl)-5-phenylhydantoin (MPPH), Thiopental, Methohexital.

Extraktion: 2 mL Serum werden mit 40 µL internem Standard (0.01% methanolischer MPPH-Lösung) versetzt und zweimal mit ca. 8 mL Diethylether

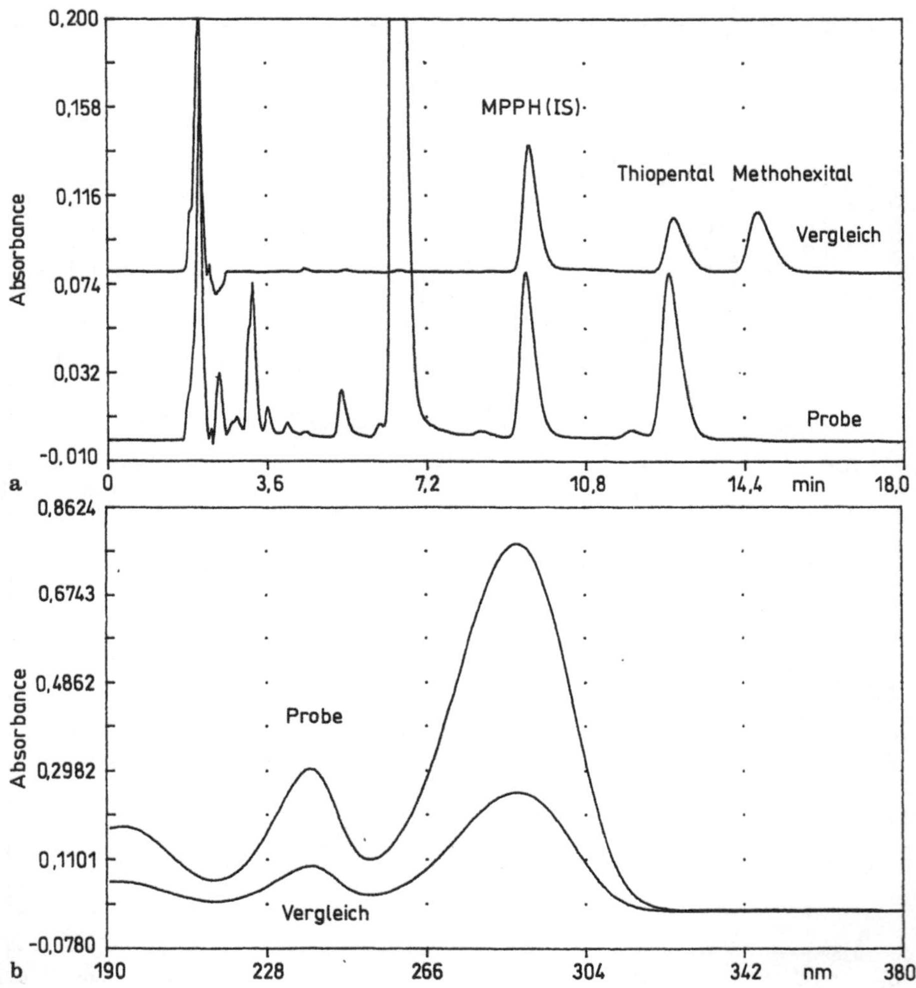

Abb. 9a,b. HPLC-Chromatogramm (220 nm) einer authentischen Serumprobe, der Thiopental in einer Konzentration von 10,3 mg/L nachgewiesen werden konnte **a**. Der Vergleich entspricht jeweils 5 mg/L Methohexital bzw. Thiopental. MPPH wurde als Interner Standard mitgeführt. Zur Bestätigung wurden die UV-Spektren des Thiopental (Vergleich/Probe) miteinander verglichen **b**

extrahiert. Der Extrakt wird am Rotationsverdampfer eingeengt, mit wenig Diethylether in ein Vial überführt und unter Stickstoff zur Trockne eingeengt. Der Extraktrückstand wird in 50 µL Methanol gelöst und 10 µL in den HPLC/ DAD injiziert.

HPLC/DAD: Ein HPLC-Screening erfolgt mit einem Acetonitril/ Wasser-Gemisch [31.2% Acetonitril (Lichrosolv) in Wasser (HPLC-grade) (w/w)]; Kontrosorb-Säule 10 RP18 (250 × 4.6 mm i.d.); Fluß: isokratisch 1 ml/min, Geräte: Perkin-Elmer LC Series 1, Perkin-Elmer LC-480 Auto Scan Diode Array Detector mit 16 mm Zelle und PC mit Perkin Elmer Software.

Ergebnisse: Die Quantifizierung erfolgt mit Hilfe einer Eichgeraden unter Berücksichtigung des internen Standards bei 220 nm (Abb. 9). Über das Spektrum wird die Identität und Peakreinheit geprüft.

8.6.3 Clomethiazol

Das Thiazol-Derivat Clomethiazol wirkt stark sedativ/hypnotisch und antikonvulsiv. Es wird insbesondere zur Behandlung der Alkohol-Entzugssymptomatik eingesetzt.

Extraktion: 0.1 mL Serum/Blut werden mit 0.1 mL Acetonitril gefällt. Von dem Überstand werden nach Zentrifugation (5 min, 1000 g) 10 µL einer HPLC-Analyse unterzogen.

HPLC/DAD: Perkin Elmer Series 1 LC Pump; Säule Kontrosorb 10 RP 18 (25 × 4.6 mm i.d.); Perkin Elmer LC-480 Auto Scan Diode Array Detector; PC mit Perkin Elmer-Software (LC-DES plus). Chromatographie Parameter: Isokratische Bedingungen mit einem Fluß von 1.3 ml/min; Elutionsmittel: 156 g Acetonitril (Lichrosolv Merck) + 344 g Phosphat-Puffer (4.8 g 85%ige Orthophosphorsäure und 6.66 g KH_2PO_4 ad 1 L Wasser (Baker-HPLC-Reagent), pH 2.30).

Ergebnisse: Das UV-Spektrum von Clomethiazol zeigt bei 253 nm ein Maximum, bei dieser Wellenlänge sollte die Auswertung erfolgen. Quantifiziert wird mit einem externen Vergleich. Die Kalibrationskurve ist über den Konzentrationsbereich von 0.2-100 mg/L Serum linear. Die Nachweisgrenze liegt bei ca. 0.1 mg/L. Mit der Dioden-Array-Detektion erhält man das UV-Spektrum der Substanz als zusätzliches Identifikationsmerkmal.

Dieses Verfahren der Acetonitril-Fällung und der Möglichkeit der direkten HPLC-Analyse ist eine sehr schnelle und einfache Methode mit hoher Reproduzierbarkeit und ausreichender Sensitivität und Selektivität (Abb. 10).

8.6.4 Paracetamol

Das Anilinderivat Paracetamol besitzt analgetische und antipyretische Eigenschaften und ist Bestandteil zahlreicher rezeptfreier Schmerz- und Fiebermittel. Bei Überdosierungen kann es akut zu lebensbedrohlichen Leberzellnekrosen kommen. Überdosierungen lassen sich durch quantitative Serumbestimmungen feststellen.

Extraktion: 0.5 mL Serum werden mit 0.5 mL Acetonitril gefällt. Von dem Überstand werden nach Zentrifugation (5 min, 1000 g) 20 µL einer HPLC-Analyse unterzogen.

HPLC/DAD: Perkin Elmer Series 1 LC Pump; Säule Kontrosorb 10 RP 18 (25 × 4.6 mm i.d.); Perkin Elmer LC-480 Auto Scan Diode Array Detector; PC mit Perkin Elmer-Software (LC-DES plus). Chromatographie Parameter:

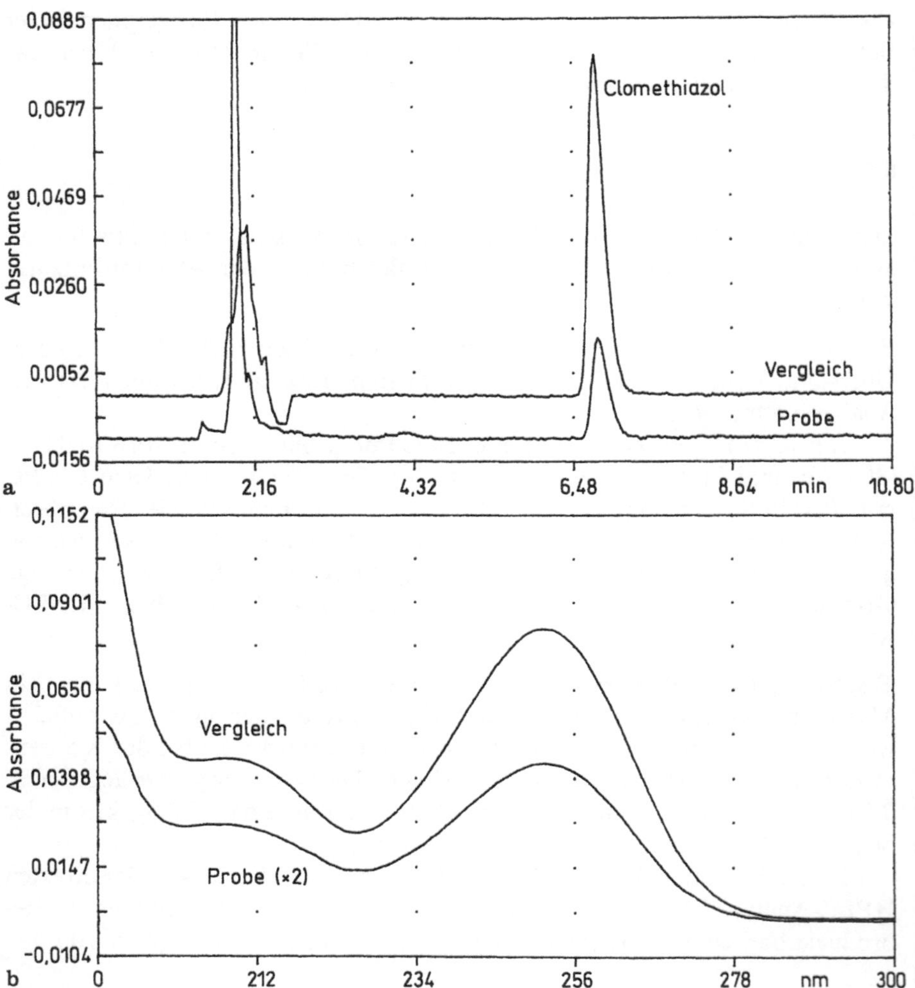

Abb. 10a,b. HPLC-Chromatogramm (253 nm) einer authentischen Serumprobe, in der Clomethiazol in einer Konzentration von 4,7 mg/L nachgewiesen werden konnte **a**. Der Vergleich entspricht einer, Konzentration von 20 mg/L. Zur Bestätigung wurden die UV-Spektren von Probe und Vergleich übereinandergelegt **b**

Isokratische Bedingungen mit einem Fluß von 1 ml/min; Elutionsmittel: 30 mL Acetonitril (Lichrosolv Merck) + 470 mL Wasser (Baker-HPLC-Reagent).

Ergebnisse: Das UV-Spektrum von Paracetamol zeigt bei 245 nm ein Maximum, bei dieser Wellenlänge sollte die Auswertung erfolgen. Quantifiziert wird mit einem externen Vergleich. Die Kalibrationskurve ist über den Konzentrationsbereich von 0.5–500 mg/L Serum linear. Die Nachweisgrenze liegt bei ca. 0.25 mg/L. Mit der Dioden-Array-Detektion erhält man das UV-Spektrum der Substanz als zusätzliches Identifikationsmerkmal. Auch bei diesem Verfahren ist die Acetonitril-Fällung und direkte HPLC-Analyse eine sehr schnelle und einfache Methode mit hoher Reproduzierbarkeit und ausreichender Sensitivität und Selektivität (Abb. 11).

8.6.5 Nortriptylin

Nortriptylin zählt zu den tricyclischen Antidepressiva. Die Plasmakonzentrationen liegen häufig unter 50 ng/mL. Ein eindeutiger Nachweis im Serum mittels HPLC ist deshalb nur mit einer selektiven Extraktions methode möglich. Nach folgend wird ein geeignetes Nachweisver fahren beschrieben [10].

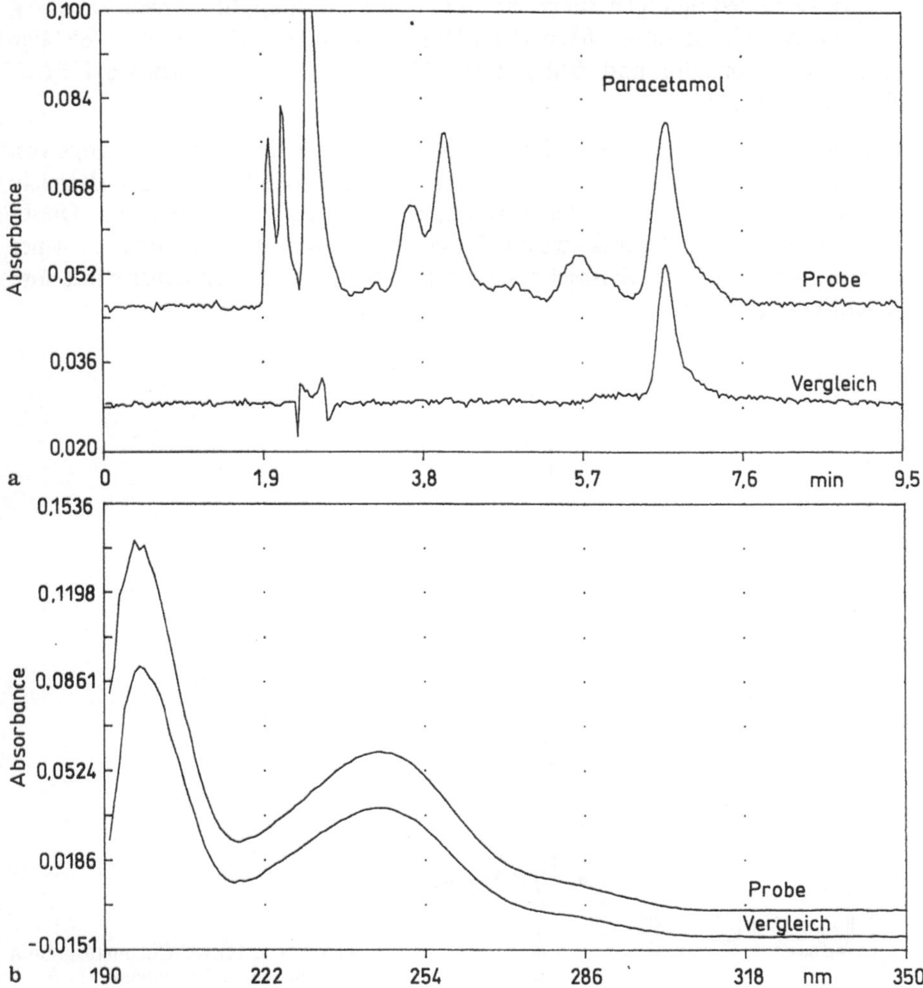

Abb. 11a,b. HPLC-Chromatogramm (245 nm) einer authentischen Serumprobe, in der Paracetamol (72 mg/L) nachgewiesen werden konnte a. Der Vergleich entspricht einer Konzentration von 60 mg/L. Zur Bestätigung wurden die UV-Spektren miteinander verglichen b

Extraktion: 0.5 mL Serum werden nach Zugabe des internen Standards (100 ng Amitriptylin) in einem vorher mit 96%igem Ethanol ausgespültem Zentrifugenröhrchen durch Zugabe von 50 µL 5 mol/L Salzsäure auf pH < 4 gebracht, 10 min inkubiert und dann mit 25%igem Ammoniak auf pH 12–13 eingestellt. Nach dreistündiger Inkubation wird mit 10 mL Hexan extrahiert. Der Überstand wird nach Zentrifugation (5 min, 1000 g) abgenommen und bei 50 °C unter Stickstoff evaporiert. Der Rückstand wird in 40 µL Methanol rekonstituiert und aliquote Teile der Lösung einer HPLC-Analyse unterzogen.

HPLC/DAD: Perkin Elmer Series 1 LC Pump; Säule Kontrosorb 10 RP 18 (25 × 4.6 mm i.d.); Perkin Elmer LC-480 Auto Scan Diode Array Detector; PC mit Perkin Elmer-Software (LC-DES plus). Chromatographie Parameter: Isokratische Bedingungen mit einem Fluß von 1.3 ml/min; Elutionsmittel: 156 g Acetonitril (Lichrosolv Merck) + 344 g Phosphat-Puffer (4.8 g 85%ige Orthophosphorsäure und 6.66 g KH_2PO_4 ad 1 L Wasser (Baker-HPLC-Reagent), pH 2.30).

Ergebnis: Die Auswertung erfolgt bei der universellen Detektorwellenlänge von 220 nm. Quantifiziert wird mit Hilfe einer zu erstellenden Eichgeraden (Bereich: 30 bis 300 ng/mL) unter Berücksichtigung des internen Standards. Dieses Verfahren der Direktextraktion mit Hexan zur Gewinnung störsubstanzarmer Serumextrakte ist ein Beispiel für eine Methode mit hoher Sensitivität und Selektivität (Abb. 12).

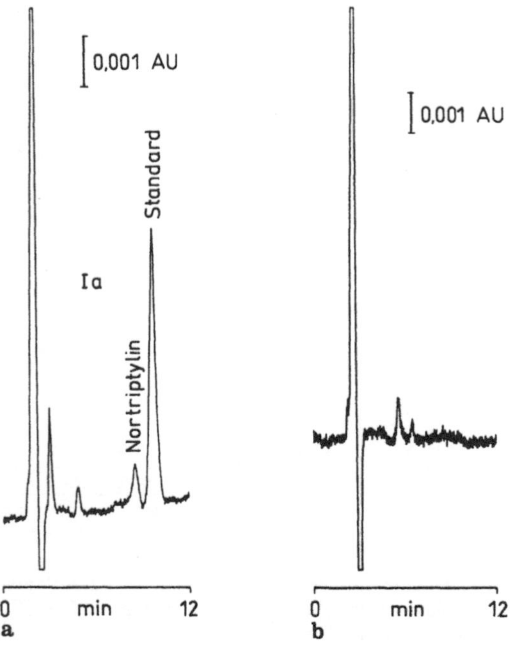

Abb. 12a,b. HPLC-Chromatogramm (220 nm) eines Patientenserums **a** 11 Tage nach Therapiebeginn mit Nortriptylin. Festgestellte Konzentration: 46 ng/mL; Standard: Amitriptylin. **b** Negativkontrolle

9 Bewertung der Befunde

9.1 Allgemeines

Bevor man die Ergebnisse forensischer Analysen der toxikologischen Bewertung unterziehen kann, muß sichergestellt sein, daß diese fehlerfrei sind, mit falsch positiven und falsch negativen Resultaten sollte man immer rechnen. Auch sollte man nie vergessen, daß die Befunde Grundlage für strafrechtliche Maßnahmen werden können, mit allen damit verbundenen Konsequenzen für die Betroffenen [22]. Falsch positive Befunde sind u.a. aus folgenden Gründen möglich:

– Verwendung eines unspezifischen Analysenverfahrens (z.B. Immunotest),
– unzureichende chromatographische Trennung von gesuchter Substanz und Begleitsubstanzen,
– falsche Interpretation von spektroskopischen Meßdaten (incl. massenspektroskopische Daten),
– Verunreinigung des Probenmaterials mit Wirkstoffen im Labor bzw. bei der Probennahme [wichtig ist, daß die Spurenanalysen an Körperflüssigkeiten in separaten Spurenlabors durchgeführt werden, in denen keine Festproben/ Reinsubstanzen (z.B. sichergestellte Pestizide, Betäubungsmittel u.s.w.) untersucht werden dürfen]
– Verschleppung während der Analyse [es müssen deshalb immer Leerproben („Blanks") mitgeführt werden],
– Verwendung eines für die gesuchte Substanz ungeeigneten Analysenverfahrens (deshalb muß für alle Substanzen vorab die Eignung des Analysenverfahrens geprüft werden).

Im zweiten Schritt werden die quantitativen Werte kritisch bewertet. Sehr gute quantitative Ergebnisse erhält man, wenn mit entsprechenden, deuterierten Standards gearbeitet werden kann und wenn Serum oder Blut als Untersuchungsmaterial zur Verfügung steht. Die exakte Quantifizierung eines Wirkstoffes an einer Blutprobe ist deshalb sinnvoll, da man so, unter Berücksichtigung der pharmakokinetischen und -dynamischen Eigenschaften des Stoffes, konkrete Aussagen über Dosierung und Wirkung machen kann.

9.2 Tödliche Vergiftungen

Die Interpretation der anhand von Leichenmaterial erhobenen Analysenergebnisse bei Verdacht einer tödlichen Vergiftung ist schwierig. Hierfür gibt es viele Gründe. So kann man davon ausgehen, daß jeder einzelne Mensch unterschiedlich empfindlich auf einen aufgenommenen Stoff reagiert. Viele Stoffe, wenn sie nur regelmäßig eingenommen werden, führen zu einer derartigen Toleranzentwicklung, daß Dosierungen, die an sich zum Tode führen, ohne nennenswerte toxische Wirkung bleiben. Auch können vorhandene Krankheiten zu einer deutlichen Steigerung der Empfindlichkeit gegenüber der toxischen Wirkung eines Stoffes führen. Besonders schwierig wird die Interpretation, wenn verschiedene Stoffe gleichzeitig eingenommen werden. Sehr häufig beobachtet man die Kombination von Arzneimitteln oder Drogen und Alkohol. Das Vorliegen einer tödlichen Vergiftung läßt sich deshalb allein anhand der Analysenergebnisse nicht eindeutig belegen. Erst wenn man die Vorgeschichte des Verstorbene, die Todesumstände und das Ergebnis der Autopsie kennt, kann man die Frage, ob eine Vergiftung Todesursache war, beantworten.

9.3 Strafverfahren

Das Strafgesetzbuch kennt verschiedene Paragraphen, für deren Anwendung das Ergebnis einer forensisch toxikologischen Analyse von Bedeutung ist. Die wichtigsten sind § 223 (Körperverletzung durch Giftstoffe), §§ 315c, 316 (Führen eines Kraftfahrzeugs im Zustand der Fahruntüchtigkeit durch den Konsum berauschender Mittel) und §§ 20, 21 (Schuldunfähigkeit bzw. verminderte Schuldfähigkeit wegen einer tiefgreifenden Bewußtseinsstörung in Folge einer Intoxikation). Weiterhin können forensische Analysen auf Drogen und Arzneimitteln im Rahmen von Ermittlungsverfahren bei Verdacht des Verstoßes gegen das Betäubungsmittelgesetz (siehe hierzu Abschnitt 4.1) oder Arzneimittelgesetz notwendig werden.

Zunehmend an Bedeutung gewinnt die forensich-toxikologische Analytik bei Straßenverkehrsdelikten. Während in der Vergangenheit praktisch nur auf Alkohol geprüft wurde, so werden heute Blut- und Urinproben auch auf sogenannte andere berauschende Mittel (Drogen, Schlafmittel, Psychopharmaka, Schmerzmittel usw.) analysiert. Werden derartige Mittel gefunden, so wird durch ein Gutachten festgestellt, ob diese zu einer Fahruntüchtigkeit geführt haben. Hierbei wird geprüft, ob Art und im Blut vorhandene Mengen geeignet sind, die festgestellten Ausfallerscheinungen oder Fahrfehler zu erklären und ob aufgrund dessen der Verkehrsteilnehmer nicht mehr in der Lage war, ein Fahrzeug im Straßenverkehr sicher zu führen. Auch hier ist keine pauschale Beurteilung möglich, sondern jeder Fall muß individuell betrachtet werden. So ist es möglich, daß jemand trotz Vorliegen sehr niedriger Wirkstoffkonzentrationen im Blut als fahruntüchtig angesehen werden muß, während man bei jemand anderem trotz Vorliegen hoher Konzentrationen die Fahruntüchtigkeit nicht eindeutig beweisbar ist.

10 Anhang: Laborrichtlinien zur Durchführung
chemisch-toxikologischer Untersuchungen

Die Laborrichtlinien sind von einer Arbeitsgruppe der Gesellschaft für Toxikologische und Forensische Chemie erarbeitet und ausschließlich im Mitteilungsheft der Fachgesellschaft abgedruckt worden [Toxichem + Krimtech

58 (3): 43-47 (1991)]. Da es nicht einfach ist, an diese Literaturstelle zu gelangen, die Richtlinien aber für die Durchführung forensischer Analysen wichtige Anregungen enthalten, schien es uns sinnvoll, zumindest die wichtigsten Passagen im Rahmen dieses Beitrages abzudrucken.

Labor und Personal

Labor

Die Laborausrüstung muß eine eindeutige Identifizierung und quantitative Bestimmung von einzelnen Substanzen erlauben. Dies erfordert derzeit Ausrüstungen für immunologische Untersuchungen, Dünnschichtchromatographie, Gaschromatographie mit spezifischen Detektoren wie stickstoffspezifischer Detektor und Elektroneneinfangdetektor sowie evtl. Headspace-Gaschromatographie, Hochleistungsflüssigkeitschromatographie, wenn möglich mit Diodenarraydetektor, eine Kombination Gaschromatographie-Massenspektrometrie, spektralphotometrische Methoden und für Metallbestimmungen ein Atomabsorptions-Spektrometer. Sollten andere Verfahren oder Geräte gleichwertige Ergebnisse liefern, können diese ebenso eingesetzt werden. Die sonstigen erforderlichen Einrichtungen eines Labors werden vorausgesetzt. Die Sicherheitsvorschriften müssen beachtet werden.

Personal

Der Leiter/die Leiterin eines Labors, in dem die Untersuchungen durchgeführt werden, muß ein abgeschlossenes naturwissenschaftliches Hochschulstudium, zusätzliche Weiterbildung und entsprechende Erfahrung nachweisen. Dies wird z.B. durch den Fachtitel „Forensischer Toxikologe GTFCh" dokumentiert. Bei technischem Personal wird eine entsprechende Berufsausbildung vorausgesetzt. Durch den Leiter/die Leiterin muß zusätzlich eine Schulung und Einweisung für das spezielle Arbeitsgebiet erfolgen und die Überwachung der Arbeit gewährleistet sein. Besonderer Augenmerk ist auf die Einhaltung der Sicherheitsvorschriften zu legen. Die neueste Richtlinien der gesetzlichen Unfallversicherung müssen im Labor aushängen und die Mitarbeiter müssen jährlich vom Laborleiter auf die Sicherheitsbestimmungen hingewiesen werden. Außerdem muß, wenn nötig eine besondere Einweisung über den Umgang mit Betäubungsmitteln im Labor erfolgen.

Probenmaterial

Das Untersuchungslabor teilt dem Auftraggeber Art und Menge des erforderlichen Probenmaterials mit, damit eine ordnungsgemäße Untersuchung gewährleistet ist.

Die Asservatengefäße müssen für die entsprechenden Proben geeignet sein (z.B. sauber, genügende Größe, Glas oder Kunststoff mit entsprechenden Verschlüssen).

Wichtig ist die eindeutige und vollständige Kennzeichnung (Name der betreffenden Person und des Entnehmenden, Identifikations-Nr., Datum und Uhrzeit der Entnahme, Name des Materials wie Urin oder Serum). Das Material ist grundsätzlich als infektiös zu betrachten. Für den Transport muß das Probenmaterial bruchsicher verpackt sein und ein Ausschluß von Hitze und Licht gewährleistet sein. Die Schnelligkeit des Transportes und evtl. besondere Transportbedingungen (z.B. Tiefkühlung) werden durch die Fragestellung der angeforderten Untersuchung bestimmt. Jeder Auftrag und jede dazugehörige Probe muß eine laborinterne Nummer und einen Begleitzettel für die verschiedenen Laborstationen bekommen. Eine Verwechslung der Proben im Labor muß ausgeschlossen sein.

Es müssen genügend abschließbare Kühlschränke und Tiefkühlschränke vorhanden sein, damit die Proben vor und nach der Untersuchung sachgerecht im richtigen Temperaturbereich gelagert werden können. Für die Dauer der Lagerung von Restmaterial müssen gesetzliche Vorschriften beachtet werden oder es muß eine Absprache mit dem Auftraggeber erfolgen.

Praktische Arbeit im Labor

Methoden

Für sämtliche im Labor verwendeten Methoden müssen schriftlich niedergelegte Vorschriften vorhanden sein. Sie sollten so ausgearbeitet sein, daß das technische Personal nach entsprechender Einweisung damit umgehen kann. Die Vorschriften müssen getestet sein und sollen anerkannten Qualitätskriterien entsprechen. Jede Änderung der Vorschrift muß dokumentiert werden.

Sicherung der Probenidentität

Wie die Proben selbst müssen auch Aliquote und Extrakte gekennzeichnet sein. Eine sichere Zuordnung von Analysenergebnissen zu der Probe muß jederzeit gewährleistet sein. Anhand des Probenbegleitzettels muß der Weg der Proben durch das Labor verfolgt werden können. Es wird dadurch auch der Verbleib des Probenmaterials dokumentiert.

Analytik

Grundsätzlich ist es dem Untersucher/der Untersucherin freigestellt, welche Methoden eingesetzt werden, um zu einem Ergebis entsprechend dem Auftrag zu kommen. Es muß jedoch gewährleistet sein, daß das Ergebnis zuverlässig und abgesichert ist. Bei qualitativen Untersuchungen ist es immer notwendig, zwei Verfahren mit unterschiedlichem Nachweisprinzip anzuwenden, z.B. kann ein immunologisches Verfahren nicht durch ein anderes immunologisches Verfahren abgesichert werden. Wenn ein Befund nur mit einer Methode erhalten wird und eine Absicherung nicht möglich ist, z.B. bei einer Spezialuntersuchung oder bei wenig Probenmaterial, muß das im Befund erwähnt und entsprechend der Auftragsstellung bewertet werden. Grundsätzlich muß bei allen analytischen Verfahren (Identifizierung und quantitative Bestimmungen) eine Qualitäts-kontrolle durchgeführt werden, die den gültigen Anforderungen entspricht. Diese kann substanz- oder methodenspezifisch sein.

Bericht

Das Ergebnis der Untersuchung wird protokolliert und für den Auftraggeber ein schriftlicher Bericht gefertigt. Der Umfang wird entsprechend der Fragestellung gestaltet. So wird ein Gutachten für ein Gericht umfangreicher sein als ein negativer Suchtmitteltest im Rahmen der Überwachung. Unabhängig davon sollte jedoch immer auf die Sicherheit und Aussagekraft des Befundes eingegangen werden. Die Untersuchungsmethode muß angegeben sein. Der Bericht muß eindeutig zuzuordnen sein, sowohl der Person, von der die Probe stammt, als auch der, die für die Untersuchung und die Vertretung nach außen verantwortlich ist.

Die Bestimmung des Datenschutzes müssen beachtet werden.

11 Literatur

Nachschlagewerke

Forster B (1986) Praxis der Rechtsmedizin, Georg Thieme Verlag, Stuttgart, New York

Henßge C, Madea C (1988) Methoden zur Bestimmung der Todeszeit an Leichen, Arbeitsmethoden der medizinischen und naturwissenschaftlichen Kriminalistik Bd.18 (Hrsg: E Weinig, S Berg). Verlag Max Schmidt-Römhild, Lübeck

Maehly A, Strömberg L (1981) Chemical Criminalistics, Springer-Verlag, Berlin, Heidelberg, New York

Maehly A, Williams RL (1986–1991) Forensic Science Progress Vol. 1–6. Springer-Verlag, Heidelberg, New York, Tokyo

Mueller B (1975) Gerichtliche Medizin Bd 1,2. Springer-Verlag, Berlin, Heidelberg, New York

Pohl KD (1981) Handbuch der Naturwissenschaftlichen Kriminalistik. Kriminalistik Verlag, Heidelberg

Literaturverzeichnis

1. Aderjan R, Daldrup T, Harzer K, Heller C, Kauert G, Maurer H, Möller H, Müller E, Raudonat H, Rösener H, Rübsamen K, Schmidt K, Schmitt G, Schmoldt A, Wennig R (1991) Laborrichtlinien für chemisch-toxikologische Untersuchungen. Toxichem + Krimtech 58 (3): 43–47

2. Alm S, Bomgren B, Borén HB (1982) The use of ^{13}C NMR spectroscopy in forensic drug analysis. Forensic Sci Int 19: 271–280

3. Brandenberger H, Engelhardt H, Haerdi W, Bäumler J, Daldrup T, Geldmacher-von Mallinckrodt M, Machata G, Maes RAA, Schütz H (1989) Empfehlungen zur klinisch-toxikologischen Analytik; Folge 3: Einsatz der Hochleistungsflüssigchromatographie in der klinisch-toxikologischen Analytik, DFG Mitteilung XII der Senatskommission für klinisch-toxikologische Analytik. VCH Verlagsgesellschaft Weinheim

4. Brandenberger H, Machata G, Maes RAA, Bäumler J, Daldrup T, Geldmacher-von Mallinckrodt M (1988) Empfehlungen zur klinisch-toxikologischen Analytik, Folge 2: Einsatz der Gaschromatographie in der klinisch-toxikologischen Analytik, DFG Mitteilung XI der Senatskommission für klinisch-toxikologische Analytik. VCH Verlagsgesellschaft Weinheim

5. Brandenberger H, Maes MAA, Bäumler J, Biro G, Daldrup T, Geldmacher-von Mallinckrodt M, Gibitz HJ, Machata G, Schütz H (1988) Empfehlungen zur klinisch-toxikologischen Analytik; Folge 1: Einsatz von immunochemischen Testen in der Suchtmittelanalytik, DFG Mitteilung X der Senatskommission für klinisch-toxikologische Analytik. VCH Verlagsgesellschaft Weinheim

6. Breiter J, Helger R, Lang H (1976) Evaluation of column extraction: A new procedure for the analysis of drugs in body fluids. Forensic Sci 7: 131–140

7. Broughton PMG (1956) A rapid ultraviolet spectrophotometric method for the detection, estimation and identification of barbiturates in biological material. Biochem J 63: 207–213

8. Chen X-H, Franke J-P, Wijsbeek J (1992) Isolation of acidic, neutral, and basic drugs from whole blood using a single mixed-mode solid-phase extraction column, J Anal Toxicol 16: 351–355

9. Daldrup T, Michalke P, Böhme W (1981) Zum Nachweis von Arzneimitteln, Rauschmitteln und ausgewählten Insektiziden mittels HPLC (RP18) – Retentionszeiten von über 560 Substanzen, Angew Chromatogr Heft 37 (Perkin–Elmer)

10. Daldrup T, Michalke P, Schönemann E (1983) Zur einfachen Gewinnung sauberer Extrakte für die flüssigchromatographische Bestimmung therapeutischer Pharmakaspiegel in Blutproben, In: Barz J, Bösche J, Frohberg H, Joachim H, Käppner R, Mattern R (Hrsg): Fortschritte der Rechtsmedizin. Springer-Verlag Berlin, Heidelberg, New York, p287–290

11. Daldrup T, Mußhoff F (1993) Detection of cannabinoids in serum of vehicle drivers after smoking cannabis in coffee shops, In Utzelmann H-D, Berghaus G, Kroj G (eds): Alcohol, Drugs and Traffic Safety – T92, p497–504

12. Daldrup T, Rickert A (1989) Arzneimittel und Drogenscreening aus Urin mittels DC unter besonderer Berücksichtigung von Reagentien mit geringer toxischer Belastung für Laborpersonal und Umwelt. Fresenius Z Anal Chem 334: 349–353

13. Daldrup T, Susanto F, Michalke P (1981) Kombination von DC, GC, (OV1 und OV17) und HPLC (RP18) zur schnellen Erkennung von Arzneimitteln, Rauschmitteln und verwandten Verbindungen, Fresenius Z Anal Chem 308: 413–427

14. Degel F, Weidemann G (1989) Dünnschichtchromatographische Prüfung auf Gifte – Vergleich verschiedener Verfahren, In: Gibitz HJ, Geldmacher-von Mallinckrodt M (Hrsg): Klinischtoxikologische Analytik bei akuten Vergiftungen und Drogenmißbrauch, DFG Rundgespräche und Kolloquien. VCH Verlagsgesellschaft Weinheim

15. Göser P (1993) Analyse von Kfz-Lackspuren mittels Mikro-FTIR. Toxichem & Krimtech 60(1): 15–18

16. van Horne KC (1985) Sorbent technoligy, Analytichem International, Harbor City, CA

17. Kardel B, Rickert A, Mußhoff F, Daldrup T. A rapid simultaneous GC/MS-determination of amphetamine, methamphetamine, 3,4-methylendioxyamphetamine and 3,4-methylendioxymethamphetamine. In Vorbereitung

18. Kauert G, von Meyer L, Herrle I (1992) Drogen- und Medikamentennachweis im Kopfhaar ohne Extraktion des Haaraufschlusses mittels GC-MS. Zbl Rechtsmed 38: 33

19. Kulberg MP, Gorodetzky CW (1974) Studies on the use of XAD-2 resin for detection of abused drugs in urine. Clin Chem 20: 177–183

20. Machata G, Schütz H, Bäumler J, Daldrup T, Gibitz HJ (1991) Empfehlungen zur klinischtoxikologischen Analytik; Folge 5: Empfehlungen zur Dünnschichtchromatographie, DFG Mitteilung XVI der Senatskommission für klinisch-toxikologische Analytik. VCH Verlagsgesellschaft Weinheim

21. Maurer HH (1992) Systematic toxicological analysis of drugs and their metabolites by gas chromatography – mass spectrometry. J Chromatogr 580: 3–41

22. Meininger I, Daldrup T (1993) Drogennachweis – Untersuchungsmethoden, Konsequenzen und Nachprüfbarkeit. DRiZ 7: 270–274

23. Möller M (1992) Drug detection in hair by chromatographic procedures. J Chromatogr 580: 125–134

24. Moffat AC, Franke J-P, Stead AH, Gill R, Finkle BS, Möller MR, Müller RK, Wunsch F, de Zeeuw RA (1987) Thin-Layer Chromatographic Rf Values of Toxicological Relevant Substances on Standardized Systems, Report VII of the DFG Commission for Clinical-Toxicological Analysis, Special Issue of the TIAFT Bulletin. VCH Verlagsgesellschaft Weinheim
25. Moffat AC, Jackson JV, Moss MS, Widdop B (198°) Clarke's isolation and identification of drugs. The Pharmaceutical Press, London
26. Mußhoff F, Daldrup T (1991) Detection and quantification of low concentrations of 11-nor-delta-9-tetrahydrocannabinol-9-carboxylic acid from minimal amounts of urine. Int J Leg Med 104:263–266
27. Mußhoff F, Daldrup T (1992) A rapid solid-phase extraction and HPLC/DAD procedure for the simultaneous determination and quantification of different benzodiazepines in serum, blood, and post-mortem blood, Int J Leg Med 105:105–109
28. Mußhoff F, Daldrup T (1993) Evaluation of a method for simultaneous quantification of codeine, dihydrocodeine, morphine, and 6-monoacetylmorphine in serum, blood, and postmortem blood. Int J Leg Med 106:107–109
29. Neumann H, Vordermaier G (1981) Anwendung der NMR-Spektrometrie zur schnellen Identifizierung von O^3- und O^6-Monoacetylmorphin in Heroinproben. Arch Krim 167:33–42
30. Otto FJ (1857) Anleitung zur Ausmittelung der Gifte. Vieweg und Sohn, Braunschweig
31. Pfleger K, Maurer HH, Weber A (1992) Mass spectral and GC data of drugs poisons, pesticides, pollutants and their metabolites, 2nd edition, VCH Verlagsgesellschaft Weinheim
32. Reinartz D (1988) Wiederfindungsraten von 204 ausgewählten Giftstoffen und Arzneimitteln durch Extraktion nach dem ClinElut-Verfahren. Dissertation, Düsseldorf
33. Schütz H (1993) Screening von Drogen und Arzneimitteln mit Immunoassays – Ein Leitfaden für die Praxis. Abbott Diagnostika, Wiesbaden
34. Schütz H (1982, 1989) Benzodiazepines – A Handbook, Vol. 1 and 2. Springer-Verlag Berlin, Heidelberg, New York
35. Schütz H (1986) Dünnschichtchromatographische Suchanalyse für 1,4-Benzodiazepine in Harn, Blut und Mageninhalt. DFG Mitteilung VI der Senatskommission für klinisch-toxikologische Analytik, VCH Verlagsgesellschaft Weinheim
36. Stas JS (1851) Recherches médico-légales sur la nicotine, suivies de quelques considérations sur la manière générale de déceler les alcalis organiques dans le cas d'empoisonnement. Bull Acad Roy Med Belgique 11:202–212
37. Uges DRA, von Clarmann M, Geldmacher-von Mallinckrodt M, van Heijst ANP, Ibe K, Oellerich M, Schütz H, Stamm D, Wunsch F (1990) Orientierende Angaben zu therapeutischen und toxischen Konzentrationen von Arzneimitteln und Giften in Blut, Serum oder Urin, DFG Mitteilung XV der Senatskommission für klinisch-toxikologische Analytik. VCH Verlagsgesellschaft Weinheim
38. Vycudilik W (1981) Der Arzneimittelnachweis im biologischen Untersuchungsgut, Beitr Gerichtl Med 39:397–427
39. de Zeeuw RA, Franke JP, Machata G, Möller MR, Müller RK, Graefe A, Tiess D, Pfleger K, Geldmacher-von Mallinckrodt M (1992) Gas Chromatographic Retention Indices of Solvents and Other Volatile Substances for Use in Toxicological Analysis. Report XIX of the DFG Commission for Clinical-Toxicological Analysis. Special Issue of the TIAFT Bulletin. VCH Verlagsgesellschaft Weinheim
40. de Zeeuw RA, Franke JP, Maurer HH, Pfleger K (1992) Gas Chromatographic Retention Indices of Toxicologically Relevant Substances on Packed or Capillary Columns with Dimethylsilicone Stationary Phases. Report XVIII of the DFG Commission for Clinical-Toxicological Analysis. Special Issue of the TIAFT Bulletin. VCH Verlagsgesellschaft Weinheim
41. Zief M, Kiser R (1988) Solid phase extraction for sample preparation, Baker JT, Phillipsburg, NJ
42. Zwart A, van Kampen EJ, Zijlstra WG (1986) Results of routine determination of clinically significant hemoglobin derivatives by multicomponent analysis. Clin Chem 32:972–978

Bieranalytik

Eckhard Krüger und Markus Schaper

Technische Universität Berlin, Fachbereich 15 Lebensmittelwissenschaft und Biotechnologie, Institut für Gärungs- und Getränketechnologie, Fachgebiet Chemisch-technische Analyse, Seestraße 13, D-13353 Berlin-Wedding

1 Zusammenfassung

Die Analytik in der Brauerei und der Brauwissenschaft dient der Betriebs- und Qualitätskontrolle, dem Fortschritt im Sinne der Brauereiforschung und der Prüfung der lebensmittelrechtlichen Bestimmungen. Vor diesem Hintergrund wird zunächst die Malz- und Bierbereitung beschrieben. Die Standardmethoden der Betriebs- und Qualitätskontrolle für die Rohstoffe und das Endprodukt werden in der Regel in der Brauerei selbst durchgeführt. Analytik für die brautechnologische Forschung erstreckt sich in erster Linie auf die hochmolekularen Inhaltsstoffe von Malz und Bier. Proteine, α- und β-Glucane beeinflussen nicht nur die Verarbeitung, z.B. Filtrierbarkeit, sondern auch die Qualität des Bieres wie Trübungsstabilität und Schaumhaltbarkeit.

Nach diesen allgemeinen Ausführungen wird auf die spezielle Brauerei-Analytik eingegangen. So sind für Schwermetalle, organische Chlorverbindungen und Rückstände von Desinfektionsmitteln Analysenmethoden entwickelt worden. Zusatzstoffe und Malzersatzstoffe werden in der Bundesrepublik Deutschland nicht eingesetzt. Mit Hilfe immunologischer Methoden ist es möglich, die Verwendung von Rohfrucht zur Bierbereitung nachzuweisen. Bei den Zusatzstoffen erstreckt sich die Analytik auf den Nachweis von Konservierungsmitteln, Schaumstabilisatoren, Komplexbildnern, Süßstoffen, Enzymen, Antioxidantien und Farbstoffen.

2 Einführung

Die Analytik hat in der Brauerei einen hohen Stellenwert. Sie hatte in den vergangenen Jahrzehnten einen maßgeblichen Anteil an der Entwicklung der Brauereitechnologie. Die Aufgaben in der heutigen Zeit sind:

– Betriebs- und Qualitätskontrolle der Rohstoffe und des Bieres,
– Untersuchungen im Dienste der brautechnologischen Forschung,
– Prüfung im Sinne der lebensmittelrechtlichen Verkehrsfähigkeit.

Die Betriebs- und Qualitätskontrolle der Rohstoffe und des Bieres wird heute in der Regel in der Brauerei selbst durchgeführt. Besonders durch die industrielle Fertigung des Bieres in großen Chargen ist es immer wichtiger geworden, schnelle und aussagekräftige Analysenmethoden zur Hand zu haben, um den gesamten Brauprozeß überwachen zu können. Für diesen Zweck wurden und werden Methoden entwickelt, die zum Teil speziell und nur in der Brauerei anzutreffen sind.

Untersuchungen im Dienste der brautechnologischen Forschung bekommen ihren Anstoß aus der Praxis. Zur Zeit sind vor allem die hochmolekularen Malz- und Bierinhaltsstoffe wie Glucane und Proteine zu nennen, die einen großen Einfluß auf die Verarbeitbarkeit des Rohstoffes und die Qualität des

Bieres aufweisen. Somit besteht ein großes Bedürfnis, diesen Einfluß zu durch-
leuchten.

Durch das Lebensmittelrecht werden allen Herstellern von Lebensmitteln
Auflagen erteilt. Für die Brauereien ist das Biergesetz von besonderem Interesse,
da es unter anderem den Einsatz der Rohstoffe regelt. Weiterhin spielt die
Umwelt- und Rückstandsanalytik eine immer größere Rolle.

Die Bedeutung dieser Analytik kann nur vor dem Hintergrund der Technologie der Malz- und Bierbereitung klar dargestellt werden. Hierauf wird
nachfolgend eingegangen.

3 Herstellung von Malz und Bier

Nach den Bestimmungen im Biergesetz darf ein untergäriges Bier nur mit den
Rohstoffen Wasser, Gerstenmalz, Hopfen und Hefe hergestellt werden. Bei
obergärigen Bieren darf auch Weizenmalz eingesetzt werden (bei Weizenbier
Pflicht). Gerste kann aufgrund fehlender Enzyme nicht direkt in der Brauerei
eingesetzt werden. Bei der Mälzung durchläuft die Gerste beim Weichen, Keimen
und Darren einen Prozeß, der die Bildung von Enzymen, den Abbau
hochmolekularer Gersteninhaltsstoffe und die Bildung von Farb- und Aromastoffen bewirkt. Die Bildung von Enzymen geschieht vor und während des
Wachstums des Korns. Daher wird zunächst durch Weichen der Gerste auf einen
Wassergehalt von ca. 45% das Wachstum eingeleitet.

Die Mälzung dauert 6 bis 7 Tage. Die Intensität ist abhängig vom
Wassergehalt, der Temperatur und der Belüftung zur Entfernung des
entstehenden Kohlendioxids. Nach der Keimung wird das Keimgut, jetzt
Grünmalz genannt, einem zweistufigen Trocknungsprozeß unterworfen. Im
ersten Schritt, dem Schwelken, wird zur Schonung der Enzyme bei niedrigen
Temperaturen vorgetrocknet. Erst wenn das Trockengut einen Wassergehalt
von 10–20% aufweist, wird die Temperatur der Trocknungsluft erhöht. Helle
Malze werden bei einer Temperatur um 85 °C abgedarrt, dunkle bei 105 °C.
Unter diesen Bedingungen bilden sich Farb- und Aromastoffe, die den Malzen
den typischen Charakter verleihen. Das getrocknete Malz wird durch Putzen von
den während der Keimung gebildeten Wurzelkeimen befreit. Bei einem
Wassergehalt von ca. 5% ist es lagerfähig und kann nun in der Brauerei
verarbeitet werden.

Die Qualität des Malzes wird vom Brauer unter den Kriterien der
Ergiebigkeit und der Verarbeitbarkeit geprüft. Die Ergiebigkeit wird in erster
Linie durch die Bestimmung des für die Bierbereitung nutzbaren Extraktgehaltes
bewertet. Für die Beurteilung der Verarbeitbarkeit stehen zahlreiche Methoden
zur Verfügung, die vornehmlich den Abbau hochmolekularer Gersteninhaltsstoffe analytisch erfassen. In diesem Zusammenhang wird von der „Lösung“ des
Malzes gesprochen, die es zu bestimmen gilt.

In der Mälzereitechnologie spielt im Ausland die Verwendung von Zusatzstoffen eine große Rolle. Wachstumsregulatoren wie die Pflanzenhormone Gibberellinsäure und Abscisinsäure werden zugesetzt, um die Keimzeit zu beeinflussen. Das durch die Gibberellinsäure geregelte Wachstum wird während der Keimung durch den Zusatz von Kaliumbromat gehemmt, um Verluste durch erhöhte Atmungsaktivitäten zu vermeiden. Zur Erzielung eines höheren Extraktgehaltes wird β-Glucanase zugegeben. Schließlich kann durch den Zusatz von Glucose der Extraktgehalt des Malzes künstlich erhöht werden. Eine wichtige Rolle spielt auch die Zugabe von Sulfit und Ascorbinsäure, die die Bildung unerwünschter Nitrosamine unterdrücken. Die Verwendung dieser Zusatzstoffe ist jedoch nicht zwingend erforderlich, da durch moderne Darranlagen mit indirekter Feuerung die Nitrosaminbildung unterdrückt wird. Sulfit bewirkt außerdem eine hellere Farbe des Malzes und einen niedrigeren pH-Wert der Würze.

Das Malz wird in der Brauerei geschrotet und mit Wasser gemaischt. Unter Ausnutzung der malzeigenen Enzyme werden bei steigender Temperatur die Malzinhaltsstoffe abgebaut und in Lösung gebracht. Die Malzstärke wird weitgehend zu vergärbaren Zuckern, überwiegend Maltose, abgebaut. Auch der Abbau hochmolekularer Proteine spielt bei der Bierbereitung eine große Rolle. Bei Erreichen einer Temperatur von ca. 75 °C wird abgemaischt, die Maische gelangt in den Läuterbottich. Dort werden über einen Siebboden die festen (Treber) von den gelösten Bestandteilen (Würze) getrennt.

Die Würze wird unter Zusatz von Hopfen ca. 90 Minuten gekocht. Die Kochung dient der

- Ausfällung hochmolekularer Eiweißverbindungen, die zu Biertrübungen führen
- Isomerisierung und damit Lösung der Hopfenbitterstoffe
- Sterilisation der Würze
- Bildung von Farb- und Aromastoffen
- Ausdampfung unerwünschter Aromastoffe
- Einstellung des Extraktgehaltes der Würze.

Moderne Würzekochverfahren unter Druck ermöglichen Temperaturen über 100 °C und erlauben eine Verkürzung der Kochzeit. Nach dem Würzekochen werden die ausgefallenen Trubstoffe entfernt, die Würze wird gekühlt, belüftet und mit Hefe angestellt. Die Belüftung erfolgt, um der Hefe zunächst ein Wachstum zu ermöglichen, bevor sie in die Gärphase übergeht. Die Gärung dauert 6 bis 7 Tage. Es wird unterschieden zwischen ober- und untergäriger Brauweise. Ober- und untergärige Hefen gehören verschiedenen Stämmen der Art Saccharomyces cerevisiae an. Die obergärigen Hefestämme setzen sich nach der Gärung im offenen Bottich oben ab, die Gärtemperatur beträgt ca. 20 °C. Untergärige Hefestämme setzen sich nach der Gärung unten ab, die Gärtemperatur liegt bei 5 bis 8 °C. Moderne Gärverfahren unter Druck ermöglichen höhere Gärtemperaturen. Durch die Gärung wird die Maltose zu Alkohol und Kohlendioxid abgebaut. Durch weitere Stoffwechselvorgänge in

der Hefezelle werden Gärungsnebenprodukte gebildet, die zum Bieraroma
beitragen. Die anschließende Lagerung des Bieres dauert 3 bis 4 Wochen bei
Temperaturen um 0 °C. Es erfolgt eine natürliche Klärung des Bieres. Hefe und
Trubstoffe setzen sich ab, das Bier wird mit dem bei der Gärung anfallenden
Kohlendioxid angereichert und aromanegative Hefestoffwechselprodukte wie
Diacetyl werden abgebaut. Abschließend wird das Bier filtriert und in Flaschen,
Dosen oder Fässer abgefüllt.

4 Qualitätskriterien

Die Qualität des Bieres wird grundsätzlich unter dem Gesichtspunkt der sensorischen Eigenschaften und der Stabilität beurteilt. Daneben ist eine
ausreichende Schaumhaltbarkeit von Bedeutung. Die Stabilität des filtrierten
Bieres ist unter verschiedenen Gesichtspunkten zu prüfen:

- Biologische Stabilität
  Die Abwesenheit von bierschädlichen Mikroorganismen ist Voraussetzung für
  eine gute biologische Stabilität.
- Sensorische Stabilität
  Hier ist hauptsächlich auf eine sauerstoffarme Handhabung bei der Abfüllung
  zu achten.
- Nichtbiologische (kolloidale) Stabilität
  Bierinhaltsstoffe wie hochmolekulare Eiweiße und Polyphenole können durch
  Polymerisation zu Trübungen führen.

Die Schaumhaltbarkeit des Bieres wird durch die Proteine beeinflußt. Es ist
nicht ganz einfach, eine gute kolloidale Stabilität und zugleich eine gute Schaumhaltbarkeit zu erzielen.

Neben den rein qualitativen Gesichtspunkten sind die biersteuerrechtlichen
und lebensmittelrechtlichen Kriterien zu prüfen. Das Biergesetz schränkt die
Wahl der Rohstoffe ein und verbietet die Verwendung von Zusatzstoffen bei
untergärigen Bieren. Ferner wird das Bier gemäß Biersteuergesetz nach der
Stammwürze in Grad Plato versteuert. Unter Stammwürze wird dabei der
Extraktgehalt der Würze vor der Gärung in Gew.% verstanden.

Bei der Bierherstellung außerhalb des Geltungsbereiches des deutschen
Biersteuergesetzes wird das Malz teilweise durch andere stärkehaltige Rohstoffe
wie Reis, Mais, Hirse und Weizen ersetzt. Da diese Rohstoffe nicht ausreichend
Enzyme besitzen, werden zusätzlich technische Enzyme wie Glucanasen, Pro-
teasen und amylolytische Enzyme eingesetzt. Weitere Zusatzstoffe werden bei der
Gärung und Lagerung angewandt. Die Füllhöhe der Gärtanks wird durch die
Schaumbildung während der Gärung eingeschränkt. Durch Einsatz des Anti-
schaummittels Dimethylpolysiloxan läßt sich der Füllungsgrad erhöhen. Da die
Schaumhaltbarkeit ein wichtiges Qualitätsmerkmal ist, kann sie durch Polysac-
charide (z.B. Alginate) verbessert werden. Sauerstoff im Bier kann durch

Antioxidantien wie Ascorbinsäure, Schwefeldioxid und Glucoseoxidase gebunden werden. Konservierungsmittel wie Benzoesäure, Sorbinsäure, PHB-Ester, Schwefeldioxid und Salicylsäure tragen zur Verbesserung der biologischen Stabilität bei. Die Vollmundigkeit des Bieres kann durch den Süßstoff Saccharin verbessert werden. Auch Farbstoffe wie Tartrazin, Green S und Zuckerkulör sind im Ausland verwendete Zusatzstoffe.

Die nichtbiologische Stabilität wird durch Komplexierung von Metallen mit EDTA oder durch Abbau hochmolekularer Stoffe mit proteolytischen Enzymen wie Papain und Ficin verbessert.

5 Allgemeine Qualitätskontrolle in der Mälzerei und Brauerei

Die Qualitätskontrolle bezieht sich einerseits auf die Rohstoffe und Eigenschaften des Malzes, andererseits auf sämtliche Zwischenprodukte der Bierherstellung bis hin zum abgefüllten Bier.

5.1 Mälzerei

Die Qualitätskontrolle der Mälzerei bezieht sich hauptsächlich auf die Untersuchung der Gerste. Hierbei ist der Wassergehalt für die Lagerfähigkeit von entscheidender Bedeutung. Eine gute Braugerste ist darüber hinaus durch einen niedrigen Eiweißgehalt ($< 12\%$) gekennzeichnet. Die Eiweißbestimmung wird in der Regel nach KJELDAHL durchgeführt. Moderne Mälzereilaboratorien führen diese Untersuchungen mit NIR-Geräten durch. Neben der visuellen Kontrolle (Handbonitierung) wird die Sortierung der Gerste über Siebe durchgeführt.

Des weiteren interessiert den Mälzer, wie sich die Gerste verarbeiten läßt. Die Lebensfähigkeit der Gerste ist Voraussetzung für ihre Verarbeitung in der Mälzerei. Durch Anfärben des Keimlings mit Tetrazoliumchlorid kann zwischen lebenden und toten Caryopsen unterschieden werden. Diese Methode sagt jedoch wenig über das tatsächliche Keimvermögen der Geste unter Mälzungsbedingungen aus. Daher werden Gerstenproben unter definierten Feuchtigkeits- und Temperaturbedingungen drei bzw. fünf Tage zur Keimung gebracht. Ankeimungen von über 95% sind für eine gute Braugerste charakteristisch.

Durch Zugabe von unterschiedlichen Mengen Wasser zu den Gerstenkörnern während der Keimung können wasserempfindliche Gersten erkannt werden (POLLOCK-Test). Die Weicharbeit in der Mälzerei wird dann entsprechend modifiziert.

Das Mischen von Gersten unterschiedlicher Sorten ist für eine gleichmäßige Vermälzung ungünstig. Daher ist die Sortenreinheit ein mitentscheidendes Kriterium für den Einkauf von Gerstenpartien durch die Mälzereien.

Das verbreitetste Identifikationsverfahren ist die Bestimmung der Sorten anhand morphologischer Merkmale: Kornbasis, Basalborste, Schüppchen, Bezahnung der Rückennerven.

Gerstensorten, die nicht zweifelsfrei durch die morphologische Untersuchung identifiziert werden können, werden mehreren Laborprüfungen unterzogen, um die Sortenreinheit und damit die problemlose Verarbeitbarkeit nachzuweisen.

Allgemein wird die Elektrophorese angewandt, hauptsächlich mit homogenen Polyacrylamidgelen, teilweise auch mit Polyacrylamidgradientengelen [1].

Hochleistungsflüssigkeitschromatographie (HPLC), entweder auf Ionenaustauscher oder Reversed-Phase-Säulen, wird ebenfalls zur Unterscheidung von Gerstensorten angewandt. Die HPLC erlaubt eine schnelle Identifizierung und eine bessere Unterscheidung zwischen einigen Gerstensorten als die Gelelektrophorese [2]. Die Entwicklung einer Bank von monoklonalen Antikörpern, welche mit verschiedenen Hordeinfraktionen in Wechselwirkung treten, kann ebenfalls die Unterscheidung von Sorten unterschiedlichen Qualitätstyps ermöglichen. Eine derartige Prüfung ist für eine Reihenuntersuchung mit großer Probenzahl geeignet [3]. Vielversprechende Ergebnisse wurden mit diesen Methoden bei einigen europäischen und australischen Gersten erhalten.

5.2 Brauerei

Umfang und Ausmaß der Betriebs- und Qualitätskontrolle in der Brauerei hängen stark von ihrem Ausstoß und ihren finanziellen Mitteln ab. In Großbrauereien sind bis zu 20 Mitarbeiter im Labor beschäftigt, die mit modernen Analysegeräten (GC, HPLC usw.) über die Bierqualität wachen. Kontrolliert werden die Rohstoffe Wasser, Malz, Hopfen und Hefe sowie sämtliche Zwischenprodukte der Bierherstellung bis hin zum abgefüllten Bier.

5.2.1 Wasser

Ein sensibler Punkt ist hierbei das Wasser; mengenmäßig der bedeutendste Rohstoff, aber auch der bedeutendste Hilfsstoff, z.B. bei den vielfältigen Reinigungsarbeiten in einer Brauerei. So werden 5–10 hl Wasser benötigt, um einen Hektoliter Bier zu erzeugen. Entsprechend fallen 4–9 hl Abwasser pro erzeugtem Hektoliter Bier an.

Neben der Untersuchung auf Trinkwasserqualität interessiert den Braumeister besonders die Härte des Wassers, die bei den heute erzeugten Qualitätsbieren nicht zu hoch sein darf. Entsprechend wird im Brauereilabor die Karbonathärte und die Gesamthärte sowie die Restalkalität titrimetrisch bestimmt. Es erfolgt hierbei gleichzeitig die Kontrolle eventuell vorhandener

Wasseraufbereitungsanlagen, da nicht jedes Wasser den hohen Qualitätsanforderungen der Brauer genügt.

In Bezug auf das Abwasser werden chemischer Sauerstoffbedarf (CSB), teilweise noch biologischer Sauerstoffbedarf (BSB_5), absetzbare Stoffe sowie Abdampf- und Glührückstand analysiert. Die Abwasserminimierung in den Betrieben erfordert meist eine Wiederverwendung von Spül- und Reinigungslösungen. Hier hat eine strenge Kontrolle, vor allem aus mikrobiologischer Sicht, zu erfolgen.

5.2.2 Malz

Das Malz muß bei der Anlieferung mehreren Qualitätsprüfungen standhalten. So wird meistens sofort eine Wassergehaltsbestimmung sowie eine Kontrolle der Mürbigkeit der Malzkörner durchgeführt. Hierzu dient das Friabilimeter, bei dem in einer rotierenden Trommel mit Hilfe einer Gummiwalze unter definiertem Anpreßdruck an der Siebwandung des Geräts die mürben Anteile abgerieben werden. So werden schnell Hinweise über den enzymatischen Zellwandaufschluß gewonnen, dem die Körner während der Mälzung unterlagen. Sind weniger als 75% der eingewogenen Malzmenge mürbe, sind bei der Verarbeitung Schwierigkeiten zu erwarten.

Einen weiteren Hinweis auf die enzymatischen Abbauprozesse während des Mälzens geben die sog. Stickstoffverhältnisse des Malzes. So sollte mindestens 35% des Gesamtstickstoffs in der Würze löslich sein. Der Eiweißlösungsgrad (KOLBACH-Zahl) liegt normalerweise zwischen 33 und 43%.

Von den während der Mälzung im Malzkorn gebildeten Enzymen sind α- und β-Amylasen für den Brauer am bedeutendsten. Durch den Abbau der Malzstärke sorgen sie dafür, daß Extrakt gebildet wird. Da ihr Abbauprodukt hauptsächlich Maltose ist, sind α- und β-Amylasen verantwortlich für die Bildung von vergärbaren Kohlenhydraten. Mit der Bestimmung von α- und β-Amylasen wurde in der Brauereianalytik schon in den 30er Jahren dieses Jahrhunderts begonnen.

Nach konventionellen Methoden wird ein Malzauszug aus geschrotetem Malz in definierte Stärkelösungen gegeben und der Stärkeabbau iodometrisch verfolgt.

Moderne Enzymbestimmungsmethoden sind für die α- und β-Amylasen sowie β-Glucanasen, Proteasen usw., entwickelt worden. Sie basieren meist auf einer enzymatischen Freisetzung von Farbstoffen, die an ein spezifisches Substrat gekoppelt sind bzw. auf einer Nachvollziehung katabolischer Prozesse bis hin zur Bildung von NADH bzw. NADPH. Die enzymatische Aktivität wird dann photometrisch detektiert [4, 5, 6, 7].

Die größte Aussagekraft über die Qualität und die Verarbeitbarkeit eines Malzes hat jedoch die Kongreßmaische. Nach einem vom EBC-Kongreß (European Brewery Convention) festgelegten Maischverfahren mit definierten Temperatur- und Rührbedingungen wird eine Laborwürze hergestellt. Die Laborwürze wird auf ihren Extraktgehalt, den pH, die Viskosität, die Vollständigkeit der Verzuckerung und die löslichen Eiweißstoffe hin überprüft.

5.2.3 Hopfen

Der Hopfen wurde früher vom Braumeister persönlich vom Hopfenbauer gekauft. Die Qualitätskontrolle erfolgte durch Handbonitierung. Besonders wichtig war der Geruch der Hopfenaromastoffe. Heutzutage kommen meist lagerfähigere Hopfenveredelungsprodukte wie Pellets und Extrakte zum Einsatz. Im Brauereilabor werden die Hopfenbitterstoffe durch Extraktion mit Methanol, Methylenchlorid/Isopropanol und n-Hexan fraktioniert. Der Anteil der Fraktionen wird gravimetrisch und konduktometrisch erfaßt. Der Konduktometerwert umfaßt die bleisalzbildenden Bitterstoffe, u.a. die sogenannten α-Säuren (z.B. Humulon), die hauptverantwortlich für die Bittere des Bieres sind. Dementsprechend wird die Würze im Sudhaus meist nach dem α-Säurengehalt des jeweiligen Hopfenproduktes gehopft. Ein modernes Verfahren ist die Analyse der Hopfenbitterstoffe mittels HPLC.

5.2.4 Betriebskontrolle im Sudhaus

Der Brauprozeß wird vom Labor aus in sämtlichen Bierherstellungsphasen überprüft. So erfolgt im Sudhaus turnusmäßig die Kontrolle der Zusammensetzung des Malzschrotes aus der Schrotmühle. Die Schrotsortierung wird mit Hilfe von definierten Sieben ermittelt.

Direkt im Sudhaus überprüft der Biersieder mit Gipsplatte und Jodfläschchen am Ende eines jeden Maischprozesses die Verzuckerung. Ist noch Stärke vorhanden, ergibt sich auf der Tüpfelplatte eine Blaufärbung mit der Maischprobe. Mit einer Spindel (Aräometer) kontrolliert er den Extrakt der Würze und stellt die Stammwürze gemäß Biersteuergesetz ein. In prozeßgesteuerten Sudhäusern erfolgt die Stammwürzemessung automatisch über Biegeschwinger bzw. refraktometrisch.

5.2.5 Gärung

Die Hefe, die im Gärkeller der Würze zugesetzt wird, stammt meist aus der betriebseigenen Hefereinzucht. In den größeren Brauereien obliegt sie dem für die Mikrobiologie zuständigen Laborpersonal, – ständige Kontrollen und Sauberkeit sind oberstes Gebot.

Die Extraktabnahme während der Gärung durch die Vergärung von Maltose zu Ethanol und CO_2 wird im Gärkeller mit der Spindel oder im Labor mit Spindel bzw. Biegeschwinger analysiert. Nach der Endvergärung steht das Bier oft noch einen Tag im Gärkeller, um die Gärungsnebenprodukte wie z.B. Diacetyl abzubauen. Die Diacetylbestimmung (Butandion-2,3) erfolgt entweder gaschromatographisch (Detektion über ECD) oder spektrophotometrisch nach Reaktion mit o-Phenyldiamin. In einigen größeren Brauereien werden auch höhere Alkohole und Fettsäureester gaschromatographisch zur Steuerung der

Gärung untersucht. Die mittelkettigen Fettsäuren und ihre Ethylester werden hauptsächlich während der Gärung in der Hefezelle synthetisiert und sind wichtige – in höheren Konzentrationen unliebsame – Aromaträger des Bieres sowie gefährliche Schaumzerstörer. Die langkettigen Fettsäuren, vor allem die ungesättigten (Öl-, Linol-, Linolensäure) werden durch die Rohstoffe in den Brauprozeß eingebracht. Sie finden als mögliche Vorläufer von Carbonylen, die den Alterungsgeschmack des Bieres bewirken, große Beachtung bei Fragen der Geschmacksstabilität. Während die flüchtigen Säuren bis einschließlich der Dodecansäure mittels einer einfachen Wasserdampfdestillation und anschließender gaschromatographischer Auftrennung bestimmt werden können, erfordert die Erfassung der nichtflüchtigen langkettigen Fettsäuren einen umfangreichen analytischen Aufwand. Hierzu werden die Säuren extrahiert, von unerwünschten Substanzen abgetrennt, in ihre Methylester überführt, fraktioniert, stark aufkonzentriert und gaschromatographisch aufgetrennt.

Niedermolekulare Stickstoffverbindungen, insbesondere α-Aminosäuren, haben eine zentrale Bedeutung für die Gärleistung der Hefe sowie die Bildung von aromaaktiven Gärungsnebenprodukten. Ein hoher Gehalt an α-Aminostickstoff gewährleistet Biere mit einem relativ niedrigen Gehalt an höheren Alkoholen, deren Estern sowie vicinalen Diketonen. Da eine Aminosäureanalyse für ein Brauereilabor zu aufwendig ist, wird der α-Aminostickstoff summarisch mit der Ninhydrin-Methode (8) bestimmt, die für die Praxis völlig ausreichend ist.

5.2.6 Lagerkeller

Während der Lagerung werden Proben aus den Lagertanks hinsichtlich Geschmack, Filtrierbarkeit, mikrobiologischer Reinheit gezogen. Die Sensorik ist hierbei die schnellste und meistens auch sicherste Analyse. Fehlaromen deuten auf Mängel in der Produktion hin. Des weiteren ist die Verkostung des Lagertankbieres auch für den Verschnitt der Chargen von Bedeutung.

5.2.7 Filterkeller

Für die Vorherbestimmung der Filtrierbarkeit eines Bieres gibt es nur wenige, meist nicht sehr aussagekräftige Methoden. Durch die Membranfiltration nach ESSER (9) sowie die Kieselgurfiltration nach RAIBLE (10) lassen sich Vorhersagen bezüglich der zu erwartenden Filtrationsschwierigkeiten (Filtermengenleistung) machen.

5.3 Kontrolle des Bieres

5.3.1 Sensorik

Das filtrierte und abgefüllte Bier unterliegt als oberstem Kriterium der strengen sensorischen Kontrolle. Bewertet werden Geruch, Reinheit des Geschmacks,

Vollmundigkeit und Rezenz als Maß für das „Prickeln" des sich entbindenden Kohlendioxids auf der Zunge sowie die Qualität der Bittere. Verglichen werden hierbei auch frisch abgefüllte Biere mit Bieren, die mehrere Wochen als Haltbarkeitsproben aufbewahrt wurden.

5.3.2 Analytik

Das frisch abgefüllte Bier wird weiterhin folgenden Untersuchungen zugeführt: Die Kontrolle der Stammwürze erfolgt rechnerisch aus dem Refraktometerwert, der den unvergorenen Extrakt erfaßt und der Dichte des Bieres. Ein genaueres Ergebnis wird durch Abdestillieren des Ethanols und Bestimmung der Dichte im Destillationsrückstand erzielt.

Die Bitterstoffe werden mittels Isooctan extrahiert und photometrisch gemessen. Ebenfalls photometrisch wird die Bierfarbe bestimmt, sofern nicht ein Komparator mit Farbscheiben verwandt wird. Der Kohlendioxidgehalt wird manometrisch und titrimetrisch bestimmt. Diese Analysen werden teilweise automatisch und kombiniert durchgeführt. Die Untersuchung der Schaumhaltbarkeit erfolgt über die zeitliche Messung des Absinkens der Schaumdecke bzw. über die Menge des aus Schaum zurückgebildeten Bieres (11).

5.3.3 Haltbarkeit

Besonderes Augenmerk wird bei immer länger werdenden Transportwegen und Lagerzeiten in den Supermärkten auf die Haltbarkeit des Bieres gerichtet. Unterschieden werden die Geschmackshaltbarkeit des Bieres sowie dessen biologische und nichtbiologische Haltbarkeit. Biologische Stabilität wird durch hygienisches Arbeiten erreicht. Zusätzliche Sicherheit in biologischer Hinsicht geben Kurzzeiterhitzung oder Pasteurisierung. Für die geschmackliche Stabilität muß der gesamte Brauprozeß ab Gärkeller möglichst sauerstofffrei gefahren werden.

Mit Sauerstoffelektroden wird die Sauerstoffaufnahme des Bieres bis in die abgefüllte Flasche kontrolliert, da ansonsten, vor allem unter Einfluß von höheren Temperaturen und Licht, schnell ein pappartiger oder brombeerartiger Oxidations- bzw. Lichtgeschmack auftritt. Die nichtbiologische Trübungsstabilität wird in einem Forciertest ermittelt. Hierbei wird das Bier jeweils abwechselnd 24 h bei 40 °C (teilweise auch 60 °C), dann 24 h bei 0 °C temperiert. Es erfolgt die Kontrolle der Trübungszunahme in einem Trübungsmeßgerät. Das Bier sollte über drei Warmcyclen hinweg blank bleiben, um auch bei längeren Absatzwegen nicht trübe zu werden.

Sollte ein Bier einmal älter werden, trübe sein, pappig schmecken, so ist es keineswegs verdorben oder ungenießbar, sondern genügt lediglich nicht mehr den von den Brauern selbst auferlegten Qualitätsnormen. Sachgerechte, dunkle, kalte Lagerung im Handel und im privaten Vorratslager erhält die Qualität des

Bieres über längere Zeit. Ist ein Bier ein halbes Jahr nach der Abfüllung noch blank und sensorisch einwandfrei, ist das Ziel der Qualitätssicherung erreicht.

Die Methoden zur Betriebs- und Qualitätsprüfung in Mälzerei und Brauerei sind in der Literatur umfassend dargestellt [12, 13].

Nachfolgend wird zur speziellen Brauerei-Analytik Stellung genommen.

6 Spezielle Brauerei-Analytik

Die herkömmliche Brauerei-Analytik besitzt nur wenig Aussagekraft, wenn es gilt, bestimmte Phänomene, wie z.B. die Schaumhaltbarkeit, die nichtbiologische Stabilität oder Filtrationsprobleme zu deuten. Die Stoffgruppen, die die beschriebenen Phänomene beeinflussen, sind zumeist hochmolekular und von unterschiedlicher Struktur, wie z.B. Proteine, Isohumulone, Polyphenole, α- und β-Glucane. Um zu verwertbaren Aussagen zu gelangen, mußten neue Wege der Analytik beschritten werden; so gelangte die HPLC mit ihren unterschiedlichen Trenntechniken in die Brauerei-Laboratorien.

Zur Zeit wird die HPLC fast ausschließlich in der Forschung eingesetzt, da ihre Verwendung in der Routine für viele Brauereien zu kostspielig ist.

6.1 Proteine

Die Proteine üben einen entscheidenden Einfluß auf die Schaumhaltbarkeit und die nichtbiologische Stabilität aus, wobei zunächst davon ausgegangen wurde, daß der Einfluß des Molekulargewichtes eine größere Bedeutung hat. Es gibt dabei unterschiedliche Auffassungen bezüglich der relevanten Molekulargewichte [14]. Narziss und Röttger [15] waren Anfang der siebziger Jahre die ersten, die mit Hilfe von selbstgepackten Gelsäulen (Sephadex-Gele) Proteine nach Molekulargewichten trennten, um eine Zuordnung zu ermöglichen. Seit diesen ersten Arbeiten haben sich jedoch die analytischen Möglichkeiten durch die Entwicklung der HPLC erheblich verbessert, so daß heute wesentlich bessere Trennungen in kürzerer Zeit möglich sind. Außerdem kristallisiert sich immer mehr die Erkenntnis heraus, daß neben den Molekulargewichten auch strukturbedingte Eigenschaften der Proteine die Schaumhaltbarkeit und die nichtbiologische Stabilität bestimmen. Um „mehrdimensionale" Aussagen zu erhalten, werden folgende Trenntechniken nebeneinander angewendet:

- Size-Exclusion-Chromatography (SEC)
- Reversed Phase-Chromatography (RPC)
- Ion-Exchange-Chromatography (IEC)
- Affinity-Chromatography (AC)
- Hydrophobic-Interaction-Chromatography (HIC).

Vorwiegend werden SEC, RPC und die HIC eingesetzt. Es ist aber bis jetzt nicht gelungen, die Zusammenhänge eindeutig zu klären, die die Schaumhaltbarkeit und nichtbiologische Stabilität besitzen. Sicherlich beeinflussen sich die Stoffgruppen auch gegenseitig.

6.2 Glucane

Die Untersuchung der α-Glucane ist deshalb von Bedeutung, weil aus den α-Glucanen durch den enzymatischen Abbau die vergärbaren Zucker (Glucose, Maltose und Maltotriose) gebildet werden. Aufgrund der hohen Rohstoffkosten ist natürlich ein weitgehender Abbau erwünscht. Es ist deshalb außerordentlich wichtig, eine Methode zu besitzen, die verläßlich über den Abbau Auskunft gibt. Die heute noch in den Brauereien Anwendung findende Methode, bei der auf Jodnormalität, also die Reaktion von Jod und Stärke, geprüft wird, ist unzureichend. Nicht abgebaute α-Glucane, die Einschlußverbindungen, sogenannte Clathrate, bilden, können nicht erfaßt werden. Deshalb ist eine Methode entwickelt worden, bei der die Einschlußverbindungen durch Butanolkochung entfernt werden, um anschließend mittels SEC oder photometrisch die Verzuckerung zu überprüfen [16].

Die β-Glucane gehören zur Stoffgruppe, die den Brauern zur Zeit die meisten Sorgen bereitet, da bei unzureichendem Abbau die Filtrierbarkeit des Bieres beeinträchtigt werden kann. Es wurde deshalb eine Methode entwickelt, die es erlaubt, die β-Glucane simultan mit den α-Glucanen zu bestimmen. Die Trennung erfolgt nach Molekulargewichten; zur fluorimetrischen Detektion dient eine Nachsäulenderivatisierung.

6.3 Polyphenole

Polyphenole werden durch Malz und Hopfen in den Brauprozeß eingebracht. Sie sind deshalb von Interesse, weil sie im fertigen Bier mit Proteinen Komplexe bilden können, die zu Trübungen führen [17, 18]. Für die Bestimmung der Polyphenole gibt es eine Reihe verschiedener Methoden, die auch für den routinemäßigen Einsatz geeignet sind. Die Trennung wird mit RP-Phasen durchgeführt, es folgt eine photometrische Detektion [19, 20]. Mit Hilfe geeigneter Standards ist es dann möglich, die Polyphenole qualitativ und quantitativ zu erfassen.

6.4 Bitterstoffe

Die Bitterstoffe des Bieres werden summarisch durch Extraktion mit Isooctan und anschließender photometrischer Detektion bei $\lambda = 275\,\mathrm{nm}$ erfaßt. Die Hopfenbitterstoffe liegen im Bier in isomerer Form vor. Die Trennung der

Bitterstoffe von den gebildeten Isomerisierungsprodukten erfolgt mittels HPLC unter Verwendung von RP-Säulen [21, 22].

7 Rückstandsanalytik auf dem Brauereisektor

Sensibilisiert durch eine Reihe von Beanstandungen der Lebensmittel-behörden in den letzten Jahren, ist die Furcht vor Kontaminationen der Lebensmittel mit umweltbelastenden Stoffen oder Rückständen von Reinigungs- und Desinfektionsmitteln beim Verbraucher gestiegen. Die Forderung, die Lebensmittel müßten vollkommen rückstandsfrei sein, ist heutzutage nicht mehr zu erfüllen. Es gilt jedoch, die Belastung der Lebensmittel so gering wie möglich zu halten. Die Rückstandsanalytik hat daher auch für den Brauereisektor an Bedeutung gewonnen.

An einigen Beispielen sollen im folgenden die Möglichkeiten moderner Analysentechniken auf dem Gebiet der Rückstandsanalytik dargestellt werden.

7.1 Halogenkohlenwasserstoffe (HKW)

Die HKW-Rückstände in unserer Umwelt sind nicht zuletzt durch eine Reihe von Presseberichten ins Licht der Öffentlichkeit gerückt worden.

Durch sorglosen Umgang mit Lösemitteln, durch undichte Abwasser-leitungen oder Unfälle gelangen diese Umweltkontaminanten ins Grundwasser. Aber auch durch die im Rahmen einer Wasseraufbereitung durchgeführte Chlorung von Wässern, die mit organischen Substanzen wie z.B. Huminstoffen belastet sind, können HKW entstehen. Durch „carry-over" gelangen dann HKW aus dem Wasser möglicherweise auch in das Bier. Über den Verbleib und die eventuelle Reaktion der HKW bei der Bierbereitung ist bisher wenig bekannt. Nach den bisherigen Befunden findet während des Brauprozesses eine Dekontamination statt, die zur vollständigen Ausscheidung führt. Eine Kontamination kann jedoch eintreten, wenn entsprechendes Wasser während der Filtration mit Bier in Berührung kommt (Schubwasser).

Die für die Verunreinigung von Wässern verantwortlichen HKW werden in folgende Gruppen eingeteilt:

- Trihalogenmethane
  Chloroform $CHCl_3$
  Monobromdichlormethan $CHBrCl_2$
  Dibrommonochlormethan $CHBr_2Cl$
  Bromoform $CHBr_3$
- Chlorkohlenwasserstoffe/Chlorkohlenstoffe
  Dichlormethan CH_2Cl_2
  1,1,1-Trichlorethan $C_2H_3Cl_3$
  Trichlorethylen C_2HCl_3

Tetrachlorethylen C_2Cl_4
Tetrachlorkohlenstoff CCl_4

Nach einer Empfehlung des Bundesgesundheitsamtes [23] darf für die Trihalogenmethane und Chlorkohlenwasserstoffe eine Maximalkonzentration von 25 µg/l als Jahresmittelwert im Trinkwasser nicht überschritten werden. Darüber hinaus nennt die Trinkwasserverordnung [24] Grenzwerte für einige HKW. Demnach gilt für die Gruppe der Chlorkohlenwasserstoffe und Chlorkohlenstoffe in der Summe ein Grenzwert von 25 µg/l bei einem zulässigen Fehler des Meßwertes von 10 µg/l und für Tetrachlorkohlenstoff ein Wert von 3 µg/l bei einem zulässigen Fehler von 0,75 µg/l. Für Brauereien sind diese Grenzwerte insofern von Bedeutung, da Brauwasser die Qualität von Trinkwasser bzw. aufbereitetem Trinkwasser aufweisen muß.

Eine regelmäßige Untersuchung des Brauwassers auf HKW ist deshalb gerade für Brauereien, die eine eigene Wasserversorgungsanlage betreiben, erforderlich.

Für Bier gibt es keine Regelungen bezüglich HKW. Man orientiert sich an denen für Trinkwasser.

Der Nachweis und die Bestimmung von HKW erfolgen gaschromatographisch auf Kapillarsäulen mit einem EC-Detektor. Dabei bietet sich die Headspace-Technik an, die jedoch nur mit entsprechend ausgerüsteten Gaschromatographen durchzuführen ist. Eine Anreicherung der HKW kann durch Flüssig-flüssig-Extraktion mit organischen Lösemitteln (z.B. Pentan) erfolgen. Dem Vorteil der Anreicherung steht jedoch der Nachteil der zeitaufwendigen Probenaufbereitung und damit verbundener Fehlerkumulation gegenüber.

Seit einiger Zeit bietet sich auch die Möglichkeit an, Wasserproben direkt auf die Trennsäule eines Gaschromatographen mit Hilfe eines Cool on Column Injectors nach Knauss [25] zu injizieren. Dieser Injektor dient primär der Nadelführung und ermöglicht eine direkte Injektion der Probe in die Säule. Die bewegliche Injektionsnadel wird statt durch ein Septum durch eine bewegliche Gummischeibe (sog. „Duck Bill") geführt.

Die direkte Injektionsmethode eignet sich vor allem zur Bestimmung der im Brauwasser vorhandenen HKW. Die Bestimmungsgrenze liegt bei den meisten Substanzen bei 1 µg/l, lediglich Dichlormethan läßt sich bei geringen Konzentrationen aufgrund der hohen Flüchtigkeit und des schlechten Response im ECD schlecht nachweisen und quantifizieren.

7.2 Schwermetalle

Die Bestimmung der Schwermetalle Blei, Cadmium, Chrom, Quecksilber, Arsen und Selen gewinnt zunehmend auch für Bier und seine Rohstoffe an Bedeutung. Die in der Trinkwasserverordnung festgelegten Grenzwerte für diese Elemente gelten auch für Brauwasser. Für Bier bzw. für die anderen Braustoffe existieren keine gesonderten gesetzlichen Regelungen bezüglich der Schwermetalle. Auch hier findet während der Bierbereitung eine Dekontamination statt, die Werte im Bier liegen niedriger als im verwendeten Trinkwasser.

Die Atomabsorptionsspektroskopie (AAS) ist derzeit die am besten geeignete und am häufigsten eingesetzte Methode zur analytischen Erfassung von Schwermetallen in Rohstoffen und Bier. Hohe Selektivität und Nachweisvermögen zeichnen diese Analysentechnik aus. Durch die Entwicklung der flammenlosen Technik, bei der die Atomisierung der Probe elektrothermisch in einer Graphitrohrküvette erfolgt, konnten gegenüber der Flammen-AAS die Nachweisgrenzen noch gesenkt werden. Bei modernen Geräten ist es darüber hinaus möglich, unerwünschte Untergrundsignale zu kompensieren.

Blei, Cadmium und Chrom können mit der Graphitrohr-AAS direkt erfaßt werden. Bei den hydridbildenden Elementen Arsen, Selen und Quecksilber ist die flammenlose Hydrid-AAS vorzuziehen. Beim Einsatz der Graphitrohrtechnik muß außer bei Brauwasser ein Aufschluß der Proben z.B. mit Salpetersäure unter Druck- und Temperatureinwirkung in druckstabilen Gefäßen erfolgen.

7.3 Reinigungs- und Desinfektionsmittel

Die Desinfektion und Reinigung von Getränkebehältern ist die Voraussetzung für eine hygienisch einwandfreie Beschaffenheit eines Getränkes. Für Brauereien kommt daher der Reinigung und anschließenden Desinfektion der Gär- und Lagertanks eine besondere Bedeutung zu. Nach der Desinfektion werden die Tanks zur Entfernung von Desinfektionsmittelrückständen auf der Tankinnenwandung mit Wasser gespült. Durch Forschungsarbeiten konnte nachgewiesen werden, daß auch bei einer intensiven Spülarbeit eine restlose Entfernung der Desinfektionsmittel von der Behälteroberfläche nur schwer möglich ist. Diese Rückstände lassen sich zwar mit Wasser nicht vollständig abspülen, sind jedoch bierlöslich. So können Spuren von Desinfektionsmitteln in das Getränk übergehen.

Die meisten der verwendeten Reinigungs- und Desinfektionsmittel sind Kombinationspräparate aus mehreren Wirkstoffen. Aus der umfangreichen Wirkstoffpalette nimmt die Gruppe der Halogenessigsäuren, d.h. Monochlor-, Monobrom- und Monojodessigsäure eine wichtige Stellung ein.

Rückstände von Halogenessigsäuren im ppb-Bereich lassen sich mit Hilfe der hochauflösenden Kapillargaschromatographie mit einem EC-Detektor bestimmen.

Aufgrund ihrer geringen Flüchtigkeit sind die Halogenessigsäuren der Gaschromatographie nicht direkt zugänglich. Die entsprechenden Methyl- oder Ethylester dieser Säuren lassen sich gut gaschromatographisch trennen, so daß eine entsprechende Derivatisierung der Proben z.B. nach der Bortrifluorid-Methode oder mit Schwefelsäure/Alkohol notwendig ist.

Die Anreicherung der Analyten und die Abtrennung störender Substanzen aus der Biermatrix kann zuvor durch eine Flüssig-flüssig-Extraktion aus der angesäuerten Probe (z.B. mit Diethylether) oder durch Festphasenextraktion an Florisil® erfolgen.

8 Nachweis der Verwendung von Zusatzstoffen bei der Bierbereitung

8.1 Rohfrucht und Enzyme

Da mehr als ein Fünftel der Gesamtkosten für die Bierherstellung auf den Rohstoff Malz entfallen, werden im Ausland bei der Bierbereitung auch Zusätze anderer Getreide (Mais, Reis u.a.) in Form von Rohfrucht verwendet.

Zur Überprüfung, ob bei der Bierherstellung Malz verwendet wurde, ist es wichtig, diesen Sachverhalt im fertigen Bier untersuchen zu können. Hierfür haben sich besonders die immunologischen Methoden bewährt. Zur Herstellung der benötigten Antiseren werden Versuchstieren Proteinlösungen injiziert (z.B. aus Mais, Reis, Hirse oder proteolytische Enzyme). Vom Immunsystem der Versuchstiere werden gegen diese Fremdproteine Antikörper gebildet. Nach der Isolierung und Anreicherung dieser Antikörper wird ein Serum gegen speziell einen dieser Stoffe erhalten. In die „Amtlichen Sammlung von Untersuchungsmethoden nach § 35 LMBG" ist die Analysenmethode nach Ouchterlony [26] aufgenommen.

Hierbei werden die Bierproben und das Antiserum (z.B. gegen Mais) auf eine Gelplatte aufgetragen. Anschließend läßt man sie gegeneinander diffundieren. Wurden die entsprechenden Rohstoffe (z.B. Mais) bei der Bierbereitung verwendet, so sind die Maisproteine (Antigene) auch in der fertigen Bierprobe vorhanden. Bei Anwesenheit der Proteine bildet sich in dem Gel zwischen Antigen und Antikörper eine sichtbare Präzipitation aus, die Probe ist positiv. Diese Analysenmethode ist jedoch zeitaufwendig. Die Zeitspanne, vom Probeneingang bis zum Ergebnis, dauert vier bis fünf Tage.

Daher wurden Anstrengungen unternommen, die lange Analysendauer zu verkürzen.

Hierfür wurde die ELISA-Methode, die schon in anderen Bereichen der Lebensmittelanalytik erfolgreich angewendet wurde, so modifiziert, daß damit auch der Nachweis von Rohfrucht im Bier möglich ist [27].

Beim ELISA-Test werden die Antikörper oder Antigene mit einem Enzym gekoppelt. Die Auswertung erfolgt anhand der Enzymaktivitäten. Eine Ausbildung eines sichtbaren Präzipitats ist hierbei nicht mehr notwendig, wodurch sich die Analysendauer auf ca. 8 Stunden verkürzen läßt.

Der Nachweis von Maiszusatz bei der Bierherstellung kann auch durch die Bestimmung einer besonderen Flavonoidfraktion erfolgen. Diese Fraktion kommt nur im Mais vor. Beim Auftreten dieser Flavonoidkomponente im Bier kann auf die Mitverwendung von Mais geschlossen werden [28].

Auch zum Nachweis der proteolytischen Enzyme werden die immunologischen Methoden mit Erfolg angewendet. Für den Nachweis von Ficin und Bromelin wurde auch der Radioimmunoassay (RIA) verwendet [29]. Bei diesem Test werden entweder die Antikörper oder die Antigene radioaktiv markiert. Das eingefügte radioaktive Element dient nur als Indikator und ist an der eigentlichen Immunreaktion nicht beteiligt. Diese Analysenmethode bringt ebenfalls eine drastische Verkürzung der Analysendauer gegenüber der doppelten Geldiffusion.

8.2 Schaumstabilisierungsmittel

Am bekanntesten sind die Alginate, die durch alkalische Extraktion aus den Zellwänden von Braunalgen gewonnen werden. Im Handel sind sie als Natriumalginat und Propylenglykolalginat. Häufig werden jedoch auch Agar-Agar, Carboxymethylcellulose, Gummi arabicum, Furcellan, Carragheen, Traganth und Xanthan eingesetzt. Alle bekannten Nachweismethoden für diese Polysaccharide basieren auf deren saurer Hydrolyse und anschließendem Nachweis der Uronsäurebausteine, Mannuron- und Guluronsäure. Dies kann gaschromatographisch, flüssigchromatographisch oder isotachophoretisch geschehen.

Der Nachteil der gaschromatographischen Methode ist der zusätzliche Arbeitsschritt der Methylierung, der zeitaufuendig ist und eine vermeidbare Fehlerquelle darstellt. Die isotachophoretische Trennung der Uronsäurebausteine ist durchaus möglich. Da jedoch der Nachweis der verschiedenen Schaumstabilisierungsmittel nicht gleichermaßen gut gelingt, ist die Methode nur bedingt anwendbar.

Die sicherste Methode ist die von Scherz [30] vorgeschlagene dünnschichtchromatographische Trennung, die, geringfügig modifiziert, sich für Bier als geeignet erwiesen hat. Gegenwärtige Arbeiten haben die Umstellung dieser Methode auf für die HPLC geeignete Bedingungen zum Ziel. Damit wäre diese Methode auch für die Routineanalytik geeignet.

8.3 Antioxidantien

Bei einem Sauerstoffgehalt des Bieres von 1–2 mg/l ergibt sich eine notwendige Ascorbinsäurekonzentration von 20–30 mg/l. Da während der gesamten Lagerdauer bis zum Verbrauch eine Restmenge im Bier verbleiben soll, ist ein Zusatz von 50 mg/l üblich. Für die Bestimmung von Ascorbinsäure im Bier scheiden herkömmliche Methoden, wie z.B. die enzymatische Bestimmung, wegen der analytisch schwierigen Matrix Bier aus. Dagegen steht mit der Kapillarisotachophorese mit UV-Detektion eine elegante und hinreichend empfindliche Trenn- und Meßtechnik zur Verfügung, mit der Konzentrationen von 5 mg/l bestimmt werden können. Die Probenvorbereitung beschränkt sich hierbei auf die Abtrennung des Kohlendioxids aus dem Bier [31].

8.4 Konservierungsmittel

Die gängigen Verfahren sind die Wasserdampfdestillation nach ANTONACO-
POULOS mit anschließender photometrischer Bestimmung [32, 33] sowie die
Extraktion mit einem organischen Lösemittel und anschließender Bestimmung
mittels GC oder HPLC [34]. Diese Verfahren sind äußerst arbeits- und
zeitaufwendig.

Die eleganteste Methode für ionische Konservierungsstoffe ist zweifellos die
Isotachophorese mit kombinierter UV- und Potentialgradienten-Detektion. Bei
einfacher Handhabung und geringem Zeitaufwand beschränkt sich die
Probenvorbereitung auf eine CO_2-Abtrennung aus dem Bier. Bei kleinen
Konzentrationen ist eine Extraktion und Anreicherung über Extrelut-Säulen
angezeigt. Zur optimalen isotachophoretischen Trennung wurden die Konser-
vierungsmittel in vier Gruppen eingeteilt, die jeweils mit einem gemeinsamen
System nachgewiesen werden können:
Gruppe 1: Benzoesäure, Salicylsäure
Gruppe 2: Dehydracetsäure, 2-,3-,4-Chlorbenzoesäure
Gruppe 3: Sorbinsäure, PHB-methyl-, -ethyl-, -propylester
Gruppe 4: Bromessigsäure, Chloressigsäure

8.5 Süßstoffe

Für eine Korrektur der Vollmundigkeit ausstoßreifen vergorenen Bieres kommen die synthetischen Süßstoffe Saccharin und Cyclamat in Betracht. Dagegen
wird der Süßstoff Aspartam wegen seiner geringen Stabilität nicht verwendet.
Der Nachweis eines Zusatzes der genannten Süßstoffe kann mittels HPLC
[35–37] erfolgen.

8.6 Farbstoffe

Hierbei ist zu unterscheiden zwischen Azofarbstoffen und Triphenylmethan-
Verbindungen mit Sulfogruppen auf der einen und der Gruppe der Zucker-
kulörfarbstoffe auf der anderen Seite.

Aus der ersten Gruppe kommen der gelbe Farbstoff Tartrazin in Mengen
von 10 mg/l sowie der grüne Farbstoff Green S zum Einsatz.

Die Bestimmung dieser Farbstoffe im Bier gelingt mittels Narrow-bore-
HPLC einfach und außerordentlich schnell. Ein Trennungslauf dauert weniger
als 3 min gegenüber mehr als 30 min bei herkömmlichen Trennmethoden
[38–43]. Die Methode erlaubt die quantitative Bestimmung der genannten
Farbstoffe [44]. Ein Nachweis von Zuckerkulör ist dagegen mit erheblichen
Schwierigkeiten verbunden. Zum einen manifestieren sich die färbenden
Eigenschaften von Zuckerkulör nicht in einer einzigen chemischen Substanz,
sondern in einer Vielzahl von Zwischen- und Nebenprodukten, deren Summe die

färbenden Eigenschaften bestimmt. Zum anderen gibt es verschiedene Herstellungsprozesse für Zuckerkulör, die zu unterschiedlichen Produkten führen. Gegenüber dem bisherigen Farbstoff „Zuckerkulör (E 150)" sieht das neue EG-Recht vier verschiedene Kulörsorten vor. Es soll dann unterschieden werden zwischen den Farbstoffen E 150a (Plain), E 150b (Caustic Sulphite), E 150c (Ammonia) und E 150d (Sulphite-Ammonia).

Da die Reinheitsanforderungen an die verschiedenen Kulörsorten unterschiedlich sind, ist es erforderlich, über eine Methode zu verfügen, die nicht nur den Nachweis der Verwendung von Zuckerkulör, sondern die Bestimmung der verwendeten Kulörsorte ermöglicht.

Dies gelingt mit dem Verfahren der Ausschlußchromatographie (SEC). Derartige Trennungen dauern jedoch mehrere Stunden [45, 46]. Außerdem treten in Abhängigkeit von verschiedenen Lebensmittelinhaltsstoffen bedeutende Veränderungen der Elutionsprofile auf. Daher ist der Nachweis eines Zusatzes von Zuckerkulör mit dieser Methode nicht in allen Fällen möglich.

Neuere Arbeiten beschäftigen sich mit dem Nachweis von Zuckerkulör in Bier durch die Analyse charakteristischer Pyrolyseprodukte mittels Curiepunkt-Pyrolyse-Kapillargaschromatographie-Massenspektrometrie. Der Nachweis von Pyrazinderivaten im Pyrogramm ermöglicht die eindeutige Unterscheidung zwischen Bieren, die mit oder ohne Zuckerkulör hergestellt wurden [47].

8.7 Komplexbildner

Komplexbildner, im wesentlichen die Natriumsalze oder Natrium-Calcium-Salze der Ethylendiamintetraessigsäure (EDTA), werden dem Bier zur Komplexierung der die Autoxidation katalysierenden Metallspuren zugesetzt. Dies erfolgt meist zur Maische oder zur Würze in Mengen von etwa 25 mg/l.

Die Bestimmung von EDTA bzw. den entsprechenden Salzen stößt auf beträchtliche Schwierigkeiten. Zwar ist die Trennung von den übrigen Bierinhaltsstoffen mittels HPLC oder Isotachophorese durchaus möglich. Die Detektion mittels konduktometrischem Detektor oder Potentialgradienten-Detektor scheidet jedoch wegen der geringen Konzentration aus.

Gelöst werden können diese Schwierigkeiten durch Überführung des EDTA in einen gefärbten Fe(III)-Komplex, der bei $\lambda = 245$ nm ein ausgeprägtes Absorptionsverhalten zeigt.

Auf dieser Grundlage wurde eine isotachophoretische Nachweismethode entwickelt, mit der ein EDTA-Zusatz in Höhe von 25 mg/l sicher erfaßt wird.

9 Literatur

1. Wrigley CW, Autran JC und Bushuk W (1982) Advances in Cereal Science and Technology 5, 211–259

2. Marchylo BA und Krüger JE (1984) Cereal Chemistry 61, 295–301
3. Skerritt JH, Smith RA, Wrigley CW und Underwood PA (1984) J Cereal Science 2, 215–224
4. Krüger E und Nordmann A (1982) Monatsschrift für Brauerei 35, 161–169
5. Krüger E und Nordmann A (1983) Monatsschrift für Brauerei 36, 30–36
6. Wood PJ und Weisz J (1987) Cereal Chemistry 64, 8–14
7. John M und Dellweg HW (1975) Monatsschrift für Brauerei 28, 14–19
8. Analytica-EBC (1987) 4. Ausgabe, D 155
9. Esser KD (1972) Monatsschrift für Brauerei 25, 145–151
10. Raible K, Heinrich Th und Niemsch K (1990) Monatsschrift für Brauereiwissenschaft 43, 60–65
11. Drawert F (1987) Brautechnische Analysenmethoden. Selbstverlag der MEBAK, Freising-Weihenstephan, Bd. 2, 327–331
12. Krüger E und Bielig HJ (1976) Betriebs- und Qualitätskontrolle in Brauerei und alkoholfreier Getränkeindustrie, Parey P, Berlin, Hamburg, 1 Aufl
13. Drawert F (1979) Brautechnische Analysenmethoden. Selbstverlag der MEBAK, Freising-Weihenstephan, 1 Auflage
14. Narziß L (1978) Brauwelt 29, 1045–1057
15. Narziß L und Röttger W (1974) Brauwelt 114, 570–579
16. Krüger E und Strobl M (1984) Monatsschrift für Brauwissenschaft 36, 505–512
17. Wackerbauer K und Anger HM (1984) Monatsschrift für Brauwissenschaft 36, 153–61
18. Schur F (1987) Brauerei-Rundschau 98, 37–42
19. Kirby W und Wheeler RE (1980) J Inst Brew 86, 15–17
20. J Bakker (1986) Vitis 25, 203–214
21. Ouo M, Kakado Y Yarnamoto Y, Nagarni Y und Kumata J (1985) J ASBC 43, 136–144
22. Narziss L und Scheller L (1982) Monatsschrift für Brauwissenschaft 38, 4–12
23. Bundesgesundheitsblatt (1982) 25, 74
24. Verordnung über Trinkwasser und über Wasser für Lebensmittelbetriebe (Trinkwasserverordnung von 1990 Bundesgesetzblatt I, 760)
25. Knauss K, Fullemann J und Turner MP: Hewlett Packard Technical Paper Nr 94
26. Amtliche Sammlung von Untersuchungsmethoden nach § 35 LMBG Nr 36.00–1 (1982)
27. Krüger E und Wagner N (1986) Monatsschrift für Brauwissenschaft 39, 104–108
28. Wichern H und Dilly P (1987) Monatsschrift für Brauwissenschaft 40, 196–198
29. Donhauser S (1979) Brauwissenschaft 32, 211–213
30. Scherz H (1984) Lebensm Unters Forsch 179, 17–19
31. Röben R, Evers H, Krüger E und Rubach K (1984) Monatsschrift für Brauwissenschaft 37, 425–428
32. Lorenzen W und Sieh R (1962) Z Lebensm Unters Forsch 118, 223–233
33. Nishimoto T (1964) J Food Hyg Soc Jap 5, 287
34. Donhauser S, Glas K und Gruber B (1984) Monatsschrift für Brauwissenschaft 37, 252–258
35. Buckee GK, Dolezil L, Forrest IS und Hickmann E (1976) J Inst Brew 82, 209–211
36. Voragen AGJ, Schols HA, DeVries JA und Pilnik W (1982) J Chromatogr 244, 327–336
37. Herrmann A, Damawand E und Wagmann M (1983) J Chromatogr 280, 85–90
38. Sabir DM, Edelhäuser M und Bergner KG (1980) Dtsch Lebensm Rundsch 76, 314–317
39. Martin GE, Tenenbaum M, Alfonso F und Dyer RH (1978) J Assoc Off Anal Chem 61, 908–910
40. Cox E (1979) J Assoc Off Anal Chem 62, 1338–1341
41. Maslowska J und Marszal K (1981) Dtsch Lebensm Rundsch 77, 275–278 (1981)
42. Puttemans ML, Dryon L und Massart D (1983) J Assoc Off Anal Chem 66, 670–672
43. Puttemans ML, Dryon L und Massart D (1983) J Assoc Off Anal Chem 66, 1039–1044
44. Schaper M und Krüger E (1984) Monatsschrift für Brauwissenschaft 37, 456–461
45. Hellwig E, Gombocz E, Frischenschlager S und Petuely F: (1981) Dtsch Lebensm Rundsch 77, 165–174
46. Frischenschlager S, Hellwig E und Petuely F (1982) Dtsch Lebensm Rundsch 78, 385–389
47. Schaper M (1991) Dissertation TU Berlin

IV. Basisteil

Basisteil

Um den Umfang des Basisteils zugunsten der wissenschaftlichen Beiträge begrenzt zu halten, wird bei einem Teil der nachstehenden Tabellen auf einen der vorausgegangenen Bände verwiesen, wenn sich der Inhalt in der Zwischenzeit nicht oder nur unwesentlich geändert hat. Literatur übersicht, Informationszentren für Vergiftungsfälle und Liste der Oranisationen werden dagegen-aktualisiert – in jedem Band wiederholt.

Literatur (Monographien)

Fortsetzung der Übersicht über neu erschienene Monographien auf dem Gebiet der Analytischen Chemie und ihren Teilbereichen. Berücksichtigt sind – ohne Anspruch auf Vollständigkeit erheben zu wollen – Publikationen führender Verlage von 1992 bis 1994, soweit solche nicht schon in einem der vorhergehenden Bände des Taschenbuchs zitiert worden sind. Die Inhaltsangabe umfaßt alle recherchierten Sachgebiete, auch solche, unter denen im vorliegenden Band keine Neuerscheinungen genannt sind.

Inhalt

1 Analytik allgemein

Arpe H-J (1994)'s Encyclopedia of Industrial Chemistry; Volume B5: Analytical Methods I. VCH, Weinheim

Arpe H-J (1994) Ullmann's Encyclopedia of Industrial Chemistry; Volume B6: Analytical Methods II
    and Process Control. VCH, Weinheim
Doerffel K, Geyer R Müller H (Hrsg.) (1994) Analyticum. Methoden der Analytischen Chemie und
    ihre theoretischen Grundlagen, DVG, Leipzig
Günzler H, Borsdorf R, Danzer K, Fresenius W, Huber W, Lüderwald I, Tölg G, Wisser H (1993)
    Analytiker Taschenbuch, Band 11. Springer, Heidelberg
Lechner MD (1992) Dáns-Lax Taschenbuch für Chemiker und Physiker. Springer, Heidelberg
Steger E (1992) Strukturanalytik. DVG, Leipzig
Stoeppler M (Hrsg.) (1994) Probenahme und Aufschluß. Springer, Ijmuiden
Sweedler JV, Ratzlaff KL, Denton BM (Hrsg.) (1994) Charge-Transfer Devices in Chemical Analysis.
    VCH, Weinheim
Watson C (Ed.) (1994) Official and Standardized Methods of Analysis. Royal Society, Letchworth

1.1 Analyse organischer Verbindungen

1.2 Analyse der Elemente und anorganischer Verbindungen

Jones GC, Jackson B (1993) Infrared Transmission Spectra of Carbonate Minerals. Chapman,
    London

1.3 Flow Injection Analysis

1.4 Chemometrie

Morgan E (1991) Chemometrics: Experimental Design. Wiley, Chichester

1.5 Sensoren

Czarnik AW (Hrsg) (1994) Fluorescent Chemosensors for Ion and Molecule Recognition. VCH,
    Weinheim
Czarnik AW (Ed) (1994) Fluorescent Chem, osensors for Ion and Molecule Recognition. Royal
    Society, Cambridge

1.6 Immunoassays

1.7 Thermoanalyse

1.8 Qualitätssicherung Akkreditierung, GLP

Christ GA, Harston SJ, Hembeck HW (1992) GLP-Handbuch für Praktiker. GIT-Verlag,
    Darmstadt
Günzler H (Hrsg.) (1994) Akkreditierung und Qualitätssicherung in der Analytichen Chemie.
    Springer, Heidelberg
Kayser D, Schlottmann UB (1993) GLP – Gute Laborpraxis, Textsammlung und Einführung. Behr's,
    Hamburg

2 Chromatographie allgemein

2.1 Gas-Chromatographie

2.2 Flüssig-Chromatographie (HPLC)

Lindsay S (1992) High Performance Liquid Chromatography; Wiley, Chichester
McMaster MC (1994) HPLC. A Practical User's Guide. VCH, Weinheim

2.3 Dünnschicht-Chromatographie

Jork H, Funk W, Fischer W, Wimmer H (1994) Thin-Layer Chromatography: Reagents and Detection Methods. VCH, Weinheim

2.4 Ionen-Chromatographie

2.5 Superkritische Fluid-Chromatographie

Luque de Castro MD, Valcarcel M, Tena MT (1994) Analytical Supercritical Fluid Extraction. Springer, Ijmuiden
Saito M, Yamauchi Y, Okuyama T (Hrsg) (1994) Fractionation by Packed-Column SFE and SFC. Principles and Applications. VCH, Weinheim

2.6 Kapillar-Elektrophorese

Kuhn R, Hoffstetter-Kuhn S (1993) Capillary Electrophoesis: Principles and Practice. Springer, Heidelberg

3 Elektrochemische Analysenmethoden

4 Molekülspektroskopie allgemein

Nakanishi K, Berova N, Woody RW (Hrsg) (1994) Circular Dichroism: Principles and Applications. VCH, Weinheim
Schmidt W (1994) Optische Spektroskopie. Eine Einführung für Naturwissenschaftler und Techniker. VCH, Weinheim
Talsky G (1994) Derivative Spectrophotometry. VCH, Weinheim

4.1 Schwingungsspektroskopie (IR, Raman)

Diem M (1993) Introduction to Modern Vibrational Spectroscopy. Wiley, Chichester
Jones GC, Jackson B (1993) Infrared Transmission Spectra of Carbonate Minerals. Chapman, London
Schrader B (Hrsg.) (1994) Infrared and Raman Spectroscopy; Methods and Aspplications. VCH, Weinheim
Urban MW (Ed.) (1993) Vibrational Spectroscopy of Molecules and Macromolecules on Surfaces. Wiley, Chichester

4.2 Elektronenspektroskopie (UV, VIS)

4.3 Photometrie

4.4 Fluoreszenz-, Lumineszenzspektroskopie

Schulmann SG (Ed.) (1993) Molecular Luminescencs Spectroscopy: Methods and Applications, Part 3. Wiley, Chichester

4.5 Photoakustische Spektroskopie

4.6 Massenspektrometrie

Chapman JR (1993) Practical Organic Mass Spectrometry; Second Edition. A Guide for Chemical and Biochemical Analysis. Wiley, Chichester
Cotter RJ (Ed.) (1994) Time-of-Flight Mass Spectrometry. Royal Society, Cambridge
Fenslau C (Hrsg.) (1994) Mass Spectrometry for the Characterization of Microorganisms. VCH, Weinheim
Fenslau C (Ed.) (1994) Mass Spectrometry for the Characterization of Microorganisms. Royal Society, Cambridge
McLafferty FW, Turcek F (1993) Interpretation of Mass Spectra, Fourth Edition. University Science Books, California

4.7 NMR-Spektroskopie

Berger S, Braun S, Kalinowski H-O (1993) NMR-Spektroskopie von Nichtmetallen; Band 3: ^{31}P-NMR-Spekttroskopie. Thieme, Stuttgart
Croasmun WR Carlson RMK (Hrsg.) (1994) Two-Dimensional NMR Spectroscopy. Applications for Chemists and Biochemists. VCH, Weinheim
Hennel JW, Klinowski J (1993) Fundamentals of Nuclear Magnetic Resonance. Longman, Harlow
Herzog WD, Messerschmidt M (1994) NMR-Spektroskopie für Anwender. Reihe: Praxis der instrumentellen Analytik. VCH, Weinheim
Quin LD, Verkade JG (Hrsg.) (1994) Phosphorus-31 NMR Spectral Properties in Compounds. Characterization and Structural Analysis. VCH, Weinheim

4.8 ESR-Spekroskopie

Atherton NM (1993) Principles of Electron Spin Resonance. Horwood, Chichester

4.9 Elektronenmikroskopie

4.10 Laserspektroskopie

Andrews DL (Hrsg.) (1992) Applied Laserspectroscopy. Techniques, Instrumentation and Applications. VCH, Weinheim

5 Atomspektroskopie allgemein

Perkampus HH (1993) parat-Lexikon Spektroskopie. VCH, Weinheim
Taylor LR, Papp RB, Pollard BD (1994) Instrumental Methods for Determining Elements. VCH, Weinheim

5.1 Atomabsorptionsspektroskopie (AAS)

5.2 Optische Emissionsspektroskopie (OES, AES, ICP-AES, GD)

Slickers K (1992) Die automatische Atom-Emissions-Spektralanalyse. Brühl-Universitätsdruckerei

5.3 Röntgenspektroskopie

5.4 Röntgenfluoreszenzanalyse

Hahn-Weinheimer P, Hirner AV, Weber-Diefenbach K (1994) Röntgenfluoreszenzanalytische
Methoden. Grundlagen und praktische Anwendung in den Geo-, Material- und Umweltwissen-
schaften. Vieweg, Wiesbaden

5.5 Mößbauer-Spektroskopie

5.6 Aktivierungsanalyse

6 Analyse bestimmter Matrices

6.1 Lebensmittelanalytik

Gump BH (Hrsg.) (1993) Beer and Wine Production. Analysis, Characterization, and Technological
Advances. VCH, Weinheim
Gump BH, Pruett DJ (1993) Beer and Wine Production: Analysis, Characterization and Technolog-
ical Advances. Royal Society, Cambridge
Kiceniuk JW, Ray S (Hrsg.) (1994) Analysis of Contaminants in Edible Aquatic Resources. VCH,
Weinheim

6.2 Umweltanalytik

Deutsche Forschungsgemeinschaft, Senatskommission zur Prüfung gesundheitsschädlicher Arbeits-
stoffe (Hrsg.) (1994) MAK- und BAT-Werte-Liste. VCH, Weinheim
Greim H (Hrsg.) (1994) Analytische Methoden zur Prüfung gesundheitsschädlicher Arbeitsstoffe.
Band 2: Analysen in biologischem Material. VCH, Weinheim
Greim H (Hrsg.) (1994) Gesundheitsschädliche Arbeitsstoffe. 19. Lieferung: Toxikologisch-arbeit-
smedizinische Begründungen von MAK-Werten. VCH, Weinheim
Hein H, Kunze W (1994) Umweltanalytik mit Spektrometrie und Chromatographie. Von der Laborge-
staltung bis zur Dateninterpretation. VCH, Weinheim
Henschler D (Hrsg.) (1994) Analytische Methoden zur Prüfung gesundheitsschädlicher Arbeitsstoffe.
Band 1: Luftanalysen. VCH, Weinheim
Matter L (Hrsg.) (1994) Lebensmittel- und Umweltanalytik anorganischer Spurenbestandteile. Tips,
Tricks und Beispiele für die Praxis. VCH, Weinheim
Matter L (Hrsg.) (1994) Lebensmittel- und Umweltanalytik mit der Kapillar-GC. Tips, Tricks und
Beispiele für die Praxis. VCH, Weinheim
Rowell F, Reeve R (1994) Environmental Analysis. Wiley, Chichester

6.3 Pestizidanalyse

6.4 Klinisch-toxikologische und forensische Analytik

6.5 Biologie, Biochemie, Naturstoffanalyse

Angerer J, Schaller KH (1994) Analyses of Hazardous Substances in Biological Materials. VCH,
Weinheim

Kessler C (Ed.) (1992) Nonradioactive Labeling and Detection of Biomolecules. Springer, Ijmuiden
Markert B (1993) Instrumentelle Multielementanalyse von Pflanzenproben. VCH, Weinheim

6.6 *Analyse von Pharmazeutica*

6.7 *Analyse von kosmetischen Präparaten*

6.8 *Analyse von Drogen*

6.9 *Polymeranalytik*

Beamson G, Briggs D (1992) High Resolution XPS of Organic Polymers. The Scienta ESCA 300
    Database. Wiley, Chichester
Francuskiewicz F (1994) Polymer Fractionation. Springer, Ijmuiden
Urban MW (Ed.) (1993) Vibrational Spectroscopy of Molecules and Macromolecules on Surfaces.
    Wiley, Chichester

6.10 *Wasseranalytik*

Fachgruppe Wasserchemie in der GDCh (Hrsg.) (1993) Biochemische Methoden zur Schadstofferfas-
    sung im Wasser. VCH, Weinheim
Fachgruppe Wasserchemie in der GDCh (Hrsg.) (1993) Vom Wasser. Band 80. VCH, Weinheim
Fachgruppe Wasserchemie in der GDCh (Hrsg.) (1994) Vom Wasser. Band 82. VCH, Weinheim
Fachgruppe Wasserchemie in der GDCh (Hrsg.) (1994) Deutsche Einheitsverfahren zur Wasser,-
    Abwasser- und Schlammuntersuchung. 30. Lieferung. VCH, Weinheim

6.11 *Materialanalyse*

Clark RJH, Hester RE (Eds.) (1993) Spectroscopy of New Materials. Vol 22 of Advances in Spectro-
    scopy Series. Wiley, Chichester
Lifshin E (Hrsg.) (1992) Characterization of Materials (Vol. 2A/B der Reihe Materials Science and
    Technology). VCH, Weinheim

6.12 *Oberflächen-, Grenzflächenanalyse*

DiNardo J (1994) Nanoscale Chacterization of Surfaces and Interfaces. VCH, Weinheim
Niemantsverdriet JW (1993) Spectroscopy in Catalysis. VCH, Weinheim
Urban MW (Ed.) (1993) Vibrational Spectroscopy of Molecules and Macromolecules on Surfaces.
    Wiley, Chichester

Die relativen Atommassen der Elemente

Die vollständige Tabelle der relativen Atommassen der chemischen Elemente
findet sich in Band 11 Seite 216 ff., die inzwischen bei der IUPAC-Sitzung im
Sommer 1993 erfolgten Änderungen sind in Band 12, Seite 326 aufgeführt.
Gegenüber diesem Stand wird bis zur nächsten IUPAC-Sitzung im August 1995
keine Änderung eintreten.

Maximale Arbeitsplatzkonzentrationen

Die Liste der für den Analytiker wichtigsten Stoffe mit MAK-Werten sowie die
Listen der krebserzeugenden, im Tierversuch krebserzeugend befundenen Stoffe
und der Stoffe mit begründetem Verdacht auf krebserzeugendes Potential nach
dem Stand der Publikation „Maximale Arbeitsplatzkonzentrationen und biologische Arbeitsstofftoleranzwerte 1991" (VCH, Weinheim) sind in Band 11, Seite
216 ff. abgedruckt. Inzwischen wurden nachstehend aufgeführte Änderungen
vorgenommen. Die vollständige aktuelle Liste findet sich in Mitteilung 30 der
DFG „MAK- und BAT-Werte-Liste 1994", VCH, Weinheim[1]

Stroff	MAK ppm	MAK mg/m^3	kerbs-erzeugend
Aceton	500	1200	
Bleitetraethyl		0,05	
Bromethan	–	–	Tabelle 3
Brommethan	–	–	Tabelle 4
Chromtrioxid	–	–	Tabelle 3
Cyclohexanon	–	–	Tabelle 4
1.2-Dichlorpropan	–	–	Tabelle 4
1.4-Dihydroxybenzol	–	–	Tabelle 3
Dimethylamin	2	4	
Dimethylformamid	10	30	
2-Ethoxyethanol	5	19	
Glutardialdehyd	0,1	0,4	
N-Methylpyrrolidon	20	80	
Salpetersäure	2	5	
Toluol	50	190	
α,α,α-Trichlortoluol	–	–	Tabelle 3

In Tabelle 2 (Tab. III A 1 der MAK- und BAT-Werte-Liste) wurden inzwischen
folgende Stoffe aufgenommen, die als eindeutig krebserzeugend ausgewiesene
Arbeitsstoffe gelten:

> α-Chlortoluole
> Erionit (Faserstaub)
> Faserstäube (s. Seite 102 der MAK- und BAT-Werte-Liste)

Außerdem sind in *Tabelle 3* (Tabelle III A 2 der MAK- und BAT-Werte-Liste)
neu aufgenommen worden folgende Stoffe, die bislang nur im Tierversuch sich
nach Meinung der Kommission eindeutig als krebserzeugend erwiesen haben
und zwar unter Bedingungen, die der möglichen Exposition des Menschen am
Arbeitsplatz vergleichbar sind, bzw. aus denen Vergleichbarkeit abgeleitet werden kann:

> 1-Allyloxy-2,3-epoxypropan
> 6-Amino-2-ethoxynaphthalin

---

[1] Deutsche Forschungsgemeinschaft, Senatskommission zur Prüfung gesundheitsschädlicher Arbeitsstoffe (Hrsg.): MAK- und BAT-Werte-Liste 1994. VCH, Weinheim

p-Aramid (Faserstaub)
Attapulgit (Faserstaub)
p-Chlorbenzotrichlorid
α-Chlortoluol
Dawsonit (Faserstaub)
α-α-Dichlortoluol
Diglycidylresorcinether
Faserstäube
Glasfasern
Hydrazobenzol
Kaliumtitanat
Keramikfasern (Faserstaub)
2-Nitroanisol
2-Nitrotoluol
o-Phenylendiamin
Siliciumcarbid (Faserstaub)
Steinwolle (Faserstaub)
1,2,3-Trichlorpropan

Ferner sind darüber hinaus in *Tabelle 4 neu* (Tabelle III B der MAK- und BAT-Werte-Liste) aufgenommen worden folgende Stoffe, bei denen ein nennenswertes krebserzeugendes Potential zu vermuten ist und die dringend der weiteren Abklärung bedürfen:

Calcium-Natrium-Metaphosphat (Faserstaub)
2-Chloracrylnitril
Chlortalonil (Faserstaub)
2,2-Dichlor-1,1,1-trifluorethan
Diphenylmethan-4,4'-diisocyanat
Ethylen
Faserstäube
2-Furylmethanal
Halloysit (Faserstaub)
N-(2-Hydroxyethyl)-3-methyl-2-chinoxalincarboxamid-1,4-dioxid
(Olaquindox)
Magnesium-Oxid-Sulfat (Faserstaub)
N-Methylolchloracetamid
Nemalith (Faserstaub)
Peroxyessigsäure
m-Phenylendiamin
p-Phenylendiamin
„Polymeres MDI" (in Form atembarer Aerosole)
iso-Propylglycidylether
Schlackenwolle (Faserstaub)
Sepiolith (Faserstaub)
Tribrommethan (Bromoform)

Akronyme

Siehe Band 11, Seite 230 ff.

Prüfröhrchen für Luftuntersuchungen und technische Gasanalysen

Siehe Band 11, Seite 237 ff.

Information- und Behandlungszentren für Vergiftungsfälle mit durchgehendem 24-Stunden-Dienst

im deutschsprachigen Raum
(überprüft und ergänzt, nach „Rote Liste 1993"*)
Bundesrepublik Dettschland

Berlin: Beratungsstclle für Vergiftungserscheinungen
Pulsstraße 3–7, 14059 Berlin/Charlottenburg
Tel. (030) 3 02 30 22

Reanimationszentrum der Medizinschen Klinik und Poliklinik
der Freien Universität im Klinikum Westend
Spandauer Damm 130, 14050 Berlin 19
Tel. (030) 30 35 34 66 oder 30 35 22 15 oder 30 35 34 36
Klinikzentrale 3035-0

Bonn: Universitäts-Kinderklinik und Poliklinik Bonn
Informationszentrale für Vergiftungen
Adenauerallee 119, 53113 Bonn
Tel. (0228) 2 87 32 11 oder 2 87 33 33
Zentrale 2870

Braunschweig: Medizinische Klinik II des Städtischen Klinikums
Salzdahlumer Straße 90, 38126 Braunschweig
Tel. (0531) 6 22 90
Klinikzentrale 68 80

---

* Informationszentren für Vergiftungsfälle in der Bundesrepublik und in anderen europäischen Ländern aus der Roten Liste 1993 – Bundesverband der Pharmazeutischen Industrie e.V., Frankfurt/Main

Bremen: Kliniken der Freien Hansestadt Bremen
Zentralkrankenhaus St.-Jürgen-Straße
Klinikum für innere Medizin, Intensivstation
St.-Jürgen-Straße, 28205 Bremen
Tel. (0421) 4 97 52 68 oder 4 97 36 88

Freiburg: Universitäts-Kinderklinik Freiburg
Informationszentrale für Vergiftungen
Mathildenstraße 1, 79106 Freiburg
Tel. (0761) 2 70 43 61
Klinikzentrale 2701, Pforte 2704300/01 nach 16 Uhr

Göttingen: Universitäts-Kinderklinik und Poliklinik
Humboldtallee 38, 37073 Göttingen
Tel. (0551) 39 62 39 oder 39 62 10
Klinikzentrale 39 62 10 (Verm. a.d. diensthabenden Arzt)

Hamburg: I. Medizinische Abteilung des Krankenhauses Barmbek
Giftinformationszentrale (nur noch für begrenzte Zeit)
Rübenkamp 148, 22307 Hamburg
Tel. (040) Zentrale 6385-1, 63 85 33 45/33 46

Homburg: Universitäts-Kinderklinik Homburg/Saar
Informationszentrale für Vergiftungen
66424 Homburg/Saar
Tel. (06841) 16 22 57/16 28 46
Klinikzentrale 16-0

Kassel: Untersuchungs- und Beratungsstelle
für Vergiftungen
Labor Dres. med. M. Hess, G. Schonard, K. Kruse
Karthäuserstr. 3, 34117 Kassel
Tel. (0561) 9188-320:

Kiel: I. Medizinische Universitätsklinik Kiel
Zentralstelle zur Beratung bei Vergiftungsfällen
Schittenhelmstraße 12, 24105 Kiel
Tel. (0431) 5 97 42 68
Klinikzentrale 5971393/94

Leipzig: Toxikologischer Auskunftsdienst
Hörtelstr. 16–18; 04107 Leipzig
Tel. (0341) 311916 (nur während der Arbeistzeit)

Mainz: Beratungsstelle bei Vergiftungen
II. Medizinische Klinik und Poliklinik der Universität
Langenbeckstraße 1, 55131 Mainz
Tel. (06131) 23 24 66/67
Klinikzentrale 171

Mönchegladbach: Toxikologische Untersuchungs- und Beratungsstelle
Labor Dr. Med. P.A. Tarkunen, Dr. rer. nat. Th. Stein, Dr. med H. Kehren,
Dr. Med. B. Becker; Wallstr. 10; 41061 Mönochengladbach
Tel. (02161) 81940

München: Giftnotruf München
(Toxikologische Abteilung der II. Medizinischen Klinik rechts
der Isar der Technischen Universität)
Ismaninger Straße 22, 81675 München
Tel. (089) 41 40 22 11
Telex: 50-24404 klire d

Münster: Beratungs-u. Behandlungsstelle für Vergiftungsersercheinungen
Albert-Schweitzer-Straße 33, 48149 Münster
Tel. (0251) 836245/83 6188 Zentrale 83-1

Nürnberg: 2. Medizinische Klinik Klinikum Nürnberg
Toxikologische Intensivstation; Giftinformationszentrale
Flurstraße 17, 90419 Nürnberg
Tel. (0911) Durchwahl 3 98 24 51 Zentrale 398-0

Papenburg: Marienhospital-Kinderklinik
Hauptkanal rechts 75, 26871 Papenburg
Tel. (04961) Durchwahl 93-1381
Klinikzentrale 93-0

Österreich

Wien: Vergiftungsinformationszentrale
Spitalgasse 23, A-1090 Wien
Tel. 0043-1-43 43 43
ab co. 01.03.95:
0043-1-406 4343

Schweiz

Zürich: Schweizerisches Toxikologisches Informationszentrum
 Klosbachstraße 107, CH-8030 Zürich
 Tel. 0041-1-25 15 15 1 (Notfällle)
      -25 16 66 6 (nichtringliche Anfragen)

Organisationen der Analytischen Chemie
im deutschsprachigen Raum

Internationale Orgnisationen

International Union of Pure and Applied Chemistry (IUPAC)
 Analytical Chemistry Division
 Vorsitzender Professor: Dr. A. Hulanicki: Universität Warschau

Federation of European Chemical Societies (FECS)
 Working Party on Analytical Chemistry (WPAC)
 Vorsitzender: Professor Dr. R. Kellner, Wien

Eurachem – Cooperation for Analytical Chemistry in Europe
 Vorsitzender: Prof. Dr. P. De Bièvre, Geel, Belgien

Nationale Orgnisationen

Deustchland

Gesellschaft Deutscher Chemiker

 Fachgruppe „Analytische Chemie"
 Vorsitzender: Prof. Dr. K. Ballschmiter, Universität Ulm

  mit folgenden Arbeitskreisen:
 Deutscher Arbeitskreis für Spektroskopie (DASp)
 Vorsitzender: Prof. Dr. J.A.C. Broekhaert, Dortmund

 Arbeitskreis Chromatographie

 Vorsitzender: Prof. Dr. H. Engelhardt, Universität Saarbrücken

 Arbeitskreis Archäometrie
 Vorsitzender: Prof. Dr. G. Schulze, Techn. Universität Berlin.

 Arbeitskreis Mikro- und Spurenanalyse der Elemente (A.M.S.El.)
 Vorsitzender: Prof. Dr. G. Schwedt, TU Clausthal (01.01.92–30.06.93)
 Prof. Dr. G. Wünsch, Univ. Hannover (01.07.93–31.12.94)

Arbeitskreis Kristallstrukturanalyse von Molekülverbindungen (KSAM)
Vorsitzender: Dr. E.F. Paulus, Hoechst AG, Frankfurt/M.

Arbeitskreis Chemometrik und Datenverarbeitung
Vorsitzender: Prof. Dr. K. Danzer Universität Jena

Diskussionsgruppe Aalytik im Umweltschutz (DAU)
Vorsitzender: Prof. Dr. A. Kettrup, GSF-Forschungszentrum für Umwelt und
Gesundheit, München

Die Fachgruppe „Analytische Chemie" hält auf dem Gebiet der analytischen
Chemie engen Kontakt mit den GDCh-Fachgruppen:

Lebensmittelchemische Gesellschaft, Fachgruppe in der GDCh
Vorsitzender: Prof. Dr. H. Steinhart, Universität Hamburg

Magnetische Resonanzspektroskopie
Vorsitzender: Prof. Dr. B. Blümich, Aachen

Nuclearchemie
Vorsitzender: Prof. Dr. J.V. Kratz, Mainz

Waschmittelchemie
Vorsitzender: Dr. Chr. Grugel, Hannover

Wasserchemie
Vorsitzender: Prof Dr. F.H. Frimmel, TU Karlsruhe

Arbeitsgemeinschaft Massenspektrometrie der Deutschen Physikalischen
Gesellschaft, der GDCh und der Deutschen Bunsengesellschaft
Vorsitzender: M. Linscheid, ISAS, Dortmund

Umweltchemie und Ökotoxikologie
Vorsitzender: Prof. Dr. E. Bayer, Univ. Tübingen

sowie mit

dem Chemikerausschuß des Vereins Deutscher Eisenhüttenleute (VDEh)
Vorsitzender: Dr. G. Staats, Dillingen (Saar)

dem Chemikerausschuß der Gesellschart Deutscher Metallhütten – u.
Bergleute (GDMB)
Vorsitzender: Dr. D. Hirschfeld, Krupp GmbH Essen

der Deutschen Gesellschaft für Klinische Chemie e.V.
Präsident: Prof. Dr. F. Bidlingmaier, Universität Bonn

EURACHEM/Deutschland – Arbeitskreis in der Gesellschaft
Deutscher Chemiker
Vorsitzender: Prof. Dr. H. Günzler, Weinheim

der Senatskommission zur Prüfung gesundheitsschädlicher
Arbeitsstoffe der Deutschen Forschungsgemeinschaft,
Arbeitsgruppe „Analytische Chemie"
Leiter: Prof. Dr. J. Angerer, Zentralinstitut für Arbeits- und
Sozialmedizin, Erlangen

Österreich

Gesellschaft Österreichischer Chemiker
Austrian Society for Analytical Chemistry (ASAC)
Präsident: Prof. Dr. J.F.K. Huber, Wien

Schweiz

Sektion Analytische Chemie der Schweizerischen Chemischen Gesellschaft
Vorsitzender: Prof. Dr. H.M. Widmer, Basel

H. Günzler (Hrsg.)

Akkreditierung und Qualitätssicherung in der Analytischen Chemie

1994. XIV, 236 S. 45 Abb., 13 Tab. Geb. **DM 128,-**; öS 998,40; sFr 128,-
ISBN 3-540-58136-7

Die Bedeutung internationaler Normen im täglichen Leben ist offensichtlich: Sie bestimmen die Größe unserer Kreditkarten und vieles andere mehr. Gleichermaßen bedeutend sind Normen und Verfahren zur Qualitätssicherung in den Bereichen der Analytischen Chemie dort, wo Wirtschaftsgüter – von der Schiffsladung Erz bis zum Elektronikchip – analysiert werden. Das Buch beschreibt die aktuellen Verfahren zur Sicherung der Qualität solcher Analyseergebnisse und zur gegenseitigen Anerkennung der entsprechenden Gutachten.

Besondere Betonung erfahren Akkreditierung und Zertifizierung und die entsprechenden Regelungen in Deutschland und Europa.

H. Schulz, U. Georgy

Von CA bis CAS online

Datenbanken in der Chemie

Geleitwort von **M. R. Hinze**

2., vollständig überarb. u. erw. Aufl. 1994. XV, 321 S. 174 Abb.
Geb. **DM 98,-**; öS 764,40; sFr 98,- ISBN 3-540-57482-4

Die Vielfalt der modernen Chemie spiegelt sich in der Komplexität der
Chemical Abstracts und ähnlicher Datenbanken wider. Dieses Buch bietet
den Schlüssel für die erfolgreiche und systematische Suche in den
Chemical Abstracts, sei es online oder in den gedruckten Ausgaben. Es
erklärt den Aufbau der Chemical Abstracts und zeigt, wie man eine
problemorientierte Suchstrategie aufbaut und wie man sicherstellt, daß alle
vorhandenen Informationen vollständig aufgefunden werden. Das Buch
geht ausführlich auf die Ermittlung von Patentinformationen ein und
beschreibt auch das jetzt bei STN mögliche Cross-File Searching zwischen
CA und Derwent's World Patents Index.

Weitere Kapitel bieten Informationen über Beilstein und Gmelin online,
über Internet und die Implementation der CA Files bei sechs verschiedenen
Hosts.

Tm.BA94.11.4